陕西出版资金精品项目

国家自然科学基金项目

西北工业大学现代国防科技学术文库

# 吸气式高超声速
# 飞行器控制技术

闫　杰　于云峰　凡永华　等编著

西北工业大学出版社

【内容简介】 本书是关于吸气式高超声速飞行器控制理论研究和工程技术的一本著作,是作者研究团队多年来从事高超声速飞行器控制技术研究的总结和提炼。书中详细介绍了高超声速飞行控制相对于传统航空、航天控制的特殊问题及高超声速飞行控制技术所面临的挑战;高超声速飞行器特殊的工作环境;高超声速飞行器气动构型及其设计特点,高超声速飞行器动力学模型,高超声速飞行器飞行控制系统结构;高超声速飞行器的分离段控制技术,巡航段精细姿态控制技术;高超声速飞行器导航及航迹控制技术;高超声速飞行器控制系统仿真试验技术。

本书可作为飞行器设计、导航制导与控制等专业高年级本科生和研究生教材,也可供从事高超声速飞行器研究的工程技术人员参考。

**图书在版编目(CIP)数据**

吸气式高超声速飞行器控制技术/闫杰,于云峰,凡永华编著 . —西安:西北工业大学出版社,2014.12(2020.8 重印)

ISBN 978 - 7 - 5612 - 3866 - 0

Ⅰ.①吸… Ⅱ.①闫… ②于… ③凡… Ⅲ.①高超声速飞行器—飞行控制 Ⅳ.①V47

中国版本图书馆 CIP 数据核字(2014)第 313276 号

出版发行:西北工业大学出版社

通信地址:西安市友谊西路 127 号 邮编:710072

电 话:(029)88493844 88491757

网 址:www.nwpup.com

印 刷 者:兴平市博闻印务有限公司

开 本:787 mm×1 092 mm 1/16

印 张:28.25

字 数:544 千字

版 次:2015 年 1 月第 1 版 2020 年 8 月第 2 次印刷

定 价:88.00 元

# 序

高超声速飞行是指在临近空间以超过声速 5 倍(5 马赫)速度长时间巡航飞行的一种能力。虽然人类现在已经能够以第三宇宙速度飞向太阳系以外的遥远星系,但在地球范围内,高超声速飞行是实现两点间到达的最快捷、经济,以及军事应用价值最高的飞行方式。

1938 年,奥地利科学家欧根·桑格尔(Eugen Sänger)首次提出了临近空间助推滑翔飞行器研究方案,并在 1944 年发表了长篇报告《火箭助推远程轰炸机》,设计了第一种理想的高超声速飞行器方案,即银鸟(silvervogel)助推环球轰炸机模型。1945 年,我国科学家钱学森先生在论文《论高超声速相似律》中,首次提出了高超声速(Hypersonic)的术语,后来该词得到了广泛认可。20 世纪五六十年代远程弹道导弹的出现、载人飞船的成功返回以及 X - 15 试验飞行器飞行速度超越 6 马赫等系列事件,标志着人类进入了高超声速的时代。

高超声速飞行器主要有两类,即以吸气式超燃冲压发动机为动力的高超声速飞行器和无动力的滑翔式高超声速飞行器。

以吸气式超燃冲压发动机为动力的高超声速飞行器的典型代表是 2004 年飞行试验成功的 X - 43A,核心系统超燃冲压发动机工作 10s,标志着人类开发临近空间高超声速飞行技术进入了一个快速发展的阶段。据《2012 — 2013 年度航空科学技术学科发展报告》,中国进行了超燃冲压发动机动力系统验证机的自主飞行试验,获得圆满成功。2013 年 X - 51A 高超声速飞行试验的成功,超燃冲压发动机工作 240s,标志着临近空间高超声速飞行器动力系统超燃冲压发动机关键技术已经基本解决,相关的动力系统与机体的一体化设计、高精度控制和防热等关键技术也基本突破,将迎来技术应用的产品开发阶段。采用组合循环发动机为动力的高超声速飞行器的典型代表是洛克希德·马丁臭鼬工厂的 SR - 72 黑鸟。SR - 72 的前身是 SR - 71,SR - 71 采用普通的涡喷发动机,可以在临近空间以 3 马赫巡航飞行。SR - 72 的特点是可以水平起降、6 马赫巡航,多次重复使用。其关键技术就是涡轮基组合循环发动机(TBCC)、高精度的飞行控制和防热。SR - 72 预计在 2018 年进行飞行试验。

无动力的滑翔式高超声速飞行器的典型代表是 HTV - 2,HTV - 2 飞行器由洛克希德·马丁公司的臭鼬工厂研制,由国防部先进研究计划局(Defense

Advanced Research Projects Agency,DARPA)推进,着眼于在临近空间验证高超声速飞行的相关技术。HTV-2分别于2010年4月22日和2011年8月11日进行了两次试验。虽然两次试验未完全成功,但再入后的飞行测试数据也具有价值,验证了与地面HTV-2双向通信的可行性,同时证实了控制系统的效果。我国在2013年成功进行了滑翔式高超声速飞行器的飞行试验,验证了飞行器的气动、控制与防热等关键技术,标志着我国的滑翔式高超声速飞行器技术处于国际领先地位。

在上述两类高超声速飞行器技术研究的叙述中,无一例外地提到了飞行控制技术。众所周知,飞行控制领域已经建立起完善、系统的基础理论知识和工程应用技术,飞行控制是航空、航天技术领域最重要的支撑性学科之一。在临近空间的高超声速飞行中,飞行环境与传统的航空、航天环境有何异同?飞行控制技术面临哪些不同于传统的航空、航天控制技术的新问题?这些技术问题的基础科学点在哪里?解决方案如何?本书试图从工程应用和基础理论两个方面对上述问题给出全面的答复。

笔者所属的科研团队从高超声速飞行控制的实际工程问题入手,凝练出高超声速飞行控制的基础科学问题,提出高超声速飞行控制的具体方案,解决了高超声速飞行控制的关键技术问题,实现了高超声速动力系统验证机自由飞行的高质量控制。

本书是笔者对其所属科研团队在高超声速飞行控制领域历年基础和工程研究的一个总结。其中第1章由闫杰、张通、张明环执笔,第2章由常晓飞执笔,第3章由于云峰、尉建利执笔,第4章由凡永华、孟中杰执笔,第5章由于云峰、凡永华执笔,第6章由闫斌斌、王鑫、凡永华执笔,第7章由闫杰、凡永华、孟中杰、尉建利、杨尧执笔,第8章由岳亚洲、陈凯、闫斌斌执笔,第9章由董敏周、陈凯执笔,第10章由凡永华、闫斌斌、孟中杰、尉建利、杨尧执笔,全书由闫杰统筹定稿。

希望本书能给有兴趣参与高超声速飞行控制问题研究的读者提供一个全面的参考,使之可以清楚地了解高超声速飞行器特殊的工作环境,高超声速飞行控制与传统航空、航天控制的不同或特殊问题,高超声速飞行控制技术所面临的挑战,高超声速飞行控制领域的基础科学问题,高超声速飞行控制系统的设计方法,高超声速飞行控制系统实现中的关键技术,高超声速飞行控制系统实际工作中需要考虑的具体问题,目前国内外高超声速飞行控制技术所达到的水平及具体指标。

高超声速飞行控制是一个新兴的控制学科研究领域,随着人类探索临近空间飞行能力的不断提高,这一领域将催生新的理论、方法和技术,目前的研究只是一个开始,精彩的创新将不断涌现。

本书的部分研究成果受到国家自然科学基金重点项目(编号:90816027,91216104),面上项目(编号:61473228),青年项目(编号:61104195)资助,在此表示感谢。

囿于水平,本书的观点难免有不妥之处,诚望读者不吝赐教,使之完善提高。

编著者

2014 年 9 月

# 目　　录

# 第1章 吸气式高超声速飞行器及其控制技术综述

## 1.1 吸气式高超声速飞行器

### 1.1.1 吸气式高超声速飞行器技术的起源

1938年，奥地利科学家欧根·桑格尔（Eugen Sänger）首次提出临近空间助推滑翔飞行器研究方案，并在1944年发表了长篇报告《火箭助推远程轰炸机》，设计了第一种理想化的高超声速飞行器方案，即银鸟（silvervogel）助推环球轰炸机模型（见图1-1）。在这种想象式的方案中，飞行器是一个机身底部平坦、半尖拱形的带翼飞行器。飞行器由一台具有100t推力的火箭发动机进行助推加速，进入飞行轨道，飞行器采取滑橇加速式水平起飞、跳跃式再入飞行轨道。这种飞机装配的火箭发动机的内部工作压力达到$1.013\ 25 \times 10^5\,\mathrm{Pa}$，实际上这么高的内部工作压力的火箭发动机在当时是根本不可能实现的。随着技术的发展，一直到20世纪70年代末期，美国航天飞机上使用的主发动机才达到如此高的工作压强。

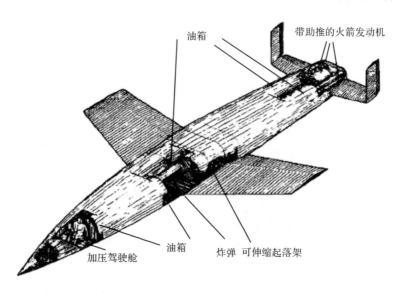

油箱　　　带助推的火箭发动机

加压驾驶舱　　油箱　　炸弹　可伸缩起落架

**图1-1　银鸟火箭助推环球轰炸机模型**

银鸟是一个极具想象力、影响力的设计方案，深刻地影响了美、苏等国的高超声速技术的发展。第二次世界大战后,欧根·桑格尔的《火箭助推远程轰炸机》这篇报告被多国翻译,并引起了美国、苏联等超级大国的浓厚兴趣,争相对银鸟方案进行研究与分析,从而揭开了人类高超声速技术发展的序幕。

1945 年,我国科学家钱学森先生在论文《论高超声速相似律》中,首次提出了"高超声速"(Hypersonic)的术语,意指飞行马赫数大于 5,后来该词得到了广泛认可。到 1949 年,钱学森在美国加州理工学院喷气推进实验室设计的高超声速火箭飞机,也是采用一种助推滑翔轨迹,与欧根·桑格尔飞行器不同的是再入滑翔段,钱学森火箭飞机采用几乎没有波动的平坦滑翔下降轨迹,称为再入平坦滑翔弹道。他在 1962 年出版的《星际航行概论》一书中,还具体提出了用一架装有喷气发动机的飞机,作为第一级运载工具,火箭发动机作为第二级运载工具的航天运载器概念。根据经典高超声速高温气体动力学教科书和美国国家研究理事会(National Research Council)对美国空军高超声速规划的评估报告,高超声速一般定义为:气体流动速度马赫数大于 5,即为高超声速,以大于马赫数 5 速度飞行的飞行器被称为高超声速飞行器。此时,飞行器周围流场呈现出高超声速气体动力学所特有的特征,即薄激波层、黏性干扰、熵层、高温效应和低密度效应。20 世纪五六十年代远程弹道导弹的出现、载人飞船的成功返回以及 X-15 试验机飞行速度超越马赫数 6 等系列事件,标志着人类开始进入了高超声速的时代。

## 1.1.2　吸气式高超声速飞行器的发展历程

20 世纪 40 年代中后期,美国开始了 X 系列飞行器研究计划,取得了一连串令人振奋的实际飞行试验成就:

1947 年 10 月 14 日 XS-1 飞机(见图 1-2)首次实现了超声速飞行;

1953 年有人驾驶飞机达到了 2 倍声速,即马赫数为 2;

1956 年 X-2 飞机(见图 1-3)达到了有人驾驶飞行马赫数为 3。

图 1-4 所示是美国 X 系列飞行器发展历程。

美国的高超声速飞行器技术研究大概经历了 4 个历史发展阶段。

20 世纪 50~60 年代,作为高超声速飞行器技术的第一个发展阶段,开展了各种机理、基础层面的高超声速飞行器技术探索,获得了大量基础研究成果,为后续研究打下了深厚的技术基础。

图 1-2　XS-1 飞机

图 1-3　X-2 飞机

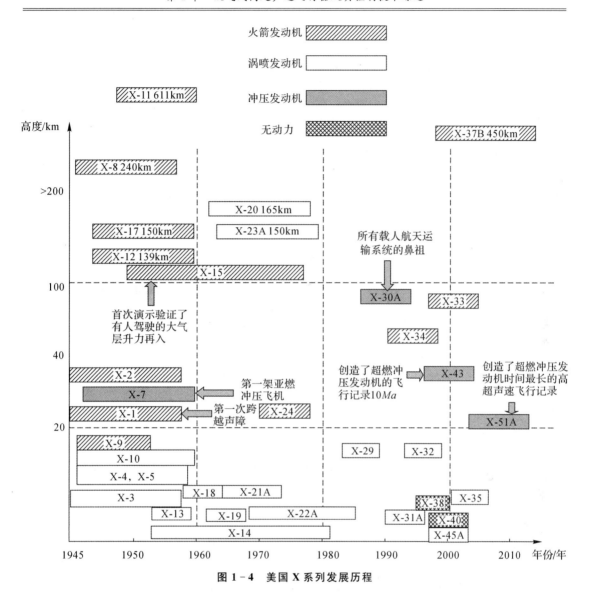

图 1-4　美国 X 系列发展历程

　　20 世纪 70～80 年代中期,是高超声速飞行器技术第二个发展阶段,重点研究机动滑翔再入飞行器,积极发展临近空间助推滑翔技术,而吸气式高超声速飞行器技术探索处于低潮。

　　20 世纪 80 年代后期到 90 年代中期,作为高超声速技术第三个历史发展阶段,重点发展具有跨大气层飞行器进入轨道的吸气式高超声速飞行器。

　　20 世纪 90 年代中后期至今是高超声速飞行器技术发展的第四个阶段,各种机理的跨大气层高超声速飞行器技术计划全面复苏。空间轨道机动飞行器、助推滑翔再入飞行器与吸气式高超声速飞行器均有发展项目。

　　各种机理的高超声速飞行器经过不断发展,演化为三大类:空间轨道机动飞行器、助推滑翔再入飞行器、吸气式高超声速飞行器。

**1. 空间轨道机动飞行器技术发展进程**

高超声速技术的早期探索开始于 X-15 与 X-20 等美国早期载人高超声速飞机,其特点是火箭助推,且兼具进入近地轨道和再入大气层滑翔的能力。20 世纪 60～70 年代经过发展 M2F1/F2/F3,HL-10,X-24A/B,ASSET,PRIME(X-23)等研究项目,重点针对载人跨大气层空天飞行的再入飞行器在高超声速环境下的气动布局、气动特性以及气动控制等技术进行探索,经历了 DC-XA,X-33,X-34,X-37,X-40A 等一系列火箭推进无人空间轨道机动飞行器后,最终试验成功首架具有浓厚军事应用背景的无人空间轨道机动飞行器 X-37 的改型 X-37B,展示了火箭推进的空间轨道机动飞行器技术正在走向成熟。

图 1-5　X-15 飞机

1955 年,由 NASA 牵头,美国空军、海军和北美航空公司联合研制 X-15 飞机(见图 1-5),这是由火箭推进、空中发射的高超声速飞行器。首次无动力滑翔于 1959 年 6 月实施,1968 年进行最后一次飞行试验,共进行了 199 次飞行试验,创造了马赫数为 6.72 和 108km 的速度与升限当时世界纪录。

X-20 是由美国空军、NASA 和波音公司共同研制的有人驾驶机动飞行研究机,是第一个对高超声速飞行领域进行深入探索的升力体再入飞行器,首架飞行器接近完工时,由于军事应用目标不明确,于 1963 年下马。

1964 年美国空军启动了为获得机动再入飞行器数据和烧蚀保护层技术的技术验证机 X-23,该机由马丁·玛丽埃塔公司承制,是第一架再入期间具备机动能力的再入飞行器,1966 年到 1967 年间共完成三次试验飞行。

1996 年,洛克希德·马丁公司为 NASA 研制未来重复使用运载器(RLV)的先进技术验证机 X-33 和 X-34 小型重复使用运载器。

2010 年 4 月 22 日可重复使用的空间飞行器技术验证机 X-37B(见图 1-6)在美国卡纳维拉尔角发射场升空,在轨飞行 224 天,进行了 4 次轨道机动,2010 年 12 月 3 日返回范登堡空军基地,这是太空飞机首次自主重返大气层。2011 年 3 月 5 日进行第二次发射,2012 年 6 月 16 日返回。2012 年 12 月 11 日,第三次发射,2014 年 10 月 17 日返回,共 674 天。

X-15 应该是临近空间高超声速飞行器,但 X-37B 已经不是典型的临近空间高超声速飞行器。

**2. 助推滑翔再入飞行器技术演化脉络**

助推滑翔再入飞行器是 X-15,X-20 等高超声速飞机的另一个技术演化方向,继承了空间轨道机动飞行器的气动设计与气动控制、热防护、机动控制技术等重要的技术基础,对至关重要的气动设计、制导与控制等关键技术继续进行探索。美国发展了多个项目并进行了大量的试验与验证,如 BOMI,Alpha Draco,BGRV,HGV,CAV,HTV-2 等,经过逾半个世纪的探索,为助推滑翔再入飞行器技术验证机 HTV-2 打下了深厚的技术基础,通过 HTV-2 两次飞行试验,全面检验了助推滑翔再入飞行器的气动设计、热防护、制导控制、通信测控等关键技术。

图 1-6　X-37B 飞行器

1968 年,具有细长锥体外形的助推滑翔再入飞行器 BGRV(Boost-Glide Reentry Vehicle)在美国西部试验靶场首次试验,成功地验证了其机动再入。

2010 年 4 月 22 日,在美国范登堡空军基地 HTV-2 进行首次发射试验,2011 年 8 月 11 日进行 HTV-2 第二次发射试验,两次试验均以失败告终,未能达到预期目标,但获得了大量数据,取得了重要成果。其中,第一次试验中收集了独特的飞行数据,包括 139s 的马赫数为 17～20 的气动数据和以 5 794m/s 的速度飞行可以维持 GPS 信号。第二次试飞验证了马赫数 20 条件下的稳定气动控制,时间约为 3min。

**3. 吸气式高超声速飞行器技术发展历程**

吸气式高超声速飞行器技术发展开始于 1955 年,早期主要进行超燃冲压发动机技术探索,开展大量的吸气式高超声速飞行器技术研究。主要有美国的超燃冲压发动机探索项目,如 ERJ,GASL SJ,SCRAM,RE 等;超燃冲压组合循环动力项目,如美国的 Marquardt SJ 与 Aerospaceplane 等。

在 20 世纪 80 年代初中期,美国空军提出了跨大气层飞行器 X-30,这是以吸气式超燃冲压推进系统为动力的单级入轨的飞行器。十年间美国投入了大量人财物,但最终因目标定位太高而取消,但推动了高超声速技术与研究向前发展。

美国后来实施的 NASP 是超燃冲压发动机与火箭组合循环推进技术的重要发展计划,使吸气式高超声速飞行器技术发展进入了新一轮发展高潮。该计划是在超燃冲压发动机技术、飞行器机体/发动机一体化、试验方法与设施、计算流体力学(CFD)等技术与研究方法取得重要进展的基础上开展研究的。尽管存在大量的技术难题,未能完成试验飞行器的建造,但该项目取得了多项成果,使吸气式高超声速技术探索上了一个新台阶。

在1991年11月28日,俄罗斯在哈萨克斯坦的萨雷沙甘靶场进行"冷"试飞器飞行试验并获成功,这是世界上首次飞行试验中实现超燃冲压发动机的超声速稳定燃烧,并达到飞行速度马赫数为5.6。

进入21世纪以来,吸气式高超声速飞行器经过半个世纪的发展,其技术发展方向演化为高超声速巡航导弹与组合循环动力空天飞机两大类。高超声速巡航导弹具有双燃烧室(DCR)与双模态(DMSJ)两种类型超燃冲压发动机推进方式;组合循环动力包括涡轮基组合循环发动机(TBCC)与火箭基组合循环发动机(RBCC)两种类型,组合循环动力技术难度较大,进展缓慢。

2005年11月,美国的高超声速试验飞行器X-43A(见图1-7)脱离"飞马"火箭,超燃发动机点火,工作大约10s,飞行器燃料耗尽,并继续滑行6min经过1 368km的距离坠入太平洋,这是个历史性的时刻,X-43A创造了接近马赫数为10的进气飞行速度,是世界第一个以超燃冲压为动力的飞机,是世界最快的喷气动力飞机,是吸气式高超声速飞行器技术走向实际应用中的最为重要的一步。

图1-7　X-43A飞行器

2010年5月26日,美国的X-51A(见图1-8)在加州南部的太平洋海域进行首次飞行试验,试验中,固体火箭助推其将验证机加速至马赫数为4.85,完成分离后,超燃冲压发动机点火,正常工作143s,最大巡航速度达到马赫数为4.87。试验中,巡航级出现异常,在飞行总时间达到210s时,遥测数据丢失,飞行器自毁。尽管没有完全达到预期目标,但是在世界上首次验证了碳氢燃料主动冷却的超燃冲压发动机,而且创造了超燃冲压发动机工作时间的纪录。2013年5月1日X-51A进行了第四次试验,飞行速度达到马赫数为5.1,超燃冲压发动机工作240s,标志着临近空间高超声速飞行器动力系统超燃冲压发动机关键技术已经基本解决,相关的动力系统与机体的一体化设计、高精度控制和防热等关键技术也基本突破,将迎来技术应用的发展阶段。

本书着重论述吸气式高超声速飞行器的飞行控制理论及技术问题。

图 1-8  X-51A飞行器

## 1.1.3  当前吸气式高超声速飞行器研究的关键技术

吸气式高超声速飞行器的关键技术主要包括以下几个方面。

**1. 超燃冲压发动机技术**

超燃冲压发动机是实现高超声速飞行的核心关键技术之一。超燃冲压发动机是指燃料在超声速气流中进行燃烧的冲压发动机。超燃冲压发动机由进气道、隔离段、燃烧室和尾喷管组成。发动机的迎面来流(空气流)首先进入进气道,进气道将来流的部分速度能转变为压力能,完成压缩过程,直至到一定速度进入燃烧室,与喷入的燃料迅速混合,在等压条件下进行燃烧。燃烧后的高温高压燃气经扩张喷管加速后喷出,产生推力。超燃冲压发动机技术涉及空气动力学、计算流体力学、燃烧学、传热学、材料学等多学科前沿问题,并相互交叉,是超声速燃烧、吸热型碳氢燃料、结构热防护、发动机/飞行器一体化、地面模拟试验验证和飞行演示等众多高新技术的集成。其主要的技术难点:发动机与飞行器一体化设计技术、超燃冲压发动机总体技术、进气道技术、燃烧组织技术、燃油供应与控制技术、燃料技术、发动机热防护设计和耐热材料等。

**2. 热防护与材料**

现有飞行器热防护系统大都是针对战略弹头的,特点包括外形简单、时间短、加热率高。采用的主要办法是烧蚀热防护。高超声速飞行器热防护问题具有不同的特点:复杂的升力体外形,中低热流和长时间加热。为了获得良好的气动特性,一般需采用保持飞行器外形不变的非烧蚀热防护技术,还要解决长时间持续飞行的内部隔热问题。已经建立的宏观热防护理论已不能满足要求,要发展新的热流预示方法;非烧蚀热防护技术;防热结构的一体化设计技术;新型防/隔热材料构件的成形技术。完善结构在力/热综合作用下的动态响应特性和破坏机制,各种防热、隔热原理,包括:被动式(热沉、隔热、表面辐射)、半被动式(热管传导+

辐射)和主动式(发汗、冷却膜、冷气流对流),新型防/隔热材料的关键性能参数及材料设计方法。

发动机的热防护方面,采用主动与被动冷却相结合的方法,其中燃烧室部分必须采用主动冷却方法。虽然目前已经对多种热防护系统的设计方案进行了广泛的试验研究,但是尚未找到完全满足多种运行要求的解决方法。急需解决的问题包括:采用主动冷却的燃烧室壁板材料以及超低温推进剂储箱材料的成形技术,更长时间稳定服役的被动或者主动式冷却的热防护系统设计及制备方法。

### 3. 高超声速空气动力技术

当飞行器以高超声速飞行时,会产生很强的激波,随着马赫数的增加,激波离机体越来越近,这时激波与边界层之间相互干扰更加显著,激波层会产生极高的温度,使附近的气体分解和电离,同时附面层发生化学反应,形成相当复杂的混合气体,使得高超声速飞行器流场及气动特性的研究成为非常复杂的问题。高温真实气体效应是高超声速飞行器研制中必须考虑的一个重要问题,对于高温气体非平衡流动问题,国内外已进行了大量的研究。对高温气流中化学反应速率的知识不足,特别是在振动自由度激发、分子离解、表面化学反应等各种因素耦合在一起的情况下,更是知之甚少。目前存在的主要问题:高温气体热力学特性,化学反应速率常数,化学反应模型的选取。这些问题的不确定性将导致头部激波脱体距离、物面边界层速度剖面、密度剖面和物面热流等重要参数分析上的偏差。美国人在总结 X-43A 经验时,指出需要重点研究下列问题对高超声速飞行的影响:边界层从层流向湍流发展的转捩问题;湍流边界层和剪切层的流动问题,激波与边界层之间的相互干扰问题;燃料喷注入气流、燃料与空气的混合、燃料与空气之间的化学反应问题;机身与推进系统一体化设计问题。

### 4. 高超声速飞行控制技术

临近空间大气稀薄,而且随高度变化的大气参数范围很广,导致临近空间飞行器,尤其是对大气参数非常敏感的高超声速飞行器的控制系统面临很多技术难题。

首先,高超声速飞行器以超燃冲压发动机为动力装置,并采用发动机/机体一体化结构。超燃冲压发动机的推力、工作稳定性和性能与来流特性密切相关,且对来流特性的变化非常敏感,而来流特性取决于飞行高度、飞行速度和飞行器姿态等飞行状态。控制系统的任务是控制飞行器的飞行状态,使其满足超燃冲压发动机的工作条件,且尽可能使发动机工作在其设计点附近,以发挥发动机的最佳性能;而发动机的推力/速度特性又影响到飞行器的飞行状态,从而形成了控制与发动机的耦合。因此,在进行飞行控制律设计时,需要引入超燃冲压发动机/气动力耦合的数学模型,进行飞行控制/发动机综合设计。

其次,高超声速飞行器前体和后体机体弯曲变形的存在,也会影响流经超燃冲压发动机进气道和喷管的气流,进而影响高超声速飞行器的空气动力学特性和超燃冲压发动机的推力。这些都表明了高超声速飞行器的机体/推进系统/结构动态之间存在耦合关系。为了确保高超声速飞行器稳定飞行,并拥有良好的控制性能,进行飞行控制系统设计时必须考虑解耦。

最后,由于超燃冲压发动机满足一定的速度和高度条件才可以点燃,高超声速飞行器一般使用助推器将其加速到预定的工作状态点,然后与助推器进行分离。高超声速飞行器和助推器分离时处在高动压情形下,同时由于飞行器采用非对称气动外形,气动力相互干扰,因而使飞行器处在相对运动的复杂形体相互干扰形成的非定常流场中。助推器相对于飞行器的运动必然产生干扰气动载荷,整个分离是一个非线性时变过程。级间分离时,为了使两级快速分离,需要有很大的分离推力施加于飞行器上,分离冲击干扰较大,同时分离推力很有可能是不经过飞行器质心的(如 X-43A),所以分离推力容易造成飞行器姿态变化;另一方面爆炸螺栓的起爆时间不同步,也会造成飞行器姿态的剧烈变化。由于超燃冲压发动机的点火窗口较小,稍瞬即逝,控制系统必须在抑制分离扰动的同时,在极短的时间内使飞行器满足发动机点火的条件。

**5. 机体/发动机一体化设计技术**

在高超声速条件下,飞行器遇到的波阻与摩阻较大,吸气式发动机产生的推力相对较小,只有将发动机与机体高度耦合设计才能产生较大的正推力,即将前体作为进气道的一部分,将后体作为尾喷管的一部分,气流经过前体的预压缩后,再经过进气道的压缩,在燃烧室内与燃料混合发生化学反应,产生高温高压气体,经过尾喷管和飞行器后体膨胀做功。高超声速飞行器机体/发动机一体化构型设计需要解决两个主要问题。首先,高超声速飞行条件下波阻大、黏性效应强,在很大程度上限制了飞行器气动外形升阻比的提高,并且由于发动机的比冲随着马赫数的增加而下降,因此对飞行器气动布局设计提出了降低阻力的要求,使飞行器在巡航状态下能够实现推阻平衡。其次,在实际飞行过程中还需要研究工作状态转变过程中的飞行可控性能。由于吸气式飞行器只能在高马赫数下工作,因此需要依靠助推火箭将飞行器从低速加速到工作马赫数。在助推火箭工作过程中,往往需要将进气道入口关闭,以防止发动机内部零件在助推火箭长时间飞行过程中承受较大的热载荷。在达到工作马赫数后,助推火箭与飞行器分离,飞行器进气道开启,发动机内部流场开始建立,等流场稳定之后,发动机喷燃料、点火,飞行器开始自主飞行。从助推火箭分离到发动机点火的短时间内,飞行器经历 3 种工作状态:发动机关闭、发动机通流和发动机点火。在 3 种工作状态转变过程中,飞行器所受的合力与合力矩变化较大,并且由于在高超声速条件下气动控制面效率较低,需要飞行器具有较好的飞行稳定性。

### 1.1.4 世界各国的主要高超声速飞行器技术发展计划

几十年来,通过世界各国的不懈努力,高超声速技术已经从概念和原理探索阶段进入以高超声速巡航导弹、高超声速飞机、跨大气层飞行器和空天飞机等为应用背景的应用技术开发阶段。

#### 1.1.4.1 美国的高超声速飞行器发展计划

美国在高超声速飞行器技术研究中居领先地位。从 20 世纪 60 年代开始,美国就有计划地开展高超声速飞行的相关技术的研究与探索,并成功进行了基于火箭发动机的 X-15 高超声速验证机的首次飞行试验。80 年代中期,美国开展了"国家空天飞机"(NASP)计划,NASP 计划虽然最终被取消,但 NASP 大大推动了高超声速技术的发展。从 1985 年至 1994 年的 10 年间,通过试验设备的大规模改造和一系列试验,仅 NASA Langley 研究中心就进行了包括乘波外形一体化和超燃冲压发动机试验在内的近 3 200 次试验。通过这些试验掌握了大量数据,从而为实际飞行器的工程设计打下了牢固的技术基础。

美国在 NASP 计划失败后,采取了更为稳妥的研究策略,研究方向转为更加现实可行的应用目标:以研制高超声速巡航导弹为背景开展关键技术攻关和飞行演示验证。20 世纪 90 年代中期至今,美国开展了高超声速飞行器试验(Hyper - X)计划、高超声速飞行(HyFly)计划、高超声速技术(HyTech)计划和 FALCON 计划等,实现了超燃冲压发动机推动下的高超声速飞行。

**1. Hyper - X 计划**

Hyper - X 计划由 NASA 资助,主要研究工作由波音公司和 NASA Langley 研究中心承担。该计划的主要目的是演示可用于高超声速飞机的超燃冲压发动机技术和一体化设计技术,扩展将来可以军用和民用的高超声速飞行的技术基础。整个计划预计要试验 X - 43A,X - 43B,X - 43C 和 X - 43D 四种飞行器。其中 X - 43A(见图 1 - 9)在 2004 年 3 月和 11 月两次试飞成功,最快飞行速度达到了马赫数为 10,超燃冲压发动机的持续工作时间持续了约 10s,实现了超燃冲压发动机推动下的高超声速飞行器自由飞行。X - 43A 是首个达到马赫数为 10 的吸气式高超声速飞行器,试飞成功具有里程碑的意义,标志着超燃冲压发动机技术正式从实验室研究阶段走向工程研制阶段。

**2. HyFly 计划**

HyFly 计划是由美国海军研究办公室(ONR)和美国国防高技术研究计划局(DARPA)于 2002 年启动的一项高超声速计划,目的是通过飞行试验验证以碳氢燃料超燃冲压发动机为动力的高超声速导弹方案。该导弹为轴对称设计,采用双燃烧室超燃冲压发动机。这个试验研究有两层目的：一方面要开发并验证超声速导弹所必需的技术，也是本计划的核心；另一方面，要开展先进动力装置技术的研发并探索廉价的试验方法。

图 1 - 9　X - 43A 飞行器

作为美国海军的重点高超飞行器设计项目，该计划的最终目的是研制一种以超燃冲压发动机为动力装置、$Ma > 6.0$ 的高超声速远程飞行器，能从飞机、水面舰艇或潜艇发射来打击目标，现阶段进行空射试验的是主要用于验证助推系统及其他关键技术的验证弹。2007 年 9 月 25 日，HyFly 验证弹进行了飞行试验，主要目的是验证 DCR 转接、燃油控制和爬升、加速到 $Ma = 5$，这是 DCR 的首次飞行试验。然而在发射测试中，助推器分离后，验证弹由于燃油控制系统出现故障，速度只达到 $Ma = 3.5$，未能达到预期的 $Ma = 5$ 目标。这次试验仅仅取得了部分成功。2008 年 1 月 HyFly 计划第二次试验出现了燃油泵故障，2010 年 7 月第三次飞行试验助推器没有成功点火。这些试验均以失败告终，没有达到预期目标。图 1 - 10 是 HyFly 计划空射试验图。

图 1 - 10　美国海军的 HyFly 高超声速飞行试验

**3. HyTech 计划**

美国空军在 1995 年推出了 HyTech 计划，并从 1996 年开始资助普惠公司开展 HyTech 计划,研制 $Ma=4\sim8$ 的两维碳氢燃料双模态冲压发动机,其目的是验证适合于未来高超声速飞行器和高超声速远程打击导弹的超燃冲压发动机技术。为了对 HyTech 超燃冲压发动机进行飞行试验,美国空军研究实验室(AFRL)与国防高级研究计划局(DARPA)联合主持制定了超燃冲压发动机验证机——乘波飞行器 X-51A——计划。X-51A 计划除了对 HyTech 超燃冲压发动机进行飞行试验外,还有以下目的:其一获得超燃冲压发动机的地面及飞行试验数据;其二是验证吸热式燃料超燃冲压发动机在实际飞行状态下的生存能力;其三是通过自由飞行试验来验证超燃冲压发动机能够产生足够的推力。X-51A 高超声速飞行器(见图 1-11)分别于 2010 年 5 月 26 日、2011 年 6 月 13 日、2012 年 8 月 14 和 2013 年 5 月 1 日共实施了 4 次飞行试验,试验期间超燃冲压发动机按预期工作数百秒。该项目共建造了 4 架飞行器。为了节省开支,设计的飞行器试验后采用不回收方案。X-51A 已经进行 4 次试验飞行,第 4 次试验基本成功,收集到相应数据,标志着临近空间高超声速飞行器动力系统超燃冲压发动机关键技术已经基本解决,相关的动力系统与机体的一体化设计、高精度控制和防热等关键技术也基本突破。

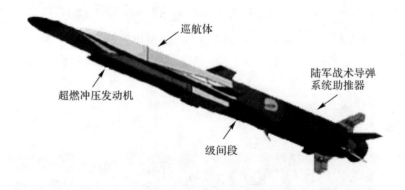

**图 1-11  美国 X-51A 高超声速飞行器**

### 4. FALCON 计划

由美国国防高级技术研究计划局(DARPA)、美国空军和洛克希德·马丁公司共同研发的"力量运用与从美国本土发射"(FALCON)计划始于 2003 年 12 月,目的是寻求用以支持快速反应、全球到达的高超声速飞行器研制和试验所有可以使用的技术。FALCON 计划是目前美国最重要的高超声速试验计划之一,其中一项研制内容是通过高速推进系统和飞行控制系统的一体化研制,试验一些小型运载飞行器和一系列高超声速试验飞行器(HTV),如图 1-12 所示。

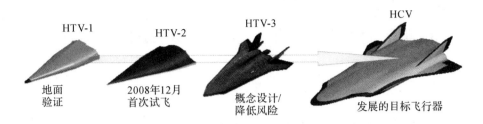

图 1 - 12　美国 FALCON 验证飞行器

FALCON 计划远期目标中洛克希德·马丁公司设计的采用双模式超燃冲压发动机乘波外形的 HCV 是一种无人驾驶的可重复使用高超声速飞行器。可以从跑道上起飞,飞行高度可以达到 40km,巡航速度为 $Ma=10$。目前 FALCON 计划已进入第二阶段,第二阶段的主要任务是研制并验证高超声速飞行器关键技术。这些技术包括先进的制导、导航与控制、耐久性高温材料、热保护系统、高效气动构型和创新的推进概念。洛克希德·马丁公司航空分部于 2004 年获得价值 836万美元的 FALCON 项目第二阶段的合同,合同要求洛克希德·马丁公司研制并飞行验证 3 架无动力高超声速试验飞行器(HTV)。这 3 架 HTV 试验飞行器都将进行卫星通信能力的试验。HTV - 1 在 2007 年飞行,这是一种一次性使用的飞行器,以 $Ma=10$ 的速度飞行 800s;HTV - 2 也是一种一次性使用的飞行器,制造了两架,2010 年 4 月和 2011 年 8 月 13 日 HTV - 2 进行了二次试飞,均未获得成功。美国 DARPA 已经决定不再进行 HTV - 2 的第三次试验。2012 年 7 月DARPA 发布了综合高超声速(IH)计划招标公告,提出发展更先进的高超声速飞行器系列的研究计划。

### 1.1.4.2　俄罗斯的高超声速飞行器发展计划

俄罗斯的高超声速技术在苏联时代可与美国比肩,苏联解体后其许多先进技术的研发陷入停滞阶段,但其在高超声速技术研究领域仍处于世界前列。俄罗斯在高超声速领域的一个显著特点是其雄厚的冲压发动机技术。其高超声速技术是在苏联原有的冲压发动机技术基础上发展起来的。目前俄罗斯已进入高超声速技术的飞行验证阶段。

俄罗斯先后开展了"冷(Холод)""彩虹(Радуга)"和"针(ГЛЛ - ВК)"等高超声速计划。其中自 1991 年以来进行了 5 次轴对称发动机飞行试验,其中除第三、四次出现过电子、机械故障外,其余 3 次都十分成功。鉴于俄罗斯的经济现状,"冷"计划试验都与国外合作,该计划主要是验证轴对称亚/超燃冲压发动机技术。其中第二、三次试验是俄法合作,第四、五次是俄美合作。这五次验证性飞行试验的成功之处包括以下几点:

(1)实现了亚声速燃烧向超声速燃烧的转变。

（2）飞行马赫数最高达到了 6.5。

（3）获得了从马赫数为 3.5 到马赫数为 6.45 飞行速度和高动压飞行条件下有关亚声速和超声速燃烧的飞行试验数据。

在第二次试验中实现了世界首次冲压发动机从亚声速燃烧模态到超声速燃烧模态的转换。"冷"计划对世界高超声速技术的发展起到了重大的促进作用。它是世界上首次实现在高空试验冲压发动机超燃工作模态，标志着俄罗斯在这一学科的水平处于领先地位。虽然美国进行过大量超燃冲压发动机的地面试验，却没有在 1991 年时达到俄罗斯进行真实空中飞行试验的水平。后来美国海军拟发展的"快速霍克"巡航导弹，其构型同"冷"计划一样是轴对称的发动机，可能是受到这一设计思想的影响。

"鹰（Opeл）"计划由俄罗斯中央航空发动机研究院和中央空气动力研究院共同开展。"鹰"采用升力体构形，发动机采用三模态超燃冲压发动机，如图 1-13 所示。"鹰"计划做了大量的地面试验与风洞吹风试验，取得了重要成果，并于 2001 年 6 月成功进行了地面试验。

图 1-13  俄罗斯"鹰"高超声速飞行器

### 1.1.4.3  澳大利亚的高超声速研究

澳大利亚独立进行或通过国际合作发展了多项高超声速研究计划，在国际上占据一席之地。澳大利亚昆士兰大学（UQ）高超声速中心在高超声速吸气式推进技术研究领域拥有雄厚的研究实力，除了具有先进的激波风洞和膨胀风洞等地面试验设备之外，还与多国进行国际合作，先后进行过 HyShot，HIFiRE，HyCAUSE 和 SCRAMSPACE 等高超声速项目的研究。

HyShot 计划是澳大利亚与美国、法国、英国、日本和韩国合作开展的，分别在 2001 年 10 月和 2002 年 7 月成功完成了两次超燃冲压发动机的飞行试验，其验证机如图 1-14 所示。飞行试验利用 Terrier Orion Mk70 固体火箭搭载超燃冲压发动机,在火箭再入大气层到达 30km 高度,马赫 8 时,发动机开始工作,工作时间持续大约 6s。

图 1 - 14　HyShot 超燃冲压发动机验证机

2006 年 11 月 10 日,美国和澳大利亚正式启动了高超声速国际飞行研究试验(HIFiRE)项目。HIFiRE 主要研究高超声速技术及其在以超燃冲压发动机为动力的空间发射飞行器上的应用,目标是支持波音公司的 X - 51A 超燃冲压发动机验证机,并且为快速响应空间发射研究和高超声速快速打击武器提供关于飞行试验数据的数据库。HIFiRE 项目耗资 7000 万美元,预定持续 8 年,是美、澳在高超声速领域最大的合作项目。HIFiRE 项目是多项飞行试验的集合,每架试飞器都不同。每架试飞器都有一次主要试验及一组其他试验,且其飞行次数将多达 4~5次,首架试飞器将进行 5 次飞行。HIFiRE 的首飞已于 2009 年 5 月 7 日在武麦拉靶场成功完成(见图 1 - 15)。2010 年 3 月又成功进行了第二次飞行试验,此次试验由美国牵头,后续的 HIFiRE 5 试验也将由美国牵头。HIFiRE 合作项目已经在高超声速飞行器的设计、组装,复杂电子设备的设计以及飞行系统等多个关键节点取得了成功。HIFiRE 是一个引人注目的国际合作项目,对美国和澳大利亚未来高超声速技术的研究和验证无疑有非常重要的作用。

图 1 - 15　HIFiRE 超燃冲压发动机验证机飞行试验

### 1.1.4.4　日本的高超声速研究

日本在 20 世纪 70 年代在一些大学中开始了超声速燃烧的基础研究。90 年代,日本国家宇航实验室建立了较大规模的自由射流试验系统,完成了氢燃料超燃冲发动机的缩比地面试验。日本高超声速计划的目标是发展单级入轨的空天飞机和高超声速运输机。目前日本已经成功运转了包含超燃冲压发动机工作模态的组合循环发动机。日本凭借其技术基础和强大的财政支持,在高超声速技术领域的发展值得重视。

日本的吸气式高超声速飞行器计划也正在发展,包括单级入轨和二级入轨的空天飞机和高超声速运输机。日本宇宙事业开发团(National Space Development Agency of Japan,NASDA)和 NAL 联合研究和开发了 HOPE(H-IIA Orbital Plane Experimental)和 HOPE-X 试验飞行器。目前已成功地进行了试验飞行器的轨道再入试验(Orbital Reentry Experiment,OREX)、高超声速飞行试验(Hypersonic Flight Experiment,HYFLEX)和自动着陆飞行试验(Automatic Landing Flight Experiment,ALFLEX)。高超声速飞行试验的目的在于积累高超声速飞行器的设计和制造技术,研究一体化设计技术。日本的高超声速飞行器的外形是一个钝头的圆柱体,重点在于验证飞行和再入期间的飞行器姿态控制。1996 年日本用 J-1 火箭将 HYFLEX 试验飞行器发射到 110km 的高度,分离后 HYFLEX 试验飞行器成功完成了马赫数从 14 到 2 的飞行,试验获取了高超声速条件下的气动、热、导航/制导/控制及测控通信的数据。

在往返试验机 HOPE-X 开发以后,日本宇宙航空研究开发机构(JAXA)进一步探讨了往返系统的概念。升力体飞行试验(LIFLEX)是日本未来航天飞机技术所开展的系列研究中的最新一个项目。JAXA 原计划在开展缩比升力体(lifting-body)再入飞行器的自动进场与着陆试验。目前尚没有关于试验结果的报道。以前试验的有翼飞行器都是基于日本 H-II 火箭发射的 HOPE 无人航天飞机的研制工作,但 LIFLEX 是一种无翼升力体。JAXA 称无翼升力体再入时产生热量较低并且具有更大的载荷能力。

### 1.1.4.5　其他国家的高超声速研究

德国在高超声速技术领域进行了一些重点的研究,并采用不同的高超声速构型进行了 4 次飞行试验。在德国高超声速 SHEFEX 计划的飞行测试中,德国宇航中心主要进行再入技术和高超声速流体技术的研发。德国在 2005 年 10 月 27 日进行的第一次尖缘外形试飞器 SHEFEX-1 取得成功后就开始了后续试验的准备工作。SHEFEX-1 进行了 20s 的马赫数为 6 的飞行,得到了完整的高价值气动力学数据。德国利用其飞行试验数据来支持在 SHEFEX-2 试验中拓展其飞行包线。2012 年 6 月,德国的 SHEFEX-2 试飞器成功试飞,飞行器由火箭发射至大约 180km 高度后再高速重返大气层,整个飞行耗时 10min,最大飞行速度达马赫数为 11。SHEFEX-2 试验的目标就是在欧洲首次验证运用全气动力学控制的高超声速飞行器再入大气层技术。

　　法国在高超声速技术领域也有较强的实力。法国在 20 世纪 60～70 年代完成了 ESOPE 研究计划,1992—1997 年完成了 PREPHA 研究计划,并与俄罗斯合作来进行超燃冲压发动机的飞行试验。法国从 1999 年开始 Promethee 研究计划,其目的是发展基于碳氢燃料双模态超燃冲压发动机推进的空对地高超声速导弹。目前该计划已进行了一系列的发动机地面试验和风洞试验。2003 年 1 月,法国还启动了名为小型试验飞行器(LEA)的飞行试验计划,LEA 计划也被称为"法国版"的 Hyper - X 计划,其核心是超燃冲压发动机技术和机体/推进一体化飞行器技术。LEA 飞行试验计划划分为初步设计、关键设计、试验前准备和飞行试验 4 个阶段。初步设计阶段已于 2006 年完成,目前正处于关键设计阶段。

　　印度在高超声速领域也有明显的进展,其在实验室里成功进行了一次以氢为燃料的超燃冲压发动机点火试验。此外印度已经建造了高超声速风洞。印度正在研制一种效费比高的可重复使用的高超声速导弹系统,其飞行高度为 30～40km,巡航速度为马赫数为 7。除水平发射外,该导弹还设计成可垂直发射。其安装的冲压发动机先工作在亚燃模态,速度达到马赫数为 3 后转入超燃模态并加速到马赫数为 7。研制这种导弹系统所需的技术包括适于高超声速飞行的吸气式亚燃/超燃双模态冲压发动机,用于目标定位、有效载荷投放或侦察的各种系统以及飞行结束后的回收系统。

## 1.1.5　中国的高超声速飞行器技术研究情况及发展计划

　　中国的高超声速飞行器研究在 2000 年以前主要是集中在基础层面。关于超燃冲压发动机、热防护、气动布局、飞行控制、一体化设计等方面均有广泛深入的基础研究。

　　中国十分重视高超声速飞行器基础理论和技术的研究。2002 年,中国国家自然基金委员会专门设立"空天飞行器的若干重大基础问题"重大研究计划,围绕空天飞行器研究中的重要科学问题,通过多学科交叉研究,增强航天飞行器研究的源头创新能力,为空天飞行器的发展奠定技术创新的基础。该计划的科学目标是通过力学、物理学、化学、数学、生物学、材料科学、工程科学、信息科学等相关基础学科在空天飞行器基础研究问题上的交叉,根据空天飞行器高超声速、高机动、高温、高速、高隐身、超高强韧和高精确控制的发展需求及核心科学问题,在基础理论和实验的源头创新上有所突破。

　　针对空天飞行的高超声速要求,提出适用于高超声速飞行器的空气动力新概念;针对空天飞行器的高机动飞行,研究适合这类飞行器的新流型和自适应流动控制原理;针对空天飞行的高隐身要求,发展电磁波—复杂介质—空气绕流的耦合效应理论,建立兼具雷达、红外隐身与最佳气动性能的飞行器构形原理;针对空天飞行的长航程要求,发展适用于高超声速飞行器动力要求的超声速燃烧的科学原理;针对空天飞行器的超轻质、高强韧、防热、抗冲击结构一体化要求,探索创新构形原理,发展多功能拓扑优化和材料—结构协同设计的理论和方法;针对高精确度和高可靠性的要求,提出和发展智能自主控制和多场耦合的理论与方法;建立适用于空天飞行器的多尺度算法和精细实验测量方法。

在 2007 年,中国国家自然基金委员会又设立"近空间飞行器的关键基础科学问题"重大研究计划,其科学目标以 30～70km 中层近空间的高超声速远程机动飞行器涉及的关键基础科学问题为核心,以跨学科的创新理论和源头创新方法为手段,以期在近空间飞行环境下的空气动力学、先进推进的理论和方法、超轻质材料/结构、热环境预测与热防护、高超声速飞行器智能自主控制理论和方法等方面实现如下目标:在前沿领域研究方面,形成近空间飞行器关键基础科学问题的创新理论与方法,为国家相关技术的形成与发展提供理论与方法基础源泉;在技术方法的源头创新上有所突破,提升在相关领域的自主创新能力,支撑相关技术的跨越式发展。

中国正在开展高超声速飞行器的研究工作。中国冲压发动机和高超声速推进技术的奠基人之一——刘兴洲——2004 年和一批专家联名提出《关于发展高超声速飞行器科技工程的建议》,"高超声速飞行器科技工程"被列为《国家中长期科技规划(2006—2020 年)》中的重大专项之一。《科技日报》2012 年 9 月 3 日报道了我国在北京郊区建成 9 马赫 JF12 高超声速激波风洞。这是为测试高超声速飞行器空气动力模型所必需的设备。据《2012—2013 年度航空科学技术学科发展报告》,中国在 2012 年首次实现了轴对称式高超声速飞行器成功试飞,飞行高度超过 20km,飞行速度大于 5 马赫,初步验证了吸气式超燃冲压发动机及飞行器的制导与控制技术。

高超声速飞行器是中国高技术研究发展计划的重要内容之一,近年来在地面试验设备、超燃冲压发动机技术和飞行控制技术等方面取得了重要的进展,大量研究和试验结果说明,中国的高超声速飞行器技术与世界水平接近,甚至于同步发展。

# 1.2 吸气式高超声速飞行控制综述

## 1.2.1 吸气式高超声速飞行对控制科学的挑战

将吸气式高超声速飞行器的飞行任务分为 3 个阶段。第一阶段是火箭助推段,结束的特征是助推火箭与飞行器分离;第二阶段是姿态调整的过渡段,结束的特征是飞行器的整流罩分离、进气道堵盖打开、姿态调整到发动机点火允许的范围内;第三阶段是巡航飞行段。在这 3 个飞行阶段,飞行控制需要解决的问题各不相同,以下分别讨论。

Duan 在《Science China》上回顾了近期的高超声速飞行器控制技术的发展概况,并对高超声速飞行器控制技术面临的挑战作了较详细的分析。

### 1.2.1.1　助推段飞行控制问题

这一阶段飞行器的控制一般依靠助推火箭的飞控系统,从控制的角度,最关心的是分离时刻的方式、扰动量级及其控制方式,因其直接影响到飞行控制系统的能力要求。助推火箭与飞行器分离时,助推火箭的姿态虽然有一定的要求,但在此范围内具有随机性,因而造成分离后飞行器可能抬头、低头或其他飞行姿态。由于助推分离后的调整段是被动飞行,为避免速度损失过大,一般要求尽快完成姿态调整。因此希望飞行器的飞控系统能够根据分离时刻的姿态预置舵面,也就是对舵面进行预先偏置,使得分离时刻的姿态扰动尽量小,接近期望的姿态,从而减小对后续姿态调整的压力。舵面预偏的另一个好处是可以降低对飞控舵机的能力要求。简单说,如果没有舵面预偏措施,较大的分离扰动和最快的姿态调整速度要求将提出巨大的舵机铰链力矩和动态速度指标,相比舵面预偏措施,舵机的铰链力矩可能需要成倍上升,这是系统设计所不希望看到的结果。

在这一阶段飞行控制研究方面,Bahm 描述了分离控制逻辑,指出飞行器为了分离其初始升降舵偏是预置的,并描述了助推分离过程中各个控制回路的接入时序。Reubush 详细介绍了 X-43A 的各种分离结构设计,分离结构设计中需要考虑的问题,以及最终确定的分离结构方案。Peter A. Liever 介绍了助推分离过程中的仿真分析工具,比较了 CFD/6DOF 与 SepSim 的两种仿真结果,通过仿真计算获得了验证机分离后的预测轨迹。李本岭等针对高超声速飞行器建立了三自由度动力学模型,研究了高超声速飞行器纵向非对称分离动力学问题,并对高超声速非对称分离流场进行分析,得到了气动参数的特点,最后进行了验证飞行器和运载火箭分离弹道的仿真计算。郭正等对高超声速飞行器助推器分离段流场进行数值研究,得到了不同时刻由于多体相对运动形成的干扰流场结构以及分离过程的气动力参数。为抑制级间分离时的气动干扰,闫斌斌提出一种基于 CMAC 神经网络的预置舵偏设计方法,有效抑制气动干扰对攻角和侧滑角的影响,仿真结果表明,可使飞行器的俯仰角偏差减小一个数量级。

关于舵面预偏控制的文献较少,西北工业大学航天学院结合我国超燃冲压发动机验证飞行任务,对舵面预偏控制技术进行了较全面的探讨,所得到的结果尚待试验验证。

### 1.2.1.2　过渡段飞行控制问题

助推火箭分离后,飞行器进入自主飞行控制阶段。这一段的飞行时序可能包含 3 个动作:一是快速姿态调整,二是整流罩分离,三是超燃发动机打开堵盖冷通。3个动作对飞行控制要求区别巨大,现分别讨论。

### 1. 快速姿态调整阶段

在这一阶段,目标是快速完成姿态调整,避免被动飞行下的飞行器速度损失过大。助推器与飞行器分离后,由于助推器姿态本身的散布和分离扰动,可能使飞行器的姿态偏离平衡状态较大,例如处于大攻角飞行状态。这种状况理论上说是一个非线性控制问题。由于这时飞行器的速度非常快,大约是6马赫,调整的时间非常短,一般是几秒钟,这种高速度条件下的非线性快速姿态调整问题构成了一个关键技术。

### 2. 整流罩分离阶段

这一阶段控制的目标是在整流罩分离的大扰动条件下,快速完成飞行器的姿态调整。以往的航天分离概念一般是在空气非常稀薄、接近真空的环境,分离动压非常小,大概在几个帕。高超声速飞行器的整流罩分离动压则在$50\sim75kPa$。这种高超声速条件下的分离理论上可能会产生激波,复杂的波系作用在飞行器的舵翼面上将对飞行器的控制产生剧烈的扰动。如果飞行器的气动设计和控制方式考虑不周全,极端情况下可能造成飞行器失控。理论上这是一个典型的鲁棒控制问题,工程上可以用估算扰动边界的方法验证鲁棒控制的有效性。在机理研究层面,只有清楚地分析分离过程的气动变化情况,才有可能有针对性地设计控制系统,可靠、成功地完成分离过程控制。因此整流罩分离阶段的控制问题是一个跨气动、控制以及飞行器总体设计的多学科的关键技术问题。值得指出的是,高动压条件下高超声速飞行器的分离控制问题是临近空间飞行器技术领域的一个共性基础问题。

### 3. 超燃冲压发动机打开堵盖冷通阶段

这一阶段可以看成是飞行器在初始扰动条件下气动参数发生变化,从而对姿态控制产生了影响。根据对某一典型高超声速飞行器的研究,堵盖打开主要影响了飞行器的俯仰力矩系数,在平衡攻角2°的平飞状态下,由堵盖关闭到堵盖打开大约需要7°左右的俯仰配平舵偏角。对发动机堵盖打开这一过程最大附加了0.5°的攻角偏差,不影响收敛到平衡状态。因此发动机打开堵盖冷通阶段的控制可以采用鲁棒技术加以解决。

针对高超声速过渡段飞行控制问题的国内外研究现状如下:朱云骥等针对高超声速飞行器在过渡段的非线性控制问题进行了初步的探讨和分析。邓以高等研究了未来十年中高超声速巡航导弹飞行控制的关键技术,指出在超燃冲压发动机工作前的飞行弹道中需要研究快速的姿态控制方法,克服高超声速弹体动力学各种非线性和不确定性因素的影响。在高超声速大动压条件下抛离整流罩的控制研究方面,目前国内冲压发动机均采用进气道整流罩方式,通过抛罩打开发动机的进气道。这种分离方式比较适用于飞行器机体有控制力并且对有效容积要求严格的情况。国外对整流罩的分离主要采用风洞实验加工程估算的方式。陈庆云将半整流罩简化成为侧面和底面均不封闭的半回转形物面。在考虑来流速度向量平行于半回转面的对称平面,半回转面仅做俯仰运动,俯仰轴垂直于半回转面的对称平面,半回转面的迎风面均为凸面的情况下按照牛顿碰撞理论推导了半回转面气动特性的一般表达式,然后针对工程实践中的几种简单整流罩形状给出了具体气动特性计算公式。国内航天四院在针对某型冲压发动机飞行试验中的助推分离和抛罩分离采用了气动冷分离的方式,并且在分离时断开俯仰/偏航的控制通道,保持横滚通道接入的控制策略。国防科技大学研究的某型升力体高超声速飞行器采用发动机堵盖向内翻转打开进气道方式,与抛撒发动机的整流罩最大区别在于堵盖开启过程是一个非定常过程,由流场的急剧变化导致的飞行器稳定性变化,并可能会产生振荡激波,导致飞行器气动特性的剧烈变化。

### 1.2.1.3　巡航飞行段控制问题

巡航飞行段的控制目的就是保证超燃冲压发动机工作需要的最优姿态条件,国内外在这一方向开展了大量的研究工作。从文献上分析,国外的理论上主要集中在飞行器的建模、非线性控制和高精度姿态控制器设计等方面,试图建立更准确的数学模型,追求高品质的飞行控制技术。例如:在乘波体构型的概念飞行器建模研究中,Maj Mirmirani 等人对高超声速概念飞行器进行了建模,给出了高超声速空气动力学、推进、结构和控制系统之间的耦合关系。Bolender 等人则对纵向通道采用非线性的建模方法来分析高超声速飞行器的动力学特性,采用拉格朗日方程建立了乘波体高超声速飞行器的弹性特性模型。在翼锥组合体构型的概念飞行器建模研究中,NASA 技术备忘录 4562 号给出了刚体情况下气动力和力矩的计算模型和改进的推力计算模型。Wiese 针对通用型六自由度高超声速飞行器,提出了自适应增稳、在线增益调度、比例积分型 LQR 控制器。在工程研究方面,美国的 X - 43A 是作为乘波体构型并实际试飞获得真实飞行试验数据的为数不多的验证机之一,针对 X - 43A 的试验数据分析与建模具有重要的参考价值。Catherine 等人对 X - 43A 验证机控制系统设计的建模问题给出了纵向和侧向的模型;Morelli 等人对 X - 43A 验证机的飞行试验数据进行了分析,对建模和控制器参数进行了估算。Fidan Baris 等人针对类似 X - 43A 的吸气式乘波体高超声速飞行器的建模问题,指出建立的模型必须考虑系统的不确定性因素,注重动力学系统与控制系统设计的综合,同时指出高超声速飞行器在平飞段可以采用线性化建模的方法,而在全速域与全弹道控制问题中应考虑采用非线性的建模方法,研究操纵延迟、通道耦合、大范围速度变化、超燃冲压发动机工作后的气动耦合、高速飞行时的气动加热等一系列因素对高超声速飞行器稳定性和性能的影响。Banerjee 指出,澳大利亚的 SCRAMSPACE1 飞行器采用惯导系统输出的姿态和角速率设计反馈控制系统,采用速率反馈来设计姿态控制系统,数字仿真证明这是一种可选的控制策略。

国内对吸气式高超声速飞行器的控制问题研究在 2000 年左右才刚刚起步,对相应的建模问题研究得很少。西北工业大学和国防科技大学的联合课题组针对升力体构型的高超声速飞行器建立了较为完整的六自由度数学模型,有针对性地考虑了进气道关闭、开启,发动机点火等具体工况,提出了高超声速飞行器姿态精细控制的指标要求,即:平衡攻角为 $\pm1°$,侧滑角为 $0°\pm1°$,姿态角速度为 $\leqslant2°/s$。

近年来许多现代控制理论和方法都应用到了高超声速飞行器的控制系统设计中。早期比较简单的控制方法是线性二次调节器,近年来比较普遍的方法是动态逆或基于动态逆的控制策略。Heller 在研究具有冲压式发动机的验证机飞行控制问题时,利用动态逆与 $\mu$ 综合相结合的方法设计了飞行器的纵向鲁棒控制器。Princeton 大学的 Qian 等人在研究具有非线性动态逆结构的高超声速飞行器的飞行控制问题时,利用了遗传算法来寻找非线性动态逆的参数空间。Austin 等人在应用动态逆方法研究 X-38 再入大气层的姿态控制问题时,基于飞行器整个包络线内选定运行点处的线性化模型,采用了双环控制结构。其控制结构大致可描述为通过基于动态逆的方法来设计内环,保证飞行器的性能;利用极点配置来设计外环,保证整个飞行器的稳定性。Hu 等针对推力系统、机体和弹性之间的耦合,设计了弹性高超声速飞行器自适应滑模控制器。Xu 等提出了一种高超声速飞行器离散神经网络控制方法。Petersen 将控制系统分为外环制导和内环飞控,外环设计中,采用模型预测控制跟踪飞行倾斜角和航迹角;内环设计中,提出了线性二次状态反馈控制和扩展的实时特征点状态跟踪控制方法。Zhengdong Lei 采用非线性扰动观测器估计高超声速飞行器姿态控制系统面临的不确定性和外部干扰,应用模糊理论提高观测器的性能。Zhen 认为变质量的高超声速飞行器姿态控制系统是一种强耦合的非线性系统,应用模糊树的系统模型来处理三通道解耦及线性化。Yang 基于飞行环境和气动模型为高超声速导弹建立了多元滑模控制器,建立飞行环境模型在线估计大气密度和动压,再通过气动模型计算气动参数,这种变结构控制器可以消除其对气动和结构参数的依赖。

在针对乘波体构型的吸气式高超声速飞行器控制研究方面,Parker 等给出了纵向通道采用微分几何方法实现近似反馈线性化的控制器设计,采用忽略了机体弹性特性的简化纵向通道模型来进行设计。Huo 和 Mirmirani 等人采用改进的自适应线性二次型(ALQ)方法设计了吸气式高超声速飞行器纵向通道的高度与速度控制器。Groves 等设计了 Anti-Windup 纵向通道线性控制器,在控制受限的情形下仍然可以跟踪飞行器的高度与速度,同时保证飞行器的攻角满足设计的指标。Xu 等在考虑参数不确定和输入受限情况下,利用参数辨识和执行机构补偿设计了高超声速飞行器的 Dynamic Surface 控制器。闫斌斌等分别采用模糊自适应方法、粒子群模糊控制法、自抗扰控制器(ADRC)原理和模糊小脑算数计算模型设计了速度回路和高度回路自抗扰控制器,克服气动参数的不准确性,准确地跟踪飞行器的高度和速度指令。孟中杰针对高超声速飞行器机体动力耦合及大包线飞行特点导致其控制系统设计困难,基于 LQR 和 H∞ 理论设计了双回路控制系统,能有效跟踪速度/高度指令。孟中杰基于自适应模态抑制思想和主动控制策略,设计了精细姿态控制的鲁棒控制器,能很好地跟踪刚体攻角,抑制弹性攻角,保证当地攻角的控制精度,解决了高超声速飞行器特有的气动参数和结构模态参数不确定性问题。尉建利采用 $\mu$ 分析方法和参考变结构控制(MRVSC)设计高超声速飞行器鲁棒控制系统,有效解决了高超声速飞行器飞控系统在不确定因素情况下的建模误差难题。孟中杰建立了以敏感度方程表示的机体对发动机的耦合模型和发动机对机体的耦合模型,基于变结构控制理论设计了一种简单的开环＋闭环的控制系统,符合高超声速点火飞行段的飞行特性。控制器对干扰、噪声、拉偏时能快速收敛,鲁棒性强。

　　这些控制算法大多关注纵向动力学特性,而忽视了侧向动力学,高超声速飞行器的控制器设计在引入侧向特性后将变得更加复杂。

　　针对 X-43A 验证机的控制器设计研究方面,Catherine 等总结了 X-43A 马赫数为 7 飞行试验所采用的飞行控制算法,给出了纵向和侧向的自动驾驶仪结构设计。X-43A 的飞行控制方案采用经典的线性控制技术,控制器的设计基于一个线性的刚体模型和采用增益调度的方式来在不同的特征点改变控制器的增益。纵向通道采用法向过载控制器结构和攻角控制器结构,前者应用于超燃冲压发动机点火工作前的飞行阶段,后者应用于超燃冲压发动机点火试验段的飞行阶段。侧向通道采用法向过载控制器结构,通过将侧向过载控制为零来实现侧滑角为零的飞行。由机体弹性引起的不确定性引入到攻角控制中,用前馈补偿器来抑制超燃冲压发动机与气动的耦合影响以及不同飞行条件下动压变化的影响,控制器的参数随攻角和马赫数变化。

　　国内在高超声速飞行控制的理论方法方面发表了大量的论文。吴森堂采用二次型高斯非线性随机控制方法对高超声速飞行器的纵向通道进行了仿真。余凯等给出了不确定性系统的鲁棒控制算法。由于吸气式高超声速飞行器对攻角、侧滑角的控制严格,国内还有采用 BTT 控制策略的研究,如李扬等采用 BTT 非线性控制器来设计高超声速飞行器的飞控系统。于达仁等对发动机分布参数控制问题进行了研究。除了以上方法外,还有基于模糊控制和滑模控制等控制策略,它们都有各自的优点。比如模糊控制方案的优点是设计时不需要对飞行器的模型线性化,不必对飞行器的动态特性有充分的了解,但需要大量的专家经验。然而以上研究中用到的控制方法基本没有系统地给出高超声速飞行器飞行控制系统的方案,对飞控系统的工程化及试验技术也没有进行深入的研究。

　　与高超声速飞行器的精细姿态控制直接相关的是姿态高精度测量技术,2004

年 3 月，X-43A 试飞成功，X-43A 采用的大气数据测量系统（FADS）实现攻角、侧滑角测量。美国专家 Colgren 博士利用惯性导航数据实时估计出来了飞机的攻角和侧滑角，并且获得很好的估计效果，获得了多项美国专利。

综合上述国外和国内的研究成果可以看出，针对超燃冲压发动机工作条件下的高超声速飞行器的飞行控制问题，目前的理论研究尚处于探索阶段，还需要针对高超声速飞行器实际工作过程进行深入研究，以期有针对性地设计姿态控制系统，获得更高的姿态控制精度。

### 1.2.2 吸气式高超声速飞行控制的基础科学问题

通过 1.2.1 节对吸气式高超声速飞行器各飞行阶段控制技术所面临的具体问题的讨论，可以提炼出高超声速飞行控制技术的基础科学问题。

**1. 高超声速、高动压分离**

无论是助推还是整流罩分离，高超声速飞行器的分离条件都将是速度接近或超过 5 马赫，动压可能超过 100kPa，临近空间大气扰动和分离扰动。这是一个十分苛刻、机理复杂，但必须面对，因而充满挑战的问题。X-43A，X-51A 都曾因分离过程出现问题而导致飞行试验失败。

这一问题的基础性体现在机理的高度复杂。首先是临近空间大气扰动的随机性和高动压表现方式，其次是分离动作所产生的扰动在量级和方向上的不确定性，而且分离过程中的两体或多体相对运动将附加复杂且可观的气动效应。这种气动上的复杂表现在精确建模上非常困难，给控制设计带来严重的耦合与非线性问题，从而为分离时段的稳定控制带来巨大的困难。

高超声速飞行器的分离控制是一个空气动力专业和飞行控制专业深度融合的共性基础问题。

**2. 精细姿态控制**

高超声速飞行器对飞行姿态的高精度要求是其区别于其他飞行器的一个显著特征。如前所述，高超声速飞行器巡航飞行段控制的首要目的就是保证超燃冲压发动机工作需要的最优姿态条件，大约是平衡攻角 ±1°，侧滑角 0°±1°，姿态角速度 ≤2°/s，称之为精细姿态控制。需要说明的是，这个指标不是超燃冲压发动机工作的边界，即实际飞行中即使姿态或速率超出这个边界发动机仍可能正常工作。但从飞行控制追求使超燃冲压发动机工作的条件达到最优，以及高超飞行器长时间飞行两个方面，设立一个较高的指标以检验飞控系统设计的结果是必要的。同时指出，这个指标在工程上是可以实现的。

这一问题的科学性体现在"精细"两字上，首先是对临近空间飞行环境的"精细"了解，建模；其次是气动布局上的精细化，例如翼尖舵，给"精细"操控创造条件;再次是飞控系统组件的"精细"化,例如舵机零位死区、惯性测量系统精度等,进一步减小、消除控制间隙;最后是受控对象的"精细"建模,为"精细"的控制策略设计奠定基础。

高超声速飞行器的"精细"姿态控制是一个火箭发动机动力专业、空气动力学专业和飞行控制专业深度融合的共性基础问题。

### 1.2.3　吸气式高超声速飞行控制的关键技术

目前对于吸气式高超声速飞行器制导控制系统的设计急需突破以下关键技术。

**1. 飞行控制系统与飞行器气动性能适配性的评估技术**

吸气式高超声速飞行器飞行速度快,速域宽,气动布局复杂,气动特性变化较大,尤其是飞行器操纵特性的需求、气动舵面的布局等都面临着新的挑战,以往常规飞行器飞行特性的评价指标是否适合高超声速飞行器是急需开展研究的问题。目前,急需建立吸气式高超声速飞行器制导控制系统的性能指标体系,为指导飞行器制导控制系统的设计提供依据。主要包括:

(1)各飞行阶段性能指标确定;

(2)吸气式高超声速飞行器制导控制系统飞行品质评定准则与设计规范;

(3)吸气式高超声速飞行器制导控制系统基本布局操纵稳定特性评价准则;

(4)飞行控制系统顶层设计要求;

(5)飞行控制性能对操纵方式及操纵效率的要求。

**2. 飞行姿态高精度测量技术**

与高超声速飞行器的精细姿态控制直接相关的是姿态高精度测量技术。目前基于纯惯性的姿态系统无法保证长航时条件下的高精度测量,在较低高度的对流层,由于气流复杂多变,嵌入式大气数据系统(FADS)难以获得较高的测量精度。在临近空间平流层稳定长时间巡航飞行时,FADS 是一个最优解决方案。FADS 曾成功应用于 X-43A 飞行器上,具有成本低、重量小、功耗低、精度高、可靠性高、不影响飞行器气动布局、雷达反射面积小、适合在临近空间等环境下使用等优点。

当前 FADS 系统需要解决:

(1)实时攻角、侧滑角的计算;

(2)利用吹风数据修正技术;

(3)利用 FADS/SINS 组合测量技术实现攻角、侧滑角测量的快速性和稳定性。

**3. 高超声速飞行器的高精度建模技术**

为实现飞行姿态的精细控制,被控对象的高精度建模尤为重要。首先是气动模型,在平稳飞行情况下,希望气动参数的误差不超过10%;在高超声速飞行的分离情况下,两体间复杂的非定常流动将造成强烈的扰动和非线性特性,其准确计算至今仍是气动专业的一个难题,也是高超控制建模的一个空白,目前只能用工程的方法估算边界,以确定对控制系统操控能力的需求。

高超声速控制建模的另一个难点是控制系统性能与动力系统性能的耦合,这是高超声速飞行器的独特问题。由于飞行器的飞行姿态与超燃冲压发动机的燃烧室的工作过程相互存在影响,因此精细、科学的控制需要将这种相互影响表现在动力学模型中,并最终反映在闭环控制中。这种耦合影响目前常以其对其他特征量的贡献小而被忽略。但在未来长航时的情况下,这种忽略处理可能会带来可观的航程损失。此外,这些相互影响常以耦合或非线性的形式表现在模型中,这是探讨高超声速飞行控制非线性方法的直接理由。

### 4. 高性能操控技术

在高超声速飞行器的分离过程中,有可能需要大的操纵力矩以快速抑制分离带来的巨大扰动,而在巡航飞行过程中,可能只需要比分离控制时小一个数量级的控制力矩进行精细、高速的控制。这种与飞行阶段任务匹配的高性能操控技术也是高超声速飞行控制的特点。由于在高超声速飞行器炽热的表面布置多操纵面是非常困难与不合理的,因而如何实现与飞行阶段任务匹配的高性能操控构成了高超飞控的关键技术。

由于精细姿态控制的要求,执行部件舵机的高性能也至关重要。研究表明,平时常常忽略的舵机死区、摩擦等非线性因素,在高超飞控中可能造成较大的误差,以致完全抵消我们在模型的精度与算法方面的努力。因此,尽力提高舵机的性能是高超声速飞行控制的关键技术之一。

### 5. 飞行控制系统半实物仿真技术

半实物仿真需要准确评估超燃冲压发动机工作需要的攻角、侧滑角、姿态角速度等飞行参数。包括 X - 43A 在内的各种高超声速飞行器,均经历了复杂而艰难的半实物仿真流程,如在 X - 43A 的半实物仿真中,将惯导模拟器与仿真系统同步联调,就耗费了半年多的时间。

半实物仿真系统为高超声速飞行器提供一套"精细"姿态控制的仿真试验环境,包括高超声速飞行器六自由度模型、半实物仿真设备等。精确高超声速飞行器六自由度模型涉及总体气动、飞行力学、飞行控制与制导、导航,以及半实物仿真等多个学科;三轴转台的框架角精确指令设置,三轴转台的框架角设置涉及三轴转台的环架结构、转台位置与方位、地球曲率和自转等多种因素的影响。空气舵的加载也是半实物仿真的一个难点。必须根据飞行过程中空气舵的载荷和舵面压心位置,转化为舵轴承受的铰链力矩和切向力,通过特殊设计的舵机负载台进行加载。

# 第 2 章　高超声速飞行器大气环境及其数学模型

　　临近空间飞行器在大气层中飞行时,其飞行环境中的各项参数对于飞行器的总体设计和控制有着重要的影响。大气风场复杂变化和温度、密度、气压状态及动力学扰动,将直接影响飞行器的姿态和位置等飞行状态,而臭氧、电子密度等空间环境参数变化,对飞行器总体、结构材料、有效载荷产生影响。

　　为了完成吸气式高超声速飞行器的总体设计,实现飞行过程中的精细姿态控制,必须建立比较完整的大气环境模型,用于总体方案规划、控制系统设计和相关结构部件的考核验证。在本章中,对吸气式高超声速飞行器的飞行环境进行研究,首先给出大气层的组成与分层,介绍国内外常用的大气模型,然后着重分析对飞行器飞行和控制系统设计影响显著的大气风场模型和密度模型,详细介绍了风场和密度的变化趋势,并给出可用于控制系统评估的风场模型和密度模型,最后分析空间环境参数对飞行器的影响。

## 2.1　大气环境简介

　　地球表面的外层是空气,受地球重力作用,围绕地球占有一定的空间,称为大气层,它是地球整体的第二大物质圈。

### 2.1.1　大气层的组成

　　地球大气是由多种气体组成的混合气体,还包含极少量的呈悬浮状态的固态、液态微小颗粒物质,称为大气气溶胶质粒(Atmo-spheric Aerosols)。据研究,在高度 86km 以下,大气的气体成分可分为两类:一类是定常成分,各成分之间的相对比例大致不变,如表 2-1 所示;另一类是可变成分,其含量随时间和位置而改变,主要有水汽、二氧化碳($CO_2$)和臭氧($O_3$),其中以水汽产生的变化最大,并可在不同大气环境的温度、气压条件下产生相态的变化。

　　由表 2-1 可知,虽然大气成分复杂,但其主要成分是氮气($N_2$)、氧气($O_2$)和氩气(Ar),三者合在一起的体积混合比达 99.96% 以上,其余的气体所占不足 0.05%。大气底层的水汽含量有时在极端条件下可多达 7%,而且在大气温度变化范围内它是唯一可发生相态变化的成分,因此水汽是天气变化的最主要角色,并通过辐射的吸收和反射影响大气能量传输。

二氧化碳主要源于有机物的燃烧和腐烂，随着工业的发展和人口增长，空气中的二氧化碳含量逐年增加，它具有强烈的红外辐射吸收和反射作用，是主要的"温室气体"（Greenhouse Gas）。

表 2-1　大气成分

| 成分 | | | 分子式 | 相对分子质量 | 体积混合比 | 相对于干空气的密度 |
|---|---|---|---|---|---|---|
| 主要成分 | 常定 | 氮 | $N_2$ | 28.013 4 | 78.084% | 0.967 |
| | | 氧 | $O_2$ | 31.998 8 | 20.946% | 1.105 |
| | | 氩 | $Ar$ | 39.948 | 0.934% | 1.379 |
| | 可变 | 水汽 | $H_2O$ | 18.016 | 0%～7% | 0.622 |
| | | 二氧化碳 | $CO_2$ | 43.999 | $348\times10^{-6}$，年均增率0.37% | 1.519 |
| 微量成分 | 常定 | 氖 | $Ne$ | 20.179 | $18.18\times10^{-6}$ | 0.697 |
| | | 氦 | $He$ | 4.002 6 | $5.24\times10^{-6}$ | 0.138 |
| | | 氪 | $Kr$ | 83.80 | $1.14\times10^{-6}$ | 2.893 |
| | | 氙 | $Xe$ | 131.30 | $0.087\times10^{-6}$ | 4.533 |
| | 可变 | 甲烷 | $CH_4$ | 16.04 | $1.7\times10^{-6}$，年均增率0.8% | 0.554 |
| | | 氢 | $H_2$ | 2.016 | $0.4\sim1.0\times10^{-6}$ | 0.069 6 |
| | | 臭氧 | $O_3$ | 47.998 | $0.4\times10^{-6}$ | 1.657 |
| | | 氧化氮 | $N_2O$ | 44.01 | $0.3\times10^{-6}$(1987)，年均增率0.3% | 1.519 |
| | | 一氧化碳 | $CO$ | 28.01 | $(0.01\sim0.2)\times10^{-6}$ | 0.967 |
| | | 二氧化硫 | $SO_2$ | 64.06 | $(0\sim0.01)\times10^{-6}$ | 2.212 |
| | | 氨 | $NH_3$ | 17.03 | $(0.002\sim0.02)\times10^{-6}$ | 0.588 |
| | | 硫化氢 | $H_2S$ | 34.07 | $(0.002\sim0.02)\times10^{-6}$ | 1.176 |
| | | 二氧化氮 | $NO_2$ | 46.01 | $(0.001\sim0.004\ 5)\times10^{-6}$ | 1.588 |

臭氧是在太阳紫外辐射的作用下，氧气发生分解，由氧原子和氧分子化合而成的氧分子异形体。臭氧能够强烈吸收太阳紫外辐射，具有局地增温作用。

大气中的众多微量成分，如二氧化硫、一氧化碳、碳氢化合物、氮氧化合物、硫化氢、氨和气溶胶质粒等作为大气中的污染物，部分来源于火山喷发，但主要是人类活动的产物。它们不仅危及人类健康，而且影响环境、生态和天气气候变化，高空的火山尘有时也会对飞行造成威胁。

气象学中把不含水汽和气溶胶质粒的大气称为干洁大气，或简称干空气（Dry Air），它是制定标准大气的基本假设。在标准状况（$t=0℃$，$p=1\ 013.25\text{hPa}$）下，干空气的密度为1.293kg·$\text{m}^{-3}$。在 86 km 以下，大气维持湍流混合平衡，各成分之间呈均匀混合，此时可把干空气视为平均相对分子质量为 28.964 4 的单一成分空气。

## 2.1.2  大气层的结构

根据地面探测可以知道,地球大气的成分、温度等物理属性在垂直方向随高度变化很大,而在水平方向却比较均匀,这同地心引力与距离二次方成反比有关。地球上的大气根据不同特征可以划分为不同层次,按照世界气象组织的统一规定,根据大气温度随高度的分布特征,将大气层划分为对流层、平流层、中间层、热层和外大气层(见图 2-1),各层的顶,依次称为对流层顶、平流层顶、中间层顶和热层顶。

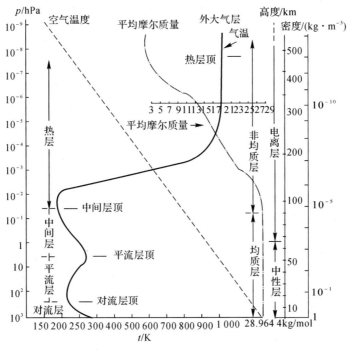

**图 2-1  大气垂直分层**

### 1. 对流层(Troposphere)

对流层是地球大气最低的一层,从地球表面开始,其上界随纬度和季节而变化,低纬度地区平均为 17~18 km,中纬度地区平均为 11~12 km,高纬度地区平均为 8~9 km,并且在夏季的时候,上界较高,冬季时较低,其层顶的分布如图 2-2 所示。对流层集中了整个地球大气 80% 的质量和几乎全部水汽与气溶胶。人们日常生活中所观测到的云、雾、雨、雪、雷、冰雹等天气现象均发生在该空域,是天气变化最为复杂的一层。

对流层的空气温度随高度增加而降低,其垂直温度平均递减率约为 6.5℃/km,即高度每升高 1 000m,气温下降约为 6.5℃。在不同地区、不同季节、不同高度和不同天气等情况下,气温垂直递减率是各不相同的。由于对流层在某些情况下气温垂直递减率超过了气温的绝热递减率,造成上冷下热这种大气不稳定的结构,促使形成了强烈的大气垂直运动和湍流混合现象。在晴朗的天气下,垂直混合可以使得一些地面颗粒在几天之内穿过整个对流层厚度,而在某些强对流天气下,一些颗粒只需几分钟就可由地面附近到达对流层顶。这样强烈的垂直混合,使得上下层之间的空气得以进行交换,近地面的热量、水汽和尘埃向上输送,为形成云、降水等现象创造了必要条件。同时,强烈复杂的垂直混合造成对流层中大气参数的水平分布存在很大的非均匀性。

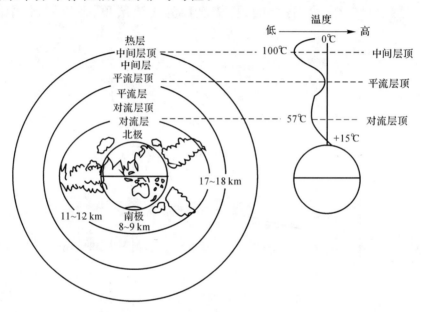

图 2-2　对流层顶高度随纬度的变化

根据对流层中气流和天气现象分布的特点,可将对流层分为上层、中层和下层。

对流层下层厚度约 1 km,占大气质量的 10%,称为行星边界层,又叫摩擦层或大气边界层,其下界是地表面。在该层中,由于气体黏性造成的内摩擦力对空气运动有着明显的影响,地面与大气之间存在着强烈的热量、动量和水汽交换,大气参数日变化大。

行星边界层以上的气层是对流层中层,又称自由大气。对流层中层的上界约为 6 km。这一层受地面影响比摩擦层小得多,气流状况基本表征着整个对流层空气运动的趋势,大气中的云、降水、雷电活动、强对流运动等都集中在这一层。

对流层中层以上是对流层上层,上层的范围从 6 km 高度开始,一直延伸到对流层顶。对流层顶是介于对流层和平流层之间的一个过渡层,厚约数百米到 1~2 km,最大厚度可达 4~5 km。对流层顶是一个很厚的对流阻滞层,它阻碍着积雨云顶的垂直发展、气溶胶和水汽的垂直交换。该处的气温、气压、湿度结构以及环流的变化直接影响着近地层的天气与气候。高空急流、臭氧层等物理、化学现象均与对流层顶的位置、强度及其变动规律密切相关。

### 2. 平流层（Stratosphere）

平流层位于对流层之上,顶界可伸展到约 50km 高度。在平流层中,随着高度的升高,温度分布最初保持不变或稍有上升,但从 30～35 km 高度开始,气温则开始随高度急剧上升,在平流层顶可达 $-43 \sim -33℃$。在平流层中,空气的垂直交换很微弱,垂直运动远比对流层弱,空气湿度很小,水汽和尘埃含量很少,极少有云生成。因此,平流层的气流比较平稳,天气晴好,空气阻力小,对飞行器的飞行十分有利。

### 3. 中间层（Mesosphere）

中间层位于平流层的上方,其顶界约为 80～85 km。该层约占大气总质量的 $9.9 \times 10^{-4}$。在中间层中,气温随高度递减,中间层顶的气温低达 160～180K。由于受到太阳紫外线、微粒流、宇宙线等的作用,中间层上部的空气分子被电离成带电离子,形成电离层。该层对电磁波的传播有很大的影响。

### 4. 热层（Thermosphere）

从中间层顶开始,向上延伸到 500～600 km 高度的大气范围称为热层。该层空气十分稀薄,所含的空气体积仅为空气总体积的 $1 \times 10^{-5}$。在热层,空气温度随高度上升而迅速增加,可达到 1 000～2 000℃。根据最近十几年的探测,对于太阳活动的平均情况来说,热层气温随高度升高变成等温状态时的温度取作 1 000K 比较适宜。温度的高度廓线由增温变到等温状态时所对应的高度,即是热层顶。热层中的空气分子被强烈电离,形成了原子氧、氢氧根,而二氧化碳也被分解。在 100 km 高度以上,与太阳和月亮引力有关的潮汐力的影响和大气潮汐现象变得明显起来。一些宇宙现象对该层有重要影响。

### 5. 外大气层（Exosphere）

热层上部 500 km 以上的大气层,称为外大气层或外逸层。这里的大气极其稀薄,同时又远离地心,受地球引力作用很小,大气质点不断向星际空间逃逸。该层中,分子碰撞极其少见,以致这里的温度难以确定,中性粒子和带电粒子的运动彼此几乎是独立的,因此没有理由判定它们具有相同的温度。

吸气式高超声速飞行器的飞行高度主要在平流层底部,因此,本书主要关注平流层的风场环境和大气因素。

## 2.1.3　常用的大气模型

大气模型包含了大气的各种参数值,模型中提供了温度、气压、密度和风等大气环境的各种数据和公式,是飞机、导弹、火箭等飞行器设计中的重要依据。吸气式高超声速飞行器的轨迹设计、姿态控制、飞行计划等工作均需要使用大气模型。

大气模型的研究发展历史可以追溯到 19 世纪中叶,经过多年的发展,各个国家、国际组织和众多科研机构已经制定和发布数十个大气模型。这些大气模型各有特点,适用的地区各有不同。在高超声速飞行器设计过程中的不同阶段,需要应用不同空域和特征的大气模型。

大气模型是大气结构和变化过程的数据、公式、表格和程序,通过对大量测量数据进行统计和理论分析而建立。按照大气参数信息是否随纬度季节变化分为"标准大气"和"参考大气";按照覆盖区域分为"全球大气模型"和"区域大气模型";按照高度可以分为"低层大气模型""中层大气模型"和"热层大气模型"。设计人员可以根据其任务需求、飞行器的地理区域和高度范围,选择合适的大气模型。

下面介绍几种在飞行器设计过程中常用的大气模型。

### 2.1.3.1 美国标准大气

美国标准大气是由美国航空航天局、美国空军等机构联合起草和制定的,历经 1962,1966,1976 三个版本的完善和补充。美国标准大气模型是在无线电探空仪、火箭测候仪、火箭和卫星等手段得到的温度观测数据的基础上,对数据进行修正和拟合,利用图表的形式提供了温度、压力、密度、声速、动态、运动黏度、热传导率等参数随高度的变化趋势。

需要注意的是,美国标准大气模型仅能代表全球平均值或中纬度地区(南北纬 45°)年平均值,并且模型中不包含大气风场的变化。

### 2.1.3.2 国际标准化组织大气模型

国际标准化组织大气模型是由国际标准化组织制定的,包括两个版本的内容,分别是《ISO 2533—1975:标准大气模型》和《ISO 5878—1982:航空航天用参考大气模型》。

《标准大气模型》提供了 0～80km 高度范围内随位势高度和几何高度变化的大气参数信息,包括温度、压力、密度、重力加速度、声速、动力黏度、运动黏度、导热系数、压力高度、空气数密度等。标准模型假设大气是理想气体,不受潮湿和灰尘的影响,模型近似于北纬 45°的年平均数值,在用于其他纬度和特定月份时,存在一定偏差。

《航空航天用参考大气模型》提供了 0～80km 高度范围内,随季节、经度、纬度和日期变化的大气参数垂直分布信息。模型中包含:①北纬 15°年平均模型;②北纬 30°,45°,60°和 80°季节模型;③北纬 60°和 80°对流层和中间层冷暖模型等信息。该模型假设大气为理想气体。南、北半球模型的月份相差 6 个月,其数据和结构完全相同。另外,《航空航天用参考大气模型》的附录中基于气球探空观测和圆形正态分布估计,给出了北半球 25km 以下 1 月份和 7 月份风场参数的平均值和标准方差。附录中基于探空观测所得相对湿度和温度的测量数据,给出了北半球 10km 以下 1 月份和 7 月份的大气湿度的参数值。

### 2.1.3.3　全球参考大气模型

全球参考大气模型是由美国国家航空航天局的马歇尔太空飞行中心环境部制定的,经过多年的修订,已经形成一个系列,包括原始模型 1974—1975 版、修正模型 1976 版、修正模型 1980 版、GRAM - 1986、GRAM - 1988、GRAM - 1990、GRAM - 1995、GRAM - 1999、GRAM - 2007,最新发布的版本是 GRAM - 2010。

全球参考大气模型能够计算任意高度、任意月份和任意位置的地球大气参数(包括温度、密度、压力、风场)的平均值和标准偏差,还能提供任意轨道任意参数的统计偏差数据。美国国家航空航天局各个中心、众多政府部门、工厂和大学将其广泛应用到各种工程项目中,如航天飞机、X - 37、国际空间站、Hyper - X 计划等项目。

全球参考大气模型的缺点是不能预测任何大气参数数据,并且没有考虑偶发的高纬度热层扰动、极光活动、高纬度平流层变暖扰动、厄尔尼诺现象等。但该模型允许用户将随机扰动的幅度值进行调整,并且最新版本中允许用户自行添加密度、温度、压力和风的轮廓等信息,替代模型中原有数据。

### 2.1.3.4　MSIS 大气模型

MSISE 是由 Picone 和 Hedin 设计开发的全球大气经验模型。MSIS 是指质谱仪和非相干散射雷达,标志 E 表示该模型从地面覆盖到逸散底层。模型描述了从地面到热层高度范围内(0～1 000 km)的中性大气密度、温度等大气物理性质,是目前使用得最多的大气模型之一。该模型在长时间的观测数据基础上建立起来并不断更新,主要数据源为火箭探测数据、卫星遥感数据和非相干散射雷达数据等,模型是通过采用低阶球谐函数拟合大气性质随经纬度、年周期、半年周期、地方时的变化而建立的。最初的模型是 Hedin 等在 1977 年设计建立的,而后在 MSIS83,MSIS86 两个版本中得到改进,并在目前也较为常用的 MSISE90 版本中,将高度范围由以前的 90～1 000 km 扩展为 0～1000 km,现在最新的版本是由美国海军研究实验室进一步改进得到的 NRLMSISE00 经验大气模型。

该模型根据设定的时间、经度、纬度和高度等信息,能够得到中性大气温度和总体大气密度以及氦原子、氧原子、氢原子、氮原子、氩原子等物理粒子的数量密度。主要用于高空大气中的各项物理特性研究,以及近地航天器定轨预报等研究领域。

### 2.1.3.5　苏联大气模型

1920 年以前,苏联采用的是按莫斯科地区的气象资料整理得到的标准大气。1920 年,苏联采用了国外的标准大气。1927 年,苏联炮兵提出了炮兵标准大气

（HAA）。1949 年,公布了苏联 1948 年标准大气表（ΓOCT4401 - 48）。20 世纪 50 年代末,苏联科学院协调委员会根据积累的大量气象资料,重新制定了新的标准大气,即 1960 年 12 月 26 日颁布的 1960 年苏联暂用标准大气（BCA - 60）。该标准大气的造表高度为 500km。25km 以上部分,BCA - 60 与 ΓOCT4401 - 48 基本相同,但在 BCA - 60 中考虑了重力加速度随高度的变化。1964 年,在对暂用标准大气稍作改进后,苏联颁布了它的正式标准大气,即 1964 年苏联标准大气（CA - 64）,其标准大气表的代号为 ΓOCT4401 - 64。俄罗斯至今仍在使用这个标准大气。

### 2.1.3.6 中国国家军用标准大气模型

在中国航空航天行业中,被广泛应用的国军标有两个系列:GJB 365 北半球标准模型和 GJB 366 参考大气模型。这两个模型由原国防科学技术工业委员会在 1987 年批准,1988 年开始实施。2006 年,国军标发布了《GJB 5601 — 2006:中国参考大气（地面～80km）》。

GJB 365 北半球标准模型包含了《GJB 365.1 — 87 北半球标准大气》和《GJB 365.2 — 87 高度压力换算表》。该模型假定空气为理想气体,给出了温度、压强、密度、自由落体加速度、大气成分、声速、粒子碰撞频率、黏性系数、比重、热传导系数。该标准等同于《ISO 2533 — 1975:标准大气》。

GJB 366 参考大气模型包含了《GJB 366.1 — 87:航空与航天用参考大气（0km ～80km）《GJB 366.2 — 87:大气风场（0～25km）》和《GJB 366.3 — 87:大气湿度（0～25km）》三个标准。该模型提供了 0～80km 之间大气特性参数随时间和空间的变化,等同于《ISO 5678 — 1982:航空与航天用参考大气》。

《GJB 5601 — 2006 中国参考大气（地面～80 km）》由中国人民解放军总参气象研究所起草,于 2006 年发布,可用于中国人民解放军及各个研究所进行航空器、航天器及运载工具和导弹等武器装备的设计和试验,军事气象保证及相关科学研究工作。该标准给出了中国北纬 15°～50°,东经 75°～130°范围内,5°×5°共 46 个经纬各点,地面～80km 高度内规定几何高度上的大气参数值,在 10km 内间隔 0.5 km,10～30km 内间隔 1km,30～80km 内间隔 2km。根据几何高度和设定的经度、纬度,可以获取大气温度、压力、湿度、密度、风速大小和方向、垂直切边强度等参数的月平均值和年平均值,并在该标准的附录中给出各项大气参数的统计、计算公式,以及几何高度和位势高度的对应表。

### 2.1.3.7 其他模型

目前,国际上各个国家、国际组织和众多科研机构还发布了其他诸多大气模型。比较典型的包括 ICAO 7488《标准大气手册》,该手册主要用于低层大气。

《AFGL - TR - 86 - 010:大气成分剖面（0～120km）《AFGL - TR - 74 - 0052:

气候因素极限包络》《AFGL - TR - 85 - 0129:18～80km 全球参考大气》《AFGL - 87 - 02267:0～130km 大气层结构模型》,这些模型主要用于中层大气模型。

另外,用于热层大气的模型包括 Jacchia 热层大气模型和 MET 马歇尔工程热层模型。Jacchia 热层大气模型包括《Jacchia J70:热层和外大气层经验温度剖面静态模型(90～2500km)》《Jacchia J71:热层和外大气层经验温度剖面静态模型(90～2 500km)》《Jacchia J77:热层温度、密度和成分:新模型(90～2500km)》等版本,是美国海军和空军空间目标定轨预报的标准模型;MET 马歇尔工程热层模型包括 1988 和 2002 等版本,适用于 90～2 500km 高度。

国内外几种典型大气模型的比较见表 2 - 2。

**表 2 - 2　国内外大气模型标准及其主要内容**

| 模型 | 地理区域 | 高度/km | 参数 | 大气成分种类 | 变化要素 | 数据形式 |
|---|---|---|---|---|---|---|
| ISO 2533 - 1975 | 45°N | -2～80 | 温度、压强、密度、大气成分、声速、粒子碰撞频率、分子平均自由程、黏性系数、比重、均质、大气高度、热传导系数 | | | 表 |
| GJB 365 | 45°N | -2～80 | 温度、压力、密度、大气成分、声度、粒子碰撞频率、分子平均自由程、黏性系数、比重、均质、大气高度、热传导系数 | | | 表 |
| ISO 5878 - 1982 | 年模型:15°N 季节模型:30°N,45°N,60°N,80°N 冷/暖、中层大气:60°N,80°N | 0～80 | 温度、压力、密度、风 | 水蒸气 | 季节、日 | 表、图 |
| GJB 366 | 年模型:15°N 季节模型:30°N,45°N,60°N,80°N 冷/暖、中层大气:60°N,80°N | 0～80 | 温度、压力、密度、风 | 水蒸气 | 季节、日 | 表、图 |
| CIRA - 1986 | 全球 | 130～2 000 (第1部分) | 温度、压力、密度、大气成分 | 水蒸气 | 季节、太阳活动、地磁活动 | 图、表、计算机程序 |
| GRAM - 1999 | 全球 | 0～2 500 | 温度、压力、密度、大气成分、风剪切力 | | 月份、随机扰动 | 计算机程序 |
| USSA - 1976 | 中纬度 (45°) | -5～1000 | 温度、压力、密度、大气成分、声度、粒子碰撞频率、分子平均自由程、黏性系数、平均分子量、热传导系数 | | 季节、日、太阳周期 | 表、图 |
| GJB 5601 | 中国 45 个经纬点 | 0～80 | 大气温度、压力、平均露点、平均混合比、湿度、密度、风速大小和方向、垂直切边强度 | 水蒸气 | 月 | 表、图 |

# 2.2 临近空间大气风场特性分析及模型

空气的流动形成风。大气中空气的运动与空气的温度、大气压力、空气运动所经地表面的性质和地球旋转等因素有关。这种复杂的关系导致了风在时间和空间上的巨大变化,包括大气一般环流的季节变化和从气旋和反气旋的大范围运动到小尺度湍流的各种扰动。

对于吸气式高超声速飞行器而言,其飞行过程中会受到各种风场变化的影响,使得飞行器难以维持吸气动压近似为恒值,严重时导致超燃冲压发动机不能正常工作。为了掌握风场对高超飞行器飞行试验的影响,需要对影响飞行弹道的风场进行详细研究,根据风场类型建立不同的数学模型以仿真风场变化规律,实现考核飞行器控制系统、评估飞行弹道等目的。

下面介绍风的含义以及大气风场的变化特性,然后根据风的变化特性以及对飞行器的影响,将大气风场模型分为平均风、阵风、切变风和紊流四种主要类型。

## 2.2.1 风的定义

在气象学上,将空气运动的水平分量称为风,将垂直分量称为垂直对流。风用风速矢量 $\boldsymbol{W}$ 来表示。它的模 $|\boldsymbol{W}|=W$ 称为风速,表示单位时间内空气在水平方向移动的距离,单位为 m/s;它的方向用风向来表示,风向是指风的来向,例如北风的含义是从北向南吹的风。气象上表示地面风的风向,一般用 16 个方位来表示(见图 2-3)。为了更加精确地表示风向,风的来向常用风向角 $a_W$ 表示:以北为零,顺时针方向旋转到风的来向,所得的角度即为 $a_W$。

在进行飞行器设计时,通常将风分解到经向和纬向两个方向进行考虑。

$$u = W \sin(a_W - 180°)$$
$$v = W \cos(a_W - 180°) \tag{2.1}$$

式中,$u$ 表示风矢量的纬向分量,西风为正,即向东为正;$v$ 表示风矢量的经向分量,南风为正,即向北为正。

根据纬向分量和经向分量求解风速的公式为

$$W = (u^2 + v^2)^{\frac{1}{2}} \tag{2.2}$$

风向角的求解可以根据经向、纬向的情况分为 5 种:

$$\left.\begin{array}{ll} u = v = 0 & \\ u = 0, v < 0 & a_W = 0°, 360° \\ u = 0, v > 0 & a_W = 180° \\ u < 0 & a_W = \dfrac{\pi}{2} - \arctan\left(\dfrac{v}{u}\right) \\ u > 0 & a_W = \dfrac{3\pi}{2} - \arctan\left(\dfrac{v}{u}\right) \end{array}\right\} \tag{2.3}$$

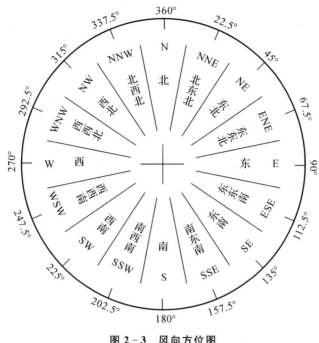

**图 2 - 3　风向方位图**

## 2.2.2　大气风场的变化特性

大气风场中的风速大小和方向,会随着高度、经纬度和时间的不同呈现出周期性和随机性变化,并且不同的地形地貌,如海陆分布、山谷丘陵等也会对风造成影响。对流层中显著的空气对流会使风场产生剧烈的变化,而平流层的风场主要受大气环流影响,变化过程相对平稳。在本节中,主要关注风场的周期性变化,根据风场变化周期的长短,将其分为随纬度–季节的长周期变化和随昼夜变化的短周期变化。

**1. 风随纬度–季节的长周期变化**

风场的长周期变化主要是受全球大尺度大气环流的影响,随纬度、高度和季节呈现一定周期的规律变化,并且与地域相关。图 2 - 4 给出了不同纬度下,纬向风速随高度的变化趋势,通过 4 幅图的对比,可以得到不同季节下的变化趋势。

图 2 - 5 给出了中国北京地区和长沙地区不同月份的风速随高度的变化趋势。从图中可以看出,中国是典型的季风国家,其风速随季节呈现明显的变化规律。

下面简要介绍一下中国的风场变化特征。

在对流层内,冬季形成南、北两支强盛的西风急流,夏季南支西风急流北上,北支急流消失,低纬度地区上空盛行偏东风。

在平流层至中间层内,在冬季,中国广大地区自对流层顶向上西风风速随高度减小,30～40km 间的月平均风速只有 2m/s 左右,有些地区出现弱的偏东风,50km 以上,西风风速随高度迅速增大,形成了较强的中间层西风急流,最大出现在 65km 附近。随纬度增加,风速逐渐减小,且最大风速层高度下降。在春季,西风急流中心继续南移,风速减小,最大风速层高度降低,五月开始由低纬向高纬,由高层向低层,逐渐转为偏东风。进入夏季后,西风已不存在,自对流层内的东风开始向上至 80km。风速随高度增加,形成了强盛的东风急流。东风急流区中最大风速出现的高度是南低北高,其最大风速值是南小北大。在秋季,北纬 25°以南 30km 附近,仍以偏东风为主,但风速不大,沿东经 120°自北向南,急流轴上的最大风速略微增加,沿东经 90°自北向南最大风速迅速减小,随纬度增加,急流轴上风速西高冬低的特征风场突出。

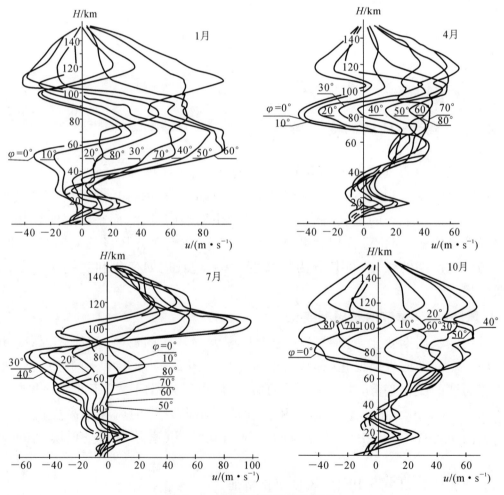

图 2-4　风随纬度和季节的变化

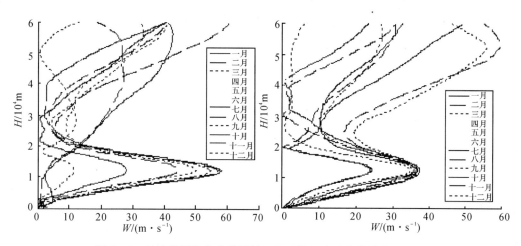

图 2-5　长沙地区和北京地区的不同月份风速随高度的变化曲线

## 2. 风随昼夜的短周期变化

风随昼夜的变化是由太阳加热的昼夜变化所引起的大气膨胀和收缩产生的,同时也与太阳和月球的潮汐有关。

在大陆上,大气边界层上近地面层的最大风速值,出现在午后气温最高的时刻,最小风速值出现在夜间。大气边界层上部与此相反,风速最大值出现在夜间,最小值出现在昼间。图2-6所示为北京和俄罗斯沃伊科沃站边界层几个高度上的风速日变化曲线,可以看到边界层上、下层风速日变化的反向位现象。

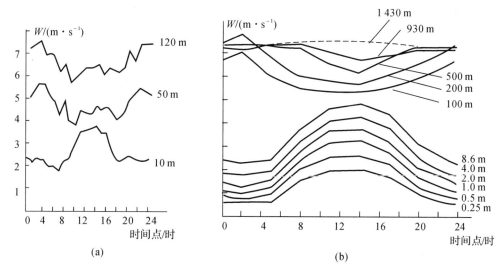

图 2-6　边界层中风速的日变化

(a)北京；　(b)沃依科沃

这种边界层中风的昼夜变化主要与温度结构的变化有关。温度结构越不稳定,湍流交换越强,这样,下层水平动量较小的气块便输送到上层,使那里的风速减小,与此同时,上层水平动量较大的气块输送到下层,造成下层的风速增大。温度结构稳定时,效应相反。

边界层以上的风同样存在日变化。观测研究表明:对流层和平流层底层,风的日变化受地形影响很大,不同地区的风速日振幅有明显差别。图 2-7 给出了日本馆野地区和美国亚速尔群岛对流层和平流层底层各高度上纬向风分量和径向风分量日振幅的年平均值,这两个观测站风速日振幅随高度分布的特征是不同的,但日振幅都很小。

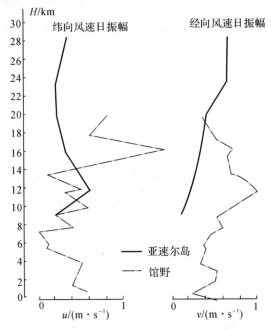

图 2-7    30km 以下各高度上风的纬向和经向分量日振幅的年平均值

图 2-8 给出了埃格林和白沙 30~60km 高度的风速日振幅。图中清楚地表明:30km 高度以上,风速的日振幅增大,并在 45km 高度出现最大值,而最小值出现在 50km 的高度上,在 60km 高度以上,风速日振幅有增大的趋势。

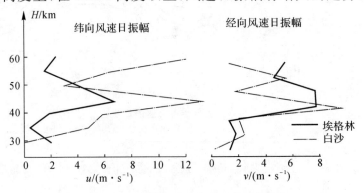

图 2-8    30~60km 高度的风速日振幅

## 2.2.3　大气风场模型的表现形式分类

根据风的变化特征,风场模型可以分为平稳风、切变风、大气紊流和阵风四种表现形式。

### 2.2.3.1　平稳风

平稳风通常是指特定时间段内风速的平均值,其大小是随着时间和空间不断变化的,它是风速的基准值,也被称为准定常风或准稳定风。其表达式为

$$\overline{W} = \frac{1}{T} \int_{t-\frac{T}{2}}^{t+\frac{T}{2}} W \mathrm{d}T \tag{2.4}$$

由大气风场的变化特性可知,风场随时间的变化包括长周期、短周期和非周期性变化。由于风在不同纬度、经度、高度和时间上是不同的,因此,平稳风中应该包括长周期的变化和短周期的变化,可以认为平稳风是由月平均风加上昼夜偏差得到的。

$$\overline{W} = \overline{W}_{月平均} + \overline{W}_{昼夜} \tag{2.5}$$

式中,$\overline{W}_{月平均}$ 为月平均分量,$\overline{W}_{昼夜}$ 为昼夜分量。

对于风在一昼夜内的变化,可用昼夜分量和半昼夜分量的和来表示。

$$\overline{W}_{昼夜} = \overline{W}_{24} + \overline{W}_{12} \tag{2.6}$$

其中:

$$\left.\begin{array}{l} \overline{W}_{24} = A_{24}(H, \varphi, \mathrm{Mon}) \cos \frac{\pi}{12}[t - s_{24}(H, \varphi, \mathrm{Mon})] \\[3mm] \overline{W}_{12} = A_{12}(H, \varphi, \mathrm{Mon}) \cos \frac{\pi}{6}[t - s_{12}(H, \varphi, \mathrm{Mon})] \end{array}\right\} \tag{2.7}$$

式中,$\overline{W}_{24}$,$\overline{W}_{12}$ 为平稳风的昼夜分量和半昼夜分量;$H$,$\varphi$,Mon 分别为高度、纬度和月份;$A_{24}$,$A_{12}$ 为昼夜和半昼夜分量的幅值;$S_{24}$,$S_{12}$ 为昼夜和半昼夜分量的时间(最大值到达时间);$t$ 为当地时间。

昼夜变化的各项参数可通过对飞行区域气象数据进行统计处理得到。参考俄罗斯科学院应用数学所的扰动大气模型,建立风的昼夜变化的幅值和时间的模型。图 2-9 给出了中纬度(北纬 31.5°)各项参数的试验数据。图中上面四个参数为纬向风的幅值和时间分量,下面四个参数为经向风的幅值和时间分量。

利用模型关系计算得到的昼夜半昼夜变化分量如图 2-10 所示。

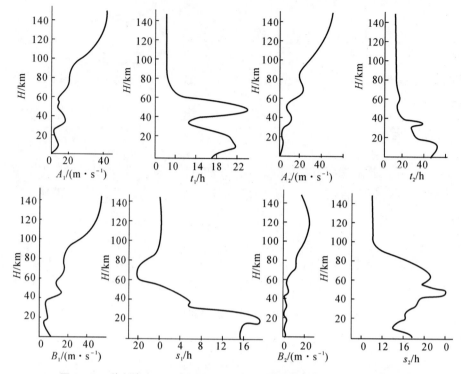

图 2-9  在中纬度 31.5° 上风速昼夜和半昼夜幅值和时间的模型关系

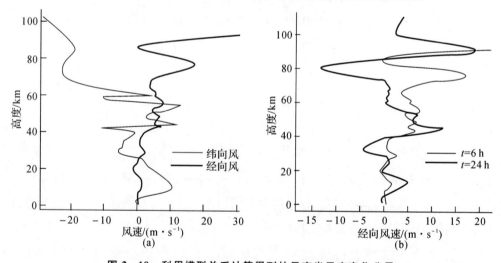

图 2-10  利用模型关系计算得到的昼夜半昼夜变化分量

(a) 纬向风和经向风的昼夜变化分量;  (b) 6 时和 24 时经向同昼夜分量对比

### 2.2.3.2  阵风/突风

在相当短的时间内,风速相对于规定时段平均值的短暂正负变化的风称为阵风。阵风是影响飞行器发射、飞行和命中精度(落点散布)的重要因素,也是飞行器设计时必须考虑的重要的大气条件之一。阵风的特性表现为相对于平均风的偏差,以 $W$ 表示。突风定义为阵风相对平均风的偏差量,则阵风表示为

$$W(阵风) = \overline{W}(平稳风) + \Delta w(突风) \tag{2.8}$$

阵风可以由小尺度大气湍流引起,也可以由飑线、锋、雷暴和龙卷等不同尺度的天气系统产生。当大气中出现湍流时,会形成许多大小不等、方向不同的旋涡,这些旋涡可增强或减弱其周围气流的速度,也可改变气流的方向,从而引起阵风。阵风常常出现在行星边界层,如果该层为不稳定的冷气团所控制,则阵风更为常见和显著;另外,在自由大气中风速、风向变化大的地方,例如对流层顶与平流层底的急流区中,阵风也很显著。图 2-11 为阵风示意图。

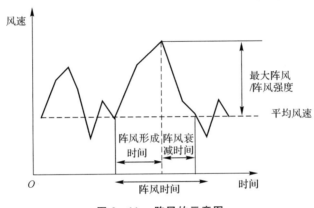

**图 2-11　阵风的示意图**

图 2-11 中,最大阵风峰值相对规定时段风速平均值的偏差,称为阵风的振幅。在阵风振幅到达瞬间的瞬时风速,即阵风振幅与平均风速之和,称为阵风最大振幅。从阵风开始到达阵风振幅的时段,称为阵风形成时间;从阵风振幅至阵风结束的时段,称为阵风衰减时间。单个阵风,从开始到结束的时段,称为阵风持续时间。发生在阵风时段中的阵风的数目称为阵风频数。

阵风出现的频率因地区、高度、季节和纬度的不同而异。由于阵风总是和湍流相联系的,因此湍流起伏出现频率沿高度的分布,可间接表示阵风频率沿高度的分布。图 2-12 给出了莫斯科等三地的湍流起伏出现频率沿高度的分布,频率是按照每千米厚的气层计算,并规定在该气层中只要出现 50m 厚的湍流区域,便认为是湍流层。

经分析可知,湍流层的厚度随纬度的降低而增大。根据探测结果,如果在高、中纬度,厚度超过 1 000m 的湍流层的出现频率为 10% ~ 15%,那么在偏低的纬度上则可增大到 30%。在高纬度和中纬度地区,厚度为 300 ~ 600m 的湍流层出现的频率最大,而在低纬度地区出现频率最大的湍流层厚度为 400 ~ 800m。湍流区的长度一般可达 100 ~ 150km。

在工程应用上,阵风/突风模型一般根据实测资料统计确定,按突风模型的剖面几何形状,可以分为矩形、梯形、三角形、正弦形和"1-consine"形等几种类型。下面介绍几种常用模型。

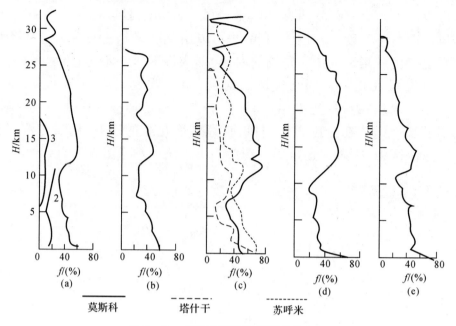

**图 2 - 12　湍流出现频率随高度的分布**

(a) 全年；　(b) 秋季；　(c) 冬季；　(d) 春季；　(e) 夏季

（1）三角形模型。

$$W=\begin{cases}\dfrac{y}{d_{m}}W_{max} & (0\leqslant y\leqslant d_{m})\\[3mm]\dfrac{2d_{m}-y}{d_{m}}W_{max} & (d_{m}\leqslant y\leqslant 2d_{m})\end{cases} \tag{2.9}$$

（2）梯形模型。

$$W=\begin{cases}\dfrac{y}{h}W_{max} & (0\leqslant y\leqslant h)\\[2mm]W_{max} & (h\leqslant y\leqslant 2d_{m}-h)\\[2mm]\dfrac{2d_{m}-y}{d_{m}}W_{max} & (2d_{m}-h\leqslant y\leqslant 2d_{m})\end{cases} \tag{2.10}$$

（3）全波长"1 - consine"模型。

$$W=\begin{cases}0 & (y<0)\\[2mm]\dfrac{W_{max}}{2}\left(1-\cos\dfrac{\pi y}{d_{m}}\right) & (0\leqslant y\leqslant 2d_{m})\\[2mm]0 & (y>2d_{m})\end{cases} \tag{2.11}$$

（4）半波长"1 - consine"模型。

$$W=\begin{cases}0 & (y<0)\\[2mm]\dfrac{W_{max}}{2}\left(1-\cos\dfrac{\pi y}{d_{m}}\right) & (0\leqslant y\leqslant d_{m})\\[2mm]0 & (y>d_{m})\end{cases} \tag{2.12}$$

美国 NASA 使用一种复合模型,是由梯形模型和"1 - consine" 模型的复合得到的,被广泛地用于航天器的弹道考核中。

$$W = \begin{cases} \dfrac{W_{\max}}{2} \left\{ 1 - \cos\left[ \dfrac{\pi}{30}(y - H_{\mathrm{ref}}) \right] \right\} & (0 \leqslant y < +h) \\ W_{\max} & (h \leqslant y < 2d_{\mathrm{m}} - h) \\ \dfrac{W_{\max}}{2} \left\{ 1 - \cos\left[ \dfrac{\pi}{30}(y - H_{\mathrm{ref}} - 2d_{\mathrm{m}}) \right] \right\} & (2d_{\mathrm{m}} - h \leqslant y < 2d_{\mathrm{m}}) \end{cases}$$

$$(2.13)$$

式(2.9) ~ 式(2.13) 中:$W$ 为飞行位置 $y$ 上所对应突风速度;$W_{\max}$ 为突风的幅值;$d_{\mathrm{m}}$ 为阵风层的厚度,也被称为突风尺度;$h$ 为梯形阵风前、后缘阵风速度由 0 增至 $W_{\max}$ 所经历的气层厚度。

相关研究资料表明:突风的数值与平均风速大小无关,仅与湍流强度和高度相关。突风层的尺度反映了突风在飞行器上的作用时间。

"1 - consince" 突风模型见图 2 - 13,NASA 的复合突风模型和三角形突风模型见图2 - 14。

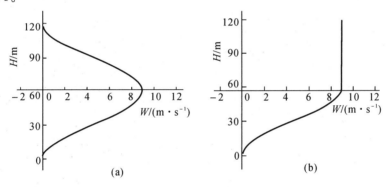

**图 2 - 13　"1 - consine" 突风模型**

（a）全波长；　（b）半波长

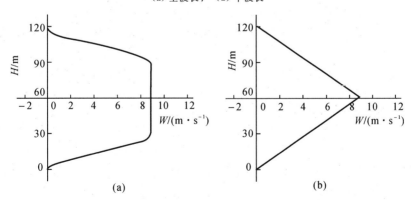

**图 2 - 14　NASA 的复合突风模型和三角型突风模型**

（a）复合突风模型；　（b）三角形突风模型

### 2.2.3.3 切变风

风矢量沿垂直或水平方向一定距离上的改变量称为风切变。前者称为风的垂直切变,后者称为风的水平切变。风矢量的改变可以只表现为风速大小的改变,也可以只表现为风向角的改变,或二者同时发生改变。在飞行器飞行过程中,切变风的出现造成飞行器的气动力出现短时间的突变,对于飞行器的姿态变化产生强烈扰动作用。

根据风切变的定义,得到两点的风切变为

$$\Delta \boldsymbol{W} = \boldsymbol{W}_2 - \boldsymbol{W}_1 \tag{2.14}$$

则风切变 $\Delta \boldsymbol{W}$ 的模为

$$|\Delta \boldsymbol{W}| = \sqrt{W_1^2 + W_2^2 - 2W_1 W_2 \cos \Delta \alpha} \tag{2.15}$$

式中,$\Delta \alpha$ 为给定距离的两点上风向角的变化,即风矢量 $\boldsymbol{W}_2$ 与 $\boldsymbol{W}_1$ 间的夹角。

定义风切变强度:

$$|\delta \boldsymbol{W}| = \frac{|\Delta \boldsymbol{W}|}{h} \tag{2.16}$$

常常针对不同的目的或用途,选取不同的 $h$ 值。对于发射飞行器设计来说,计算近地面风的垂直切变时,$h$ 一般取为竖立在发射台上的飞行器顶部与其底部间的垂直距离;空中风 $h$ 取 $100 \sim 5\,000\text{m}$ 不等。

根据相关气象资料,风的水平切变通常比垂直切变小得多,因此,对发射飞行器影响较大的是风的垂直切变。下面,进一步对垂直切变的计算公式予以介绍。

垂直切变强度的数据可以根据《GJB 5601 — 2006 中国参考大气(地面 $\sim$ 80km)》进行获取,其计算公式为

$$\left| \frac{\Delta \boldsymbol{V}}{\Delta h} \right| = \left[ (u_{h_2} - u_{h_1})^2 + (v_{h_2} - v_{h_1})^2 \right]^{\frac{1}{2}} \Delta h^{-1} \tag{2.17}$$

式中,$|\Delta \boldsymbol{V}|$ 为 $h_2$ 与 $h_1$ 高度上的风向量差的绝对值,单位为 m/s;$|\Delta h|$ 为 $h_2$ 与 $h_1$ 高度差的绝对值,单位为 m;$h$ 为已知高度,单位为 m;$h_2$ 为 $h$ 高度的上层高度,单位为 m;$h_1$ 为 $h$ 高度的下层高度,单位为 m;$u_{h_1}$,$u_{h_2}$ 为 $h_1$ 与 $h_2$ 高度上的纬向风分量,单位为 m/s;$v_{h_1}$,$v_{h_2}$ 为 $h_1$ 与 $h_2$ 高度上的经向风分量,单位为 m/s。

### 2.2.3.4 大气紊流

大气总是处于湍流运动状态,大气紊流就是发生在大气中的湍流。湍流运动的基本特征是速度场沿空间和时间分布的不规则性,这种不规则性也导致了其他大气参数分布的不规则性。在风出现的同时往往伴随着紊流,紊流在风速剖线中表现为叠加在平均风上的连续随机脉动。与阵风相比,紊流是风场随机连续的变化。

由于实际中大气紊流现象十分复杂,为研究问题方便,抓住其主要特征把大

气紊流适当地加以理想化,提出四个基本假设。

(1) 平稳性和均匀性假设。大气紊流既是时间的,又是空间位置的随机函数,而且大气紊流的统计特征即平均值和均方差以及相关函数和频谱函数,也随时间和位置而变。人们假设:大气紊流的统计特性既不随时间而变(认为紊流是平稳的)也不随空间而变(认为紊流是均匀的)。

(2) 各向同性假设。该假设认为大气紊流的统计特性不随坐标系的旋转而变化,即与方向无关。这个假设对于中高空紊流是符合实际的,但是在低空,大约 300m 以下,特别是在大气边界层内,存在着明显的各向异性。

(3) Gauss 分布假设。该假设认为大气紊流是 Gauss 型的,即速度大小服从于正态分布。这个假设对于飞行器运动量的频谱和均方差来说是不起作用的,但对于有关概率的计算是有益的。

(4) Taylor 冻结场假设。一般情况下,大气紊流的速度 $W$ 是随机的,随时间 $t$ 和位置 $r$ 而变化,即

$$W = W(t, r) \tag{2.18}$$

紊流的速度变化率为

$$\frac{\mathrm{d}W}{\mathrm{d}t} = \frac{\partial W}{\partial t} + \frac{\partial W}{\partial r}\frac{\partial r}{\partial t} \tag{2.19}$$

飞行器飞行速度(这里指对地速度)为

$$V_K = \frac{\partial r}{\partial t} \tag{2.20}$$

所以

$$\frac{\mathrm{d}W}{\mathrm{d}t} = \frac{\partial W}{\partial t} + \frac{\partial W}{\partial r} V_K \tag{2.21}$$

因为通常飞行器飞行速度远大于紊流速度及其变化量,飞行器飞过相当长的距离所需时间很短,因此,紊流速度的改变足够小,可以忽略不计。因而,该式可以近似化为

$$\frac{\mathrm{d}W}{\mathrm{d}t} \approx \frac{\partial W}{\partial r} V_K \tag{2.22}$$

在物理意义上,就是处理紊流对飞行器飞行影响时,可以把大气紊流"冻结"。这个假设称为 Taylor 冻结场假设。

在飞行力学上,常常根据实测数据确定紊流运动的经验谱函数。常用来描述大气紊流的模型有 Dryden 模型和 Von Karman 模型。

**1. Dryden 模型**

根据大量的测量统计数据,Dryden 提出了指数型的纵向相关函数:

$$f(\xi) = \mathrm{e}^{-\xi/L} \tag{2.23}$$

式中,$\xi$ 为距离变量,$L$ 为相关距离。

而横向相关函数 $g(\xi)$ 可以按关系式(2.23)推导得

$$g(\xi) = \mathrm{e}^{-\xi/L}\left(1 - \frac{\xi}{2L}\right) = f(\xi)\left(1 - \frac{\xi}{2L}\right) \tag{2.24}$$

有了 $f(\xi)$ 和 $g(\xi)$,通过 Fourier 变换,得到 Dryden 模型的纵向和横向频谱函数。

$$\left.\begin{aligned} \Phi_{uu}(\Omega) &= \sigma_u \frac{L_u}{\pi} \frac{1}{1 + (L_u\Omega)^2} \\ \Phi_{vv}(\Omega) &= \sigma_v \frac{L_v}{\pi} \frac{1 + 12\,(L_v\Omega)^2}{[1 + 4\,(L_v\Omega)^2]^2} \\ \Phi_{ww}(\Omega) &= \sigma_w \frac{L_w}{\pi} \frac{1 + 12\,(L_w\Omega)^2}{[1 + 4\,(L_w\Omega)^2]^2} \end{aligned}\right\} \tag{2.25}$$

式中,$\Omega$ 表示空间频率;$\sigma_u$,$\sigma_v$,$\sigma_w$ 分别表示纵向、侧向和横向的紊流尺度。

由于 Dryden 频谱的渐进性质是

$$\left.\begin{aligned} \lim_{\Omega \to 0}\Phi(\Omega) &= \mathrm{const} \\ \lim_{\Omega \to \infty}\Phi(\Omega) &\propto \Omega^{-2} \end{aligned}\right\} \tag{2.26}$$

因此,在无穷远处的渐进性质是不符合紊流理论的,这是该模型的一个缺陷。Dryden 紊流模型的优点在于:频谱形式简单,是有理式,可以作因式分解,这对于紊流数值仿真是必要的。

Dryden 紊流模型的能量频谱函数为

$$E(\Omega) = \sigma^2 \frac{8L}{\pi} \frac{L^4\Omega^4}{(1 + L^2\Omega^2)^3} \tag{2.27}$$

**2. Von Karman 模型**

Von Karman 根据理论和测量数据,导出大气紊流的能量频谱函数

$$E(\Omega) = \sigma^2 \frac{55L}{9\pi} \frac{(aL\Omega)^4}{[1 + (aL\Omega)^2]^{17/6}} \tag{2.28}$$

这个能量频谱函数符合紊流理论中的极限条件:当 $\Omega \to 0$ 时,$E \propto \Omega^4$;当 $\Omega \to \infty$ 时,$E \propto \Omega^{-5/3}$。

Von Karman 模型的紊流分量频谱是

$$\left.\begin{aligned} \Phi_{uu}(\Omega) &= \sigma_u \frac{L_u}{\pi} \frac{1}{[1 + (aL_u\Omega)^2]^{5/6}} \\ \Phi_{vv}(\Omega) &= \sigma_v \frac{L_v}{\pi} \frac{1 + (8/3)\,(2aL_v\Omega)^2}{[1 + (2aL_v\Omega)^2]^{11/6}} \\ \Phi_{ww}(\Omega) &= \sigma_w \frac{L_w}{\pi} \frac{1 + (8/3)\,(2aL_w\Omega)^2}{[1 + (2aL_w\Omega)^2]^{11/6}} \end{aligned}\right\} \tag{2.29}$$

它们具有如下渐进性质:

$$\left.\begin{aligned}\lim_{\Omega\to 0}\Phi(\Omega)=\mathrm{const}\\\lim_{\Omega\to\infty}\Phi(\Omega)\propto\Omega^{-5/3}\end{aligned}\right\} \tag{2.30}$$

把 $\Phi_{11}(\Omega)$ 和 $\Phi_{33}(\Omega)$ 进行 Fourier 变换，就得到纵向和横向相关函数：

$$\left.\begin{aligned}f(\xi)=\frac{2^{2/3}}{\Gamma(1/3)}\zeta^{1/3}K_{1/3}(\zeta)\\g(\xi)=\frac{2^{2/3}}{\Gamma(1/3)}\zeta^{1/3}\left[K_{1/3}(\zeta)-\frac{1}{2}\zeta K_{2/3}(\zeta)\right]\end{aligned}\right\} \tag{2.31}$$

式中，$\zeta=\xi/(aL)$；$\Gamma$ 为 Gamma 函数；$K$ 为 Bessel 函数。

### 2.2.4　用于临近空间飞行器设计的大气风场模型

风场的模型可以分为连续模型和离散模型。连续模型一般是采用功率密度谱及白色噪声发生器来模拟得到紊流部分，再将其加到由月平均值或无线电探空测风仪所形成的风剖面上。而离散模型一般是建立综合风剖面，将断续的突风叠加到基本风切变和风速剖面上。在航空航天科研单位，通常理解和运用综合风剖面的概念，即主要采用离散模型来评估飞行器总体和控制系统的设计结果。

基于相关科研单位工程经验，结合相关学术科研成果，在此给出用于临近空间飞行器设计的大气风场模型，包括平均风模型、阵风模型和切变风模型等，以及模型的综合方法。

#### 2.2.4.1　平稳风模型

平稳风主要影响飞行器的飞行轨迹和落点精度，并引起飞行姿态的变化，对飞行控制带来影响。

在进行飞行器仿真验证时，通常不考虑平均风在昼夜的变化大小，只考虑平均风的月平均分量。其中，月平均分量的大小可以基于相关大气模型模拟，例如：《GJB 365.1 — 87 北半球标准大气》、《GJB 5601 — 2006 中国参考大气（地面 ～ 80km）》和《GRAM — 2010 全球参考大气模型》等，根据飞行器的飞行经纬度和飞行月份，得到该地域一段时间内的风速和风向随高度的变化曲线。

对飞行控制系统进行考核验证时，可采用最恶劣平均风来验证控制系统结构参数和控制性能。其中，最恶劣平均风风速大小可采用飞行地区的最大风速值，或者采用《GJB 1172.14 — 91 军用设备气候极值 空中风速》给出的中国各个高度的风速极值。风向根据仿真需求分别设定为迎风、逆风和侧向等几种类型。风速全国记录极值见表 2-3。

表 2 - 3　风速全国记录极值

| 几何高度 /km | 风速 /($m \cdot s^{-1}$) | 月份 / 月 | 地点 |
|:---:|:---:|:---:|:---:|
| 1 | 49 | 12 | 射阳 |
| 2 | 62 | 7 | 锦州 |
| 4 | 72 | 10 | 敦煌 |
| 6 | 112 | 10 | 宜昌 |
| 8 | 113 | 1 | 成山头 |
| 10 | 122 | 12 | 通辽 |
| 12 | 134 | 3 | 大陈岛 |
| 14 | 138 | 5 | 野马街 |
| 16 | 128 | 5 | 野马街 |
| 18 | 105 | 3 | 红原 |
| 20 | 91 | 2 | 太原 |
| 22 | 95 | 2 | 太原 |
| 24 | 109 | 10 | 榆林港 |
| 26 | 102 | 2 | 伊宁 |
| 28 | 104 | 2 | 伊宁 |
| 30 | 141 | 2 | 伊宁 |

### 2.2.4.2　阵风 / 突风模型

阵风作为一种扰动现象,直接影响飞行器在空中的飞行过程。在进行控制系统考核时,目前工程上常用的是"1 - consine"离散突风模型,该模型可以用来表征任一方向离散突风分量。

突风模型中,两个关键参数是突风尺度和突风幅值。为了保证估算的最大阵风风速不至于偏小,本节提出一种根据高度和湍流严重性的函数计算阵风幅值的方法,基于阵风频谱相关性,完成指定概率的突风幅值计算函数。

对实测资料的分析结果表明,风速脉动遵循正态分布律,即其纵向、横向和垂向的三个分量都服从同样的分布。因此可得到随机突风幅值 $W$ 的概率密度函数(pdf)为

$$f(W) = \frac{1}{\sqrt{2\pi}\,\sigma_W} \exp\left(-\frac{1}{2}\left(\frac{W - \mu_W}{\sigma_W}\right)^2\right) \tag{2.32}$$

式中,$\mu_W$ 和 $\sigma_W$ 分别为湍流的平均值和标准偏差。假设初始突风风速幅值为 $W_1$,另一相关位置处的突风幅值为 $W_2$,则由条件概率:

$$f(W_2 \mid W_1) = \frac{f(W_1, W_2)}{f(W_1)} \tag{2.33}$$

其中,$f(W_1, W_2)$ 是不同位置处突风的联合概率密度函数,服从二元正态分布:

$$f(W_1, W_2) = \frac{1}{2\pi \sigma_{W_1} \sigma_{W_2} \sqrt{1-\rho^2}} \times$$

$$\exp\left(-\frac{1}{2(1-\rho^2)}\left[\frac{(W_1-\mu_{W_1})^2}{\sigma_{W_1}} - \frac{2\rho(W_1-\mu_{W_1})(y-\mu_{W_2})}{\sigma_{W_1}\sigma_{W_2}} + \frac{(y-\mu_{W_2})^2}{\sigma_{W_2}}\right]\right)$$

$$(2.34)$$

$W_1$ 和 $W_2$ 分别表示突风的风速幅值大小。由于该方法是围绕阵风风速平均值的偏差而非平均风速进行的，因此，可取均值 $\mu_{W_1}$，$\mu_{W_2}$ 为零。

**1. 初始阵风风速为零**

若初始突风 $W_1 = 0$，则式 (2.33) 可化简为

$$f(W_2 \mid W_1 = 0) = \frac{1}{\sqrt{2\pi(1-R^2)}\,\sigma} \exp\left(-\frac{1}{2}\frac{1}{1-R^2}\left(\frac{W_2}{\sigma}\right)^2\right) \quad (2.35)$$

其中，$R$ 为 $W_1$ 和 $W_2$ 之间的相关系数，由上述湍流的相关函数计算可得。令

$$e = \sigma\sqrt{1-R^2} \quad (2.36)$$

代入式 (2.35)，可以得到初始 $W_1 = 0$ 时关于 $W_2$ 的条件概率密度函数 (pdf) 的形式为

$$f(W_2 \mid W_1 = 0) = \frac{1}{\sqrt{2\pi}\,e} \exp\left[-\frac{1}{2}\left(\frac{W_2}{e}\right)^2\right] \quad (2.37)$$

积分可得到 $W_2$ 的累积分布函数 (cdf) 为

$$F(W_2) = P(x \leqslant W_2) = \frac{1}{\sqrt{2\pi}\,e}\int_{-\infty}^{W_2} \exp\left(-\frac{1}{2}\left(\frac{W}{e}\right)^2\right) dW \quad (2.38)$$

**2. 初始阵风风速不为零**

若初始突风 $W_1 \neq 0$，则方程 (2.33) 可化简为

$$f(W_2 \mid W_1) = \frac{1}{\sqrt{2\pi(1-R^2)}\,\sigma_2} \exp\left(-\frac{1}{2(1-R^2)}\left(\frac{W_2}{\sigma_2} - \frac{RW_1}{\sigma_1}\right)^2\right) \quad (2.39)$$

令等效偏差

$$\tau = \sigma_2\sqrt{1-R^2} \quad (2.40)$$

代入式 (2.39)，可以得到初始 $W_1 \neq 0$ 时关于 $W_2$ 的条件概率密度函数 (pdf) 的形式为

$$f(W_2 \mid W_1 \neq 0) = \frac{1}{\sqrt{2\pi}\,\tau} \exp\left(-\frac{1}{2\tau^2}\left(W - \frac{\rho\sigma_2 W_1}{\sigma_1}\right)^2\right) \quad (2.41)$$

进一步积分，得到 $W_2$ 的累积分布函数 (cdf) 为

$$F(W_2) = P(x \leqslant W_2) = \frac{1}{\sqrt{2\pi}\,\tau}\int_{-\infty}^{W_2} \exp\left(-\frac{1}{2\tau^2}\left(W - \frac{\rho\sigma_2 W_1}{\sigma_1}\right)^2\right) dW \quad (2.42)$$

通过解算上述两种不同初始状态的累积分布函数 (cdf) 即可求出任一位置处

的突风风速幅值。

在求解任一位置处的突风幅值 $W_2$ 时,输入指定幅值置信度 $(1-\alpha)$,阵风的平均风速 $(\mu=0)$ 和等效标准偏差 $(e,\tau)$,从表 2-4 中给出的各种高度下不同程度(轻度、中度和严重)的湍流实测数据中选取湍流的强度 $\sigma$ 和相关尺度 $L$,最后计算 cdf 的反函数,即可完成突风幅值计算。

表 2-4 各高度下不同程度的湍流标准偏差和相关尺度

| H/km | 轻度湍流 | | 中度湍流 | | 严重湍流 | | 湍流尺度 | |
|---|---|---|---|---|---|---|---|---|
| | $\sigma_u/(\text{m}\cdot\text{s}^{-1})$ | $\sigma_{v,w}/(\text{m}\cdot\text{s}^{-1})$ | $\sigma_u/(\text{m}\cdot\text{s}^{-1})$ | $\sigma_{v,w}/(\text{m}\cdot\text{s}^{-1})$ | $\sigma_u/(\text{m}\cdot\text{s}^{-1})$ | $\sigma_{v,w}/(\text{m}\cdot\text{s}^{-1})$ | $L_u/\text{m}$ | $L_{v,w}/\text{m}$ |
| 1 | 0.17 | 0.14 | 1.65 | 1.36 | 5.70 | 4.67 | 832 | 624 |
| 2 | 0.17 | 0.14 | 1.65 | 1.43 | 5.80 | 4.75 | 902 | 831 |
| 4 | 0.20 | 0.17 | 2.04 | 1.68 | 6.24 | 5.13 | 1 040 | 972 |
| 6 | 0.21 | 0.17 | 2.13 | 1.69 | 7.16 | 5.69 | 1 040 | 1 010 |
| 8 | 0.22 | 0.17 | 2.15 | 1.69 | 7.59 | 5.98 | 1 040 | 980 |
| 10 | 0.22 | 0.17 | 2.23 | 1.73 | 7.72 | 6.00 | 1 230 | 1 100 |
| 12 | 0.25 | 0.18 | 2.47 | 1.79 | 7.89 | 5.71 | 1 800 | 1 540 |
| 14 | 0.26 | 0.19 | 2.62 | 1.91 | 6.93 | 5.05 | 2 820 | 2 120 |
| 16 | 0.24 | 0.21 | 2.44 | 2.10 | 5.00 | 4.31 | 3 400 | 2 600 |
| 18 | 0.22 | 0.21 | 2.21 | 2.07 | 4.07 | 3.81 | 5 000 | 3 340 |
| 20 | 0.23 | 0.20 | 2.26 | 1.99 | 3.85 | 3.38 | 8 640 | 4 410 |
| 25 | 0.27 | 0.21 | 2.71 | 2.09 | 4.34 | 3.34 | 12 000 | 6 560 |
| 30 | 0.37 | 0.24 | 3.73 | 2.39 | 5.60 | 3.59 | 28 600 | 8 880 |

下面以 10 km 高度为例,在严重湍流情况下,计算阵风半宽度为 400 m 时的突风幅值。由表 2-4 知湍流纵向标准偏差和相关尺度分别为 $\sigma_u=7.72\text{m/s},L=1\ 230\text{m}$。指定随机阵风风速超出阵风幅值的概率为 1%,即置信度为 99%,则计算概率应是 $P=1-(0.01/2)=0.995$。经计算得出当初始风速 $W_1=0$ 时的阵风幅值 $W_2=13.772\ 9\text{m/s}$;$W_2$ 为新的初始速度,计算得水平距离 400 m 处严重湍流情况下的突风幅值 $W_2=23.722\ 2\text{m/s}$。

表 2-5 给出了不同阵风尺度下阵风幅值随高度变化的计算结果。

表 2-5 不同高度和阵风尺度下的突风幅值数据　　　　单位:$\text{m}\cdot\text{s}^{-1}$

| H/km | 阵风尺度 $d=60\text{m}$ | | 阵风尺度 $d=200\text{m}$ | | 阵风尺度 $d=400\text{m}$ | | 阵风尺度 $d=1\ 000\text{m}$ | |
|---|---|---|---|---|---|---|---|---|
| | 垂直 | 水平 | 垂直 | 水平 | 垂直 | 水平 | 垂直 | 水平 |
| 1 | 5.389 5 | 5.039 5 | 9.085 6 | 8.288 6 | 11.558 0 | 10.241 5 | 14.025 8 | 11.801 8 |
| 2 | 5.281 4 | 4.493 8 | 8.955 8 | 7.574 8 | 11.475 3 | 9.635 1 | 14.125 7 | 11.689 8 |
| 4 | 5.314 6 | 4.510 5 | 9.096 9 | 7.687 5 | 11.793 5 | 9.912 5 | 14.876 2 | 12.361 1 |
| 6 | 6.098 2 | 4.913 5 | 10.438 2 | 8.395 0 | 13.532 3 | 10.858 4 | 17.069 5 | 13.629 3 |
| 8 | 6.464 4 | 5.237 7 | 11.065 0 | 8.931 6 | 14.345 0 | 11.524 4 | 18.094 7 | 14.391 3 |
| 10 | 6.072 5 | 4.976 6 | 10.494 5 | 8.547 1 | 13.772 9 | 11.128 1 | 17.851 4 | 14.168 0 |

续　表

| $H/km$ | 阵风尺度 $d = 60m$ | | 阵风尺度 $d = 200m$ | | 阵风尺度 $d = 400m$ | | 阵风尺度 $d = 1\,000m$ | |
|---|---|---|---|---|---|---|---|---|
| | 垂直 | 水平 | 垂直 | 水平 | 垂直 | 水平 | 垂直 | 水平 |
| 12 | 5.169 6 | 4.033 5 | 9.086 8 | 7.045 9 | 12.193 7 | 9.377 2 | 16.672 3 | 12.562 0 |
| 14 | 3.649 3 | 3.056 4 | 6.501 9 | 5.402 7 | 8.885 9 | 7.304 7 | 12.743 0 | 10.181 8 |
| 16 | 2.402 3 | 2.361 6 | 4.297 7 | 4.199 0 | 5.906 8 | 5.722 7 | 8.602 4 | 8.145 8 |
| 18 | 1.617 0 | 1.846 6 | 2.911 6 | 3.302 4 | 4.037 7 | 4.536 6 | 6.029 2 | 6.597 9 |
| 20 | 1.166 6 | 1.428 8 | 2.112 7 | 2.567 9 | 2.953 9 | 3.551 9 | 4.515 3 | 5.265 6 |
| 25 | 1.116 9 | 1.160 2 | 2.027 4 | 2.095 8 | 2.843 6 | 2.919 8 | 4.387 2 | 4.417 4 |
| 30 | 0.934 9 | 1.073 1 | 1.702 7 | 1.943 9 | 2.399 6 | 2.718 6 | 3.754 8 | 4.159 4 |

此外,在工程中可以用某个地区最大风速极值与平均风速之差作为突风幅值 $W_{max}$。阵风尺度 $d$ 的大小可以取为 $60 \sim 400m$。

### 2.2.4.3　切变风模型

在吸气式高超声速飞行器控制系统设计过程中,切变风的取值可以选用极值作为最恶劣的条件来考核飞行器的控制性能。《GJB 1172.14 — 91 军用设备气候极值 空中风速》给出了风的垂直切变全国记录极值(见表 2 - 6)。

表 2 - 6　风的垂直切变全国记录极值

| 几何高度 /km | 风切变 /$s^{-1}$ | 月份 / 月 | 地点 |
|---|---|---|---|
| 1 | 0.060 | 11 | 丹东 |
| 2 | 0.068 | 3 | 敦煌 |
| 4 | 0.050 | 3 | 济南 |
| 6 | 0.082 | 2 | 野马街 |
| 8 | 0.103 | 1 | 嫩江 |
| 10 | 0.123 | 4 | 西昌 |
| 12 | 0.125 | 10 | 青岛 |
| 14 | 0.112 | 4 | 乌鲁木齐 |
| 16 | 0.093 | 2 | 腾冲 |
| 18 | 0.091 | 12 | 恩施 |
| 20 | 0.074 | 3 | 红原 |
| 22 | 0.059 | 11 | 野马街 |
| 24 | 0.056 | 12 | 拉萨 |
| 26 | 0.048 | 10 | 南阳 |
| 28 | 0.060 | 11 | 丹东 |
| 30 | 0.068 | 3 | 敦煌 |

#### 2.2.4.4 临近空间风场复合模型

在进行控制系统考核和总体性能仿真验证时,根据计算得到飞行高度,完成平稳风、阵风和切变风的风速幅值大小的计算,然后进行线性叠加,得到复合风场的风速大小;根据仿真需求和仿真条件,设定风向大小。在设定风向时,可以根据经纬高和月份计算实际空域的风向大小,然后将其投影分解到飞行器相关坐标系;也可直接设置为相对飞行器的方向大小,即顺风、逆风、侧风等模式,考核风场变化对飞行器飞行和控制系统的影响大小。临近空间风场复合模型计算过程如图 2 - 15 所示。

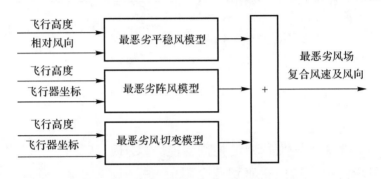

图 2 - 15　临近空间风场复合模型计算过程

# 2.3　大气密度特性分析及模型

大气密度作为大气环境参数的重要组成,其大小直接影响飞行器在飞行过程中受到的气动力大小。因此,研究大气密度变化特性,建立密度变化模型,对于飞行器总体设计和控制系统考核有重要意义。

## 2.3.1　大气密度变化特性

大气密度随高度、纬度和季节呈现较为复杂的变化规律。图 2 - 16 和图 2 - 17 给出了中国不同地区的密度与标准大气偏差在不同月份随高度的变化曲线。

图 2 - 18 和图 2 - 19 给出了中国地区同一经度不同纬度下,以及同一纬度不同经度下密度偏差在不同月份随高度的变化曲线。

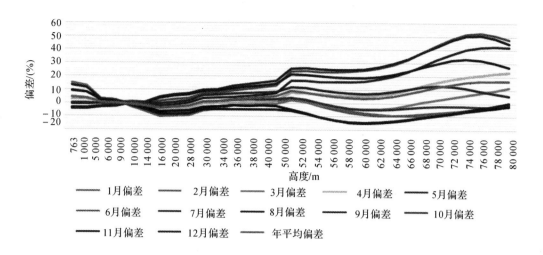

图 2-16　北纬 50°东经 120°地区不同月份密度偏差随高度的变化曲线

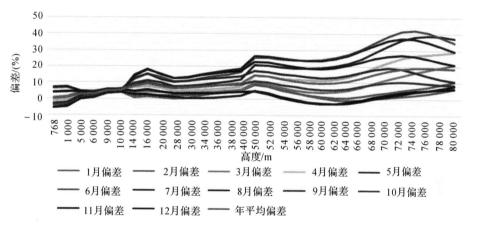

图 2-17　北纬 40°东经 90°地区不同月份密度偏差随高度的变化曲线

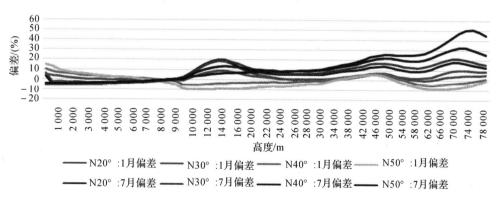

图 2-18　东经 90°不同纬度地区不同月份密度偏差随高度的变化曲线

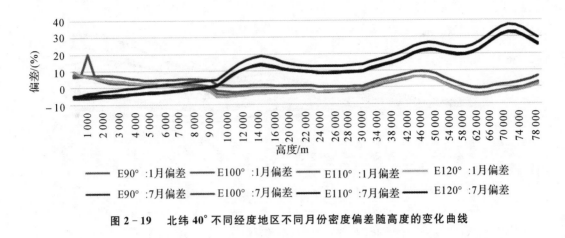

**图 2 - 19　北纬 40°不同经度地区不同月份密度偏差随高度的变化曲线**

从图中可以看出,随着月份和高度的不同,同一地区的大气密度随高度出现较为显著的变化,在 30km 之内大气密度与标准大气的偏差可在 20% 左右,并且随着高度的增加,密度偏差呈现剧烈变化。

通过对同一纬度不同经度和同一经度不同纬度的密度偏差曲线进行对比分析可知,大气密度随纬度的变化呈现一定的变化趋势;密度偏差随经度变化不大。下面将变化分为空间和时间两个方面来讨论空气密度的分布。

### 2.3.1.1　空气密度的空间分布

空气密度不是大气基本参数,而是气压、气温和湿度的导出函数。它同气压、气温和空气湿度之间的关系,是由状态方程联系着的。因此,空气密度的空间分布,归根结底决定于气压、气温和湿度的空间分布。通常,空气中的水汽含量有限,湿度对空气密度的贡献比之气压、气温的贡献小得多,在干燥气层中或较高的高度上尤其如此。于是,作为一种近似,可认为空气密度只取决于气温和气压(即把空气看成是干空气)。

将状态方程对高度求导数,可得

$$\frac{\partial \varrho}{\partial y} = \frac{1}{RT}\frac{\partial P}{\partial y} - \frac{p}{RT^2}\frac{\partial T}{\partial y} \tag{2.43}$$

借助静力学方程,可将上式改写为

$$\frac{\partial \ln\varrho}{\partial y} = -\frac{1}{T}\left(\frac{g}{R} + \frac{\partial T}{\partial y}\right) \tag{2.44}$$

在对流层的下、中、上部,$\partial T/\partial y$ 的平均值分别约为 $0.3 \times 10^{-2} \sim 0.4 \times 10^{-2}$℃/m,$0.5 \times 10^{-2} \sim 0.6 \times 10^{-2}$℃/m 和 $0.65 \times 10^{-2} \sim 0.75 \times 10^{-2}$℃/m,平流层中 $\partial T/\partial y$ 值更小,平均为 $0.2 \times 10^{-2}$℃/m,中间层中的 $\partial T/\partial y$ 也不大,而 $g/R = 3.4 \times 10^{-2}$℃/m,表明在不同的高度上,式(2.43)或式(2.44)右端的第一项在数值上总是大于第二项。因此,空气密度随高度的分布,更大程度上取决于气压随

高度的分布。既然气压随高度总是降低的,空气密度随高度也必然总是减小的。不过,对于不同的高度和不同的温度场结构,空气密度随高度减小的快慢却不一样。

对式(2.44)积分,得到静力平衡条件下的空气密度随高度递减的表达式:

$$\rho = \rho_0 \exp\left[-\int_0^y \frac{1}{T}\left(\frac{g}{R} + \frac{\partial T}{\partial y}\right)\right]\mathrm{d}y \tag{2.45}$$

式中,$\rho_0$ 和 $\rho$ 分别是 $y = 0$ 和 $y$ 高度上的空气密度。此式说明,大气密度也像气压那样,按指数幂随高度减小。另外,大气气压随高度递减的关系式为

$$P = P_0 \exp\left[-\int_0^y \frac{g}{RT}\mathrm{d}y\right] \tag{2.46}$$

把式(2.45)和式(2.46)进行比较可以看出,除等温大气的情况外,二者随高度递减的速率是不同的。在气温随高度递减的大气中,空气密度随高度递减的速率慢于气压;反之,空气密度递减的速率快于气压。

在标准大气条件下 $\rho/\rho_0$ 随高度的分布如图 2 - 20 所示。

当已知气温和气压的水平分布时,借助状态方程可得到空气密度的水平分布。30 km 以下,空气密度随纬度的变化比较复杂。30 km 以上,同高度上的空气密度最小

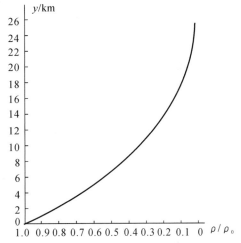

图 2 - 20　在标准大气条件下 $\rho/\rho_0$ 随高度的分布

值出现在极区的冬季,最大值出现在极区的夏季。但是,冬季平流层或中间层发生突然增温期间,极区的空气密度可能高于其他纬度。

### 2.3.1.2　空气密度随时间的变化

空气密度随时间的变化,是气温、气压和湿度随时间变化的综合结果。与平均风的变化类似,空气密度的变化也可分为长周期变化和短周期变化。

**1. 密度随纬度-季节的长周期变化**

下面具体分析大气密度随季节月份的长周期变化特征。

地面空气密度年最低值出现在夏季(7 或 8 月),最高值出现在冬季(1 月或 12 月),年振幅随纬度的增高而增大(见图 2 - 21)。在对流层中,空气密度最低值出现在 7 月或 8 月,最高值出现在 1 月或 12 月,但是随着高度的增加,年振幅逐渐减小。图 2-22 所示是哈尔滨地面及几个不同等压面上的空气密度变化曲线。随着高度的升高,大气气压逐渐减小;以大气气压为 200hPa 高度为界,在该高度以下的大气层中,空气密度最低值出现在 7 月或 8 月,最高值出现在 1 月或 12 月;年变

化振幅随高度的增高而减小。而在该高度以下的大气层中，空气密度年振幅很小，且七八月份已不是空气密度最低的时段（在 50 ～ 100hPa 间，空气密度反而略高于其他月份），空气密度年变化曲线呈起伏不大的波纹状。

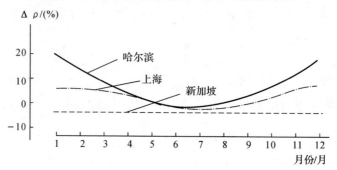

**图 2 - 21　几个不同纬度测站的地面空气密度年变化曲线**

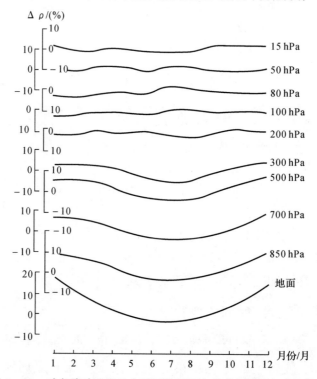

**图 2 - 22　哈尔滨地面及几个不同等压面上的空气密度年变化曲线**

30 km 以上，空气密度的最大值出现在夏季，最小值出现在冬季。图 2 - 23 是 12 ～ 1 月和 6 ～ 7 月 30 ～ 80 km 高度间的空气密度相对偏差量平均值的经向剖面（由美国和苏联的火箭探测资料绘制）。图中的 $\Delta\rho$（%）是空气密度对 1976 年美国标准大气的相对偏差量。由该图可见，夏季（6 ～ 7 月）各纬度、各高度上的 $\Delta\rho$ 均为正值，而冬季（12 ～ 1 月）除了 30°N 的某些高度上出现正值外（但其数值比同高度上其他纬度 $\Delta\rho$ 小得多），其余纬度和高度上的 $\Delta\rho$ 均为负值。还可看到，冬季 30 ～ 70 km 的高度，$|\Delta\rho|$ 的数值随高度减小；夏季大体也是如此，但在 60°N 附近，

$|\Delta\rho|$ 的最大值出现在 75 km 左右,在 80°N 则出现在 $50\sim70$ km 之间。图 2-24 是根据图 2-23 绘制的空气密度的相对偏差振幅随高度和纬度的分布图。该图表明:年振幅随纬度的增高而增大;在 70 km 以下,年振幅随高度增大,在 70 km 以上随高度减小。70 km 附近,空气密度的年振幅最大。

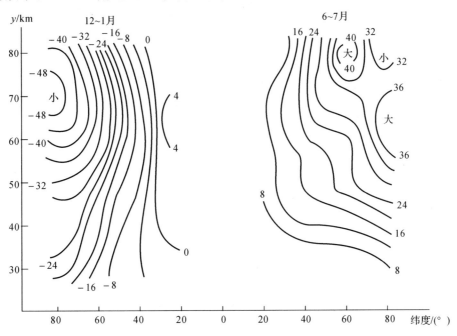

图 2-23　$30\sim80$km 高度间空气密度平均相对偏差量的经向剖面图

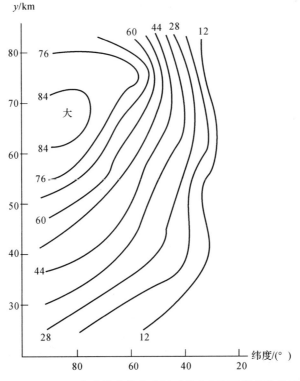

图 2-24　$30\sim80$km 高度间空气密度相对偏差振幅随高度和纬度的分布

### 2. 密度随昼夜的短周期变化

图 2-25 所示是北京冬季(1月)和夏季(7月)一天的近地面空气密度日变化曲线($\Delta \rho$ 为空气密度对标准大气的相对偏差,即 $\Delta \rho = (\rho - \bar{\rho}/\bar{\rho}) \times 100\%$)。为了与气温和气压变化进行对比,图中还画出了同一天的气温和气压日变化曲线。由图可见,无论是冬季还是夏季,地面空气密度的最小值均出现在午后,最大值出现在清晨;空气密度日变化的位相,大体上与气压日变化的趋势一致,而与温度日变化的趋势相反。在对流层的其他高度上,空气密度日变化基本趋势相似,由于气温和气压的日振幅一般随高度递减,所以对流层中空气密度的日振幅一般也随高度递减。

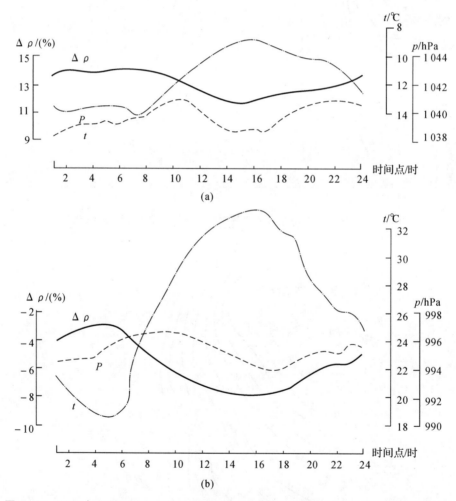

**图 2-25  1970 年 1 月 4 日和 7 月 1 日北京 1.5m 高度上的空气密度的日变化曲线(晴天)**
(a)1970 年 1 月 4 日;  (b)1970 年 7 月 1 日

对流层和中间层空气密度的日变化研究得很少。在夸贾林岛上空,相隔 13h 发射的两枚气象火箭的测量结果表明,中午的空气密度与夜间不同。在 30 ~

120km 的高度中,空气密度昼间比夜间高 10%。流星尾迹观测表明,中纬度地区 $80\sim110\text{km}$ 的气层中,空气密度昼、夜变化最大可达 20% 左右。

### 2.3.2　密度扰动模型

之前介绍了标准大气模型、参考大气模型以及大气风场模型。它们给出了在模型假设条件下地球大气参数随高度、纬度、季节等的分布情况,也就是给出了在指定高度、指定季节、指定纬度下大气参数的标准值。飞行器在大气层中飞行,当计算它的标准飞行轨道时,作了下面的假设:即大气的密度、温度、压力等参数符合每个飞行高度上的标准值,同时还假设大气中不存在风的影响,即认为整个大气层相对于地球表面是静止不动的。而事实上大气层相对于地球每时每刻都在运动。因此实际飞行轨道上的大气参数的值或多或少地不同于标准值。

大气的物理状态与地心纬度、高度、年份以及昼夜等时间参量有关,也与某些其他具有随机特性的因素有关。在设计阶段,如果一直假定大气参数为标准值,当飞行器真实飞行,大气偏离标准值时,控制系统将无法实现稳定控制,会造成严重后果。因而在设计飞行器控制系统时,必须要考虑大气参数相对于标准值的偏离。所以,建立地球大气扰动模型十分必要。地球大气扰动模型是一种相对于大气参数标准值的偏差模型,它能够给出相对于标准值的偏差范围,以及造成这些偏差的主要影响因素。

在已有的试验数据和在大气参数间已知的物理关系与某些假设的基础上,建立扰动大气,以得到最"合乎真实"的模型。通常用大气参数(温度、密度、压力)相对标准值的标称偏差形式来描述扰动的大气情况,称这种标称偏差为大气参数变化。

大气参数总的变化包括系统分量和随机分量两部分。系统分量包含大气参数的季节纬度变化和昼夜变化。在有些模型中,将昼夜变化列入随机变化范畴。确定大气参数变化的随机分量是最困难的,为了描述它们,需要使用随机函数的正则分解法、马尔柯夫过程、成套的伪随机函数等。

对建立扰动大气的全球模型而言,最大的困难是南半球大气探测数据较为缺乏。因此,通常采用的方法是假设南北半球的大气流动相差 6 个月份,这样就将北半球模型适用于地球南半球。例如,在冬季,计算再入大气的返回轨道时,在北半球应使用扰动大气 1 月份的模型,而在南半球应使用 7 月份的模型(1 月份与 7 月份是配对月)。

密度是大气扰动中最关注的一个参数,大气的密度变化具有以下的表达式:

$$\delta_\rho = \frac{\rho - \rho_{cT}}{\rho_{cT}} \tag{2.47}$$

式中,$\rho$ 为大气实际密度;$\rho_{cT}$ 为标准密度。

密度变化对在大气层内的运动轨道有决定性的影响。所以在扰动大气模型的描述中,要取最不利的配对月(1月份和7月份)和昼夜时间(7时和14时),此时密度变化是极限值。在有利的配对月(4月份和10月份)建立的模型,其密度变化相应较小。

密度的总变化 $\delta_{\rho\Sigma}$ 可用3个分量的和表示:

$$\delta_{\rho\Sigma} = \delta_{\rho\Sigma w} + \delta_{\rho c} + \delta_{\rho\pi} \tag{2.48}$$

式中,$\delta_{\rho\Sigma w}$ 为密度随季节、纬度的变化;$\delta_{\rho c}$ 为密度随昼夜的变化;$\delta_{\rho\pi}$ 为密度随机变化。

下面分别讨论密度变化的单个分量。

### 2.3.2.1 密度随季节-纬度的变化

大量试验数据表明,在一年期间,在高度 $0 \sim 150$ km 范围内,大气密度、风速和其他参数都要发生系统的变化。这种变化主要是由太阳发热强度的季节性变化引起的。在大量测量数据基础上,确定存在3个等密度高度,也就是存在着这样的高度,在此高度上密度变化为最小。第1高度和第2个高度分别对应在8 km 和25 km 处,这两处表现得很明显,第3个高度对应在90 km 附近,但不很明显,其原因可能是在此高度上的试验数据不足。

为描述密度的季节变化与高度 $H$、纬度 $\varphi$ 和月份 Mon 的关系,要使用纬度的6阶多项式:

$$\delta_{\rho III}(H,\varphi,\mathrm{Mon}) = K_0(H,\mathrm{Mon}) + \sum_{i=1}^{6} K_i(H,\mathrm{Mon})\varphi^i \tag{2.49}$$

多项式的系数可按以下公式计算:

$$\left.\begin{aligned}
K_0(H,\mathrm{Mon}) &= \delta_{\rho III1}(H,\mathrm{Mon}) \\
K_1(H,\mathrm{Mon}) &= 0 \\
K_2(H,\mathrm{Mon}) &= 0.5 n_3 \\
K_3(H,\mathrm{Mon}) &= 0 \\
K_4(H,\mathrm{Mon}) &= 8.729 n_1 - 1.489 n_2 - 1.994 n_3 \\
K_5(H,\mathrm{Mon}) &= -11.114 n_1 + 2.523 n_2 + 2.023 n_3 \\
K_6(H,\mathrm{Mon}) &= 3.538 n_1 - 0.936 n_2 - 0.562 n_3
\end{aligned}\right\} \tag{2.50}$$

式中:

$$\left.\begin{aligned}
n_1 &= \delta_{\rho III2}(H,\mathrm{Mon}) - \delta_{\rho III1}(H,\mathrm{Mon}) \\
n_2 &= \delta_{\rho III3}(H,\mathrm{Mon}) - \delta_{\rho III1}(H,\mathrm{Mon}) \\
n_3 &= -2 U_{cIII1}(H,\mathrm{Mon})\left[1 + \delta_{\rho III1}(H,\mathrm{Mon})\omega_3 r \frac{\rho_{CT}}{P_{CT}}\right]
\end{aligned}\right\} \tag{2.51}$$

其中,$\delta_{\rho IIIi}(H,\mathrm{Mon})(i=1,2,3)$ 表示在对应高度上,期望的密度随季节-纬度的变化,该变化对应3个典型的纬度:$0°(i=1)$,$50°(i=2)$ 和 $90°(i=3)$。$U_{cIII1}(H,\mathrm{Mon})$

为赤道上的纬带风,$\omega_3$ 为地球昼夜旋转的角速度,$r$ 为所研究的空间点距地心的距离,$\rho_{CT}$ 为大气的标准密度,$P_{CT}$ 为标准压力。

在典型纬度上,密度的季节-纬度变化与国际参考大气 CIRA-1972 的变化取值相一致。大气密度随季节-纬度变化的模型关系如图 2-26 所示。图中,横坐标为密度偏差大小,纵坐标为高度,各曲线分别代表不同纬度下的密度偏差随高度的变化趋势。

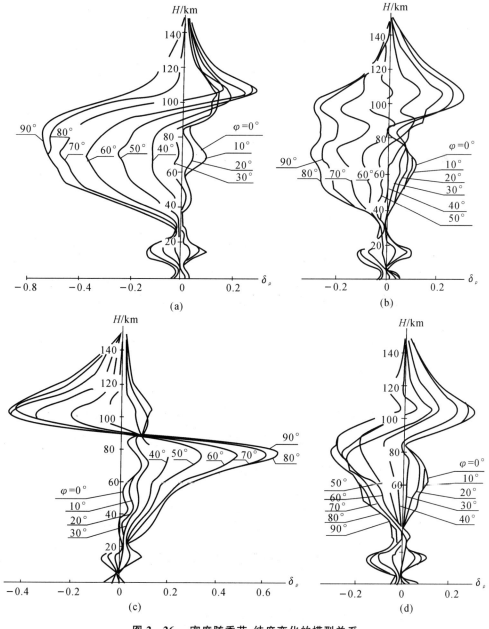

**图 2-26　密度随季节-纬度变化的模型关系**

(a)1月;　(b)4月;　(c)7月;　(d)10月

### 2.3.2.2 密度随昼夜的变化

密度的昼夜变化是由太阳加热的昼夜变化所引起的大气膨胀和收缩所产生的,同时也与太阳和月球的潮汐有关,原因在于月球潮汐能够加大或减小由太阳加热引起的大气参数的变化。

密度的总的昼夜变化可用以 24h 和 12h 为周期的 2 个周期函数表示:

$$\delta_{\rho c} = \delta_{\rho c y T} + \delta_{\rho \pi c y T} \tag{2.52}$$

式中:

$$\left. \begin{aligned} \delta_{\rho c y T} &= A_{c y T}(H, \varphi, \mathrm{Mon}) \cos \frac{\pi}{12} \left[ t - t_{c y T}(H, \varphi, \mathrm{Mon}) \right] \\ \delta_{\rho \pi c y T} &= A_{c y T}(H, \varphi, \mathrm{Mon}) \cos \frac{\pi}{6} \left[ t - t_{c y T}(H, \varphi, \mathrm{Mon}) \right] \end{aligned} \right\} \tag{2.53}$$

$A_{c y T}$ 和 $A_{\pi c y T}$ 分别为密度的昼夜和半昼夜分量幅值,其大小为随高度、纬度和月份变化的函数;$t_{c y T}$ 和 $t_{\pi c y T}$ 分别为密度的昼夜和半昼夜分量达到最大值的时间(简称昼夜和半昼夜分量时间),其大小也为随高度、纬度和月份变化的函数;$t$ 为当地时间。

由于缺少试验数据,在建立昼夜变化模型时,需采用以下的假设:

(1) 密度的昼夜和半昼夜分量的幅值和时间与季节无关;

(2) 地球表面上密度的昼夜波动等于 0(实际上这种波动很小);

(3) 密度的昼夜和半昼夜分量的幅值减少与纬度变化成正比关系,比例因子等于 $\frac{4}{\pi^2} \left( \frac{\pi^2}{4} - \varphi^2 \right)$;

(4) 所有纬度上昼夜和半昼夜密度分量的时间是相同的。

由此可得到昼夜和半昼夜密度分量的幅值公式:

$$\begin{aligned} A_{c y T}(H, \varphi) = \left( \varphi^2 - \frac{\pi^2}{4} \right) \left[ \frac{1 - \sin(H - 90)}{2} (1.160 \times 10^{-2} - \right. \\ \left. \sqrt{4.086 \times 10^{-7} H^2 - 1.471 \times 10^{-5} H + 1.246 \times 10^{-4}}) + \right. \\ \left. \frac{1 + \sin(H - 90)}{2} (1.135 \times 10^{-5} H^2 - 2.653 \times 10^{-3} H + 1.124 \times 10^{-1}) \right] \end{aligned} \tag{2.54}$$

$$\begin{aligned} A_{\pi c y T}(H, \varphi) = \left( \varphi^2 - \frac{\pi^2}{4} \right) \left[ \frac{1 - \sin(H - 90)}{2} (1.997 \times 10^{-2} - \right. \\ \left. \sqrt{6.157 \times 10^{-7} H^2 - 2.709 \times 10^{-5} H + 3.909 \times 10^{-4}}) + \right. \\ \left. \frac{1 + \sin(H - 90)}{2} (2.111 \times 10^{-5} H^2 - 4.572 \times 10^{-3} H + 2.061 \times 10^{-1}) \right] \end{aligned} \tag{2.55}$$

密度的昼夜和半昼夜分量的时间按以下公式计算:

$$t_{cyT}(H) = -9.288\sin(H-27.5)\frac{|H-27.5|}{|H-27.5|+3.870} + 23.408 \quad (2.56)$$

$$t_{\pi cyT}(H) = -2.323\sin(H-27)\frac{|H-27|}{|H-27|+2.904} + 4.123 \quad (2.57)$$

公式中纬度 $\varphi$ 以弧度计算,高度 $H$ 以千米计算。按式 (2.54) ~ 式 (2.57) 计算得到的密度昼夜和半昼夜分量的幅值和时间的模型关系如图 2 - 27 所示。

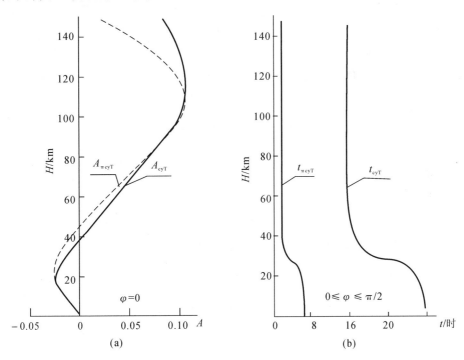

图 2 - 27　密度的昼夜、半昼夜分量幅值和时间的模型关系

### 2.3.2.3　密度的随机变化

除了大气参数变化的系统分量(季节-纬度和昼夜分量)外,还存在随机分量。这种随机分量是由于太阳活动性的变化和地磁过程变化等引起的。在试验数据分析的基础上,在 $H \leqslant 100$ km 的高度区间,建立了密度伪随机变化的模型。

$$\delta_{pc\pi yq} = X(H,\varphi,\text{Mon})f_1(H)f_2(\varphi) + y(H)(-4.493\times10^{-1} +$$
$$1.978\times10^{-2}\sqrt{T_{cp}-483.92}) \quad (2.58)$$

式中:$X(H,\varphi,\text{Mon}) = \delta_{\rho\pi pcA}(H,\varphi,\text{Mon})$,$H \leqslant 90\text{km}$;$T_{cp}$ 为大气层外的温度;$\delta_{\rho\pi pcA}(H,\varphi,\text{Mon})$ 为密度的极限变化($3\sigma_P$)。

密度随高度变化的模拟特征函数为

$$f_1(H) = a_1 + a_2\sin\frac{\pi(H-60)}{40} \quad (2.59)$$

密度随纬度变化的模拟特征函数为

$$f_2(\varphi) = 0.92 + 0.08\sin(9\varphi + a_3) \qquad (2.60)$$

$$Y(H) = \begin{cases} 0 & (H > 95\text{km}) \\ 3.869 \times 10^{-6}(H-95)^3 + 2.632 \times 10^{-4} \times (H-95)^2 & (95\text{km} \leqslant H \leqslant 125\text{km}) \\ 2.632 \times 10^{-2}(H-112) & (H > 125\text{km}) \end{cases}$$

$$(2.61)$$

为了确定扰动大气的伪随机状态,要用特定的方法来选择参数 $a_1$, $a_2$, $a_3$ 和大气层外的温度 $T_{cp}$。

由参数 $a_1$, $a_2$ 可以确定函数 $f_1(H)$ 的伪随机状态。

(1) $f_1(H) = 0$ 不存在随机扰动;

(2) $f_1(H) = \pm 1$ 存在偏差为 $\pm 3\sigma_p$ 的随机分量;

(3) $f_1(H) = \pm 0.33 \sin \dfrac{\pi(H-60)}{40}$ 随机分量随高度呈 80km 的"蛇形"变化,并等于均方根偏差;

(4) $f_1(H) = \pm 0.33 \pm 0.33 \sin \dfrac{\pi(H-60)}{40}$ 随机分量为 $\pm \sigma_p$,并仍为(3)中的"蛇形"变化。

函数 $f_2(\varphi)$ 给出了密度随纬度变化的长波形状,波长约达 4 500km。参数 $a_1$, $a_2$, $a_3$ 和大气层外的温度 $T_{cp}$ 由表 2-7 给出。

表 2-7　参数 $a_1$, $a_2$, $a_3$ 和大气层外的温度 $T_{cp}$

| 编号 | | $a_1$ | $a_2$ | $a_3$ | 大气层外平均温度 /K |
|---|---|---|---|---|---|
| 17(i-1)+ | 1 | 0 | 0 | 0 | 1 000 |
| | 2 | 1 | 0 | 0 | 700 |
| | 3 | -1 | 0 | 0 | 2 200 |
| | 4 | 0 | 0.33 | 0 | 930 |
| | 5 | 0 | -0.33 | 0 | 1 280 |
| | 6 | 0.33 | 0.33 | 0 | 830 |
| | 7 | 0.33 | -0.33 | 0 | 970 |
| | 8 | -0.33 | 0.33 | 0 | 1 120 |
| | 9 | -0.33 | -0.33 | 0 | 1 670 |
| | 10 | 1 | 0 | $\pi$ | 700 |
| | 11 | -1 | 0 | $\pi$ | 2 200 |
| | 12 | 0 | 0.33 | $\pi$ | 930 |
| | 13 | 0 | -0.33 | $\pi$ | 1 280 |
| | 14 | 0.33 | 0.33 | $\pi$ | 830 |
| | 15 | 0.33 | -0.33 | $\pi$ | 970 |
| | 16 | -0.33 | 0.33 | $\pi$ | 1 120 |
| | 17 | -0.33 | 0.33 | $\pi$ | 1 670 |

表 2-7 中,第一列为数据组合编号,其计算公式为"$17(i-1)+$",其中,$i$ 的取值范围为"$1 \sim 8$"。当 $i$ 取值为奇数时,再入大气的当地时间为 7 点;当 $i$ 取值为偶数时,再入大气的当地时间为 14 点。

- 当 $i$ 取值为 1 或 2 时,第一列的编号为 $1 \sim 34$,对应的数据为北半球 1 月份的数据;
- 当 $i$ 取值为 3 或 4 时,第一列的编号为 $35 \sim 68$,对应的数据为北半球 7 月份的数据;
- 当 $i$ 取值为 5 或 6 时,第一列的编号为 $69 \sim 102$,对应的数据为北半球 4 月份的数据;
- 当 $i$ 取值为 7 或 8 时,第一列的编号为 $103 \sim 136$,对应的数据为北半球 10 月份的数据。

高度在 $110 \sim 150 \text{km}$ 范围内,密度的随机变化只能定性估算。这种定性估算方法建立了 110 km 以下密度随机变化与 110 km 以外(大气层外)平均温度间的联系。这样,得到在高度 $0 \sim 150$ km 和纬度 $0 \sim 90°$ 范围内密度的随机变化公式:

$$\delta_{pc\pi yq}(H, \varphi, H) = \frac{1 - \sin(H - 115)}{2} \{ -5.119 \times 10^{-6} H^2 + 6.770 \times 10^{-2} +$$

$$[q_1(H, \text{Mon})(-5.160 \times 10^{-1} \varphi^3 + 1.216 \varphi^2) + q_2(H)] \times$$

$$\cos^2 \frac{\pi \mid H - H^* \mid}{H_1 - 2 \mid H - H^* \mid} \} [\alpha_1 + \alpha_2 \sin \frac{\pi(H - 60)}{40}] \times$$

$$\{1 - 0.08[1 - \sin(9\varphi + \alpha_3)]\} + \frac{1 + \sin(H - 112)}{2} \times$$

$$(H - 112)(-1.182 \times 10^{-2} + 5.205 \times 10^{-4} \sqrt{T_{cp} - 483.92})$$

$$(2.62)$$

参数 $q_1(H, \text{Mon})$, $q_2(H)$, $H_1(H)$, $H_2(H)$ 的数值由表 2-8 给出。

表 2-8　在随机偏差模型关系中的参数值

| 高度范围 /km | $q_1(H, \text{Mon})$ | | | | $q_2(H)$ | $H_1(H)$ | $H_2(H)$ |
| --- | --- | --- | --- | --- | --- | --- | --- |
| | 1 月 | 4 月 | 7 月 | 10 月 | | | |
| $H < 5$ | 0 | 0 | 0 | 0 | 0 | 100 | 0 |
| $5 \leqslant H \leqslant 25$ | 0.050 | 0.040 | 0.030 | 0.040 | $-1.155 \times 10^{-2}$ | 40 | 15 |
| $25 \leqslant H \leqslant 115$ | 0.175 | 0.108 | 0.040 | 0.108 | $3.329 \times 10^{-2}$ | 180 | 70 |

### 2.3.2.4　大气密度变化的具体计算

在实际应用中,考虑上述扰动的大气密度计算公式如下:

$$\rho = \rho_{cT}(1 + \delta_{\rho\Sigma}) \tag{2.63}$$

式中,$\rho_{cT}$ 为标准大气密度。

所建立的模型包含4个月份（1月、4月、7月、10月）的数据。有了这些数据，再假设南半球和北半球相移6个月时间,它们的大气过程状况是相同的,那么就可建立扰动大气的全球模型了。1月份和7月份是大气最不利状态（密度变化最大）,而4月份和10月份是大气较好的状态（密度变化小）。密度的昼夜变化的计算时间定为7时和14时。

### 2.3.3　最恶劣大气密度模型

从上面的推导过程可以发现,大气密度的变化与多种因素相关,计算模型较为复杂,在工程应用中较为困难。因此,通过对相关大气模型进行数据统计,并参考相关科研院所的工程经验,提出采用最恶劣密度模型的方法来考核飞行器的飞行能力和制导控制系统的控制性能。

最恶劣密度模型即采用大气密度的极大值或极小值,来考核飞行器控制系统性能。基于《GJB 1172.17—91 军用设备气候极值 空中空气密度》给出了中国地区大气密度的极大值和极小值,并给出了极值与COESA标准大气模型的偏差,见表2-9和表2-10。

表 2-9　不同高度的密度最大极值表

| 几何高度 /km | COESA 模型密度 /$(kg/m^3)$ | 最大密度 $(kg/m^3)$ | 温度 ℃ | 月份 / 月 | 地点 | 相对偏差 * （%） |
|---|---|---|---|---|---|---|
| 1 | 1.111 6 | 1.369 | −35.9 | 11 | 阿勒泰 | 23.15 |
| 2 | 1.006 5 | 1.171 | −32.1 | 11 | 北塔山 | 16.34 |
| 4 | 0.819 1 | 0.9 | −37.4 | 11 | 北塔山 | 9.873 |
| 6 | 0.659 7 | 0.721 | −41 | 1 | 赤峰 | 9.293 |
| 8 | 0.525 2 | 0.587 | −45.4 | 12 | 喀什 | 11.77 |
| 10 | 0.412 7 | 0.458 | −50.6 | 10 | 丹东 | 10.97 |
| 12 | 0.310 8 | 0.359 | −61.3 | 11 | 北京 | 15.5 |
| 14 | 0.226 8 | 0.277 | −74.3 | 11 | 西沙岛 | 22.16 |
| 16 | 0.165 4 | 0.208 | −78.4 | 6 | 西沙岛 | 25.74 |
| 18 | 0.120 7 | 0.154 | −83.8 | 7 | 东港 | 27.61 |
| 20 | 0.088 | 0.11 | −74.9 | 11 | 南宁 | 24.95 |
| 22 | 0.063 7 | 0.076 | −65.9 | 8 | 安得河 | 19.26 |
| 24 | 0.046 3 | 0.056 | −55.2 | 7 | 东沙岛 | 21.04 |
| 26 | 0.033 7 | 0.04 | −56.8 | 11 | 二连 | 18.74 |
| 28 | 0.024 6 | 0.029 | −31.9 | 4 | 嫩江 | 17.89 |
| 30 | 0.018 | 0.021 | −41.8 | 7 | 拉萨 | 16.59 |

\* 相对偏差 ＝（极大值－标准值）/ 标准值×100％。

表 2 - 10　不同高度的密度最小极值表

| 几何高度 /km | COESA 模型<br>密度 /(kg/m³) | 最大密度<br>(kg/m³) | 温度<br>℃ | 月份 /月 | 地点 | 相对偏差 *<br>(%) |
|---|---|---|---|---|---|---|
| 1 | 1.111 6 | 0.978 | 37.3 | 7 | 若羌 | −12.02 |
| 2 | 1.006 5 | 0.894 | 34.7 | 8 | 安得河 | −11.18 |
| 4 | 0.819 1 | 0.727 | 22.4 | 6 | 拉萨 | −11.25 |
| 6 | 0.659 7 | 0.601 | −12.5 | 6 | 索伦 | −8.898 |
| 8 | 0.525 2 | 0.482 | −45.2 | 12 | 嫩江 | −8.22 |
| 10 | 0.412 7 | 0.352 | −46.5 | 2 | 伊春 | −14.71 |
| 12 | 0.310 8 | 0.257 | −41.2 | 2 | 伊春 | −17.32 |
| 14 | 0.226 8 | 0.188 | −44.2 | 2 | 伊春 | −17.09 |
| 16 | 0.165 4 | 0.136 | −52.5 | 12 | 海拉尔 | −17.78 |
| 18 | 0.120 7 | 0.1 | −43.4 | 3 | 伊春 | −17.13 |
| 20 | 0.088 | 0.073 | −39.2 | 3 | 嫩江 | −17.08 |
| 22 | 0.063 7 | 0.053 | −43.5 | 2 | 嫩江 | −16.83 |
| 24 | 0.046 3 | 0.039 | −48.2 | 12 | 海拉尔 | −15.71 |
| 26 | 0.033 7 | 0.029 | −33.6 | 1 | 海拉尔 | −13.92 |
| 28 | 0.024 6 | 0.021 | −51.1 | 1 | 海拉尔 | −14.63 |
| 30 | 0.018 | 0.015 | −46.1 | 1 | 海拉尔 | −16.72 |

\* 相对偏差 ＝（极小值－标准值）/ 标准值×100％。

　　设计人员在使用时,也可选取飞行器具体飞行区域的大气密度极大值和极小值作为最恶劣密度模型,来考核大气密度对飞行器飞行的影响。

　　在更简化情况,参考相关工程经验,可以选择标准大气密度的正负偏差 20％,作为最恶劣密度模型中的密度极值,来考核大气密度对飞行器的影响。

# 2.4　空间环境因素的影响

　　飞行器在飞行过程中,除了受到大气风场和大气密度的影响,大气中的空间环境参数也会对飞行器相关部件产生影响。空间环境因素主要包括臭氧含量、电子密度、电场强度、气辉辐射、纳密度和流星通量等,这些因素都对吸气式高超声速飞行器的结构和有效载荷产生有益或有害的影响。必须对吸气式高超声速飞行环境中的各项空间环境因素进行分析。

　　下面概括介绍几种常见空间环境参数及其对吸气式高超声速飞行器的影响。

## 2.4.1 臭氧

臭氧是一种氧分子异形体,主要通过太阳紫外辐射在高层使氧气分解,由氧原子和氧分子化合而成氧分子异形体。

臭氧主要分布在 $10 \sim 50$ km 高度的平流层大气中,臭氧浓度的极大值出现在 $20 \sim 30$ km 高度之间,其大小随空间和时间呈现显著变化。一般情况下,由低纬度向高纬度臭氧层高度递减,但含量递增,在 $75° \sim 80°$ 纬度处达到最大值。从秋季至翌年春季,臭氧含量先递增,然后递减,至秋季达到最小值。另外,在平流层的中上部和中间层的下部,臭氧浓度随高度呈指数减少。虽然在大气中的比例极小,但因为它对太阳紫外辐射有较强的吸收作用,所以是大气中重要的成分之一。

臭氧有很强的氧化性,可使许多有机色素脱色,侵蚀橡胶,这样强的氧化性可能导致飞行器部件和蒙皮材料变脆和加速老化,严重影响其高空飞行运行寿命。

另外,臭氧吸收太阳紫外辐射能量使平流层大气增温,出现于北半球平流层的"爆发性增温"现象,使得温度在数天内跃升幅度高达 $50℃$ 。温度升高及其带来的大气密度和风场的显著变化,会直接影响临近空间飞行器推进系统和姿态控制。

目前,在进行飞行器总体设计和有效载荷设计时,可以将高臭氧浓度记录极值(见表 2 - 11)作为考核依据,来评估设计结果。

表 2 - 11　高臭氧浓度记录极值

| 几何高度 /km | 臭氧浓度 /$(\mu g/m^3)$ | 月份 /月 |
| --- | --- | --- |
| 1 | 78.0 | 3 |
| 2 | 78.0 | 3 |
| 4 | 78.0 | 3 |
| 6 | 251.3 | 4 |
| 8 | 251.3 | 4 |
| 10 | 251.3 | 4 |
| 12 | 251.3 | 4 |
| 14 | 251.3 | 4 |
| 16 | 407.3 | 6 |
| 18 | 407.3 | 6 |
| 20 | 407.3 | 6 |
| 22 | 806.0 | 3 |
| 24 | 806.0 | 3 |
| 26 | 806.0 | 3 |
| 28 | 806.0 | 3 |
| 30 | 312.0 | 10 |

## 2.4.2　辐射粒子

临近空间中的辐射粒子是进入到地球空间的宇宙射线粒子与大气成分发生核反应的产物。银河宇宙射线和太阳宇宙射线为地球空间带来了高能质子和重离子,当这些初级宇宙射线的能量足够大时,便会克服地磁场的屏蔽作用进入到足够低的地球空间并与大气中的氮、氧等原子发生核反应,产生大量的次级中子,主要包括中子、质子、电子、$\gamma$ 射线、$\pi$ 介子、$\mu$ 子等,它们的通量会随着时间、高度、经度、纬度的改变而发生变化。图 2-28 给出了 1997 年 1 月 7 日地磁截止刚度为 1GV 的地方各种辐射粒子积分通量与高度之间的关系。

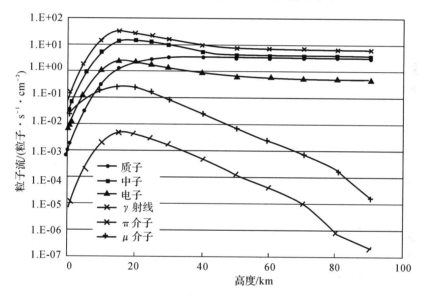

**图 2-28　临近空间各种辐射粒子积分通量随高度的变化关系**

从图 2-28 中可以看出,临近空间辐射强度较大的粒子有中子、质子、电子、$\gamma$ 射线。其中电子、$\gamma$ 射线的有效 LET(Linear Energy Transfer)较小,这两种粒子对单粒子效应的影响较小。在 40km 以下,中子的通量显著高于质子的通量,40km 以上,中子通量略高于质子通量。

临近空间大气中的辐射粒子可以诱发电子器件发生多种辐射效应,例如单粒子效应、位移损伤和总剂量效应。由于临近空间飞行器和电子器件本身的屏蔽作用,质子诱发的单粒子翻转会减弱,而中子由于不带电,可以在屏蔽材料中横冲直入,屏蔽材料对它基本不起作用。在整个能谱范围,质子诱发器件的翻转截面小于或接近于中子诱发的翻转截面,因此中子是这一区域诱发电子器件发生单粒子效应最主要的原因。

单粒子效应是指单个的高能重离子或者质子、中子,在器件材料中通过直接的电离作用或者核反应产生的次级粒子的间接电离作用,形成的额外电荷,导致的器件逻辑状态、功能、性能等的变化或损伤现象。表 2-12 中给出了典型的单粒子效应。

以上这些单粒子效应中,单粒子烧毁、单粒子栅穿、单粒子位移损伤都为永久损伤,也称硬错误。通过重新写入或断开电源,被辐照器件不能恢复正常状态,器件彻底损坏。单粒子闭锁在不采取保护措施的情况下,也会导致永久损伤。其他效应均为软错误,即器件可通过相关操作恢复正常状态。但对于运行中的飞行器来说,任何一种效应都可能导致重大事故和巨大损失。另外,随着中子注量的增加还可能对半导体、光电二极管、CCD 等器件造成位移损伤,严重时导致器件功能失效。因此,在进行总体方案设计和有效载荷设计时,必须考虑控制系统中电子元器件的电磁防护问题。

表 2-12 单粒子效应类型

| 类 型 | 英文缩写 | 含 义 |
| --- | --- | --- |
| 单粒子翻转 | SEU(Single Event Upset) | 存储单元逻辑状态改变 |
| 单粒子闭锁 | SEL(Single Event Latchup) | PNPN 结构中大电流再生状态 |
| 单粒子烧毁 | SEB(Single Event Burnout) | 大电流导致器件烧毁 |
| 单粒子栅穿 | SEGR(Single Event Gate Rupture) | 栅介质因大电流流过而击穿 |
| 单粒子多位翻转 | MBU(Multiple Bit Upset) | 一个粒子入射导致存储单元多个位的状态改变 |
| 单粒子扰动 | SED(Single Event Disturb) | 存储单元逻辑状态出现瞬间改变 |
| 单粒子瞬态脉冲 | SET(Single Event Transient) | 瞬态电流在混合逻辑电路中传播,导致输出错误 |
| 单粒子快速反向 | SES(Single Event Snapback) | 在 NMOS 器件中产生大电流再生状态 |
| 单粒子功能中断 | SEFI(Single Event Functional Interrupt) | 一个翻转导致控制部件出错 |
| 单粒子位移损伤 | SPDD(Single Event Displacement Damage) | 因位移效应造成永久损伤 |
| 单个位硬错误 | SHE(Single Hard Error) | 单个位出现不可恢复性错误 |

## 2.4.3 原子氧

原子氧是氧气分子在波长小于 243nm 的太阳紫外线的光照射作用下分解形成的呈原子状态的氧。原子氧具有很强的氧化性,可直接与材料发生氧化-还原反应,引起飞行器材料表面性能的变化。

飞行器是由成百上千种材料组成的,包括金属、合金、化合物、聚合物、玻璃、半导体、放热涂层及光防护膜等。空间材料暴露在原子氧环境下,多数会产生质损、厚度损失,引起热学、光学、机械、表面形貌等诸多参数的变化,结果会导致材料性能的损伤。因此,当飞行器在临近空间停留或飞行时,原子氧的存在会引起其表面材料的剥蚀以及光、热、电、机械等各方面性能的退化,影响飞行器的飞行性能。为了减轻原子氧的剥蚀影响,当前最常采用的办法是在表面覆盖一层氧化物,这是一种比较有效的保护措施。

### 2.4.4　水蒸气及其他空间环境因素

在高空平流层环境中还含有少量水蒸气,但与对流层相比,含量较低。在平流层高度,$\mu$ 介子、电子、光子、质子等高能粒子及紫外线等辐射强度较地面大大增加,会对相关仪器的运行带来不利影响。水蒸气会凝结在镜头和制冷部件上,长期累积会影响仪器性能,甚至使仪器失效;紫外线可能造成某些部件的老化。

因此,观测载荷在结构设计、一体化技术和新型材料应用方面要充分考虑这些临近空间环境的影响,进行必要的工作环境防护。

可见,对于穿越或驻留在临近空间的飞行器,不管是在设计、研制、发射以及在轨运行阶段,都要慎重考虑空间环境对飞行器的总体、材料、有效载荷所产生影响。

# 2.5　本章小节

吸气式高超声速飞行器在临近空间飞行时,会受到大气环境的作用,影响其飞行姿态和飞行轨迹。本章针对影响飞行器飞行的大气风场和大气密度,分析研究了其时空变化规律及相关数学模型;结合相关科研院所的工程经验及相关研究成果,给出了可用于临近空间高超声速飞行器控制系统设计及仿真验证考核的环境模型,包括最恶劣风场复合模型及最恶劣大气密度模型;最后,简要地介绍了空间环境因素对飞行器器件和材料的影响。

# 第3章 高超声速飞行器气动构形及其设计特点

吸气式高超声速飞行器的典型特征有两个：一是以高超声速飞行，在高超声速飞行条件下，由于激波的损失、摩擦损失、附面层分离激波与附面层干扰等因素的存在会导致飞行器阻力的显著增加；二是以超燃冲压发动机作为动力，在超燃冲压发动机工作过程中，气流以超声速流过燃烧室，在燃烧室中的驻留时间非常短，这对气流和燃料的混合、点火、燃烧和控制等都提出了很高的要求。因此，吸气式高超声速飞行器的气动构形设计需要考虑在减小飞行器的阻力，使飞行器获得较高的升阻比的同时，保证进入发动机气流的流量和流场品质满足超燃冲压发动机的严格要求。这一设计特征使得高超声速飞行器完全不同于传统飞行器，需设计新的气动构形，并采用发动机/机体一体化设计等新的技术手段，从而带来了飞行器姿态与推力耦合、控制通道间耦合、飞行器静不稳定等问题，直接影响到飞行控制所采取的控制策略。因此，在飞行控制系统设计之前，必须明确高超声速飞行器的设计特点和其气动特征。

本章对乘波体、升力体、轴对称和翼面融合体四种典型的高超声速飞行器气动布局的特点及其气动特性进行分析；结合公开资料，经过推算，给出美国高超声速飞行计划中的 X-43A，X-51A 和 FastHawk 的设计特点及气动数据值，同时也给出我国用于高超声速研究的超龙概念飞行器的气动数据，为控制系统设计提供输入条件和设计依据；最后对高超声速飞行器的关键技术——机体/发动机一体化设计——的概念和原因进行了介绍，重点阐述了一体化设计给飞行控制带来的影响。

## 3.1 高超声速飞行器气动布局

高超声速飞行器气动布局需要重点考虑两个问题：一是高超声速飞行的气动性能；二是满足超燃冲压发动机稳定工作的进气条件。各国研究人员根据高超声速飞行器飞行性能和发动机的点火及工作要求，设计了不同的气动构形，典型的气动布局主要有乘波体布局，升力体布局，轴对称布局，翼身组合体布局，以下分别介绍。

## 3.1.1　乘波体布局

### 3.1.1.1　乘波体的基本概念

乘波体是在 1959 年由诺威勒(Nonweiler)提出的。诺威勒首先提出根据已知流场构造三维高超声速飞行器的理论,用平面斜激波形成流场构造出一种具有"Λ"型横截面的高超声速飞行器,即采用楔形流组成升力体的基本乘波体构想。1981 年,美国马里兰大学 Rasmussen 等人发表了锥形流动生成乘波体的论文。与 Nonweiler 的二维"Λ"型设计相比,由圆锥流场生成的乘波体容积率大得多,且具有较高的升阻比。1989 年,由 NASA 赞助,在马里兰大学举行的乘波体国际会议上,Sobieczky 等人提出了用相切锥生成乘波体的方法。其特点是通过使用多个锥体来设计激波模式,这使得人们可以根据飞行器的需要来设计复杂构形,从而使乘波体飞行器具有向实用性发展的可能。

乘波体(Waverider)是指一种外形是流线形,其所有的前缘都具有附体激波的高超声速的飞行器。它的设计思路与常规的由外形决定流场,再去求解的方法相反,先有流场,然后再推导出外形,其流场是用已知的非黏性流方程的精确解来决定的。由斜激波公式决定流场而形成一个"Λ"形弹翼,其翼的前缘平面与激波的上表面重合(见图 3-1),就像骑在激波的波面上,所以称它为乘波体(又称骑波体)。乘波体飞行器不用机翼产生升力,而是靠压缩升力和激波升力飞行,像水面由快艇拖带的滑水板一样产生压缩升力。因为斜激波和圆锥激波在超声速流中是可以获得精确解的,所以两者就构成了反设计乘波体的基础。

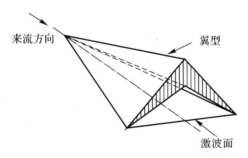

**图 3-1　高超声速流中的"Λ"型翼及其横截面**

如图 3-2 所示,通过薄翼与下面乘波体外形的比较就可以看出,在高超声速下其上表面的吸力还可忽略,所以在保持一定大容积的前提下还具有大的升阻比。

图 3-3 所示为乘波体与常规外形的升力和升阻比曲线的比较,从图中可以看到在相同攻角下,乘波体的升力及升阻比比常规外形要大得多。

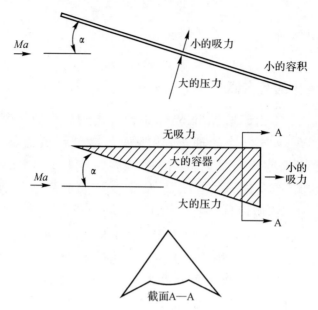

图 3 - 2　高超声速下薄翼与乘波体翼的比较

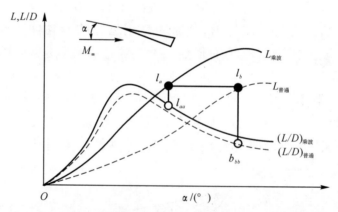

图 3 - 3　乘波体和常规外形的升力 $L$ 和升阻比 $L/D$ 曲线的比较

乘波体飞行器是激波完全贴附在飞行器前缘的一种特殊类型的飞行器,整个激波面置于升力面的下方,波后的高压完全作用在升力面的下表面上,与上表面的低压区没有压力沟通。与常规的飞行器外形相比,乘波体具有很高的升阻比。以吸气式发动机为动力的高超声速飞行器,需要在满足设计目标的条件下,各个系统采用一体化设计。前机身必须具有将来流的马赫数压缩三分之一以上的功能,还要为进气系统提供压缩后的均匀来流;后机身的下表面要承担发动机排气系统的膨胀功能。

乘波体外形有三个显著的气动特性:低阻力、高升力和大的升阻比,特别是对于高超声速飞行器。常规外形在超声速流中前缘大都是脱体激波,激波前后存在的压差使得外形上的波阻非常大,而乘波体的前缘及上表面与激波同面,所以不形成大的压差阻力,而下表面在设计马赫数下受到一个与常规外形一样的高压,这个流动的高压不会绕过前缘泄露到上表面,这样上、下表面的压差不会像常规外形一样相互交流而降低下表面的压力,使得升力降低。乘波体外形则因无此损失而得到大的升力,常规外形要得到同样大的升力,必须使用更大的攻角。同时,乘波体的下表面常常设计得较平,相对常规轴对称外形,平底截面外形上、下压差要大得多,所以升力也大得多。

### 3.1.1.2　乘波体构形的分类

根据乘波体结构的原理和特点,目前存在有几种典型的乘波体结构。

#### 1. 楔形流乘波体

Nonweiler 首先提出了由已知的流场构造三维高超声速飞行器的观点。其选择平面斜激波后的流场来生成有"Λ"型横截面和三角翼平面的构形,如图 3-4 所示。在以设计马赫数飞行时,这种构形的翼看起来像骑在附着激波的顶部,因此被称为"乘波构形",其从下表面到上表面没有流动泄漏,因为激波附着在前缘上。当超声速气流流过楔形体时,必定会在其下方产生一道从顶点开始的斜激波,激波后的气流参数发生突跃,速度减小、压力增大。同样,对于由楔形体生成的"Λ"型翼,超声速气流流过时也会在其下方形成一个激波面,激波面后的气流会形成一个高压区,这一高压区导致了高升力。因此,在相同的升力系数下比较时,"Λ"型构形比其他带翼高超声速构形有更高的升阻比。这种外形是由基本的二维流动推导出来的,因此通常由平坦的表面和这些表面相交生成的锐利角,如果要考虑气动热影响时,这些锐利角是不利的。

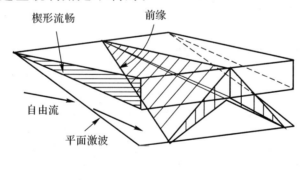

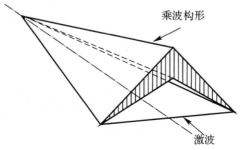

图 3-4　"Λ"型乘波构形的生成原理

### 2. 锥形流乘波体

这种乘波体构造方法是 Rasmussen 在 1980 年根据高超声速小扰动理论提出的。此后,许多研究者对这一构形进行了广泛的研究。当超声速气流流经一个圆锥时,会产生一道圆锥形激波,若在这个锥形流场内选择一个流面作为下表面,再选取一个表面形成一个升力体构形,则超声速气流也会在此升力体下方形成一个由紧贴在构形前缘的圆锥激波面,在激波面后也是一个高压区。源于锥形流动的乘波构形的生成原理如图 3-5 所示。

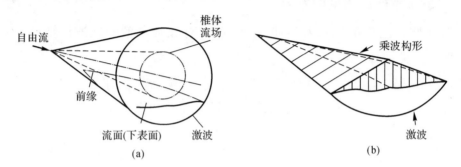

图 3-5　源于锥形流动的乘波构形的生成原理

具体的生成步骤为:首先,生成无黏锥体流场;然后,选择自由捕捉面,它与锥体激波相交的交线即为前缘曲线,通过前缘曲线到锥体底部向下游追踪流线,即可生成乘波构形的下表面,通过前缘曲线向后跟踪自由流流线直到锥体底部就可生成乘波构形的上表面,乘波构形上表面上的压力等于自由流压力,如图 3-6(a)所示。上表面的设计也可以采用其他技术,如将上表面设计为膨胀面或压缩面,如图 3-6(b)其上表面是圆柱形的。

图 3-6　源于锥体流动的乘波构形的底部图
(a)上表面为自由流面;　(b)上表面为圆形柱

### 3. 倾斜圆锥或椭圆锥体绕流的乘波体

使用倾斜圆锥体和椭圆锥体流场对构造有弯曲表面的乘波构形是很有吸引力的。这些流动的分析解与数值解不同,通常包含对基本轴对称圆锥体流动的干扰分析。首先,确定通过与自由流结合的轴,这个轴是倾斜的,与锥体轴成一个角度,任何通过这个自由流轴的平面都平行于自由流。然后,在通过锥体流面与激波交叉点的自由流平面中选择一对平面,则形成了封闭的气动体。因此,上表面是通过自由流顶点轴的一对自由流平面,下表面是锥体流场的弯曲流面,这些表面在交叉线处以表面之间的角度在激波处相交。图 3 - 7(a)(b)(c)分别给出了源于倾斜圆锥流动的乘波构形,源于椭圆锥体流动的乘波构形以及源于倾斜－椭圆锥体流动的乘波构形。

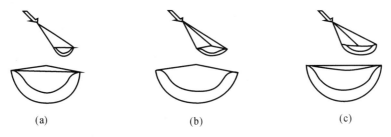

(a)    (b)    (c)

图 3 - 7  源于倾斜圆锥流动的乘波构形

### 4. 楔/锥流乘波体

选择楔形-锥形混合流动是为了使乘波构形既有平面楔形乘波构形的特征,也有源于锥体流动乘波构形的特征,即来自楔形乘波构形下表面的均匀流动和来自锥体乘波构形的高升阻比及更大的体积。

生成的具体步骤:首先,选择楔形－锥形生成的宽长比和锥体半顶角;然后,求解生成流场,这一流场由三维 Euler 方程求解。求出流场后,乘波外形可由物体与激波之间区域内的任何流面生成。对前体设计,在进口处的尾缘形状/表面轮廓可由进气道和燃烧室的需要来确定。一般情况下尾缘曲线的中心段选为平的,以便提供均匀的进口特征,并容易安装发动机。生成过程的剩余部分类似于其他乘波构形设计程序,流线向上游追踪直到与弓形激波相交,流面与激波之间的交线定义为前缘曲线,上表面是与自由流流动方向相同的流面。图 3 - 8 给出了由楔形－锥形几何形状和尾缘曲线生成的乘波构形。

### 5. 源于相交锥体流动的乘波构形

这种方法是 Sobieczky 等提出的,此后,许多研究者对这种方法进行了深入研究。在这一方法中,由相交锥体定义的平面内,非轴对称激波后的流动段处理为锥形的。在出口面内,沿激波曲线使用一系列平面来定义流场。在每个相交平面内激波角保持为常数,以便在展向方向上保证是连续表面。由激波角和当地曲率半径来确定每个平面的锥形流动顶点。

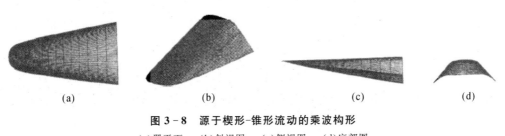

(a)    (b)    (c)    (d)

图 3 - 8  源于楔形-锥形流动的乘波构形

(a)翼平面;  (b)斜视图;  (c)侧视图;  (d)底部图

具体的生成步骤：首先，给定自由流马赫数、激波、出口平面内的激波，以及前缘或尾缘曲线；其次，确定相交锥体的顶点和前缘点；然后，通过沿已知锥形流追踪流线就可构造出乘波构形的下表面，这与源于锥体流动乘波构形的生成类似。如果激波曲线是平的，即其曲率半径无穷大时，流线的斜率将是常数值，斜率等于楔形角，它对给定的自由流马赫数产生给定的激波角。图 3-9 给出了出口平面内典型的相交锥体乘波外形的示意图，图中点画线表示的是相交平面，沿线的圆圈符号定义了相交平面处激波曲线上、在出口平面内锥体表面上以及相交锥体顶点上的点。

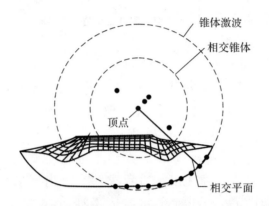

图 3-9　源于相交锥体流动的乘波构形在出口平面内的示意图

### 6. 定长/变楔角法乘波体

在二维楔形流中，使用确定翼平面和上表面曲率的二维幂指数函数方程生成的一种乘波构形，就是定楔角法生成的乘波体。幂指数在 0～1 之间变化，楔角是常数。通过调整幂指数函数的参数如比例系数、长度及楔角就可以生成各种乘波体外形。将上述方法扩展到非平面激波时，称为变楔角方法，翼平面和上表面的生成与定常楔形角方法相同，增加了第三个幂函数以确定下表面的弯曲。通过调节 6 个变量就可以生成各种乘波构形。

### 7. 星形体

这是另一种类型的乘波体，先通过求解二维 Euler 方程得到指数率型面的基本流场，在流场中生成类似"Λ"型乘波体的构形，然后叠加多个这种乘波体并在前缘处相接，这样就得到星形体。其特点是波阻较小，代价是较大的湿润面积导致较大的表面摩阻。

由此可见，乘波构形可由分析流场或容易求解的流场来生成，如平面楔形流场、轴对称体流场等，也可由复杂的三维流场生成，如楔形-锥形混合流场、相交锥形流场等。

## 3.1.2　升力体布局

### 3.1.2.1　升力体的基本概念

相对于传统的飞行器,升力体飞行器采用完全不同的概念,没有常规飞行器的主要升力部件——机翼,机身本身就是产生升力的主要部件。也就是说,升力体即是在没有产生升力的机翼等结构的情况下仍然靠本身形成的升力飞行的气动结构,这种构形是一种具有高升阻比和较强机动性能的气动外形。升力体构形航天器由于具有高热载荷、低热流率再入物理特性,在大攻角下和高超声速时良好的气动特性以及高效的内部体积利用率,成为空间航天器气动构形的首选方案。

美国国家航天局(NASA)和美国空军(USAF)自 1975 年以来,已经进行了有关升力体构形飞行器的 225 次飞行试验。其中美国空军的 X-33 飞行器就是采用了这种构形,如图 3-10 所示。对于图 3-10 所示的升力体,随着攻角和马赫数的增加,升力系数、阻力系数都上升。

**图 3-10　X-33 示意图**

洛马公司的升力体运载器 X-33/RLV 方案具有如下优势:①适于空间试验、应用、作业与维修,空间任务适应性最好;②经济性较好,主要是运行、维护费用较低,虽研制费用稍高,但总的来看全寿命费用仍较低;③选用创新的直排式气动塞式发动机,能为飞行器运载轨道提供最佳性能,推重比也较大;④构形简单,三角形平台构形使体积效率最高,推进剂贮箱和有效载荷舱便于安排,有效载荷舱容积大,有效载荷/起飞质量比最高;⑤干重/起飞质量最小;⑥起飞/入轨质量比较高;⑦完全升力再入,升阻比最高,可十分方便地滑翔着陆;⑧人员安全性较好,返回着陆、环控生保系统技术可行性最好;⑨飞行器曲率半径大,平台承载小,更易于采用轻质结构复合材料;⑩气动加热状况较好,可采用轻质防热系统结构和材料;⑪地面维修较易,周转较快。

存在的不足主要包含以下几个方面:①研制、生产费用稍高些;②气动塞式发动机结构较复杂,且缺少实用经验,须进一步论证试验,以确保高性能和可靠性,从而会延长研制周期,增大研制费用;③起飞/入轨质量比仍有待进一步提高,这是决定单级入轨飞行器能否入轨的重要性能指标。

横侧向稳定性是升力类飞行器必须重点考虑的问题,也是国外高超声速飞行器研究的重点。美国对 M2-F,HL-10,X-24A 及 X-38 等典型升力体的研究表明,升力体的共同特征是它们的滚转稳定性较高且滚转惯性力矩较小,而方向稳定性较低,其结果是较小的侧滑角将可能导致较大的滚转运动趋势,X-38(见图 3-11)在 2000 年 6 月的低速投放试验就曾产生非预期的 360°滚转,但高超声速条件下的横航向稳定性则各不相同。

**图 3-11  X-38 外形**

### 3.1.2.2  升力体布局的气动特性

(1)$Ma>1$ 时升阻比都比较高。

(2)攻角在 0°~20°之间升阻比增大变化显著,攻角大于 20°后升阻比趋于减小。

### 3.1.2.3  升力体布局的优缺点及应用范围

优点:在较低的速度下能获得较高升阻比和较强机动能力;具有高热载荷、低热流率再入物理特性;在大迎角下和高超声速时有良好的气动力特性及高效的内部体积利用率。

缺点:外形复杂,设计与制造比较困难;经济性差。

应用范围:航天飞机、可重复使用运载器、空天飞机、亚轨道飞行器等。

### 3.1.3　轴对称布局

#### 3.1.3.1　轴对称布局的基本概念

轴对称锥形体也叫轴对称旋成体,如图 3 - 12 所示,它是由一条母线(光滑曲线或折线)围绕某轴回转而成的构形。外形特点是尖头部、大长细比、弹翼大后掠角、小展弦比,常采用无尾翼气动布局。

轴对称构形一般采用圆柱弹身,头部为圆锥形状,弹身周侧进气,这样可以对来流进行预压缩。为减少导弹结构质量,可将燃料储箱外置。旋成体构形与常规导弹在外观和气动性能上有很多相似之处,在理论方面比较成熟。这种外形有较好的升力特性,且压力中心随马赫数变化移动小,此外飞行器部位安排和结构设计相对较成熟。但轴对称构形采用内置发动机,发动机质量很大。

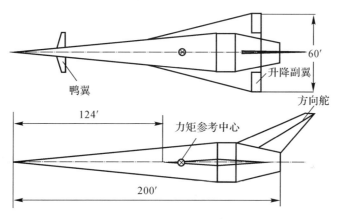

图 3 - 12　轴对称锥形体几何构形

轴对称布局为高超声速飞行器上比较常见的布局,如美国的快速霍克高超声速飞行器(见图 3 - 13)就采用这一气动布局方案。

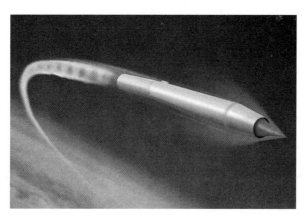

图 3 - 13　快速霍克(FastHawk)示意图

快速霍克将是一种吸气式导弹,速度可达 4 马赫,装有串联的火箭/冲压发动机,无弹翼和尾翼,弹体表面弯曲,弹径 53cm,采用环形进气道和推力矢量控制技术(见图 3-14)。

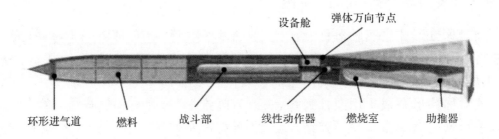

图 3-14 快速霍克(FastHawk)结构图

这种气动布局的优点是控制系统设计简单,技术比较成熟,大多数飞行器都采用这种布局。

### 3.1.3.2 轴对称布局的气动特性

(1)马赫数小于 1 时升阻比较高,马赫数大于 1 时升阻比较低。

(2)攻角在 0°~4°之间升阻比变化显著,攻角大于 4°时升阻比变化趋于缓和。

### 3.1.3.3 轴对称布局的优缺点及应用范围

优点:在亚声速和超声速下阻力小,升阻比较高;具有良好的机动性能;结构简单而重量轻;设计与制造比较容易;在各种型号导弹中应用广泛;经济性好。

缺点:隐身性能差;在高马赫飞行中机动性能较差。

应用范围:亚声速导弹、超声速导弹等各类型号的地空、空空、空面及巡航导弹。

## 3.1.4 翼面融合体布局

翼面融合体的机身截面一般为非圆截面,无机翼或采用大后掠小展弦比三角翼,由飞行器的机翼与机身两个部分融合而成的一体化布局,两者之间无明显的分界线。美国的航天飞机、ALPHA、HTV-3X 等均采用此种布局。图 3-15 所示为典型的翼面融合体飞行器。

### 1. 翼面融合体布局的优点

(1)结构重量轻、内部容积大、气动阻力小,可使飞行器的飞行性能有较大改善。

(2)融合体外形的机身可以产生较大升力,并能满足使用液氢燃料必须有较大机身横截面积的要求。

（3）翼面融合体由于消除了机翼与机身交界处的直角，也有助于减少雷达反射截面积，改善隐身性能。

**图 3 - 15　翼面融合体的几何外形**

（4）可以综合考虑攻角和前体形状，从而得到最佳的气流转折，使得前体的预压缩效率高。

（5）机身和燃料箱的横截面可以选用结构上最有效的形状，因此有较高的结构效率。

（6）最大的气动加热发生在机身下表面，同时由于有一个特定的设计马赫数，所以可以通过仔细设计下表面形状以避免或减小激波撞击，缓和对防热的要求。

**2. 翼面融合体布局的缺点**

（1）由于机翼的升阻比较低，气动效率不高。

（2）与发动机有关力矩的配平是在设计马赫数时设计的，在非设计马赫数时，存在配平问题。

（3）因为机翼和控制面较小，低速气动性能不够好。

# 3.2　典型高超声速飞行器设计特点及其气动特性

## 3.2.1　X - 43A

### 3.2.1.1　设计特点

X - 43A 的外部尺寸如图 3 - 16 所示。从气动布局上讲，X - 43A 是升力体结构，头部采用钨，机翼前缘与垂直安定面用 C/C 复合材料，机翼用哈氏钴-铬-镍合金支撑，而飞行器的外表面覆盖耐热陶瓷瓦，在机身后部设计了控制面，包括全动式水平尾舵和双垂直尾翼与方向舵。这种结构是基于 10 马赫高超声速巡航飞行条件下设计的。由于高速巡航的需求，X - 43A 具有锋利的前缘和相对较薄的操纵面,用来减小阻力。机体上表面采用缓和的曲率,机身前部下表面是波状外形,作为外部压缩斜面对进入超燃冲压发动机进气道的气流进行压缩,机身后部下表面是也是波状外形,相当于推力系统的扩散形尾喷管。并且 X-43A 的机身前端装有很重的压舱物,前舱采用了质量约 392kg 的钨制实心楔形块,使飞行器的质心靠前,提供纵向近似中立稳定的状态。

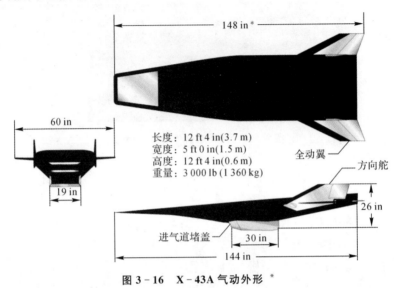

**图 3-16  X-43A 气动外形 ***

X-43A 的参数如表 3-1 所示。

**表 3-1  X-43A 参数表**

| 名称 | 参数 |
| --- | --- |
| 机长 | 3.658m |
| 翼展 | 1.524m |
| 高度 | 0.660m |
| 总质量 | 1 359kg |
| 动力系统 | 超燃冲压发动机 |
| 最大飞行速度 | 9.8$Ma$(11 200km/h) |
| 气动布局 | 乘波体 |

X-43A 以氢为燃剂,并采用超燃冲压发动机作为动力系统。该发动机采用矩形流路、机身一体化设计,其前、后机身作为发动机内部压缩和膨胀面的外延,提供外部压缩和膨胀面。X-43A 由液氢燃料超燃冲压发动机推进。单台超然冲压发动机宽 406mm。X-43A 两个油箱的体积均为 0.015m³,携带 1.362kg 的氢气,燃烧时间 5~7s,压力为 $5.9 \times 10^7$ Pa。发动机舱段安装在一个不锈钢加强座上,加强座则与机身相连。该发动机的一个主要特点是发动机的整流罩和垂直前

---

 *  1in=2.54cm。

缘都很尖锐,且采用可动式进气盖板,能够在助推段关闭以保护内部流路,在发动机工作的时候打开,而在飞行器从试验点下降的过程中再次关闭。

### 3.2.1.2　气动参数方向定义

定义机体(弹体)坐标系坐标原点为飞行器的质心,$X$ 轴为纵轴,平行于机身轴线或翼根弦线,指向前方,$Y$ 轴为横轴,垂直于飞行器纵对称面,指向右方,$Z$ 轴为竖轴,在弹体纵对称面内,垂直于纵轴,指向下方。定义速度(气流)坐标系坐标原点为飞行器质心,$X$ 轴沿飞行器飞行速度矢量,$Z$ 轴在飞行器纵对称平面内,垂直于 $X$ 轴指向下方,$Y$ 轴垂直于 $X$ 轴与 $Z$ 轴,沿速度方向看去指向右方。定义速度系下 $L$ 为升力,沿 $Z$ 轴负方向为正,$D$ 为阻力,沿 $X$ 轴负方向为正,$L/D$ 为升阻比,$C_L$ 为升力系数,$C_D$ 为阻力系数,定义弹体系下 $C_A$ 为轴向力系数,轴向力沿 $X$ 轴负方向为正,$C_N$ 为法向力系数,法向力沿 $Z$ 轴负方向为正,$C_Y$ 为侧向力系数,侧向力沿 $Y$ 轴正方向为正,$C_m$ 为俯仰力矩系数,俯仰力矩沿 $Y$ 轴正方向为正,$C_n$ 为偏航力矩系数,偏航力矩沿 $Z$ 轴正方向为正,$C_l$ 为滚转力矩系数,滚转力矩沿 $X$ 轴正方向为正,$C_{Y_\beta}$ 为侧向力系数对侧滑角偏导数,$C_{n_\beta}$ 为偏航力矩系数对侧滑角偏导数,$C_{l_\beta}$ 为滚转力矩系数对侧滑角偏导数,$C_{Y_{\delta a}}$ 为侧向力系数对左舵偏导数,$C_{n_{\delta a}}$ 为偏航力矩系数对左舵偏导数,$C_{l_{\delta a}}$ 为滚转力矩系数对左舵偏导数,$\delta_{ev}$ 为升降舵偏角。本节坐标系及相关符号定义适用于 3.2.1,3.2.2,3.2.3 节。

### 3.2.1.3　气动特性

X - 43A 的气动特性存在 3 种状态:进气道关闭、进气道打开和发动机点火。文献[99]给出了 X - 43A 在 3 种状态下的纵向气动特性,但并未给出气动数据量值,结合文献[101]和[102]及其他相关资料,进行了气动数据数值的估算,估算后的气动数据如图 3 - 17 所示。

从图 3 - 17 中可以看出:

(1)当攻角在 −2°～6° 之间变化时,在 3 种不同的工作状态下,X - 43A 的升力系数都是随攻角的增大而不断增加,且在相同正攻角下,飞行器在进气道关闭时的升力系数远大于其他两种工作状态时的升力系数。由于发动机点火工作,气流在尾喷管的高速膨胀使飞行器在发动机点火时的升力系数略高于发动机通流时的升力系数。当进气道由关闭状态突然打开时,垂直作用在进气道开关调节板上的力突然消失,这极大地削弱了飞行器的升力性能,导致了发动机通流和点火状态下的升力系数剧降。

(2)当攻角在 −2°～6° 之间变化时,X - 43A 的阻力系数在 3 种不同的工作状态下的变化趋势有所不同。在进气道关闭时,随着攻角不断增大,飞行器的阻力系数亦不断增加;在其他两种工作状态下,随着攻角的增大,飞行器的阻力系数是先减小后变化较缓慢。从总体变化趋势上来看,在三种不同工作状态下,飞行器的阻力系数是随着攻角的增大而增大的。可见,飞行器在进气道关闭时的阻力系数远大于其他两种工作状态时的阻力系数,主要原因是在发动机通流和点火这两种工作状态下,由于高温、高压气体在尾喷管出口处的膨胀反推作用,抵消了飞行器的一部分阻力。

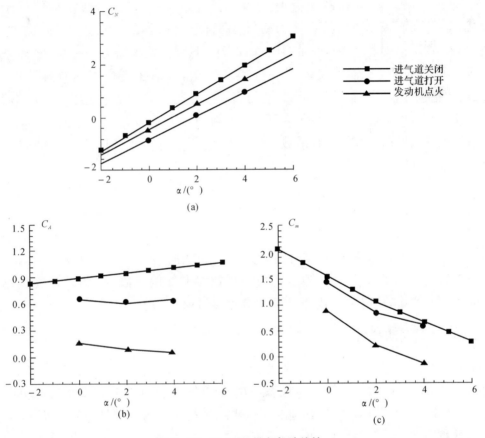

图 3 - 17　X - 43A 纵向气动特性

(3)当攻角在 $-2°\sim6°$ 之间变化时,在三种不同的工作状态下,飞行器的俯仰力矩系数都是随着攻角的变化而减小,飞行器是纵向静稳定的。

由于进气道关闭、打开和发动机点火状态只对 X - 43A 的纵向气动有影响,而对横侧向影响不大,因此在横侧向分析时,仅考虑发动机工作状态下的横侧向气动特性,如图 3 - 18 和图 3 - 19 所示。

从横侧向气动特性图可以看出,X - 43A 的横侧向气动特点如下:

(1)升降舵偏对 $C_{Y_\beta}$ 影响不大,但对 $C_{n_\beta}$ 和 $C_{l_\beta}$ 影响比较大;这同时说明进气道关闭、打开和点火状态虽然对横侧向气动特性没有直接影响,但有间接影响。例如:在马赫数为 7 时,攻角为 2° 的飞行状态下,进气道关闭时的配平舵偏角约为 6°,而在进气道打开和点火状态下,配平舵偏约为 0°。由于配平时俯仰舵偏角的不同,从而对横侧向气动特性产生影响,这是控制系统设计时需要考虑的。

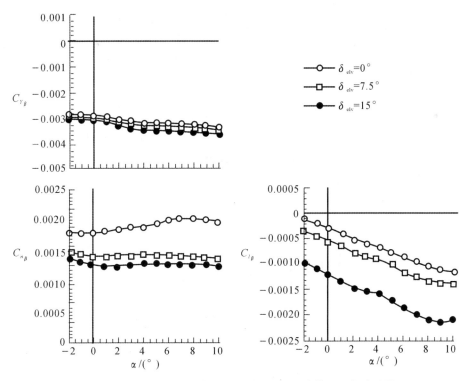

图 3 - 18　不同升降舵偏转角度下的 X - 43A 的横侧向气动特性

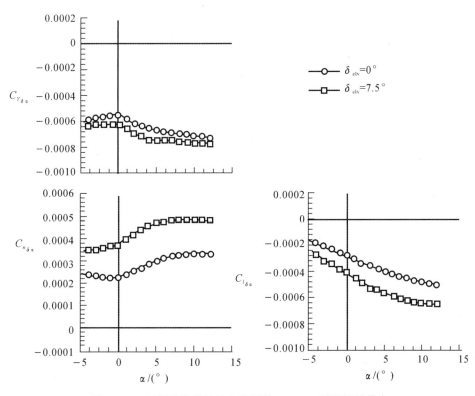

图 3 - 19　不同升降舵偏转角度下的 X - 43A 副翼控制效率

（2）副翼操纵效率随俯仰舵偏角变化较大，俯仰舵与副翼舵耦合。

（3）横航向是稳定的。

## 3.2.2 X-51A

### 3.2.2.1 主要性能参数

X-51A飞行器由巡航体、级间段以及助推器三部分组成，如图3-20所示。其中巡航体采用楔形头部、升力体机身、后部控制面和腹部进气道外形。

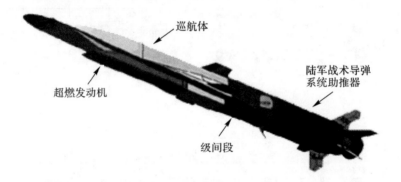

**图3-20 X-51A组成图**

X-51A飞行器性能飞行参数如表3-2所示。

**表3-2 X-51A性能参数表**

| 试飞使命 | 验证超燃冲压发动机 |
|---|---|
| 发射平台 | B-52 |
| 飞行器总长/mm | 7 620 |
| 飞行器总重/kg | 1 788 |
| 巡航级长度/mm | 4 270 |
| 巡航级最大宽度/mm | 580 |
| 巡航级总重/kg | 682.2 |
| 巡航级主动力系统 | 超燃冲压发动机 |
| 射程/km | ～700 |
| 最大速度/Ma | ～6 |
| 飞行高度/km | ＞20 |

X-51A飞行器采用了普惠公司制造的吸热式超燃冲压发动机SJY61。发动机参数如表3-3所示。

表 3 - 3　X - 51A 飞行器发动机性能参数表

| 发动机类型 | 吸热式超燃冲压发动机 |
| --- | --- |
| 推力/kN | 2.224～4.448 |
| 工作时间/s | 240 |
| 比冲/s | 1 200 |
| 燃料质量/kg | 120 |

### 3.2.2.2　设计特点

X - 51A 验证机在总体构形上采用了楔形头部、升力体机身、腹部进气道的乘波体构形,头部采用了钨材料,外面覆盖二氧化硅隔热层,以承受高温载荷。通过静音风洞试验,X - 51A 验证机还优化了上表面的层流数量,以减小摩擦,避免增加阻力和由此产生的热量,防止可能导致的飞行器烧蚀或解体。在高超声速飞行时,X - 51A 验证机面临着压力、阻力和高温等因素的影响,因此必须充分考虑飞行控制的要求。为此,在机身后部采用了四个控制面,下方的两个控制面主要起到俯仰和滚转控制作用,上方的两个控制面主要起到偏航控制的作用。

借助于乘波构形,X - 51A 验证机将高超声速下气流产生的激波聚集在腹部的矩形进气口,起到压缩空气的作用,并将空气引入到矩形进气道中。空气在 X - 51A 验证机的下表面受到压缩后,以较高压力进入进气道,为飞行器在马赫数 4 的速度下成功点火创造条件。位于进气道后的隔离段是一个关键部件,主要作用是将高压气流调节到适合于燃烧室工作需要的稳定压力,避免进气道处在"不启动"状态。尽管气流减速会增加飞行器的阻力,但是可以实现更加完全的燃烧。

### 3.2.2.3　气动特点

X - 51A 的主要设计工作是运用经风洞试验数据验证的计算工具来完成的。它用 CART3D 软件计算所得的欧拉解以及用 OVERFLOW 软件计算得到的 Navier-Stokes 解建立起了全面的空气动力学数据库,在约 80 多套网格上运行了近 2000 个算例,用以对安全分离、气动加热、飞行器性能、边界转捩以及舵面偏转等各个方面进行研究。同时,对整个飞行器及巡航体进行了超过 1700 小时、3200 余次风洞试验,利用试验结果验证并完善了数据库。X - 51A 的气动特性如图 3 - 21 ～图 3 - 26 所示,其中 PSWT,AEDC 和 UPWT 分别代表在该风洞试验的试验数据。

通过 X - 51A 的气动数据分析,可得到如下结论:

(1)在攻角为 -3°～8°范围内升力系数线性度较好。

(2)在攻角为 -3°～8°范围内俯仰力系数矩线性度较好。

(3)最大升阻比在攻角 8°～12°是最大,约为 3。

(4)纵向是静不稳定的。

(5)横向在攻角小于 9°是静不稳定的,大于 9°是稳定的。

(6)航向是静不稳定的。

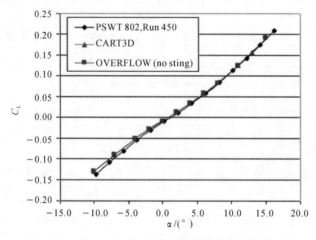

图 3 - 21　X - 51A 升力系数随攻角变化曲线

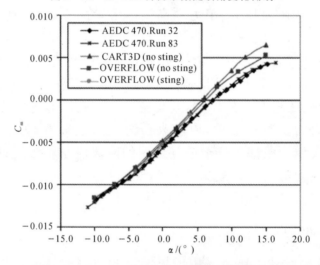

图 3 - 22　X - 51A 的俯仰力矩系数随攻角变化曲线

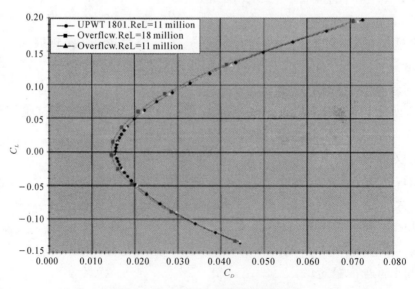

图 3 - 23　X - 51A 升阻比变化曲线

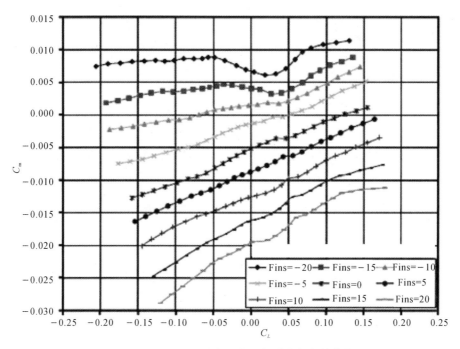

图 3 - 24　X - 51A 俯仰力矩系数随攻角变化曲线

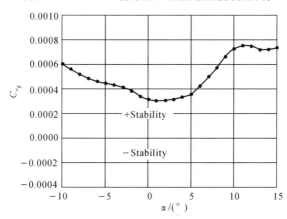

图 3 - 25　X - 51A 偏航力矩导数随攻角变化曲线

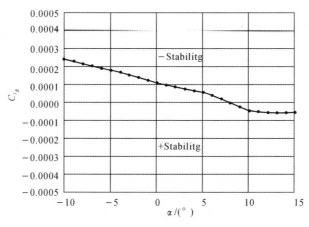

图 3 - 26　X - 51A 滚转力矩导数随攻角变化曲线

### 3.2.3 FastHawk

#### 3.2.3.1 设计特点

FastHawk 导弹全长为 6.5m(不带助推器时为 4.2m),弹体直径为 53cm,如图 3-27 所示。它由弹体、制导与控制系统、战斗部和引信组件、动力装置四大部分组成。其结构特点是无弹翼和尾翼,弹体的横截面都为圆形,直径稍有变化,弹体材料为钛合金,是单层结构。

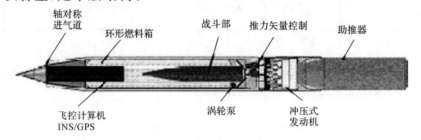

图 3-27 FastHawk 结构布局

FastHawk 导弹的外形与"战斧"导弹的外形基本相似,采用一种梭镖式的气动布局,能使 FastHawk 在高速度飞行状态下,保持良好的稳定性和打击精度。FastHawk 导弹采用的是环形头部进气道和推力矢量技术,弹体是一个直径为 53cm 的圆柱体,无弹翼和尾翼,与头锥连接处略弯,利用推力向量控制装置(TVC)进行姿态控制。它的发射质量为 1 587kg,基本型应用 318kg 的单弹头,将利用 INS/GPS 制导,后续的型号可能增加末寻的和使用子弹药。

FastHawk 导弹的推进系统采用串列式固体火箭助推器/冲压发动机推进装置,使用的能量为释放率极高的碳氢燃料。FastHawk 导弹用的这种冲压发动机可提供 71.2kN 的推力。FastHawk 导弹的主要性能参数如表 3-4 所示。

表 3-4 FastHawk 导弹基本性能

| 目标 | 基本型:时敏目标、加固目标、深埋地下目标<br>后继型:各种高价值固定、静止和机动目标 |
|---|---|
| 弹长/m | 全长 6.5,无助推器 4.2 |
| 弹径/mm | 530,无弹翼和尾翼 |
| 发射质量/kg | 箭射型<1 587,空射型约 907(取决战斗部质量) |
| 射程/km | 最大 1 260,最小 92~111;1 126(战斗部 340kg),1 600(战斗部 225kg),800(战斗部 450kg) |
| 速度/Ma | 巡航 4.0,末段 3.6;冲压发动机接力速度 2.7 |
| 高度/km | 巡航 24.36,发动机转换高度 3 |
| 战斗部/kg | 基本型 315,贯穿式单一弹头,最大钻地深度(沙土)40m |
| 制导系统 | INS/GPS 推力矢量控制;毫米波或激光雷达末制导 |
| 动力装置 | 主发动机用头部中心锥式进气道冲压发动机,持续工作时间 18min,串联固体火箭发动机将导弹加速至 3km 高度 |
| 发射平台 | 舰射型:大中型水面舰 Mk14 改进型装运箱或 Mk41 垂直发射系统<br>空射型:B-52G/H,B-1B,B-2 等大型飞机及 F-16 等陆基和舰基飞机 |
| 装备时间 | 1996 年着手研制,1998 年宣布取消计划,但一直未停止技术研究 |

### 3.2.3.2　气动特性

FastHawk 的气动特性如图 3-28~图 3-30 所示。

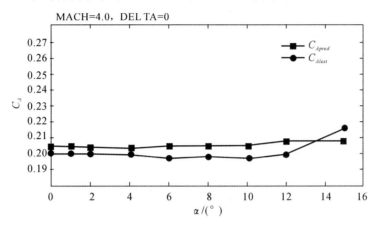

图 3-28　FastHawk 轴向力系数随攻角变化曲线

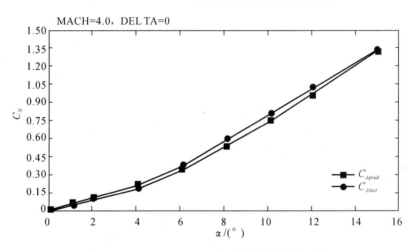

图 3-29　FastHawk 法向力系数随攻角变化曲线

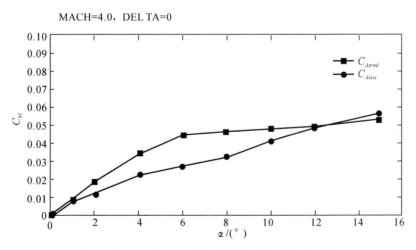

图 3-30　FastHawk 俯仰力矩系数随攻角变化曲线

从图中可以看出 FastHawk 的气动特性：

（1）在 $0°\sim15°$ 范围内，轴向力系数值随着攻角的变化基本不变。

（2）法向力系数随攻角增大而增大，且分别在攻角 $0°\sim4°$ 和 $6°\sim12°$ 范围内线性度较好。

（3）俯仰力矩线性度较差，且飞行器纵向静不稳定。

### 3.2.4 超龙飞行器

#### 3.2.4.1 主要性能参数

超龙飞行器是国内用于高超声速气动特性和飞行控制研究用的概念飞行器。该飞行器采用升力体外形，进气道位于机体腹部，机翼位于机身后部，包括双水平尾翼和双垂直尾翼。控制面均采用后缘舵，其中方向舵位于垂尾后缘，升降副翼位于平尾翼后缘。超龙飞行器外形图如图 3-31 所示，其性能参数如表 3-5 所示。

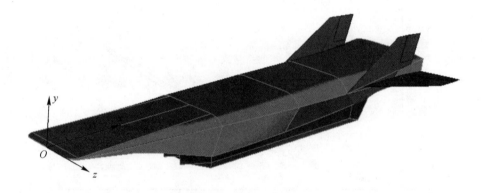

图 3-31　超龙飞行器外形

表 3-5　飞行器性能参数

| 飞行器质量/kg | 1625 | | |
|---|---|---|---|
| 长度/m | 4.25 | | |
| 飞行速度/Ma | 6.0 | | |
| 飞行高度/km | 24.8 | | |
| 发动机推力/N | 3 000.0 | | |
| 飞行器质心坐标/m | 结构坐标系内(1.8，$-0.08$，0.0) | | |
| 惯性张量/(kg·m²) | $I_{xx}=87.8$ | $I_{yy}=2\ 325.0$ | $I_{zz}=2\ 282.5$ |

#### 3.2.4.2 气动特性

**1.气动参数方向定义**

轴向力 $X$、法向力 $Y$、横向力 $Z$ 以及俯仰力矩 $M_z$、偏航力矩 $M_y$、滚转力矩 $M_x$

均在机体坐标系 $O_1x_1y_1z_1$ 中定义,以质心为参考原点,指向坐标轴正向为正值。如法向力指向 $O_1y_1$ 轴方向为正,俯仰力矩 $M_z$ 指向 $Z$ 轴正向为正(抬头力矩)。其中 $C_z$ 为侧向力系数,$M_z$ 为俯仰力矩系数,$M_Y$ 为偏航力矩系数,$M_X$ 为滚转力矩系数。

偏航角 $\varphi$、滚转角 $\gamma$、俯仰角 $\vartheta$ 在机体坐标系内定义,旋转方向指向坐标轴正向为正。方向舵偏角 $\delta_y$、升降舵偏角 $\delta_z$ 在机体坐标系内定义,自初始安装位置开始沿坐标轴正向旋转为正偏角,从机身尾部朝头部看,位于左侧为左舵,位于右侧为右舵。如升降舵偏角 $\delta_z$ 以末沿朝下为正,方向舵偏角 $\delta_y$ 以末沿朝右为正。

从机身尾部朝头部看,位于左侧为左舵,位于右侧为右舵。升降舵偏角 $\delta_z$ 以末沿朝下为正,方向舵偏角 $\delta_y$ 以末沿朝右为正。定义右升降舵偏角为 $\delta_1$,左升降舵偏角为 $\delta_2$,右方向舵偏角为 $\delta_3$,左方向舵偏角为 $\delta_4$,滚转舵偏角为 $\delta_x$,偏航舵偏角为 $\delta_y$,俯仰舵偏角为 $\delta_z$。其中滚转舵偏角为 $\delta_x = \dfrac{\delta_1 - \delta_2}{2}$,偏航舵偏角为 $\delta_y = \dfrac{\delta_3 + \delta_4}{2}$,俯仰舵偏角为 $\delta_z = \dfrac{\delta_1 + \delta_2}{2}$。

**2. 飞行器舵偏为零时气动特性分析**

(1)法向力系数特性。图 3 - 32 给出了飞行器分别在发动机进气道关闭、发动机进气道打开、发动机点火三个工作状态时,法向力系数随攻角的变化曲线。

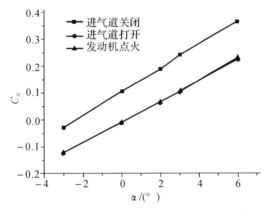

**图 3 - 32　三种工作状态下法向力系数随攻角的变化**

从图 3 - 32 中可以得出以下结论:

1)无论是发动机进气道关闭、发动机进气道打开还是发动机点火状态,飞行器法向力系数随攻角都具有较好的线性度。

2)在进气道打开和点火状态时法向力系数在数据上非常接近,在进气道关闭状态比进气道打开和点火状态具有更大的法向力系数。

(2)轴向力系数特性。图 3 - 33 给出了飞行器分别在发动机进气道关闭、发动机进气道打开、发动机点火三个工作状态时,轴向力系数随攻角的变化曲线。

从图 3 - 33 中可以得出如下结论：

1）飞行器在进气道打开和点火状态，轴向力系数随攻角变化不大，在发动机关闭状态轴向力系数随攻角增加而减小。

2）飞行器在发动机关闭状态比进气道打开和点火工作状态时具有更大的轴向力系数。

（3）侧向力系数特性。图 3 - 34 给出了飞行器分别在发动机进气道关闭、发动机进气道打开、发动机点火三个工作状态时，侧向力系数随侧滑角的变化曲线。

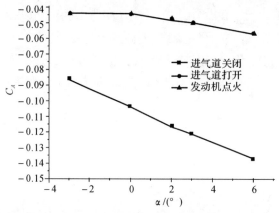

**图 3 - 33　三种工作状态下轴向力系数随攻角的变化**

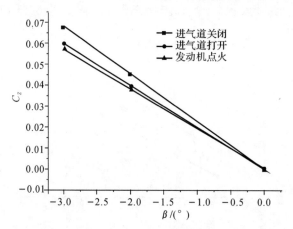

**图 3 - 34　三种工作状态下侧向力系数随侧滑角的变化**

从图 3 - 34 中可以看出：

1）侧向力系数随侧滑角具有较好的线性度，且随侧滑角的增加而减小。

2）发动机进气道开通、发动机点火状态侧向力系数变化不大。

3）在同一侧滑角下，发动机进气道关闭状态侧向力系数最大。

（4）俯仰力矩系数特性。图 3 - 35 给出了飞行器分别在发动机进气道关闭、发动机进气道打开、发动机点火三个工作状态时，俯仰力矩系数随攻角的变化曲线。

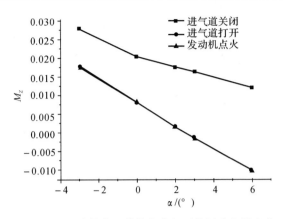

图 3 - 35　三种状态下的俯仰力矩系数随攻角的变化

从图 3 - 35 中可以得出以下结论：

1）在发动机进气道关闭、进气道打开以及发动机点火时，均存在 $M_z^{\alpha} < 0$，即飞行器俯仰通道都是静稳定的。

2）发动机进气道打开和发动机点火状态下俯仰力矩系数非常接近，发动机进气道关闭时俯仰力矩系数最大。

3）不同的工作状态对俯仰力矩系数的线性度有一定影响，发动机进气道关闭时俯仰力矩系数线性度随攻角变化较大。

（5）偏航力矩系数特性。图 3 - 36 给出了飞行器分别在发动机进气道关闭、发动机进气道打开、发动机点火三个工作状态时，偏航力矩系数随侧滑角的变化曲线。

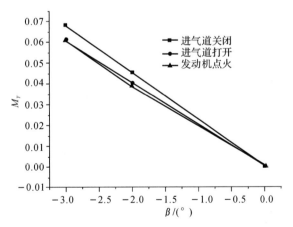

图 3 - 36　三种状态下的偏航力矩系数随侧滑角的变化

从图中可以得出以下结论：

1）侧向力矩系数随侧滑角具有较好的线性度。

2）在发动机进气道关闭、进气道打开以及发动机点火时，均存在 $M_y^{\beta} < 0$，即飞行器偏航通道都是静稳定的。

3)发动机工作状态对俯仰力矩系数影响较小,进气道打开和发动机点火状态下偏航力矩系数非常接近。

(6)滚转力矩系数特性。图 3-37 给出了飞行器分别在发动机进气道关闭、发动机进气道打开、发动机点火三个工作状态时,滚转力矩系数随侧滑角的变化曲线。

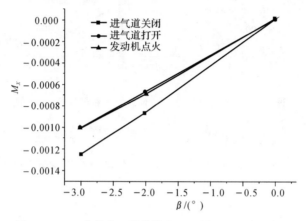

图 3-37　三种状态下的滚转力矩系数随侧滑角的变化

从图 3-37 中可以得出以下结论:

1)滚转力矩系数随侧滑角具有较好的线性度。

2)在发动机进气道关闭、进气道打开以及发动机点火时,均存在 $M_X^\beta > 0$,即飞行器滚转通道都是静不稳定的。

3)发动机进气道打开和发动机点火状态下偏航力矩系数非常接近,进气道关闭时滚转力矩最小。

**3.飞行器发动机点火状态操纵特性**

(1)不同俯仰舵偏角下俯仰力矩随攻角变化曲线。图 3-38 给出了飞行器在发动机点火工作状态时,不同升降舵舵偏角下,俯仰力矩系数随攻角的变化曲线。

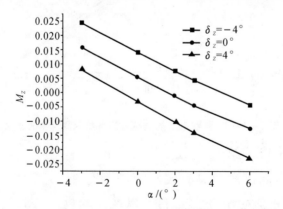

图 3-38　点火状态俯仰力矩系数随攻角的变化

从图 3-38 中可以得出以下结论：

1）在发动机点火状态时，俯仰力矩随攻角的变化性线性度较好。

2）飞行器升降舵偏角对飞行器的俯仰力矩系数影响较大。

（2）不同偏航舵偏角下偏航力矩随攻角变化曲线。图 3-39 给出了飞行器在发动机点火工作状态时，不同偏航舵偏角情况下，偏航力矩系数随攻角的变化曲线。

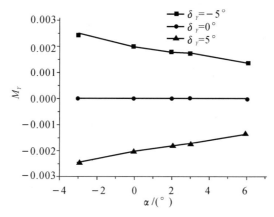

**图 3-39　点火状态偏航力矩系数攻角的变化**

从图 3-39 中可以得出以下结论：

1）发动机处于点火状态，飞行器偏航舵偏角对飞行器的偏航力矩系数影响较大。

2）在偏航舵偏角不为零的情况下，随攻角的增加对飞行器偏航力矩系数的影响程度逐渐变弱，且表现出一定的线性度；偏航舵偏角为零时，攻角的变化对偏航力矩系数没有影响。

（3）不同滚转舵偏角下滚转力矩随攻角变化曲线。图 3-40 给出了飞行器在发动机点火工作状态时，不同滚转舵偏角情况下，滚转力矩系数随攻角的变化曲线。

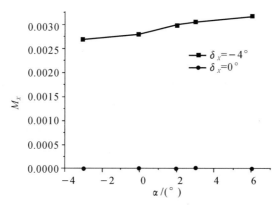

**图 3-40　点火状态偏航力矩系数变化**

从图 3-40 中可以得出以下结论：

1）滚转舵偏角为零时，攻角的变化对滚转力矩系数没有影响。

2）滚转角不为零情况下，攻角对滚转力矩系数有一定的影响，但影响较小。

### 3.2.5　小结

本节通过典型高超声速飞行器的气动特性分析，给出了不同气动构形的特点，并通过公开资料，对 X-43A，X-51A，FastHawk 和超龙飞行器的气动特性进行了分析，得到如下结论：

（1）高超声速飞行器纵向通常是静不稳定的。这主要是因为高超声速飞行器前机体产生较大升力，从而使压心位置比较靠前，而超燃冲压发动机在飞行器后端，且所占质量比重较大，导致质心靠后，从而使飞行器通常是静不稳定的。X-43A 和超龙飞行器是通过在前体增加大量配重而使其达到静稳定，这是为降低飞行控制的难度而在试验飞行器采取的措施，在正式飞行器设计时极少会采取该措施，因为它增加了飞行器的重量，从而会增加飞行器的配平攻角，进而增大阻力、发动机推力和发动机耗油率，降低飞行器的飞行性能。

（2）横航向的稳定性随飞行器的不同而不同。

（3）飞行器纵向、横向和航向存在一定的耦合。

# 3.3　超燃冲压发动机及其与机体一体化设计

### 3.3.1　超燃冲压发动机概述

超燃冲压发动机是指燃料在超声速气流中进行燃烧的冲压发动机，是实现高超声速飞行器的首要关键技术。超燃冲压发动机与亚燃冲压发动机同属于吸气式喷气发动机类，由进气道、燃烧室和尾喷管组成。冲压发动机是靠吸入的空气流作为助燃剂工作的。进入超燃冲压喷气发动机的空气流的速度是超声速，因而会产生一定的冲击波，冲击波会压缩空气流，使进入发动机的空气流的速度达到高超声速，经过适当的隔离器调节后挤进燃烧室的气流将获得相对稳定的压力，实现更完全的燃烧。进入燃烧室的压缩气流与注入的燃料混合、点火、燃烧，然后通过喷嘴将燃烧后的产物以高于入口处空气的速度排出，从而产生前进的推力，其工作原理图如图 3-41 所示。

超燃冲压发动机通常又可分为双模态冲压发动机（dual modle ramjet）和双燃烧室冲压发动机（dual combustor ramjet）。双模态冲压发动机是指发动机根据不同的来流速度，其燃烧室分别工作于亚声速燃烧状态、超声速燃烧状态或超声速燃烧/亚声速燃烧/超声速燃烧状态。对于这种发动机如果其几何固定,通常能够跨 4 个飞行马赫数工作,目前研究较多的是 $Ma=3$（4）～7（8）的双模态冲压发动机;双模态冲压发动机如果几何可调,则能够在更宽的马赫数范围内工作,如 $Ma=2～12$。双燃烧室冲压发动机是指同一发动机同时具有亚燃冲压和超燃冲压双循环的超燃冲压发动机,采用双循环的主要目的是用亚燃冲压发动机点燃超燃冲压发动机来解决煤油燃料的点火和稳定燃烧等问题。

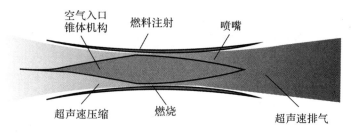

图 3-41　超燃冲压发动机工作原理图

相较于传统的航空发动机,超燃冲压发动机结构简单、重量轻、成本低、比冲高、速度快,而且不需要像火箭发动机那样需要自身携带氧化剂。以上特性使得超燃冲压发动机的有效载荷更大,适用于高超声速巡航导弹、高超声速航空器、跨大气层飞行器、可重复使用的空间发射器和单级入轨空天飞机的动力。其缺点是无法在静止状态下自行启动,且其低速性能不好。

### 3.3.2　攻角对超燃冲压发动机性能的影响

高超声速飞行器进气道性能直接影响着超燃冲压发动机的特性,而进气道对攻角极其敏感,X-43A 要求飞行过程中攻角变化范围为 $\pm0.5°$,而美澳联合研制的 HIFiRE 项目 Flight7 攻角变化范围为 $+4°～-2°$。超出这个范围进气道性能将大大下降,发生所谓的进气道不启动现象。而进气道的工作状态影响着进入发动机燃烧室的空气流量和压力,从而导致燃烧室的性能发生改变,发生贫/富油熄火状态,一般燃烧室能够稳定燃烧的燃油当量比只在一个较小的范围;另一方面,超声速燃烧室的燃烧状态又影响着进气道隔离段的激波系结构和强度,如果燃烧强度过大,将隔离段内的激波系推到进气道喉部上游,同样也会发生进气道不启动现象,导致进入发动机的空气量急剧降低。进气道/燃烧室/来流/飞行状态的相互作用使得超燃冲压发动机在运行中受到很多限制,即存在多个安全边界,发动机只能在安全边界范围内工作,超出了安全边界,就会出现危险工况。

### 3.3.3　一体化设计的概念

由于高超声速飞行器普遍使用超燃冲压或组合推进发动机,其气动布局比较特殊,不同于常规飞行器布局;而超燃冲压发动机对工作条件要求颇高,产生的动力并不富裕,因此必须保证设计过程满足发动机的工作要求,这就提出了机体/发动机一体化设计方法。该方法是获取强大推力、提高升阻比以及减少燃料负载的有效途径。机体/发动机一体化设计使得高超声速飞行器机身和超燃冲压发动机呈现高度一体化特征,飞行器和推进系统的参数紧密相连、相互作用、相互影响。飞行器前体作为发动机的预压缩段,后体作为发动机的膨胀段。而飞行器前体同时又为整个飞行器的升力体段。

机体/发动机一体化设计思想包含两层含义:一方面指在性能优化时兼顾机体的气动性能和发动机的推进性能,考虑两者的相互影响,反映的是优化设计的思想;另一方面指在结构上将机体和发动机设计为一体,反映的是整体化设计思想。

机体/发动机一体化结构如图 3-42 所示,超燃冲压发动机置于机体下腹部,前体下壁面作为进气道外压缩段,可以对气体进行预压缩,提高了进气道的来流压缩能力;后体下壁面作为喷管的外膨胀段,可以在不产生诱导阻力的情况下提高推进效率。此外,机体/发动机一体化结构还减少了湿面积,大幅度降低了飞行器的冷却流量需求。

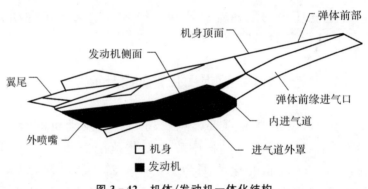

图 3-42　机体/发动机一体化结构

### 3.3.4　机体/动力系统一体化设计的原因

气动外形设计是飞行器设计的基本内容,其主要任务是设计一定的外形使其具有特定的气动特征并且满足真实飞行器设计的诸多约束。超燃冲压发动机对流道、流场结构和流动条件的严格要求对气动外形的设计提出了不同于传统飞行器设计的要求,这就要求这类高超声速飞行器气动外形必须与发动机进行一体化设计。飞行器气动外形与发动机一体化设计成为高超声速飞行器发展中不可或缺的一项关键技术。

采用吸气式发动机的高超声速飞行器打破了空气动力学中传统的外流与内

流的界线。飞行器机体和发动机形成的流场存在着强烈的耦合影响,这些耦合影响效果包括:飞行器前体形状、激波结构和边界层发展直接影响进气道启动性能、捕获流量、压力恢复等指标,从而对发动机燃烧状态和推力性能产生影响;发动机的安装位置、形状变化则对飞行器的气动力和力矩特征产生影响;发动机排出的燃气经过尾喷管和后体,产生额外的气动力和力矩作用,并对推力做出贡献,同时也会和气动控制面发生相互作用,影响飞行器的飞行状态、稳定性和操纵性。

气动外形与发动机一体化设计的目的就是基于对飞行器气动外形和发动机流场耦合影响规律的掌握,合理设计气动外形形状与发动机布局,保证发动机性能和飞行器气动性能,从而实现飞行器总体性能在任务指标范围内达到最优。实用的高超声速飞行器气动外形设计必须在此一体化设计的目标和约束下进行。此时,飞行器的前体将作为发动机进气道前的外部压缩面,它不仅起到预压缩作用,而且要为进气道提供均匀的来流。飞行器的后体将作为扩张的喷管表面,限制发动机气流的膨胀,产生附加的推力。因此,在高超声速飞行器的气动力设计中,不能像普通的飞机设计那样,将机体和发动机分开来单独进行设计,而应该一体化、协调地将这两方面的设计结合起来。

如果忽略了一体化的设计要求,单单追求气动性能或者推进性能的最优化,这样设计出来的飞行器很可能无法实现正常的飞行:发动机布局如果没有考虑气动外形的设计要求,其工作状态将会对飞行器气动特征和稳定性特征产生不利的影响,这种影响的存在使得飞行器不可能完全处于理想的设计状态飞行,因此理想设计状态下外形气动特征最优变得毫无意义;相反的,气动外形设计如果没有考虑发动机的需求与约束,进气道的启动性能、发动机的流量捕获性能、外形产生的推力增益等因素都可能远远偏离发动机的理想设计状态,造成发动机根本无法达到所设想的最优点甚至无法正常工作。同时,仅仅考虑气动特征的气动外形很可能无法满足真实飞行器的载荷、结构、防热、推阻平衡等多重要求,从而根本不能在真实飞行中体现出气动特征优势所在。

在发展采用吸气式发动机的高超声速飞行器的长期研究中,NASALangley研究中心充分认识到气动外形与发动机一体化的重要性,发展了大量的气动外形与发动机一体化设计方法,也提出了不同的一体化设计方案。这些研究成果在Hyper-X计划中得到了集中体现,Hyper-X失败的教训与成功的经验表明一体化设计不是将最优的气动外形与最优的吸气式发动机简单组合起来,而是要充分考虑气动外形与发动机的耦合影响效应,实现飞行器在可控飞行过程中总体性能最优。在一体化设计的框架下,对气动外形设计提出的要求就是充分考虑吸气式超燃冲压发动机流道特征与流动需求,在发动机不同工作状态下具备较好的气动特征和可操纵性,同时兼顾外形的容积效率、结构和防热等基本要求。

### 3.3.5 机体/动力一体化设计流程

从高超声速流动特征和外形气动特征角度考察的高超声速飞行器气动外形设计已经得到了很大的发展。利用高超声速流动下激波压缩获得高升阻比外形是高超声速飞行器气动外形设计的主要指导思想,无论是乘波构形还是升力体构形,利用激波获得升力都是高超声速飞行器气动外形有别于传统飞行器外形的主要特征。

依据此特征设计的外形及其与高超声速吸气式超燃冲压发动机一体化研究工作也得到了广泛关注和迅速发展。但是,很多机体/动力一体化设计工作仍然停留在概念设计阶段,并没有将现阶段超燃冲压发动机流道特征及其流场品质的要求真实地纳入一体化外形设计框架中,因此基于现阶段高超声速推进技术发展水平,许多一体化设计外形难以满足真实飞行的需求。

超燃冲压发动机对于流场的要求转化为对于流道的要求,这些要求成为高超声速飞行器一体化特征的基本约束条件。对于现阶段面向真实飞行的高超声速飞行器一体化气动外形设计,其主要问题不再仅仅是设计一定的外形使其具有良好的气动特征,而是设计一定的外形,使得其基本流场特征首先能够符合超燃冲压发动机流道需要,同时也能保证具有相对良好的气动特征。在这样的设计要求下,设计者应该首先明确发动机的基本流道特征,建立起高超声速飞行器一体化构形气动外形的基本模型,然后确定气动设计的任务和目标。

在此前提下,高超声速飞行器一体化构形气动外形设计的基本要点可以表述为:

(1)采用吸气式超燃冲压发动机的高超声速飞行器基本流道外形设计。

(2)基本流道在飞行器气动外形中的布局形式设计。

(3)飞行器气动外形与发动机基本流道一体化设计。

外形设计的基本要求是在满足发动机正常工作的流道特征和流场特征的基础上,使外形具有良好的气动特征,以满足真实飞行过程中的升阻比要求和推阻平衡矛盾。基于上述设计要点和要求建立高超声速飞行器一体化构形的基本模型,并确定基本设计流程,以及在设计流程中规划气动外形设计的任务目标。

**1. 高超声速飞行器基本模型**

典型的超燃冲压发动机基本流道:前体与进气道高度一体化对来流进行预压缩,为发动机提供符合条件的入口流动;后体与尾喷管型面为燃烧室出口气流提供膨胀面,保证高温高压燃气通过膨胀与外界环境匹配,同时获得一定的推力。这一流道同时也是高超声速飞行器一体化外形所要研究的基本流道,因此气动外形设计需要从这一基本流道的特征和要求出发。高超声速飞行器一体化特征的最基本要求来源于超燃冲压发动机对流场基本特征的要求。因此在很多的研究工作中,包括进气道设计、发动机流道设计等研究工作都不能将整个流道割裂开单独进行。很多研究开展的超燃冲压发动机基本流道设计和模型发动机实验研究就包括了前体进气道、隔离段、燃烧室和后体/尾喷管完整的型面设计,因为对于发动机性能的评价必须在这一完整流道的基础上进行,也正因如此,采用吸气式超燃冲压发动机的高超声速飞行器基本流道设计是高超声速飞行器气动外形设计的重要约束。

在基本流道确定的前提下,通过将此流道进行横向扩展,可以获得发动机下腹式布局的高超声速飞行器基本构形,而轴对称飞行器构形则可以通过将此流道绕特定轴旋转获得。在许多地面实验研究中,这些构形同时也是模型发动机的基本构形。

在保持流道外形不变的前提下,将原二维流道进行横向扩展是获得三维飞行器外形最直接和最简单的方法。但是,简单的横向扩展带来的最大问题是,飞行器前体预压缩后的流场和自由来流的压差造成飞行器前体侧缘溢流,溢流的存在使得飞行器前体流场不再具备所期望的二维流道的流场特征,压缩效果、流场均匀度和发动机实际捕获流量都发生改变。理论上可以通过加宽前体或者在前体侧缘安装一对阻挡横向流动的侧栏以抑制前体的侧缘溢流,在很多的进气道和发动机地面实验和高超声速飞行器一体化布局方案中也是采用这样的方法以保证进入进气道和发动机内流道的流场品质。

然而,对于高超声速飞行器外形设计而言,任何外形设计必须兼顾三方面的要求,即能否为发动机基本流道提供符合要求的流场、能否具有保证飞行器正常飞行的气动特征以及能否具有比较高的容积效率和容积利用率。从这三个基本要求出发,飞行器的侧缘设计目的应在于抑制侧缘溢流对中心流道造成的不良影响,提高升力和升阻比并提供一定的有效容积,调节飞行器飞行稳定性以改善飞行过程中的操控性能。

通过以上的分析可以初步确定发动机下腹式布局的高超声速飞行器一体化构形基本模型,并跟据此构形特征确定气动外形设计任务与设计流程。由于机体与发动机高度一体化,对于气动外形的设计任务规划必须首先人为地对气动/推进界面或者发动机/机体界面进行划分。

通过划分可以充分考虑所有的气动升力面,同时能够对发动机点火前后尾喷管型面的气动力和力矩变化特征进行考察。发动机隔离段和燃烧室构形的设计更多地需要考虑对燃烧效率产生影响的燃料喷注、点火、火焰稳定等因素,对这些因素的考察往往需要结合超燃冲压发动机的燃烧机理和实验研究的结论,因此这部分的设计内容被归纳为发动机的设计范畴是合理的。同时,出于一体化设计的需要,发动机的基本构形和流场约束条件就成为联系气动设计与发动机设计的重要纽带。

**2. 高超声速飞行器气动外形设计流程**

高超声速飞行器一体化特征和发动机对流场品质的要求使得飞行器气动外形设计成为一个多目标多约束的问题。在这样的条件下,一个面向真实飞行的飞行器外形设计参数众多、约束繁杂,很多细节特征都决定着设计是否成功。一蹴而就地完成整个飞行器的外形设计或者直接将某些外形与发动机简单地"捆绑"起来都是不合适的。因此,按照飞行器的基本特征将整个飞行器外形设计流程划分为二维流道设计、横向扩展的准三维构形设计及飞行器侧缘设计三部分是有必要的。在每一阶段的设计中,设计工作将重点关注气动外形与飞行器一体化特征之间的关系及真实飞行条件下气动外形对飞行器性能的影响。

二维流道设计决定了飞行器外形/发动机基本一体化特征,是最重要的设计阶段。该阶段所需确定的参数包括前体、进气道、隔离段/燃烧室及后体/尾喷管参数。隔离段、燃烧室的构形设计属于发动机设计的任务范畴,因此气动外形设计的主要任务是完成前体/气道与后体/尾喷管的一体化气动外形设计。

对于由二维构形横向扩展获得的准三维飞行器构形,首先需要根据设计空气捕获流量要求确定流量捕获截面,从而确定飞行器中心流道的基本尺度。在三维构形的基础上,结合发动机对流场条件的要求和二维流道的特征,可以进行进气道选择与设计,如采用三维侧压式进气道或者继续保持二维压缩式进气道。二维压缩进气道的基本流道可以与飞行器二维流道设计结果保持一致,也可以在二维流道进行三维扩展后进行改进以提高进气道适应不同工况的能力,如采用侧缘开溢流窗口二维压缩进气道,可以在低马赫数条件下通过侧缘的溢流改善进气道的启动性能;三维侧压式进气道具有低马赫数下自动溢流的优点,因此也被许多固定几何进气道方案采用。对于相同的发动机流场要求,采用不同进气道形式,其前体外形对应的二维流道基本构形尺度也不尽相同,因此进气道形式的选择和进气道构形的设计与二维流道设计阶段前体/进气道构形设计相互结合。

高超声速飞行器侧缘的主要作用是抑制侧缘溢流从而保证飞行器前体构形的捕获流量和飞行器进气道处流动的均匀度,同时提高飞行器的升阻比并提供额外的有效容积。侧缘构形设计可以有多种形式,但是其基本目的是一致的。侧缘设计需要结合发动机流道和气动特征的不同需求进行,同时也要考虑结构和防热的要求。侧缘主要包括几种类型:简单的尖楔形侧缘,此侧缘能在一定程度上抑制中心流道侧缘溢流的影响,型面较为简单便于加工,但是由于下表面激波没有封闭于侧缘位置,因此横向溢流仍然很严重,气动特征较差;楔形侧缘的特例,此时侧缘为"∧"型乘波体侧缘,这样的侧缘能够保证激波形状为平面激波并封闭于前体下表面,能够为发动机流道提供均匀的预压缩流场,"Λ"型乘波体侧缘的极限位置即为侧栏的形式,这一类侧缘构形的前体下表面激波能够附着于前体侧缘位置实现乘波特征,因此具有较好的升阻比特征,但是侧缘的容积有效利用率较差;有锥导乘波侧缘的飞行器构形,通过合理设计侧缘乘波体,此侧缘构形与中心流道同样能表现出良好的乘波特征,使构形下表面的高压区域与上表面没有压力沟通,从而保证飞行器具有较高的升阻比,同时也能兼顾侧缘容积和容积利用率。

### 3.3.6　一体化设计对飞行控制的影响

以 X-43A 和 X-51A 为代表的新一代高超声速飞行器,普遍采用吸气式冲压发动机为高速飞行推进系统的设计方案。对于这一类飞行器的研究表明,飞行器的气动外形与推进系统的性能密切相关。在飞行器机体/发动机系统一体化设计的概念中,飞行器的前体下表面作为进气道的预压缩面,决定着推进系统吸入气流的品质;飞行器后体下表面作为发动机的外膨胀段,直接决定了发动机推力方向与飞行方向夹角。

此外前体和后体会由于气动力和推力的作用产生额外的俯仰力矩,特别是后体由于有推进系统,还会产生额外升力。飞行器机体结构本身固有的弹性特性又使上述问题变得更为复杂,目前这类气动推进/气动弹性耦合问题也得到了广泛关注。一般而言,都是从飞行动力学角度分析此类问题,通过设计适当的飞行控制律以获得适当的性能。早期的研究一般是分析飞行器在机体/发动机/气动弹性耦合情况下动力学稳定性,后续的研究多集中于考虑上述耦合影响下飞行控制系统的设计,同时由于上述耦合影响通常较难获得准确信息,因此需要研究考虑不确定性的鲁棒飞行控制系统设计方法。

从控制角度来看,机体/发动机一体化结构产生的不利因素在于,推进系统将与操纵面之间相互干扰,前体进气道的压缩气流将产生升力和抬头力矩,而后体的喷管气流也将会产生升力和低头力矩。此外,如果前后体气流压力在横侧向的作用力不一致,还将会有滚转力矩扰动和偏航力矩扰动出现。不仅如此,机体/发动机一体化结构,也使得高超声速飞行器弹性机体、推进系统以及结构动态之间存在强耦合。高超声速飞行器发动机进气道获取和压缩气流与激波的性能有密切关系,而激波的产生又与飞行迎角和动压有关,也就是说气动参数将影响推进系统。反过来,推力和进气道的压力也受俯仰控制舵面的影响,随着俯仰角速率的改变,发动机的燃流率和扩散率也相应地发生改变,即控制系统与推进系统的作用是相互影响,且不能分离的。

# 3.4　本　章　小　结

　　高超声速飞行器作为飞行控制的对象,其气动布局和气动特性直接影响到飞行控制系统的设计。本章对典型的高超声速飞行器气动布局的特点及其优缺点进行了分析,重点对美国高超声速飞行试验计划中的 X - 43A,X - 51A,FastHawk 和超龙飞行器进行了气动特性分析,结果表明,高超声速飞行器纵向基本是静不稳定的,横航向的稳定性随飞行器不同而不同,且飞行器三个控制通道之间存在耦合。高超声速飞行器受超燃冲压发动机工作条件的限制,使用了机体/发动机一体化设计技术,该技术导致推进系统将与操纵面之间相互干扰,同时也使得高超声速飞行器弹性机体、推进系统以及结构动态之间存在强耦合,这是控制系统设计时所必须考虑的问题。

# 第 4 章　高超声速飞行器动力学模型

高超声速飞行器动力学建模及特性分析是开展高超声速飞行器控制系统设计的基础。吸气式高超声速飞行器由于超燃冲压发动机独特的设计要求,使得高超声速飞行器与常规的飞行器动力学建模相比需要把握以下关键技术要点:

(1)与再入机动弹头等无动力高超声速飞行器相比,高超声速飞行器在飞行过程中具有发动机进气道关闭、进气道打开、超燃冲压发动机点火三种典型工作状态。超燃冲压发动机进气道与飞行器机身之间具有一体化设计特点,进气道的打开和发动机点火对飞行器自身的气动特性有较大的影响,因此,在对吸气式高超声速飞行器进行动力学建模时,要对飞行器的不同飞行状态加以考虑。

(2)与常规大气层内飞行的巡航弹相比,高超声速飞行器飞行距离达到几千千米,因此,高超声速飞行器的热力学环境、弹性模态的影响更加突出,同时,地球曲率和地球自转的影响也更加明显,在建模时要对以上因素加以考虑。

高超声速飞行器的数学建模工作一般包含两大类数学模型:其一是建立用于控制系统设计的数学模型。该类模型主要围绕高超声速飞行器的质心动力学和旋转动力学进行模型推导及小扰动线性分析,分别给出控制系统设计所需的俯仰、偏航、滚动各通道刚体及伺服弹性传递函数。基于高超声速动力学模型主要可以完成飞行控制系统的设计及性能仿真验证。其二是用于飞行器仿真的数学模型。该类模型主要包括高超声速飞行器的质心动力学和旋转动力学模型、质心运动学模型、旋转运动学模型、控制系统模型、地球自转模型、风以及各种干扰模型。基于高超声速仿真模型主要可以完成飞行方案验证、飞行轨迹跟踪及飞行控制系统的性能的全面仿真考核。

本书着重从高超声速飞行器控制系统设计的角度给出飞行器动力学建模的过程,包括刚体动力学模型及伺服弹性动力学模型,为控制系统的设计奠定基础。关于高超声速飞行器仿真模型相关内容,读者可参考相关书籍。

# 4.1　常用坐标系定义及其转换

## 4.1.1　常用坐标系

### 4.1.1.1　地心惯性坐标系

地心惯性坐标系 $O_E x_I y_I z_I$ 的原点在地心 $O_E$ 处。$O_E x_I$ 轴在赤道平面内指向平春分点，由于春分点随时间变化而有进动性，根据1796年国际天文协会决议，1984年起采用新的标准历元，以2000年1月1.5日的平春分点为基准。$O_E z_1$轴垂直于赤道平面，与地球自转轴重合，指向北极。$O_E y_1$轴与$O_E x_1$轴和$O_E z_1$轴组成右手直角坐标系。

### 4.1.1.2　发射坐标系

发射坐标系$Oxyz$的坐标原点与发射点$O$固连，$Ox$轴在发射点水平面内，指向发射瞄准方向，$Oy$轴垂直于发射点水平面指向上方。$Oz$轴与$xOy$面相垂直并构成右手直角坐标系。由于发射点$O$随地球一起旋转，所以发射坐标系为一动坐标系。

这里所述是发射坐标系的一般定义。当把地球分别看成是圆球和椭球时，其坐标系的具体含义是不同的。因为过发射点的圆球表面的切平面与椭球表面的切平面不重合，即当把地球看成圆球时，$Oy$轴与过$O$点的半径$R$重合，如图4-1所示；而当把地球看成椭球时，$Oy$轴与椭圆过$O$点的主法线重合，如图4-2所示。它们与赤道平面的夹角分别称为地心纬度（记作$\varphi_0$）和地理纬度（记作$B_0$）。在不同的切平面$Ox$轴与子午线切线正北方向的夹角分别称为地心方位角（记作$\alpha_0$）和发射方位角（记作$A_0$），这些角度均以绕$Oy$轴转动方向为正。

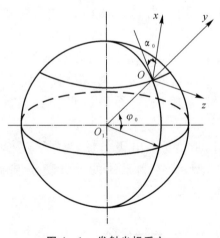

图4-1　发射坐标系之一

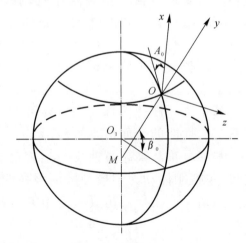

图4-2　发射坐标系之二

### 4.1.1.3　发射惯性坐标系

飞行器起飞瞬间，发射惯性坐标系$O_A x_A y_A z_A$的坐标原点$O_A$与发射点$O$重合，各坐标轴与发射坐标系各轴也相应重合。飞行器起飞后，$O_A$点及坐标系各轴方向在惯性空间保持不动。

利用该坐标系来建立飞行器在惯性空间的运动方程。

#### 4.1.1.4　平移坐标系

平移坐标系 $O_T x_T y_T z_T$ 的坐标系原点 $O_T$ 根据需要可选择在发射坐标系原点 $O$,或是飞行器的质心 $O_1$,始终与 $O$ 或 $O_1$ 重合,但其坐标轴与发射惯性坐标系各轴始终保持平行。

该坐标系用来进行惯性器件的对准和调平。

#### 4.1.1.5　弹体坐标系

弹体坐标系 $O_1 x_1 y_1 z_1$ 的坐标原点 $O_1$ 为飞行器的质心。$O_1 x_1$ 轴为弹体外壳对称轴,指向飞行器的头部。$O_1 y_1$ 轴在飞行器的主对称面内,该平面在发射瞬间与发射坐标系 $xOy$ 平面重合,$O_1 y_1$ 轴垂直于 $O_1 x_1$ 轴。$O_1 z_1$ 轴垂直于主对称面,顺着发射方向看去,$O_1 z_1$ 轴指向右方。$O_1 x_1 y_1 z_1$ 为右手直角坐标系。

该坐标系在空间的位置反映了飞行器在空中的姿态。

#### 4.1.16　速度坐标系

速度坐标系 $O_1 x_v y_v z_v$ 的坐标系原点为飞行器的质心。$O_1 x_v$ 轴沿飞行器的飞行速度方向。$O_1 y_v$ 轴在飞行器的主对称面内,垂直于 $O_1 x_v$ 轴,$O_1 z_v$ 轴垂直于 $x_v O_1 y_v$ 平面,顺着飞行方向看去,$O_1 z_v$ 轴指向右方。$O_1 x_v y_v z_v$ 为右手直角坐标系。

用该坐标系与其他坐标系的关系反映出飞行器的飞行速度矢量状态。

### 4.1.2　坐标系转换矩阵

#### 4.1.2.1　坐标系之间的转换矩阵

求任何两个坐标系之间的变换矩阵的方法,广泛应用的是预先知道完全确定的两个坐标系之间的相互方位角。显然,坐标系 B 可通过相对坐标系 A 的各轴顺序按方位角定义的正向旋转几次得到,每旋转一次得到一个初等旋转矩阵。因此,从坐标系 A 到坐标 B 的变换矩阵就等于初等旋转矩阵的乘积。

如图 4-3 所示,如果坐标系 $S(x,y,z)$ 绕 $x$ 轴旋转 $\gamma$ 角,就成了坐标系 $S'(x', y', z')$,则从 $S$ 到 $S'$ 的变换矩阵是绕 $x$ 轴旋转的初等矩阵:

$$\boldsymbol{L}_x(\gamma) = \begin{bmatrix} 1 & 0 & 0 \\ 0 & \cos\gamma & \sin\gamma \\ 0 & -\sin\gamma & \cos\gamma \end{bmatrix} \tag{4-1}$$

同理,绕 $y$ 轴旋转 $\psi$ 角的初等矩阵为

$$K_y(\psi) = \begin{bmatrix} \cos\psi & 0 & -\sin\psi \\ 0 & 1 & 0 \\ \sin\psi & 0 & \cos\psi \end{bmatrix} \tag{4-2}$$

绕 $z$ 轴旋转 $\vartheta$ 角的初等矩阵为

$$M_z(\vartheta) = \begin{bmatrix} \cos\vartheta & \sin\vartheta & 0 \\ -\sin\vartheta & \cos\vartheta & 0 \\ 0 & 0 & 1 \end{bmatrix} \tag{4-3}$$

如果坐标系 $S$ 经过绕 $y$ - $z$ - $x$ 的顺序三次旋转到坐标系 $S'$,则由 $S$ 到 $S'$ 的转换矩阵为

$$T_{ba} = L_x(\gamma)M_z(\vartheta)K_y(\psi) =$$

$$\begin{bmatrix} \cos\vartheta\cos\psi & \sin\vartheta & -\cos\vartheta\sin\psi \\ \sin\psi\sin\gamma - \sin\vartheta\cos\psi\cos\gamma & \cos\vartheta\cos\gamma & \sin\vartheta\sin\psi\cos\gamma + \cos\psi\sin\gamma \\ \sin\vartheta\cos\psi\sin\gamma + \sin\psi\cos\gamma & -\cos\vartheta\sin\gamma & \cos\psi\cos\gamma - \sin\vartheta\sin\psi\sin\gamma \end{bmatrix}$$

$$\tag{4-4}$$

因此,只要知道两个坐标系之间的位置夹角,就可以通过坐标系旋转来求出坐标之间的转换矩阵。

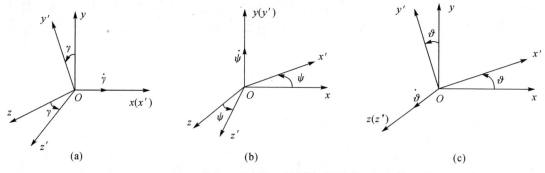

**图 4 - 3　坐标系旋转示意图**

(a) 绕 $x$ 轴旋转；　(b) 绕 $y$ 轴旋转；　(c) 绕 $z$ 轴旋转

### 4.1.2.2　发射坐标系与弹体坐标系间的欧拉角及方向余弦阵

这两个坐标系的关系用以反映弹体相对于发射坐标系的姿态角。为使一般状态下这两个坐标系转至相应轴平行,现采用下列转动顺序:先绕 $Oz$ 轴正向转动 $\varphi$ 角,然后绕新的 $y'$ 轴正向转动 $\psi$ 角,最后绕新的 $x_1$ 轴正向转动 $\gamma$ 角。两坐标系的欧拉角关系如图 4 - 4 所示。这样可写出两个坐标系的方向余弦关系式为

$$\begin{bmatrix} x_1^0 \\ y_1^0 \\ z_1^0 \end{bmatrix} = B_G \begin{bmatrix} x^0 \\ y^0 \\ z^0 \end{bmatrix} \tag{4-5}$$

其中

$$\boldsymbol{B}_G = \begin{bmatrix} \cos\vartheta\cos\psi & \sin\vartheta\cos\psi & -\sin\psi \\ \cos\vartheta\sin\psi\sin\gamma - \sin\vartheta\cos\gamma & \sin\vartheta\sin\psi\sin\gamma + \cos\vartheta\cos\gamma & \cos\psi\sin\gamma \\ \cos\vartheta\sin\psi\cos\gamma + \sin\vartheta\sin\gamma & \sin\vartheta\sin\psi\cos\gamma - \cos\vartheta\sin\gamma & \cos\psi\cos\gamma \end{bmatrix}$$

$$(4-6)$$

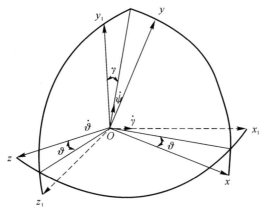

图 4 - 4　发射坐标系与弹体坐标系间的欧拉角关系图

### 4.1.2.3　发射坐标系与速度坐标系间的欧拉角及方向余弦阵

两个坐标系转动至平行的顺序及欧拉角如图 4 - 5 所示。

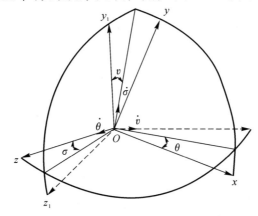

图 4 - 5　发射坐标系与速度坐标系间的欧拉角关系图

图中将两个坐标系原点重合,绕 $Oz$ 轴正向转动 $\theta$ 角(航迹倾角),接着绕 $y'$ 轴正向转动 $\psi_V$ 角(航迹偏角),最后绕 $Ox_V$ 轴正向转动 $\gamma_V$ 角(倾侧角),即可使地面坐标系与速度坐标系重合,上述 $\theta,\psi_V,\gamma_V$ 角即为三个欧拉角,图 4 - 5 中表示的各欧拉角均定义为正值,由此不难写出这两个坐标系的方向余弦阵为

$$\begin{bmatrix} x_V^0 \\ y_V^0 \\ z_V^0 \end{bmatrix} = \boldsymbol{V}_G \begin{bmatrix} x^0 \\ y^0 \\ z^0 \end{bmatrix}$$

$$(4-7)$$

其中，$V_G$ 为方向余弦阵，即

$$V_G = \begin{bmatrix} \cos\theta\cos\psi_V & \sin\theta\cos\psi_V & -\sin\psi_V \\ \cos\theta\sin\psi_V\sin\gamma_V - \sin\varphi\cos\gamma_V & \sin\theta\sin\psi_V\sin\gamma_V + \cos\theta\cos\gamma_V & \cos\psi_V\sin\gamma_V \\ \cos\theta\sin\psi_V\cos\gamma_V + \sin\varphi\sin\gamma_V & \sin\theta\sin\psi_V\cos\gamma_V - \cos\theta\sin\gamma_V & \cos\psi_V\cos\gamma_V \end{bmatrix}$$

$$(4-8)$$

## 4.2 高超声速飞行器推力／机体一体化数学模型

以超燃冲压发动机为动力的高超声速飞行器在总体设计上采用机体／推力一体化设计，前体产生的激波作为发动机的预压气体，被超燃冲压发动机进气道捕获。同时，前体作为飞行器机体一部分会产生气动的力和力矩。后体作为发动机出口扩散段，会产生额外的升力和俯仰力矩。从气动布局呈现很强的一体化特性。高超声速飞行器气动外形示意图如图 4-6 所示。

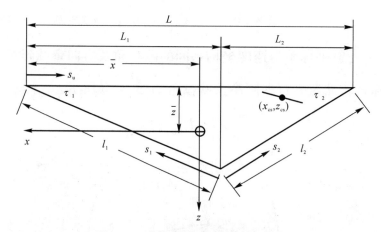

**图 4-6 高超声速飞行器外形示意图**

### 4.2.1 高超声速飞行器六自由度数学模型

忽略发动机推力偏心，高超声速飞行器气动力及气动力矩模型在体轴系进行建模，其六自由度方程描述如下：

#### 4.2.1.1 机体质心动力学方程

$$\frac{dV_{x1}}{dt} + \omega_y V_{z1} - \omega_z V_{y1} = (X + T - G\sin\vartheta)/m \qquad (4-9)$$

$$\frac{dV_{y1}}{dt} + \omega_z V_{x1} - \omega_x V_{z1} = (Y - G\cos\vartheta\cos\gamma)/m \qquad (4-10)$$

$$\frac{\mathrm{d}V_{z1}}{\mathrm{d}t} + \omega_x V_{y1} - \omega_y V_{x1} = (Z + G\cos\vartheta\sin\gamma)/m \tag{4-11}$$

式中，$V_{x1}$，$V_{y1}$ 和 $V_{z1}$ 为飞行器飞行速度在机体坐标系上的分量。

$$V = \sqrt{V_{x1}^2 + V_{y1}^2 + V_{z1}^2} \tag{4-12}$$

$T$ 为发动机推力，$X$，$Y$，$Z$ 分别为机体轴上除重力之外的合力，可以分为气动力、发动机推力以及发动机外扩张段产生的力。

$$X = X_A + X_T + X_E \tag{4-13}$$

$$Y = Y_A + Y_T + Y_E \tag{4-14}$$

$$Z = Z_A + Z_T + Z_E \tag{4-15}$$

飞行器的攻角及侧滑角按下式计算：

$$\alpha = \arctan\left(\frac{-V_{y1}}{V_{x1}}\right) \tag{4-16}$$

$$\beta = \arcsin\left(\frac{V_{z1}}{V}\right) \tag{4-17}$$

### 4.2.1.2　旋转动力学方程

$$\left.\begin{array}{l} J_x \dfrac{\mathrm{d}\omega_x}{\mathrm{d}t} + (J_z - J_y)\omega_y\omega_z = M_x \\[2mm] J_y \dfrac{\mathrm{d}\omega_y}{\mathrm{d}t} + (J_x - J_z)\omega_x\omega_z = M_y \\[2mm] J_z \dfrac{\mathrm{d}\omega_z}{\mathrm{d}t} + (J_y - J_x)\omega_x\omega_y = M_z \end{array}\right\} \tag{4-18}$$

$M_x$，$M_y$，$M_z$ 分别为机体轴上的合力矩，可以分为气动力、发动机推力以及发动机外扩张段产生的力矩。

$$M_x = M_{xA} + M_{xT} + M_{xE} \tag{4-19}$$

$$M_y = M_{yA} + M_{yT} + M_{yE} \tag{4-20}$$

$$M_z = M_{zA} + M_{zT} + M_{zE} \tag{4-21}$$

### 4.2.1.3　机体质心运动学方程

飞行器在地面坐标系中的位置按下式计算：

$$\left.\begin{array}{l} \dfrac{\mathrm{d}x}{\mathrm{d}t} = V_{x1}\cos\vartheta\cos\psi + V_{y1}(-\sin\vartheta\cos\psi\cos\gamma + \sin\psi\sin\gamma) + V_{z1}(\sin\vartheta\cos\psi\sin\gamma + \sin\psi\cos\gamma) \\[3mm] \dfrac{\mathrm{d}y}{\mathrm{d}t} = V_{x1}\sin\vartheta + V_{y1}\cos\vartheta\cos\gamma - V_{z1}\cos\vartheta\sin\gamma \\[3mm] \dfrac{\mathrm{d}z}{\mathrm{d}t} = -V_{x1}\cos\vartheta\sin\psi + V_{y1}(\sin\vartheta\sin\psi\cos\gamma + \cos\psi\sin\gamma) + V_{z1}(-\sin\vartheta\sin\psi\sin\gamma + \cos\psi\cos\gamma) \end{array}\right\}$$

$$\tag{4-22}$$

#### 4.2.1.4 机体旋转运动学方程

$$
\left.
\begin{aligned}
\frac{\mathrm{d}\vartheta}{\mathrm{d}t} &= 57.3(\omega_y \sin\gamma + \omega_z \cos\gamma) \\
\frac{\mathrm{d}\psi}{\mathrm{d}t} &= 57.3\left[(\omega_y \cos\gamma - \omega_z \sin\gamma)/\cos\vartheta\right] \\
\frac{\mathrm{d}\gamma}{\mathrm{d}t} &= 57.3\left[\omega_x - \tan\vartheta(\omega_y \cos\gamma - \omega_z \sin\gamma)\right]
\end{aligned}
\right\}
\tag{4-23}
$$

### 4.2.2 高超声速飞行器气动力数学模型

**1.飞行器气动力计算模型**

作用在机体上的气动力在机体坐标系中分解为轴向力、法向力和侧向力三个分量。

轴向力计算公式为

$$X_A = C_{x1} q S_{\mathrm{ref}} \tag{4-24}$$

法向力计算公式为

$$Y_A = C_{y1} q S_{\mathrm{ref}} \tag{4-25}$$

侧向力计算公式为

$$Z_A = C_{z1} q S_{\mathrm{ref}} \tag{4-26}$$

式中,$q$ 为导弹动压,$S_{\mathrm{ref}}$ 为参考面积。

**2.飞行器气动力系数计算**

飞行器的轴向力系数 $C_{x1}$、法向力系数 $C_{y1}$ 和侧向力系数 $C_{z1}$ 采用线性化模型,基本计算公式为

$$
\left.
\begin{aligned}
C_{x1} &= C_x(Ma, \alpha) + \frac{1}{2}C_x^\delta(Ma)(|\delta_y| + |\delta_z|) \\
C_{y1} &= C_{y0} + C_y^\alpha(Ma, \alpha)\alpha + C_y^\delta(Ma, \alpha)\delta_z \\
C_{z1} &= C_{z0} + C_z^\beta(Ma, \alpha)\beta + C_z^\delta(Ma, \alpha)\delta_y
\end{aligned}
\right\}
\tag{4-27}
$$

### 4.2.3 飞行器气动力矩计算模型

作用在飞行器机体上的气动力矩在机体坐标系中分解为俯仰力矩、偏航力矩和横滚力矩三个分量。俯仰力矩计算公式为

$$M_{zA} = m_z q S_{\mathrm{ref}} L_{\mathrm{ref}} + m_z^{\bar{\omega}_z}(\omega_z + \dot{\alpha}/57.3)q S_{\mathrm{ref}} L_{\mathrm{ref}}\frac{L_{\mathrm{ref}}}{V} + M'_{gz} \tag{4-28}$$

偏航力矩计算公式为

$$M_{yA} = m_y q S_{\text{ref}} L_{\text{ref}} + m_y^{\bar{\omega}_y} (\omega_y - \dot{\beta}/57.3) q S_{\text{ref}} L_{\text{ref}} \frac{L_{\text{ref}}}{V} + M'_{gy} \quad (4-29)$$

横滚力矩计算公式为

$$M_{xA} = m_x q S_{\text{ref}} L_{\text{ref}} + m_x^{\bar{\omega}_x} \omega_x q S_{\text{ref}} L_{\text{ref}} \frac{L_{\text{ref}}}{V} + M'_{gx} \quad (4-30)$$

式中，$M'_{gz}$，$M'_{gz}$，$M'_{gz}$ 分别表示为干扰力矩在机体坐标上的投影。

## 4.2.4　气动力矩系数计算

由飞行器的俯仰力矩系数 $m_z$、偏航力矩系数 $m_y$ 和横滚力矩系数 $m_x$ 采用线性化模型为

$$\left. \begin{array}{l} m_z = m_{z0} + m_z^\alpha (Ma, \alpha)\alpha + m_z^\delta (Ma, \alpha)\delta_z \\ m_y = m_{y0} + m_y^\beta (Ma, \alpha)\beta + m_y^\delta (Ma, \alpha)\delta_y \\ m_x = m_{x0} + m_x^\beta (Ma, \alpha)\beta + m_x^\delta (Ma, \alpha)\delta_x \end{array} \right\} \quad (4-31)$$

## 4.2.5　高超声速飞行器发动机数学模型

为了简化问题，把高超声速飞行器的发动机看作由三个部分组成：扩散段，燃烧室和内喷口，其结构如图 4-7 所示。

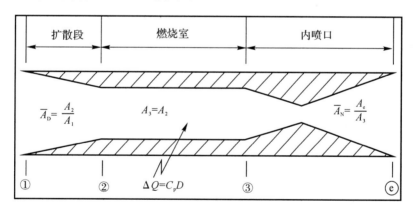

**图 4-7　发动机结构图**

超燃冲压发动机的进气口前面是机体前体作为进气道的预压缩面，预压缩面的模型可用牛顿碰撞理论给出。

$$M_1(s_1) = \frac{M_\infty \cos\theta_L(s_1)}{\sqrt{1 + \frac{1}{2}(k-1)M_\infty^2 \sin^2\theta_L(s_1)}} \quad (4-32)$$

$$P_1(s_1) = P_\infty \left[ 1 + \frac{1}{2}kM_\infty^2 C_{PN} \sin^2\theta_L(s_1) \right] \quad (4-33)$$

$$T_1(s_1) = T_\infty \left[ 1 + \frac{1}{2}(k-1)M_\infty^2 C_{PN} \sin^2 \theta_L(s_1) \right] \quad (4-34)$$

其中，$M_\infty$ 为自由流马赫数。

由发动机扩散段入口与出口条件，可知

$$\frac{\left[ 1 + \frac{1}{2}(\gamma-1)M_2^2 \right]^{(\gamma+1)/(\gamma-1)}}{M_2^2} = (\overline{A}_D)^2 \frac{\left[ 1 + \frac{1}{2}(\gamma-1)M_1^2 \right]^{(\gamma+1)/(\gamma-1)}}{M_1^2}$$

$$(4-35)$$

$$P_2 = P_1 \left[ \frac{1 + \frac{1}{2}(\gamma-1)M_1^2}{1 + \frac{1}{2}(\gamma-1)M_2^2} \right]^{\gamma/(\gamma-1)} \quad (4-36)$$

$$T_2 = T_1 \left[ \frac{1 + \frac{1}{2}(\gamma-1)M_1^2}{1 + \frac{1}{2}(\gamma-1)M_2^2} \right] \quad (4-37)$$

由燃烧室出口与入口之间的关系，可知

$$\frac{M_3^2 \left[ 1 + \frac{1}{2}(\gamma-1)M_3^2 \right]}{(\gamma M_3^2 + 1)^2} = \frac{M_2^2 \left[ 1 + \frac{1}{2}(\gamma-1)M_2^2 \right]}{(\gamma M_2^2 + 1)^2} + \frac{M_2^2}{(\gamma M_2^2 + 1)^2} \frac{T_0}{T_2}$$

$$(4-38)$$

$$P_3 = P_2 \left( \frac{1 + \gamma M_2^2}{1 + \gamma M_3^3} \right) \quad (4-39)$$

$$T_3 = T_2 \left( \frac{1 + \gamma M_2^2}{1 + \gamma M_3^3} \frac{M_3}{M_2} \right)^2 \quad (4-40)$$

由内喷口的出口与入口条件关系，可知

$$\frac{\left[ 1 + \frac{1}{2}(\gamma-1)M_e^2 \right]^{(\gamma+1)/(\gamma-1)}}{M_e^2} = (\overline{A}_D)^2 \frac{\left[ 1 + \frac{1}{2}(\gamma-1)M_3^2 \right]^{(\gamma+1)/(\gamma-1)}}{M_3^2}$$

$$(4-41)$$

对发动机尾喷口，有如下关系：

$$P_e = P_3 \left[ \frac{1 + \frac{1}{2}(\gamma-1)M_3^2}{1 + \frac{1}{2}(\gamma-1)M_e^2} \right]^{\gamma/(\gamma-1)} \quad (4-42)$$

$$T_e = T_3 \left[ \frac{1 + \frac{1}{2}(\gamma-1)M_3^2}{1 + \frac{1}{2}(\gamma-1)M_e^2} \right] \quad (4-43)$$

对发动机各部分进行小扰动线性,其各部分线性化模型如下:

扩散段线性化模型:

$$\begin{bmatrix} \Delta M_2 \\ \Delta P_2 \\ \Delta T_2 \end{bmatrix} = \boldsymbol{D} \begin{bmatrix} \Delta M_1 \\ \Delta P_1 \\ \Delta T_1 \end{bmatrix} \tag{4-44}$$

其中:

$$\boldsymbol{D} = \begin{bmatrix} \dfrac{\partial M_2}{\partial M_1} & \dfrac{\partial M_2}{\partial P_1} & \dfrac{\partial M_2}{\partial T_1} \\[2mm] \dfrac{\partial P_2}{\partial M_1} & \dfrac{\partial P_2}{\partial P_1} & \dfrac{\partial P_2}{\partial T_1} \\[2mm] \dfrac{\partial T_2}{\partial M_1} & \dfrac{\partial T_2}{\partial P_1} & \dfrac{\partial T_2}{\partial P_1} \end{bmatrix} \tag{4-45}$$

燃烧室线性化模型:

$$\begin{bmatrix} \Delta M_3 \\ \Delta P_3 \\ \Delta T_3 \end{bmatrix} = \boldsymbol{B} \begin{bmatrix} \Delta M_2 \\ \Delta P_2 \\ \Delta T_2 \end{bmatrix} \tag{4-46}$$

其中:

$$\boldsymbol{B} = \begin{bmatrix} \dfrac{\partial M_3}{\partial M_2} & \dfrac{\partial M_3}{\partial P_2} & \dfrac{\partial M_3}{\partial T_2} \\[2mm] \dfrac{\partial P_3}{\partial M_2} & \dfrac{\partial P_3}{\partial P_2} & \dfrac{\partial P_3}{\partial T_2} \\[2mm] \dfrac{\partial T_3}{\partial M_2} & \dfrac{\partial T_3}{\partial P_2} & \dfrac{\partial T_3}{\partial P_2} \end{bmatrix} \tag{4-47}$$

内喷口线性化模型:

$$\begin{bmatrix} \Delta M_e \\ \Delta P_e \\ \Delta T_e \end{bmatrix} = \boldsymbol{N} \begin{bmatrix} \Delta M_3 \\ \Delta P_3 \\ \Delta T_3 \end{bmatrix} \tag{4-48}$$

其中:

$$\boldsymbol{N} = \begin{bmatrix} \dfrac{\partial M_e}{\partial M_3} & \dfrac{\partial M_e}{\partial P_3} & \dfrac{\partial M_e}{\partial T_3} \\[2mm] \dfrac{\partial P_e}{\partial M_3} & \dfrac{\partial P_e}{\partial P_3} & \dfrac{\partial P_e}{\partial T_3} \\[2mm] \dfrac{\partial T_e}{\partial M_3} & \dfrac{\partial T_e}{\partial P_3} & \dfrac{\partial T_e}{\partial P_3} \end{bmatrix} \tag{4-49}$$

三部分线性化模型参数确定后,就可以得到发动机整体模型:

$$\begin{bmatrix} \Delta M_e \\ \Delta P_e \\ \Delta T_e \end{bmatrix} = \bar{\boldsymbol{E}} \begin{bmatrix} \Delta M_1 \\ \Delta P_1 \\ \Delta T_1 \end{bmatrix} \tag{4-50}$$

其中:

$$\bar{\boldsymbol{E}} = \begin{bmatrix} \dfrac{\partial M_e}{\partial M_1} & \dfrac{\partial M_e}{\partial P_1} & \dfrac{\partial M_e}{\partial T_1} \\[2mm] \dfrac{\partial P_e}{\partial M_1} & \dfrac{\partial P_e}{\partial P_1} & \dfrac{\partial P_e}{\partial T_1} \\[2mm] \dfrac{\partial T_e}{\partial M_1} & \dfrac{\partial T_e}{\partial P_1} & \dfrac{\partial T_e}{\partial P_1} \end{bmatrix} \tag{4-51}$$

因此,发动机推力模型可表示为

$$Th = f(M_1, P_1, M_e, P_e, \bar{A}_D) \tag{4-52}$$

而 $M_1, P_1$ 是飞行飞行马赫数、攻角以及姿态的函数。因此,将发动机推力及力矩模型线性化,在小扰动的情况下有如下矩阵:

$$\begin{bmatrix} \Delta X_T \\ \Delta Y_T \\ \Delta M_T \end{bmatrix} = \boldsymbol{T} \begin{bmatrix} \Delta M_\infty \\ \Delta \alpha \\ \Delta q \\ \Delta \vartheta \end{bmatrix} \tag{4-53}$$

$$\boldsymbol{T} = \begin{Bmatrix} (X_T)_{M_\infty} & (X_T)_\alpha & (X_T)_q & (X_T)_\vartheta \\ 0 & 0 & 0 & 0 \\ (M_T)_{M_\infty} & (M_T)_\alpha (M_T)_q & (M_T)_\vartheta \\ 0 & 0 & 0 & 0 \end{Bmatrix} \tag{4-54}$$

下面对发动机的外喷管部分进行建模,有

$$P_2(s_2) \approx \frac{P_e}{1 + (s_2/l_2)(P_e/P_\infty - 1)} \tag{4-55}$$

$$X_E = P_\infty l_2 \frac{\bar{P}\ln(\bar{P})}{\bar{P} - 1} \sin(\tau_2 + \Delta\tau_2 \eta) \tag{4-56}$$

$$Z_E = -P_\infty l_2 \frac{\bar{P}\ln(\bar{P})}{\bar{P} - 1} \cos(\tau_2 + \Delta\tau_2 \eta) \tag{4-57}$$

$$M_E = P_\infty \left[ l_2 r_2 \frac{\bar{P}\ln(\bar{P})}{\bar{P} - 1} - l_2^2 \frac{\bar{P}}{\bar{P} - 1} \left(1 - \frac{\ln(\bar{P})}{\bar{P} - 1}\right) \right] \tag{4-58}$$

$$Q_E = \Delta\tau_2 P_\infty l_2^2 \frac{\bar{P}}{\bar{P} - 1} \left[1 - \frac{\ln(\bar{P})}{\bar{P} - 1}\right] \tag{4-59}$$

其中:

$$\bar{P} = \frac{P_e}{P_\infty} \tag{4-60}$$

$$r_2 = (h - \bar{z})\sin(\tau_1) - (L_1 - \bar{x})\cos(\tau_1) \tag{4-61}$$

外喷管扰动的力和力矩线性化方程如下：

$$\begin{bmatrix} \Delta X_E \\ \Delta Z_E \\ \Delta M_E \end{bmatrix} = \boldsymbol{E} \begin{bmatrix} \Delta M_\infty \\ \Delta \alpha \\ \Delta q \\ \Delta \vartheta \end{bmatrix} \qquad (4-62)$$

其中：

$$\boldsymbol{E} = \begin{bmatrix} (X_E)_{M_\infty} & (X_E)_\alpha & (X_E)_q & (X_E)_\vartheta \\ (Z_E)_{M_\infty} & (Z_E)_\alpha & (Z_E)_q & (Z_E)_\vartheta \\ (M_E)_{M_\infty} & (M_E)_\alpha & (M_E) & (M_E)_\vartheta \end{bmatrix} \qquad (4-63)$$

## 4.2.6　高超声速飞行器刚体线性化模型

### 4.2.6.1　纵向通道刚体线性化模型

利用小扰动线性化和参数固化假设得出飞行器机体动力学在工作点处的线性化模型和传递函数。在推导过程中忽略了惯性交叉耦合。

$$\begin{bmatrix} \Delta \dot{V} \\ \Delta \dot{\alpha} \\ \Delta \dot{\omega}_z \\ \Delta \dot{\vartheta} \end{bmatrix} = \begin{bmatrix} X_A^V & X_A^\alpha & X_A^{\omega_z} & -g \\ Y_A^V & Y_A^\alpha & Y_A^{\omega_z} & 0 \\ M_{zA}^V & M_{zA}^\alpha & M_{zA}^{\omega_z} & 0 \\ 0 & 0 & 1 & 0 \end{bmatrix} \begin{bmatrix} \Delta V \\ \Delta \alpha \\ \Delta \omega_z \\ \Delta \vartheta \end{bmatrix} + \begin{bmatrix} X_T^V & X_T^\alpha & X_T^{\omega_z} & 0 \\ 0 & 0 & 0 & 0 \\ M_{zT}^V & M_{zT}^\alpha & M_{zT}^{\omega_z} & 0 \\ 0 & 0 & 0 & 0 \end{bmatrix} \begin{bmatrix} \Delta V \\ \Delta \alpha \\ \Delta \omega_z \\ \Delta \vartheta \end{bmatrix} +$$

$$\begin{bmatrix} X_E^V & X_E^\alpha & X_E^{\omega_z} & 0 \\ Y_E^V & Y_E^\alpha & Y_E^{\omega_z} & 0 \\ M_{zE}^V & M_{zE}^\alpha & M_{zE}^{\omega_z} & 0 \\ 0 & 0 & 0 & 0 \end{bmatrix} \begin{bmatrix} \Delta V \\ \Delta \alpha \\ \Delta \omega_z \\ \Delta \vartheta \end{bmatrix} + \begin{bmatrix} X_\delta & X_{\bar{A}_D} \\ Y_\delta & Y_{\bar{A}_D} \\ M_\delta & M_{\bar{A}_D} \\ 0 & 0 \end{bmatrix} \begin{bmatrix} \delta \\ \bar{A}_D \end{bmatrix} \qquad (4-64)$$

其中等号后第一项为气动力状态阵，第二项为发动机工作产生的状态耦合阵，第三项为后体产生的状态阵。取三个矩阵的不同组合可以得到不同的飞行状态的方程。

飞行器堵盖未打开状态：

$$\begin{bmatrix} \Delta \dot{V} \\ \Delta \dot{\alpha} \\ \Delta \dot{\omega}_z \\ \Delta \dot{\vartheta} \end{bmatrix} = \begin{bmatrix} X_A^V & X_A^\alpha & X_A^{\omega_z} & -g \\ Y_A^V & Y_A^\alpha & Y_A^{\omega_z} & 0 \\ M_{zA}^V & M_{zA}^\alpha & M_{zA}^{\omega_z} & 0 \\ 0 & 0 & 1 & 0 \end{bmatrix} \begin{bmatrix} \Delta V \\ \Delta \alpha \\ \Delta \omega_z \\ \Delta \vartheta \end{bmatrix} + \begin{bmatrix} X_\delta \\ Y_\delta \\ M_\delta \\ 0 \end{bmatrix} \boldsymbol{\delta} \qquad (4-65)$$

飞行器冷通状态：

$$\begin{bmatrix} \Delta\dot{V} \\ \Delta\dot{\alpha} \\ \Delta\dot{\omega}_z \\ \Delta\dot{\vartheta} \end{bmatrix} = \begin{bmatrix} X_A^V & X_A^\alpha & X_A^{\omega_z} & -g \\ Y_A^V & Y_A^\alpha & Y_A^{\omega_z} & 0 \\ M_{zA}^V & M_{zA}^\alpha & M_{zA}^{\omega_z} & 0 \\ 0 & 0 & 1 & 0 \end{bmatrix} \begin{bmatrix} \Delta V \\ \Delta\alpha \\ \Delta\omega_z \\ \Delta\vartheta \end{bmatrix} + \begin{bmatrix} X_E^V & X_E^\alpha & X_E^{\omega_z} & 0 \\ Y_E^V & Y_E^\alpha & Y_E^{\omega_z} & 0 \\ M_{zE}^V & M_{zE}^\alpha & M_{zE}^{\omega_z} & 0 \\ 0 & 0 & 0 & 0 \end{bmatrix} \begin{bmatrix} \Delta V \\ \Delta\alpha \\ \Delta\omega_z \\ \Delta\vartheta \end{bmatrix} +$$

$$\begin{bmatrix} X_\delta & X_{\overline{A}_D} \\ Y_\delta & Y_{\overline{A}_D} \\ M_\delta & M_{\overline{A}_D} \\ 0 & 0 \end{bmatrix} \begin{bmatrix} \delta \\ \overline{A}_D \end{bmatrix} \qquad\qquad (4-66)$$

飞行器发动机工作状态：

$$\begin{bmatrix} \Delta\dot{V} \\ \Delta\dot{\alpha} \\ \Delta\dot{\omega}_z \\ \Delta\dot{\vartheta} \end{bmatrix} = \begin{bmatrix} X_A^V & X_A^\alpha & X_A^{\omega_z} & -g \\ Y_A^V & Y_A^\alpha & Y_A^{\omega_z} & 0 \\ M_{zA}^V & M_{zA}^\alpha & M_{zA}^{\omega_z} & 0 \\ 0 & 0 & 1 & 0 \end{bmatrix} \begin{bmatrix} \Delta V \\ \Delta\alpha \\ \Delta\omega_z \\ \Delta\vartheta \end{bmatrix} + \begin{bmatrix} X_T^V & X_T^\alpha & X_T^{\omega_z} & 0 \\ 0 & 0 & 0 & 0 \\ M_{zT}^V & M_{zT}^\alpha & M_{zT}^{\omega_z} & 0 \\ 0 & 0 & 0 & 0 \end{bmatrix} \begin{bmatrix} \Delta V \\ \Delta\alpha \\ \Delta\omega_z \\ \Delta\vartheta \end{bmatrix} +$$

$$\begin{bmatrix} X_E^V & X_E^\alpha & X_E^{\omega_z} & 0 \\ Y_E^V & Y_E^\alpha & Y_E^{\omega_z} & 0 \\ M_{zE}^V & M_{zE}^\alpha & M_{zE}^{\omega_z} & 0 \\ 0 & 0 & 0 & 0 \end{bmatrix} \begin{bmatrix} \Delta V \\ \Delta\alpha \\ \Delta\omega_z \\ \Delta\vartheta \end{bmatrix} + \begin{bmatrix} X_\delta & X_{\overline{A}_D} \\ Y_\delta & Y_{\overline{A}_D} \\ M_\delta & M_{\overline{A}_D} \\ 0 & 0 \end{bmatrix} \begin{bmatrix} \delta \\ \overline{A}_D \end{bmatrix} \qquad (4-67)$$

### 4.2.6.2 横侧向刚体线性化模型

忽略发动机对横侧向的影响，高超声速飞行器横侧向扰动运动动力学方程为

$$\left.\begin{aligned} \frac{\mathrm{d}\omega_x}{\mathrm{d}t} + b_{11}\omega_x + b_{12}\omega_y + b_{14}\beta &= -b_{17}\delta_x - b_{15}\delta_y + b_{18}M_{gx} \\ \frac{\mathrm{d}\omega_y}{\mathrm{d}t} + b_{21}\omega_x + b_{22}\omega_y + b_{24}\beta &= -b_{27}\delta_x - b_{25}\delta_y + b_{28}M_{gy} \\ \frac{\mathrm{d}\beta}{\mathrm{d}t} + (b_{34} - a_{33})\beta + b_{32}\omega_y - \alpha\dot{\gamma} + b_{36}\gamma &= -b_{35}\delta_y - b_{38}F_{gz} \\ \frac{\mathrm{d}\gamma}{\mathrm{d}t} - \omega_x + \tan\vartheta\omega_y &= 0 \end{aligned}\right\} \quad (4-68)$$

式中，各动力学系数计算公式为

$$b_{11} = -\frac{M_x^{\omega_x}}{J_x}; \quad b_{12} = -\frac{M_x^{\omega_y}}{J_x}; \quad b_{14} = -\frac{M_x^\beta}{J_x}; \quad b_{15} = -\frac{M_x^{\delta_y}}{J_x}; \quad b_{17} = -\frac{M_x^{\delta_x}}{J_x}; \quad b_{18} = \frac{1}{J_x}$$

$$b_{21} = -\frac{M_y^{\omega_x}}{J_y}; \quad b_{22} = -\frac{M_y^{\omega_y}}{J_y}; \quad b_{24} = -\frac{M_y^\beta}{J_y}; \quad b_{25} = -\frac{M_y^{\delta_y}}{J_y}; \quad b_{27} = -\frac{M_y^{\delta_x}}{J_y}; \quad b_{28} = \frac{1}{J_y}$$

$$b_{32} = -\frac{\cos\theta}{\cos\vartheta}; \quad b_{34} = \frac{P - Z^\beta}{mV}; \quad b_{35} = -\frac{Z^{\delta_y}}{mV}; \quad b_{36} = -\frac{g\cos\vartheta}{V}; \quad b_{38} = -\frac{1}{mV}$$

当飞行器的基准飞行是近似水平飞行时,俯仰角和弹道倾角都很小,而且迎角不大,于是 $\cos\theta \approx 1, \cos\vartheta \approx 1$,微量乘积 $\alpha\gamma, \omega_y \tan\vartheta$ 可以不计,忽略重力影响。略去 $b_{12} = -M_x^{\omega_y}/J_x$ 和 $b_{21} = -M_y^{\omega_x}/J_y$,可得偏航通道简化方程为

$$
\left.
\begin{array}{l}
\dfrac{\mathrm{d}^2\varphi}{\mathrm{d}t^2} + b_{22}\dfrac{\mathrm{d}\varphi}{\mathrm{d}t} + b_{24}\beta = -b_{25}\delta_y + b_{28}M_{gy} \\[3mm]
\dfrac{\mathrm{d}\sigma_k}{\mathrm{d}t} - b_{34}\beta = b_{35}\delta_y + b_{38}F_{gz} \\[3mm]
\varphi - \psi_v - \beta = 0
\end{array}
\right\}
\tag{4-69}
$$

通过对以上微分方程组进行拉氏变换,可以得到飞行器弹体传递函数。得到飞行器偏航传递函数的简化形式如下:

$$
\frac{\dot{\varphi}(s)}{\delta_y(s)} = \frac{b_{25}s + b_{25}b_{34}}{s^2 + (b_{22}+b_{34})s + b_{24} + b_{22}b_{34}}
\tag{4-70}
$$

$$
\frac{\dot{\sigma}_k(s)}{\delta_y(s)} = \frac{b_{25}b_{34}}{s^2 + (b_{22}+b_{34})s + b_{24} + b_{22}b_{34}}
\tag{4-71}
$$

$$
\frac{\beta(s)}{\delta_y(s)} = \frac{b_{24}}{s^2 + (b_{22}+b_{34})s + b_{24} + b_{22}b_{34}}
\tag{4-72}
$$

忽略偏航运动对倾斜扰动的影响 $b_{14}\beta$ 和 $b_{15}\delta_y$,可得滚动通道简化方程为

$$
\frac{\mathrm{d}^2\gamma}{\mathrm{d}t^2} + b_{11}\frac{\mathrm{d}\gamma}{\mathrm{d}t} = -b_{17}\delta_x + b_{18}M_{gx}
\tag{4-73}
$$

对上式进行拉氏变换,得滚动通道传递函数为

$$
\frac{\dot{\gamma}(s)}{\delta_x(s)} = \frac{-b_{17}}{s + b_{11}}
\tag{4-74}
$$

### 4.2.6.3　高超声速飞行器模型分析

下面以国内高超概念飞行器超龙为例,给出高度 $H = 26\text{km}, Ma = 6.5$ 时,考虑进气道关闭、进气道打开、超燃冲压发动机点火三种状态时的高超声速飞行器纵向线性化模型。从中可以看出发动机进气道对全机气动力的影响。

(1)进气道关闭状态的状态矩阵。

$$
\begin{bmatrix} \Delta\dot{V} \\ \Delta\dot{\alpha} \\ \Delta\dot{\omega}_z \\ \Delta\dot{\vartheta} \end{bmatrix} =
\begin{bmatrix}
-0.001\,8 & 6.915\,2 & 0 & -9.81 \\
-0.000\,013\,4 & 0.082 & 0 & 0 \\
-0.000\,7 & 5.460\,6 & 0.001\,7 & 0 \\
0 & 0 & 1 & 0
\end{bmatrix}
\begin{bmatrix} \Delta V \\ \Delta\alpha \\ \Delta\omega_z \\ \Delta\vartheta \end{bmatrix} +
\begin{bmatrix} -1.424\,5 \\ 0.001\,3 \\ 3.207\,3 \\ 0 \end{bmatrix} \boldsymbol{\delta}
\tag{4-75}
$$

(2)进气道打开状态的状态矩阵。

$$\begin{bmatrix} \Delta \dot{V} \\ \Delta \dot{\alpha} \\ \Delta \dot{\omega}_z \\ \Delta \dot{\vartheta} \end{bmatrix} = \begin{bmatrix} -0.001\ 7 & 6.915\ 2 & 0 & -9.81 \\ -0.000\ 001\ 87 & 0.073 & 0 & 0 \\ -0.000\ 8 & 4.980\ 4 & 0.001\ 6 & 0 \\ 0 & 0 & 1 & 0 \end{bmatrix} \begin{bmatrix} \Delta V \\ \Delta \alpha \\ \Delta \omega_z \\ \Delta \vartheta \end{bmatrix} + \begin{bmatrix} -1.503\ 3 \\ 0.003\ 4 \\ 2.498\ 7 \\ 0 \end{bmatrix} \boldsymbol{\delta}$$

$$(4-76)$$

(3)超燃冲压发动机点火工作时的状态矩阵。

$$\begin{bmatrix} \Delta \dot{V} \\ \Delta \dot{\alpha} \\ \Delta \dot{\omega}_z \\ \Delta \dot{\vartheta} \end{bmatrix} = \begin{bmatrix} -0.001\ 3 & 3.257\ 1 & 0 & -9.81 \\ -0.000\ 001\ 86 & 0.072\ 9 & 0 & 0 \\ -0.000\ 08 & 4.980\ 4 & 0.001\ 6 & 0 \\ 0 & 0 & 1 & 0 \end{bmatrix} \begin{bmatrix} \Delta V \\ \Delta \alpha \\ \Delta \omega_z \\ \Delta \vartheta \end{bmatrix} + \begin{bmatrix} -1.503\ 3 \\ 0.003\ 4 \\ 2.498\ 7 \\ 0 \end{bmatrix} \boldsymbol{\delta}$$

$$(4-77)$$

# 4.3　高超声速飞行器弹性动力学模型

在前文的建模中,将高超声速飞行器视为刚体,但是,实际上,高超声速飞行器的实际飞行中往往伴随着飞行器的弹性变形和弹性振动。前文将高超声速飞行器视为刚体的处理方法,虽然有点粗糙,但是有助于设计者抓住主要矛盾,因此,在初期设计阶段是允许的。另外,对于大多数高超声速飞行器在工程设计时,为抑制弹性变形和振动,通常选用刚度较大的材料,其结构振动频率较高,这就使得其结构振动并不明显,因此,伺服弹性和弹性振动对控制系统的影响并不明显。

通常情况下,高超声速飞行器的自然频率和振动频率间相差较大,结构振动相对于刚体姿态运动来说,属于高频振动。但对于高超声速飞行器,若采用轻质复合材料,设计为细长体、升力体等布局,将大大降低高超声速飞行器的结构固有振动频率,会出现刚体运动与结构模态相互耦合的情况。并且高超声速飞行器的气动载荷随着飞行马赫数的升高而迅速增大,使得弹性变形和结构振动问题越来越突出,因此,在完成高超声速飞行器刚体动力学建模和设计工作后,还要开展飞行器伺服弹性的影响分析及针对伺服弹性的设计和校核工作。本节着重考虑高超声速飞行器的弹性动力学建模,并给出高超声速飞行器伺服弹性动力学模型。

## 4.3.1　高超声速飞行器弹性问题分析

飞行器的气动弹性问题是研究弹性物体在气流中的力学行为,其任务是研究气动力与弹性体之间的相互影响。它所研究的各类气动现象均是由空气动力、弹性力、惯性力之间的相互作用形成的。它与弹性力学的区别在于载荷本身不是事先可知的,而是涉及复杂的载荷重新分布过程。

　　1946 年,英国学者 Collar 绘制了气动弹性力三角形,对气动弹性问题进行了很好的分类。这个三角形直观地表达了气动弹性问题中各种力之间的联系,从而区分了各学科的研究范畴。如图 4-8 所示,力三角形的顶点表示系统的各种作用力。图中处于三角形内部的对象,弹性力、惯性力、空气动力均参与作用,称为气动弹性动力学问题;处于三角形左边外侧的,只有弹性力和空气动力起作用,属于气动弹性静力学问题。现代飞行器控制系统随着功能不断增强,其通频带变宽,权限变大,这造成飞行器结构、气动力、控制系统之间相互作用,形成了气动伺服弹性力学,如图 4-9 所示。简单地说,气动伺服弹性力学主要是研究飞行器在弹性力、惯性力、空气动力、控制力作用下引发的各种力学现象的一门综合性学科,也可以说气动伺服弹性力学是结构动力学、非定常空气动力学和自动控制技术三者交叉的学科。气动弹性对高超声速飞行器姿态控制系统的影响明显属于气动伺服弹性问题。

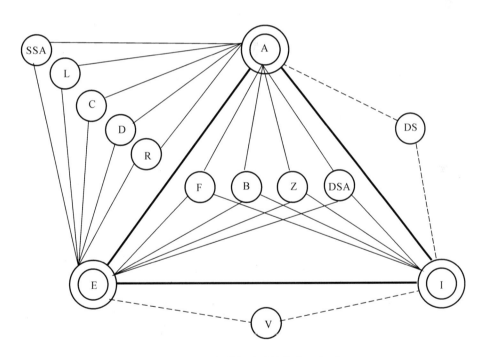

**图 4-8　飞行器气动弹性的力三角形**

力:A— 气动力;　E— 弹性力;　I— 惯性力

气动弹性现象:F— 颤振;　C— 操纵效率;　Z— 动力响应;　B— 抖振;　D— 发散;

R— 操纵反效;　L— 载荷分布;　DSA— 动稳定性的气动弹性效应;

SSA— 静稳定性的气动弹性效应

其他相关领域:V— 机械振动;　DS— 动稳定性

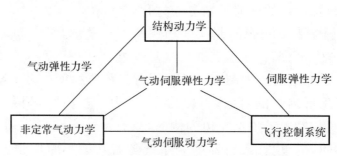

**图 4 - 9　气动伺服弹性力学三角形**

高超声速飞行器在飞行过程中由于受到气动力、控制力、推力等载荷的影响,飞行器发生弹性变形和振动。飞行器的弹性变形影响气动分布,更为严重的是飞行器的弹性振动会被传感器捕捉到,并通过控制回路后产生附加的舵控制指令,进而影响飞行控制系统的精度,甚至导致飞行器失稳。

高超声速飞行器的弹性变形／振动激励包括:

第一类:气动力,舵面控制力,横侧向推力。

第二类:发动机工作产生的额外振动激励,例如:超燃冲压发动机的喘振和荧振。

高超声速飞行器弹性变形／振动与气动、动力、控制的耦合如图 4 - 10 所示。这种耦合的详细分析如下:

(1) 变化的气动力激励飞行器机体的变形／振动,机体变形／振动改变机体表面载荷分布,进而产生变化的气动力。

(2) 侧向推力分量和各阶弯曲模态的广义推力激励飞行器的变形／振动,改变进气道瞬时攻角,进而改变发动机燃烧状态,推力改变,侧向推力和各阶弯曲模态的广义力改变。

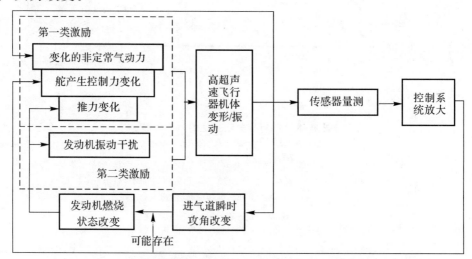

**图 4 - 10　高超声速飞行器弹性与气动、控制耦合示意图**

（3）各阶弯曲模态的广义控制力激励机体变形／振动,振动被传感器捕捉到,通过控制系统进入控制回路,利用气动舵产生变化的控制力,并对机体变形／振动产生影响。

（4）发动机燃烧过程中的振动干扰激励高超声速飞行器机体的振动,并将这种振动通过(1),(2),(3)引入回路。

（5）发动机燃烧的振动干扰与发动机燃烧状态存在某种复杂的关系,因此发动机燃烧状态的变化也可以通过(4)进入回路。

（6）控制系统的控制指令有可能包含发动机的燃料当量,改变发动机燃烧状态,并通过(4),(5)进入回路。

在工程应用中,第二类激励由于频率极高,在高超声速飞行器气动弹性研究中可以忽略。因此,气动力、舵面控制力、推力是主要的激励源。

## 4.3.2　高超声速飞行器伺服弹性动力学模型

一般来说,弯曲模态是对高超声速飞行器飞行控制影响较大的模态。因此,本节以弯曲模态为主,建立高超声速飞行器伺服弹性动力学模型。

通常的,在外力作用下,弹性高超声速飞行器的运动状态十分复杂。根据不同的研究目的,可以做出多种简化假设。在工程上,常采用具有自由边界的非均匀梁模型代替飞行器的主体(弹身、弹翼等),这种非均匀梁模型能够很好地描述外力作用下整个飞行器的弹性变形。

弹性变形／振动是在任意刚体平衡状态基础上的弹性扰动,在建模时采用结构坐标系$(Oxyz)$。根据振动的连续体分离理论,忽略剪切变形和转动惯量的影响,建立非均匀弹性梁弯曲振动微分方程:

$$\frac{\partial^2}{\partial x^2}\left[EJ(x)\frac{\partial^2 y(x,t)}{\partial x^2}\right]+m(x)\frac{\partial^2 y(x,t)}{\partial x^2}=W_y(x,t) \qquad (4-78)$$

式中,$EJ(x)\dfrac{\partial^2 y(x,t)}{\partial x^2}$为弯矩,$EJ(x)\dfrac{\partial^3 y(x,t)}{\partial x^3}$为剪力,在自由端,弯矩与剪力均为 0。高超声速飞行器飞行时是一个两端自由的飞行状态,因此其弯曲振动微分方程对应的边界条件为

$$EJ(x)\frac{\partial^2 y(x,t)}{\partial x^2}\bigg|_{\substack{x=0\\x=l}}=0$$
$$EJ(x)\frac{\partial^3 y(x,t)}{\partial x^3}\bigg|_{\substack{x=0\\x=l}}=0 \qquad (4-79)$$

求解式(4-78)是十分困难的,而且只有在少数特殊情况下才能得到解析解,一般采用近似解法。对于这类问题,往往采用有限维动力学模型去逼近。其中,问题的关键在于如何消去弹性飞行器的刚体与弹性振动间的耦合,以得到简化的

形式。本节采用模态叠加法,用自然振型描述高超声速飞行器的各阶运动模态。此方法的基本思路:利用固有振型 $\varphi_i(x)$ 的正交定理和展开定理,以各阶固有振型为"基",用各阶固有振型的线性表达式表示弹性变形函数 $y(x,t)$,其形式为

$$y(x,t) = \sum_{i=1}^{\infty} q_i(t)\varphi_i(x) \qquad (4-80)$$

$q_i(t)$ 称为第 $i$ 阶振型所对应的广义坐标,也称第 $i$ 主坐标。它反映了各阶振型在弹性变形中所占的比例情况。各阶固有频率 $\omega_i$ 和固有振型 $\varphi_i(x)$ 的确定理论上是通过求解式(4-78)得到。令其全部外力为零,忽略阻尼,使系统在自身惯性力、弹性力作用下做自然振动,可以求得固有频率 $\omega_i$ 和固有振型 $\varphi_i(x)$。工程中常用的方法有逐次比较法、追赶法、有限元法、传递矩阵法和强迫振动法。

依据飞行器不同,高超声速飞行器的弯曲频率、振动模态也各不相同。一般来说,高超声速飞行器机体越短粗,弯曲频率越高,机体越细长,弯曲频率越低。X-43A 飞行器一弯频率达到 41.9 Hz。美国加州大学洛杉矶分校多学科飞行动力学与控制实验室提供的高超声速飞行器 CSULA_GHV 的三阶弯曲频率仅约为 3.24 Hz,9.33 Hz,18.49 Hz。张希彬等人给出的高超声速飞行器三阶弯曲频率分别为 3.14 Hz,7.6052 Hz,15.0911 Hz。其对应的振型模态为如图 4-11 所示。

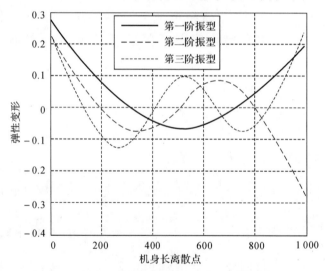

**图 4-11 某高超声速飞行器弯曲模态振型**

将式(4-80)代入式(4-78),采用迦辽金(Galerkin)方法分离变量,利用固有振型的正交性进行化简,得到弹性高超声速飞行器扰动运动的常微分方程组:

$$\ddot{q}_i(t) + 2\xi_i\omega_i\dot{q}_i(t) + \omega_i^2 q_i(t) = \frac{Q_i}{m_i} \qquad (4-81)$$

$$Q_i = \int_0^l W_y(x,t)\varphi_i(x)\,\mathrm{d}x \qquad (4-82)$$

$$m_i = \int_0^l m(x)\varphi_i^2(x)\,\mathrm{d}x \qquad (4-83)$$

其中,$q_i$ 为广义坐标,$Q_i$ 为第 $i$ 阶弯曲模态对应的广义力,$m_i$ 为第 $i$ 阶弯曲模态对应的广义质量,$\omega_i$ 为第 $i$ 阶弯曲模态对应的振动频率,$\xi_i$ 为第 $i$ 阶弯曲模态对应的阻尼,$\varphi_i(x)$ 为第 $i$ 阶弯曲模态对应的振型,$m(x)$ 为高超声速飞行器的质量分布函数。

将式(4-81)列写成矩阵形式为

$$\boldsymbol{M\ddot{q}} + \boldsymbol{D\dot{q}} + \boldsymbol{Kq} = \boldsymbol{Q} \tag{4-84}$$

以高超声速飞行器的纵向通道为例,仅考虑姿态运动,考虑弹性的高超声速飞行器动力学模型为

$$\left.\begin{array}{l} mV\dot{\theta} = P_Y + F_Y \\ \dot{\vartheta} = \omega_{zR} \\ \vartheta - \theta - \alpha = 0 \\ J\dot{\omega}_{zR} = M_{zP} + M_{zA} \\ \boldsymbol{M\ddot{q}} + \boldsymbol{D\dot{q}} + \boldsymbol{Kq} = \boldsymbol{Q} \end{array}\right\} \tag{4-85}$$

其中,$P_Y$ 为弹性高超声速飞行器的横向推力,$M_{zP}$ 为推力产生的力矩,$M_{zA}$ 为俯仰力矩,$F_Y$ 为法向力,$\boldsymbol{Q}$ 为广义力矩阵。这 5 个参数均与速度、大气密度、攻角、舵偏、振动的广义坐标有关。

以某轴对称、细长体高超声速飞行器为例,广义力矩阵 $\boldsymbol{Q}$ 包括气动产生的广义力、推力产生的广义力、舵控制力产生的广义力三部分。

气动产生的广义力矩阵为

$$\boldsymbol{Q}_A = \frac{1}{2}\rho V^2 \boldsymbol{Cq} + \frac{1}{2}\rho V \boldsymbol{B\dot{q}} \tag{4-86}$$

式中,$\boldsymbol{C}$ 称为气动力刚度矩阵,$\boldsymbol{B}$ 称为气动力阻尼矩阵。

$$\left.\begin{array}{l} \boldsymbol{C} = S_{\text{ref}}\boldsymbol{\Phi}^{\text{T}}\boldsymbol{C}_y^{\alpha}\boldsymbol{\Phi}' \\ \boldsymbol{B} = -S_{\text{ref}}\boldsymbol{\Phi}^{\text{T}}\boldsymbol{C}_y^{\alpha}\boldsymbol{\Phi} \end{array}\right\} \tag{4-87}$$

其中,$\boldsymbol{\Phi} = \begin{bmatrix} \varphi_1(x) & \varphi_2(x) & \cdots & \varphi_n(x) \end{bmatrix}$。

舵控制力产生的广义力矩阵为

$$\boldsymbol{Q}_u = \frac{1}{2}\rho V^2 S_{\text{ref}} C_y^{\delta}\delta\, \boldsymbol{\Phi}_u^{\text{T}} \tag{4-88}$$

推力产生的广义力矩阵为

$$\boldsymbol{Q}_P = P_y \boldsymbol{\Phi}_P^{\text{T}} - P_x \boldsymbol{\Phi}_P^{\text{T}} P_y \boldsymbol{\Phi}'_P \boldsymbol{q} \tag{4-89}$$

忽略进气道形状,发动机进气道的瞬时攻角为

$$\alpha_j = \left(\frac{\partial y}{\partial x} + \frac{1}{V}\frac{\partial y}{\partial t}\right)\Big|_{x=x_j} \tag{4-90}$$

定义进气道点($x_j$)处的模态矩阵为 $\boldsymbol{\Phi}_j$,得

$$\alpha_j = \boldsymbol{\Phi}'_j \boldsymbol{q} + \frac{1}{V}\boldsymbol{\Phi}_j \boldsymbol{\dot{q}} \tag{4-91}$$

以张希彬等人给出的某型包含鸭舵的升力体构型高超声速飞行器为例。其构型如图 4-12 所示。

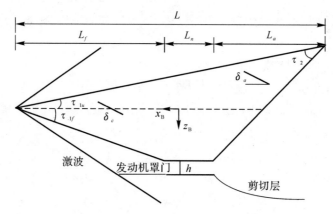

**图 4-12 某升力体高超声速飞行器构型**

第 $i$ 阶广义力为

$$N_i = \int_0^L \varphi_i(x) p_{up} \,dx - \int_0^{L_f} \varphi_i(x) p_d \,dx - \int_{L_f+L_n}^L \varphi_i(x) p_a \,dx -$$

$$\int_{L_f}^{L_n} \varphi_i(x) p_n \,dx + \varphi_i(x_e) F_e + \varphi_i(x_c) F_c \qquad (4-92)$$

其中，$p_{up}$，$p_d$，$p_a$，$p_n$ 分别表示上表面、前体下表面、后体下表面、发动机下表面的压强，$F_e$，$F_c$ 分别为升降舵面和鸭舵的控制力。

设该高超声速飞行器弹性振动引起的机体前体和后体变形角分别为：

$$\left.\begin{array}{l} \Delta \tau_1 = E_1 \begin{bmatrix} q_1 & q_2 & \cdots & q_n \end{bmatrix}^T \\ \Delta \tau_2 = E_2 \begin{bmatrix} q_1 & q_2 & \cdots & q_n \end{bmatrix}^T \end{array}\right\} \qquad (4-93)$$

其中，$E_1$，$E_2$ 表示广义力到变形角的转换关系。则，高超声速飞行器的升力、阻力、推力、俯仰力矩、广义力可以表示为

$$\left.\begin{array}{l} L = \dfrac{1}{2}\rho V^2 S_{\text{ref}} C_L(Ma, \alpha, \delta_e, \delta_c, \Delta\tau_1, \Delta\tau_2) \\[2mm] D = \dfrac{1}{2}\rho V^2 S_{\text{ref}} C_D(Ma, \alpha, \delta_e, \delta_c, \Delta\tau_1, \Delta\tau_2) \\[2mm] T = \dfrac{1}{2}\rho V^2 S_{\text{ref}} C_T(Ma, \alpha, \varphi, \Delta\tau_1) \\[2mm] M = z_T T + \dfrac{1}{2}\rho V^2 L_{\text{ref}} S_{\text{ref}} C_M(Ma, \alpha, \varphi, \delta_e, \delta_c, \Delta\tau_1, \Delta\tau_2) \\[2mm] Q_i = \dfrac{1}{2}\rho V^2 S_{\text{ref}} C_{Q_i}(Ma, \alpha, \delta_e, \delta_c, \Delta\tau_1, \Delta\tau_2) \end{array}\right\} \qquad (4-94)$$

其中，$C_L$，$C_D$，$C_T$，$C_M$，$C_Q$ 分别表示升力系数、阻力系数、推力系数、俯仰力矩系数和第 $i$ 阶广义力系数。$z_T$ 为推力作用点在机体 $z_B$ 轴的坐标。

经过拟合，该型高超声速飞行器的力／力矩系数可以表示为

$$C_L = C_L^0 + C_L^{Ma}Ma + C_L^\alpha\alpha + C_L^\phi\varphi + C_L^{\delta_e}\delta_e + C_L^{\delta_c}\delta_c + C_L^{\Delta\tau_1}\Delta\tau_1 + C_L^{\Delta\tau_2}\Delta\tau_2$$

$$(4-95)$$

$$C_D = C_D^0 + C_D^{Ma}Ma + C_D^\alpha\alpha + C_D^{Ma\Delta\tau_1}Ma\Delta\tau_1 + C_D^{Ma\Delta\tau_2}Ma\Delta\tau_2 + C_D^{\alpha\delta_e}\alpha\delta_e + C_D^{\alpha\delta_c}\alpha\delta_c +$$
$$C_D^{\alpha\Delta\tau_1}\alpha\Delta\tau_1 + C_D^{\alpha\Delta\tau_2}\alpha\Delta\tau_2 + C_D^{\alpha^2}\alpha^2 + C_D^{\delta_e^2}\delta_e^2 + C_D^{\delta_c^2}\delta_c^2 \qquad (4-96)$$

$$C_T = C_T^0 + C_T^\alpha\alpha + C_T^\phi\phi + C_T^{Ma\alpha}Ma\alpha + C_T^{Ma\phi}Ma\phi + C_T^{Ma\Delta\tau_1}Ma\Delta\tau_1 + C_T^{\alpha\phi}\alpha\phi + C_T^{\alpha\Delta\tau_1}\alpha\Delta\tau_1 +$$
$$C_T^{\phi\Delta\tau_1}\phi\Delta\tau_1 + C_T^{\Delta\tau_1^2}\Delta\tau_1^2 + C_T^{\alpha^2\phi}\alpha^2\phi + C_T^{\alpha^3\phi}\alpha^3\phi + C_T^{\alpha^2\Delta\tau_1}\alpha^2\Delta\tau_1 + C_T^{\alpha^3\Delta\tau_1}\alpha^3\Delta\tau_1 +$$
$$C_T^{\alpha\Delta\tau_1^2}\alpha\Delta\tau_1^2 + C_T^{\alpha\Delta\tau_1^3}\alpha\Delta\tau_1^3 \qquad (4-97)$$

$$C_M = C_M^0 + C_M^{Ma}Ma + C_M^\alpha\alpha + C_M^\phi\phi + C_M^{\delta_e}\delta_e + C_M^{\delta_c}\delta_c + C_M^{\Delta\tau_1}\Delta\tau_1 + C_M^{\Delta\tau_2}\Delta\tau_2$$

$$(4-98)$$

$$C_{N_i} = C_{N_i}^0 + C_{N_i}^{Ma}Ma + C_{N_i}^\alpha\alpha + C_{N_i}^{\delta_e}\delta_e + C_{N_i}^{\delta_c}\delta_c + C_{N_i}^{\Delta\tau_1}\Delta\tau_1 + C_{N_i}^{\Delta\tau_2}\Delta\tau_2 \quad (4-99)$$

刚体模态力/力矩系数如表 4-1 所示。弯曲模态的广义力系数如表 4-2 所示。

表 4-1　刚体模态力/力矩系数

| 系数类型 | 拟合项 | 数值 | 拟合项 | 数值 |
|---|---|---|---|---|
| 升力系数 | $C_L^0$ | −0.074 9 | $C_L^\alpha$ | 6.375 4 |
| | $C_L^{Ma}$ | −0.007 8 | $C_L^{\delta_e}$ | 0.452 6 |
| | $C_L^{\delta_c}$ | 0.760 4 | $C_L^{\Delta\tau_1}$ | 4.524 3 |
| | $C_L^{\Delta\tau_2}$ | −0.854 4 | $C_L^\phi$ | 0.040 4 |
| 阻力系数 | $C_D^{Ma}$ | 0.022 792 9 | $C_D^{\alpha\Delta\tau_1}$ | −11.985 9 |
| | $C_D^\alpha$ | −0.019 642 | $C_D^{\alpha\Delta\tau_2}$ | 2.199 07 |
| | $C_D^{Ma\Delta\tau_1}$ | −0.007 717 62 | $C_D^{\alpha^2}$ | 8.480 39 |
| | $C_D^{Ma\Delta\tau_2}$ | 0.006 064 97 | $C_D^{\delta_e^2}$ | 0.948 761 |
| | $C_D^{\alpha\delta_e}$ | −1.955 41 | $C_D^{\delta_c^2}$ | 0.514 945 |
| | $C_D^{\alpha\delta_c}$ | 1.074 48 | $C_D^0$ | 0.128 786 |
| 推力系数 | $C_T^\alpha$ | −0.129 5 | $C_T^{\Delta\tau_1^2}$ | −113.551 3 |
| | $C_T^\phi$ | −0.808 1 | $C_T^{\alpha^2\phi}$ | −105.296 1 |
| | $C_T^{Ma\alpha}$ | −0.264 3 | $C_T^{\alpha^3\phi}$ | 380.987 4 |
| | $C_T^{Ma\phi}$ | −0.136 9 | $C_T^{\alpha^2\Delta\tau_1}$ | −807.486 4 |
| | $C_T^{Ma\Delta\tau_1}$ | 0.527 1 | $C_T^{\alpha^3\Delta\tau_1}$ | −17 104.854 |
| | $C_T^{\alpha\phi}$ | 10.275 9 | $C_T^{\alpha\Delta\tau_1^2}$ | 3 543.450 2 |
| | $C_T^{\alpha\Delta\tau_1}$ | −160.243 8 | $C_T^{\alpha\Delta\tau_1^3}$ | −125 392.33 |
| | $C_T^{\phi\Delta\tau_1}$ | 5.760 4 | $C_T^0$ | 0.072 2 |
| 俯仰力矩系数 | $C_M^{Ma}$ | 0.392 7 | $C_M^{\delta_c}$ | 21.920 5 |
| | $C_M^\alpha$ | 55.943 2 | $C_M^{\Delta\tau_1}$ | 31.032 6 |
| | $C_M^\phi$ | −0.885 6 | $C_M^{\Delta\tau_2}$ | 27.499 4 |
| | $C_M^{\delta_e}$ | −25.238 5 | $C_M^0$ | 0.805 5 |

表 4 - 2　弯曲模态广义力系数

| 拟合项 | 数值 | 拟合项 | 数值 | 拟合项 | 数值 |
|---|---|---|---|---|---|
| $C_{N_1}^{Ma}$ | 0.000 1 | $C_{N_2}^{Ma}$ | $-0.000\,2$ | $C_{N_3}^{Ma}$ | 0.000 9 |
| $C_{N_1}^{\alpha}$ | $-0.589\,8$ | $C_{N_2}^{\alpha}$ | $-0.225\,5$ | $C_{N_3}^{\alpha}$ | $-0.242\,7$ |
| $C_{N_1}^{\delta_e}$ | $-0.152\,5$ | $C_{N_2}^{\delta_e}$ | $-0.086\,9$ | $C_{N_3}^{\delta_e}$ | 0.053 0 |
| $C_{N_1}^{\delta_c}$ | $-0.123\,3$ | $C_{N_2}^{\delta_c}$ | $-0.092\,6$ | $C_{N_3}^{\delta_c}$ | $-0.095\,8$ |
| $C_{N_1}^{\Delta\tau_1}$ | $-0.176\,3$ | $C_{N_2}^{\Delta\tau_1}$ | 0.084 4 | $C_{N_3}^{\Delta\tau_1}$ | 0.051 1 |
| $C_{N_1}^{\Delta\tau_2}$ | 0.169 1 | $C_{N_2}^{\Delta\tau_2}$ | $-0.096\,3$ | $C_{N_3}^{\Delta\tau_2}$ | 0.058 8 |
| $C_{N_1}^{0}$ | $-0.005\,8$ | $C_{N_2}^{0}$ | $-0.001\,1$ | $C_{N_3}^{0}$ | 0.007 8 |

### 4.3.3　高超声速飞行器伺服弹性模型线性化

本节以某型某轴对称、细长体高超声速飞行器为例,介绍高超声速飞行器的伺服弹性模型线性化过程。在此之前,将高超声速飞行器的振动模型进行变换,仅将舵控制广义力放在方程右侧,得

$$\boldsymbol{M}\ddot{\boldsymbol{q}} + \boldsymbol{D}_b\dot{\boldsymbol{q}} + \boldsymbol{K}_b\boldsymbol{q} = \frac{1}{2}\rho V^2 S C_y^{\delta}\,\boldsymbol{\Phi}_u^{\mathrm{T}}\delta \qquad (4-100)$$

式中,

$$\left.\begin{aligned}
\boldsymbol{D}_b &= \boldsymbol{D} + \frac{1}{2}\rho V S\,\boldsymbol{\Phi}^{\mathrm{T}}\,\boldsymbol{C}_y^{\alpha}\,\boldsymbol{\Phi} \\
\boldsymbol{K}_b &= \boldsymbol{K} - \frac{1}{2}\rho V^2 S\,\boldsymbol{\Phi}^{\mathrm{T}}\,\boldsymbol{C}_y^{\alpha}\boldsymbol{\Phi}' + P'\,\boldsymbol{\Phi}_P^{\mathrm{T}}\,\boldsymbol{\Phi}'_P
\end{aligned}\right\} \qquad (4-101)$$

下面进行频域模型和时域模型的推导。

#### 4.3.3.1　频域模型的推导

由于在飞行控制系统设计和稳定性分析中经常需要用到频域传递函数模型,因此有必要推导考虑弹性的高超声速飞行器传递函数模型。一般来说,对上节建立的高超声速飞行器弹性运动模型进行拉普拉斯变换即得其频域模型。对方程进行拉普拉斯变换,并将 $\vartheta,\theta,\alpha,q_i$ 各项移至等式左边,将 $\delta$ 移至等式右边,并写成矩阵形式,得

$$\boldsymbol{A}(s)\boldsymbol{\eta} = \boldsymbol{p}_C\delta \qquad (4-102)$$

其中,$\boldsymbol{\eta}$ 为包含刚体运动参量与弹性运动参量的混合列向量,阶数为 $(n+3)\times 1$;$\boldsymbol{A}(s)$ 为复变量 $s$ 的二次函数矩阵,阶数为 $(n+3)\times(n+3)$;$\boldsymbol{p}_C$ 为控制器偏转角的系数列向量,阶数为 $(n+3)\times 1$。详细公式如下:

$$\boldsymbol{\eta}=\left[\vartheta,\theta,\alpha,q_1,q_2,\cdots,q_n\right] \tag{4-103}$$

$$\boldsymbol{A}(s)=$$

$$\begin{bmatrix} 0 & mVs & -\dfrac{1}{2}\rho V^2 SC_y^\alpha & -C_{l1}-\dfrac{B_{l1}s}{V} & -C_{l2}-\dfrac{B_{l2}s}{V} & \cdots & -C_{ln}-\dfrac{B_{ln}s}{V} \\[2mm] Js^2-\dfrac{1}{2}\rho VSL^2 m_z^{\bar{\omega}_z}s & 0 & -\dfrac{1}{2}\rho V^2 SLm_z^\alpha & -C_{j1}-\dfrac{B_{j1}s}{V} & -C_{j2}-\dfrac{B_{j2}s}{V} & \cdots & -C_{jn}-\dfrac{B_{jn}s}{V} \\[2mm] 1 & -1 & -1 & 0 & 0 & \cdots & 0 \\ \hdashline & \boldsymbol{0} & & & \boldsymbol{M}s^2+\boldsymbol{D}_b s+\boldsymbol{K}_b & & \end{bmatrix}$$

$$\tag{4-104}$$

$$\boldsymbol{p}_C=\begin{bmatrix} \dfrac{1}{2}\rho V^2 SC_y^\delta \\[3mm] \dfrac{1}{2}\rho V^2 SLm_z^\delta \\[3mm] 0 \\[3mm] \dfrac{1}{2}\rho V^2 SC_y^\delta \boldsymbol{\Phi}_u^{\mathrm{T}} \end{bmatrix} \tag{4-105}$$

利用克莱姆法则求解非齐次线性方程组式(4-102),可得 $\dfrac{\vartheta(s)}{\delta(s)}$,$\dfrac{\theta(s)}{\delta(s)}$,$\dfrac{\alpha(s)}{\delta(s)}$,

$\dfrac{q_1(s)}{\delta(s)}$,$\dfrac{q_2(s)}{\delta(s)}$,$\cdots$,$\dfrac{q_n(s)}{\delta(s)}$ 等传递函数:

$$\left. \begin{aligned} \frac{\vartheta(s)}{\delta(s)}&=\frac{\Delta_\vartheta}{\Delta} \\[2mm] \frac{\theta(s)}{\delta(s)}&=\frac{\Delta_\theta}{\Delta} \\[2mm] \frac{\alpha(s)}{\delta(s)}&=\frac{\Delta_\alpha}{\Delta} \\[2mm] \frac{q_1(s)}{\delta(s)}&=\frac{\Delta_{q_1}}{\Delta} \\[2mm] \frac{q_2(s)}{\delta(s)}&=\frac{\Delta_{q_2}}{\Delta} \\ &\cdots\cdots \\ \frac{q_n(s)}{\delta(s)}&=\frac{\Delta_{q_n}}{\Delta} \end{aligned} \right\} \tag{4-106}$$

式中,$\Delta$ 是特征行列式,$\Delta_\vartheta,\Delta_\theta,\Delta_\alpha,\Delta_{q_1},\Delta_{q_2},\cdots,\Delta_{q_n}$ 为对应的伴随行列式。

通过上述的推导可以看出,高超声速飞行器弹性模型的传递函数可以简单看成是刚体环节和弹性环节的叠加。

在传感器选择方面,本节研究的高超声速飞行器采用的是速率陀螺和加速度计。以纵向通道为例,飞行器的传感器量测到的角速度信号 $\omega_z$ 和加速度信号

$n_y$ 为

$$\left.\begin{aligned}\omega_z &= \omega_{zR} + \omega_{zE} = \omega_{zR} + \sum_{i=1}^{n} \omega_{zEi} \\ n_y &= n_{yR} + n_{yE} = n_{yR} + \sum_{i=1}^{n} n_{yEi}\end{aligned}\right\} \quad (4-107)$$

刚体环节的 $\omega_{zR}, n_{yR}$ 到 $\delta$ 的传递函数为

$$\left.\begin{aligned}\frac{\omega_{zR}(s)}{\delta(s)} &= \frac{s\vartheta(s)}{\delta(s)} = \frac{\Delta_\vartheta s}{\Delta} \\ \frac{n_{yR}(s)}{\delta(s)} &= \frac{Vs\theta(s)}{\delta(s)} = \frac{V\Delta_\theta s}{\Delta}\end{aligned}\right\} \quad (4-108)$$

设两个传感器的安装点是 $x_s$。$x_s$ 处机身垂直面内的弯曲振动用 $y(x_s, t)$ 表示,则两个传感器测得的信号中包括的弹性分量为

$$\left.\begin{aligned}\omega_{zE} &= \frac{\mathrm{d}}{\mathrm{d}t}\left(\frac{\partial y(x,t)}{\partial x}\right)\bigg|_{x=x_s} \\ n_{yE} &= \frac{\mathrm{d}^2 y(x,t)}{\mathrm{d}t^2}\bigg|_{x=x_s}\end{aligned}\right\} \quad (4-109)$$

将式(4-80)代入上式,进行拉普拉斯变换,并写成矩阵形式:

$$\begin{bmatrix} \omega_{zE} \\ n_{yE} \end{bmatrix} = \begin{bmatrix} s & 0 \\ 0 & s^2 \end{bmatrix} \begin{bmatrix} \boldsymbol{\Phi}'(x)|_{x=x_s} \\ \boldsymbol{\Phi}(x)|_{x=x_s} \end{bmatrix} \boldsymbol{q} \quad (4-110)$$

弹性环节下,第 $i$ 阶弯曲模态对应的 $\omega_{zEi}, n_{yEi}$ 到 $\delta$ 的传递函数为

$$\left.\begin{aligned}\frac{\omega_{zEi}(s)}{\delta(s)} &= \frac{s\varphi_i(x_s)q_i(s)}{\delta(s)} = \frac{\varphi_i(x_s)\Delta_{qi}s}{\Delta} \\ \frac{n_{yEi}(s)}{\delta(s)} &= \frac{s^2\varphi_i(x_s)q_i(s)}{\delta(s)} = \frac{\varphi_i(x_s)\Delta_{qi}s^2}{\Delta}\end{aligned}\right\} \quad (4-111)$$

联立式(4-107)、式(4-108)、式(4-111)即得舵偏到传感器输出的传递函数:

$$\left.\begin{aligned}\frac{\omega_z(s)}{\delta(s)} &= \frac{\Delta_\vartheta s}{\Delta} + \sum_{i=1}^{n} \frac{\varphi_i(x_s)\Delta_{qi}s}{\Delta} \\ \frac{n_y(s)}{\delta(s)} &= \frac{V\Delta_\theta s}{\Delta} + \sum_{i=1}^{n} \frac{\varphi_i(x_s)\Delta_{qi}s^2}{\Delta}\end{aligned}\right\} \quad (4-112)$$

以角速度为例,绘出考虑弹性的高超声速飞行器总的传递函数,如图4-13所示。其余的传递函数结构图类似,可以用相似的方法得到。

### 4.3.3.2 时域模型的推导

应用现代控制理论进行控制系统设计时,一般需要使用高超声速飞行器在时域下的状态空间模型。在构建状态空间模型时,主要问题是如何将空气动力在拉

氏域内合理近似。常用的方法有罗杰近似法、矩阵帕德近似法、卡倍尔近似法和最小状态法。本节要做的主要工作是选择合适的状态变量,构建时域的状态空间模型。

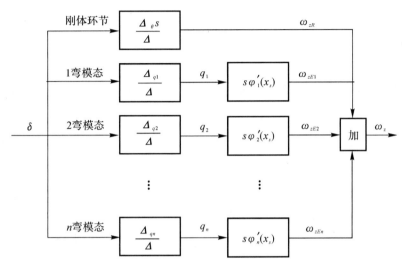

**图 4 - 13  考虑弹性的俯仰角速度总传递函数结构图**

分析建立模型的特点,参照刚体飞行器求状态空间模型的推导方式,取

$$\boldsymbol{X} = \begin{bmatrix} \alpha \\ \omega_{zR} \\ \dot{\boldsymbol{q}} \\ \boldsymbol{q} \end{bmatrix}_{(2n+2)} \tag{4-113}$$

将建立的模型写成状态空间形式:

$$\dot{\boldsymbol{X}} = \boldsymbol{AX} + \boldsymbol{Bu} \tag{4-114}$$

其中:

$$\boldsymbol{A} =$$

$$\begin{bmatrix} -\dfrac{\rho V^2 S C_y^{\alpha}}{2mV} & 1 & \vdots & -\dfrac{B_{l1}}{mV^2} & -\dfrac{B_{l2}}{mV^2} & \cdots & -\dfrac{B_{ln}}{mV^2} & \vdots & -\dfrac{C_{l1}}{mV} & -\dfrac{C_{l2}}{mV} & \cdots & -\dfrac{C_{ln}}{mV} \\ \dfrac{\rho V^2 S L m_z^{\alpha}}{2J} & \dfrac{\rho V S L^2 m_z^{\omega_z}}{2J} & \vdots & \dfrac{B_{j1}}{JV} & \dfrac{B_{j2}}{JV} & \cdots & \dfrac{B_{jn}}{JV} & \vdots & \dfrac{C_{j1}}{J} & \dfrac{C_{j2}}{J} & \cdots & \dfrac{C_{jn}}{J} \\ \hline \boldsymbol{0} & & & & -\boldsymbol{M}^{-1}\boldsymbol{D}_b & & & & -\boldsymbol{M}^{-1}\boldsymbol{K}_b \\ \boldsymbol{0} & & & & \boldsymbol{I}_{n\times n} & & & & \boldsymbol{0} \end{bmatrix}$$

$$\tag{4-115}$$

$$B = \begin{bmatrix} -\dfrac{\rho V S C_y^{\delta}}{2m} \\[2mm] \dfrac{\rho V^2 S L m_z^{\delta}}{2J} \\[2mm] \dfrac{1}{2}\rho V^2 S C_y^{\delta} \boldsymbol{M}^{-1} \boldsymbol{\varPhi}_u^{\mathrm{T}} \\[2mm] \boldsymbol{0} \end{bmatrix}_{2n+2} \qquad (4-116)$$

输出方程由飞行器的量测输出决定,本节研究的飞行器量测输出为角速度信号 $\omega_z$ 和加速度信号 $n_y$,取 $\boldsymbol{Y} = \begin{bmatrix} \omega_z & n_y \end{bmatrix}^{\mathrm{T}}$,根据式(4-104)、式(4-105)、式(4-107)、式(4-108)、式(4-109)推导:

$$\boldsymbol{Y} = \boldsymbol{CX} + \boldsymbol{Du} \qquad (4-117)$$

其中:

$$C = \begin{bmatrix} 0 & 1 & \boldsymbol{\varPhi}'_s & \boldsymbol{0} \\[2mm] \dfrac{\rho V^2 S C_y^{\alpha}}{2m} & 0 & \dfrac{\boldsymbol{B}_l}{mV} - \boldsymbol{\varPhi}_s \boldsymbol{M}^{-1} \boldsymbol{D}_b & \dfrac{\boldsymbol{C}_l}{m} - \boldsymbol{\varPhi}_s \boldsymbol{M}^{-1} \boldsymbol{K}_b \end{bmatrix} \qquad (4-118)$$

$$D = \begin{bmatrix} 0 \\[2mm] \dfrac{\rho V^2 S C_y^{\delta}}{2m} + \dfrac{1}{2}\rho V^2 S C_y^{\delta}\boldsymbol{\varPhi}(x_s) \boldsymbol{M}^{-1} \boldsymbol{\varPhi}_u^{\mathrm{T}} \end{bmatrix} \qquad (4-119)$$

将式(4-114)、(4-117)联立得弹性高超声速飞行器时域下的状态空间模型:

$$\left. \begin{aligned} \dot{\boldsymbol{X}} &= \boldsymbol{AX} + \boldsymbol{Bu} \\ \boldsymbol{Y} &= \boldsymbol{CX} + \boldsymbol{Du} \end{aligned} \right\} \qquad (4-120)$$

# 4.4 影响控制精度的干扰因素建模

## 4.4.1 发动机推力偏心数学建模

发动机推力偏心力及力矩建模主要是根据发动机推力偏心角,计算出发动机推力在飞行器弹体坐标系三个坐标轴的分量,以及三个坐标轴的力矩特性。

## 4.4.2 生产误差建模

飞行器生产误差所引起的力及力矩模型等效为生产误差所引起的附加攻角的力及力矩效应。假设飞行器生产误差等效附加攻角和侧滑角为 $\Delta\alpha,\Delta\beta$,则生产误差所引起的干扰力及力矩为

$$\Delta Y_t = qSC_y^{\alpha}\Delta\alpha \qquad (4-121)$$

$$\Delta M_z = qSLm_z^\alpha \Delta\alpha \qquad (4-122)$$

$$\Delta Z_t = qSC_z^\beta \Delta\beta \qquad (4-123)$$

$$\Delta M_y = qSLm_y^\beta \Delta\beta \qquad (4-124)$$

### 4.4.3　分离干扰建模

飞行器分离干扰可等效为一脉冲干扰或等效为飞行器姿态角速率初值效应。则分离干扰数学模型：$R(t) = \delta(t)$ 或等效为飞行器姿态角速率初值$(\omega_{z0}, \omega_{y0}, \omega_{x0})$。

### 4.4.4　点火扰动建模

飞行器点火扰动可等效为一方波干扰。方波幅值大小等于发动机推力偏心所引起的干扰力及力矩。其数学模型如图 4-14、图 4-15 所示。

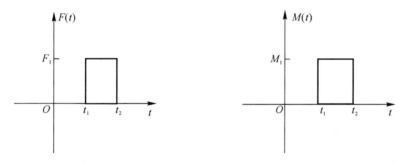

**图 4-14**　发动机点火干扰力数学模型　　**图 4-15**　发动机点火干扰力矩数学模型

图 4-14 和图 4-15 中，$t_1$ 为发动机点火时刻，$t_2$ 为发动机关机时刻，$F_1$ 为发动机工作时产生的干扰力，$M_1$ 为发动机工作时产生的干扰力矩。

### 4.4.5　进气道开启与关闭扰动建模

飞行器进气道开启与关闭扰动可等效为气动参数跃变干扰，具体力及力矩数学模型已包含在飞行器不同工作状态时的动力学数学模型中。

### 4.4.6　飞行发动机工作段阵风建模

发动机工作段阵风建模采用附加攻角和侧滑角的方式给出。假设工作段阵风引起的附加攻角和附加侧滑角为 $\Delta\alpha_q, \Delta\beta_q$，则阵风干扰的力及力矩模型为

$$\left.\begin{aligned}
\Delta Y_{tq} &= qSC_y^\alpha \Delta \alpha_q \\
\Delta M_{zq} &= qSLm_z^\alpha \Delta \alpha_q \\
\Delta Z_{tq} &= qSC_z^\beta \Delta \beta_q \\
\Delta M_{yq} &= qSLm_y^\beta \Delta \beta_q \\
\Delta M_{xq} &= qSLm_x^\beta \Delta \beta_q
\end{aligned}\right\} \qquad (4-125)$$

## 4.5　本章小结

本章从飞行控制系统设计的角度给出了高超声速飞行器力学模型,主要包括飞行器气动力、力矩模型、刚体六自由度模型、超燃冲压发动机模型、伺服气动弹性模型以及干扰模型等,为控制系统的设计提供依据。

# 第5章 高超声速飞行器飞行控制系统结构

高超声速飞行器飞行控制系统主要包括姿态控制系统和轨迹控制系统。姿态态控制系统主要实现对飞行器的自身稳定和高精度的姿态控制。轨迹控制主要实现飞行器对飞行轨迹的控制,确保飞行器按照预定的轨迹飞行。

本章着重阐述高超声速飞行器飞行控制系统的功用及组成,并给出飞行控制系统各部件的数学模型。在论述高超声速飞行器姿态控制系统时,针对轴对称外形和面对称外形的高超声速飞行器,分析不同的飞行控制系统方案的优缺点。结合高超声速飞行器不同的飞行任务,分别给出飞行试验和长航时飞行时的轨迹控制方案,为高超声速飞行器飞行控制系统的设计提供参考。

## 5.1 高超声速飞行器飞行控制系统功用及组成

### 5.1.1 飞行控制系统的功用

高超声速飞行器飞行控制系统的功用概括起来主要有以下几点:

(1)校正飞行器动力学特性。高超声速飞行器飞行在临近空间,大气密度较低,飞行器自身的气动阻尼较小,同时,由于机体/推力一体化设计往往给飞行器的静稳性带来一定的影响,因此,飞行控制系统的首要任务就是校正飞行器机体动力学特性,稳定飞行器机体。

(2)高精度的姿态控制。由于吸气式高超声速飞行器超燃冲压发动机工作时对攻角、侧滑角具有较高的要求,因而飞行控制系统必须具有对飞行器的姿态高精度的控制能力,以满足超燃冲压发动机的工作条件,这是以往飞行器飞行控制系统设计时所没有的技术难题。

(3)系统具有的通频带宽不应小于给定值。通频带宽主要由制导系统的工作条件决定(有效制导信号及干扰信号的性质),同时也受到工程实现的限制。

(4)系统应该能够有效地抑制作用在飞行器上的外部干扰如分离冲击等,以及稳定系统设备本身的内部干扰。在某些制导系统中,这些干扰是影响制导精度的主要因素。因此,补偿干扰影响是系统的主要任务之一。

(5)飞行控制系统还应具备对飞行器飞行轨迹的跟踪能力。高超声速飞行器冲压发动机工作时,飞行控制系统在保证高精度姿态控制的同时,还应具备对飞行轨迹跟踪的能力,以满足飞行任务的要求。

## 5.1.2 飞行控制系统的组成

高超声速飞行器飞行控制系统主要由传感器系统、执行机构、弹上计算机等组成,其原理框图如图 5-1 所示。

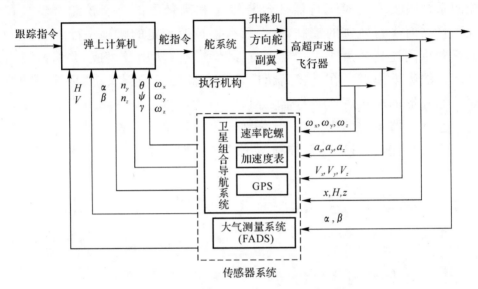

图 5-1 高超声速飞行器控制系统原理框图

### 5.1.2.1 传感器系统

飞行器传感器系统用来感受飞行过程中飞行器姿态和重心横向加速度的瞬时变化,反映这些参数的变化量或变化趋势,产生相应的电信号供给控制系统。敏感飞行器转动状态的元件用陀螺仪,感受飞行器横向或直线运动的元件用加速度计和高度表。

稳定控制系统所采用的传感系统通常有自由陀螺、速率陀螺、线加速度计、高度表等。根据稳定控制系统技术指标和要求合理地选择传感系统,选择中必须考虑它们的技术性能(包括陀螺启动时间、漂移、测量范围、灵敏度、线性度、工作环境等)、体积、质量及安装要求等。应该特别注意这些传感器的安装位置,例如,线加速度计不应安装在飞行器主弯曲振型的波腹上,角速率陀螺不应安装在角速度波节上。

#### 1.三自由度陀螺仪

三自由度陀螺仪也叫自由陀螺仪或定位陀螺仪,其示意图见图 5-2。

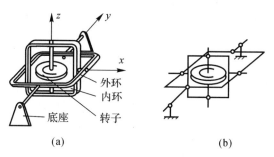

(a)　　　　　　　　　　　(b)

**图 5-2　三自由度陀螺仪示意图**

(a)示意图；(b)简化示意图

　　将它以不同的方式安装在飞行器机体上，可测出飞行器的俯仰角、滚转角或偏航角。用来测量弹体滚转角和俯仰角的陀螺仪，叫垂直陀螺仪。它的安装方式如图 5-3 所示。能测量飞行器偏航和俯仰角的陀螺仪叫方位陀螺仪，它在飞行器上的安装情形如图 5-4 所示。

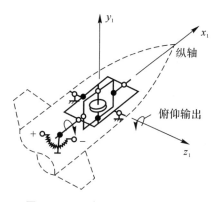

**图 5-3　垂直陀螺仪安装示意图**

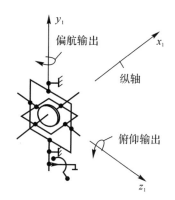

**图 5-4　方向陀螺仪安装示意图**

　　陀螺仪的安装位置应尽量靠近飞行器的重心。自由陀螺仪用作角度测量元件，可将其视为一理想的放大环节，则其传递函数为

$$\frac{u_\vartheta(s)}{\vartheta(s)}=k_\vartheta \tag{5-1}$$

式中　　$k_\theta$——自由陀螺仪传递系数，V/(°)；

　　　　$\vartheta$——飞行器俯仰姿态角，(°)。

**2. 二自由度陀螺仪**

　　利用陀螺的进动性，二自由度陀螺仪可做成速率陀螺仪和积分陀螺仪。速率陀螺仪能测量出弹体转动的角速度，所以又叫角速度陀螺仪。速率陀螺仪的原理如图 5-5 所示，用来测量弹体绕 $Oy_1$ 轴的角速度 $\omega_y$。陀螺仪只有一个环架，环架轴与 $Ox_1$ 轴平行，能绕 $Ox_1$ 轴转动。环架转动时拉伸弹簧和牵动空气阻尼器的活塞，同时带动输出电位器的滑臂。电位器的绕组和弹体固连，当飞行器绕 $Oy_1$ 轴转动时,迫使转子进动,因此产生陀螺力矩 $M'$,$M'$ 的方向由右手定则确定。框架在力矩 $M'$ 的作用下,绕 $Ox_1$ 轴转动,当框轴转过的角度 $\beta$ 增大到使弹簧的反抗力矩和陀螺力矩相平衡时,框轴停止转动。$\omega_y$ 越大,则 $M'$ 越大,在力矩平衡条件下框轴转过的角度 $\beta$ 就越大。因此,电位器滑臂位置和绕组中点间的电位差 $u_\beta$ 与 $M'$ 成正比,通过测量该电位差 $u_\beta$ 就可以测出弹体转动角速度信号。空气阻尼器的作用是给框架的起始转动引入阻尼力矩,消除框架转动过程的振荡现象。

根据角速度陀螺仪的动力学方程,得到角速度陀螺仪的传递函数为

$$\frac{\beta(s)}{\omega_y(s)} = \frac{H/k}{T^2 s^2 + 2\xi T s + 1} \tag{5-2}$$

式中　　$T^2 = J_x/k$;

　　$2\xi T = k_f/k$;

　　$J_x$——绕 $Ox_1$ 轴转动惯量;

　　$k$——弹簧的刚度;

　　$k_f$——阻尼器的阻尼系数。

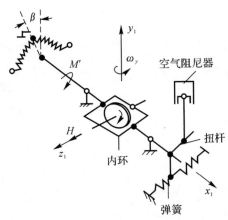

图 5-5　速率陀螺仪的原理图

### 3. 加速度计

加速度计是飞行控制系统中一个重要的惯性敏感元件,用来测量飞行器的横向加速度。在惯性导航系统中,还用来测量飞行器切向加速度,经两次积分,便可确定飞行器相对起飞点的飞行路程。常用的加速度计有重锤式加速度计和摆式加速度计两种类型。

重锤式加速度计的原理如图 5-6 所示。

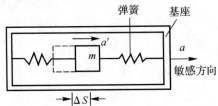

图 5-6　重锤式加速度计的原理图

基座以加速度 $a$ 运动时,由于惯性质量块 $m$ 相对于基座后移。质量块的惯性力拉伸前弹簧,压缩后弹簧,直到弹簧的回复力 $F_t = ma'$ 等于惯性力时,质量块相对于基座的位移量才不会增大。质量块和基座有相同的加速度,即 $a = a'$。根据牛顿定律

$$F_t = ma' \tag{5-3}$$

因此

$$a = a' = \frac{F_t}{m} = \frac{k}{m}\Delta S \tag{5-4}$$

即

$$a = k'\Delta S \tag{5-5}$$

其中,$k' = k/m$。

考虑到重锤式加速度计的动力学特性,可以给出其传递函数

$$\frac{a_m(s)}{a(s)} = \frac{1}{T^2s^2 + 2\xi Ts + 1} \tag{5-6}$$

式中　　$T$——加速度计时间常数;

　　　　$\xi$——加速度计阻尼系数。

摆式加速度计原理图如图 5-7 所示。

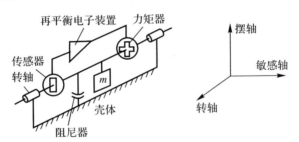

图 5-7　摆式加速度计原理图

摆式加速度计拥有一个悬置的检测质量块,相当于单摆,可绕垂直于敏感方向的另一个轴转动。当检测质量块 $m$ 受到加速度作用偏离零位时,由传感器检测出信号,该信号经高增益放大器放大后激励力矩器,产生恢复力矩。力矩器线圈中的电流与加速度成正比。

摆式加速度计的检测质量块的支承结构简单、可靠、灵敏,因而得到广泛应用。

**4. 高度表**

雷达高度表用以指示飞行器相对于地面或海平面的高度,气压高度表用以指示海平面或另外某个被选定高度以上的高度。如果飞行器需要在地面以上给定高度飞行 20km 或 30km 距离,并且其高度不低于 100m,那么用简单的气压式真空膜盒或者甚至用压电式压力传感器指示其高度就足够准确了,但当高度低于

100m 时,由于大气压力的局部微小变化以及这些仪表的鉴别能力和精度的限制而使它们不再适用了。

FM/CW(调频／连续波)和脉冲式高度表目前都能在低至 1m 左右的高度上工作,而 FM/CW 高度表在 $0 \sim 10m$ 范围内似乎更准确。这两种高度表都能在很宽的范围内连续地指示高度,但需要进行精心的设计。如果需要测量的高度仅在 $0 \sim 60m$ 范围内,那么用一个结构较简单而质量不过 2.5kg 的仪表就可以了。上述这两种高度表都能设计成宽波束的,容许飞行器有 $\pm 25°$ 甚至更大的滚动和俯仰角。被测距离是飞行器至最靠近的回波点的距离。典型的批生产的 FM/CW 高度表在 10m 以下的测量精度为 $\pm 5\%$ 或 $\pm 0.5m$。

激光高度表是另一种类型的装置。这种装置用一束由激光源发出的持续时间很短的辐射能照射目标。从目标反射或散射回来的辐射能被紧靠激光源的接收机检测。再采用普通雷达的定时技术给出高度信息。目前已经用普通的电源和半导体砷化镓(GaAs)器件构成了激光高度表。EMI 电子有限公司用砷化镓激光器设计并生产了一个系统,它的典型的性能是从 $0.3 \sim 50m$,精度在 10m 以内是 $\pm 0.1m$。从 10m 到 50m 时是 1%。激光高度表的波束宽度一般很窄(大约 1° 数量级),因此给出的是相对高度的定点测量结果。

无论哪种类型的高度表,其输出形式均有数字式和模拟电压式两种。这里以输出模拟电压为例,忽略其时间常数,高度表的传递函数为

$$\frac{u_H(s)}{H(s)} = K_H \qquad (5-7)$$

### 5. 大气数据测量系统(FADS)

FADS 的设计思想起源于 20 世纪 60 年代美国的 $X-15(Ma_{max}=6)$ 飞行器研究项目。$X-15$ 在 $Ma < 3$ 时采用球头流向传感器测量气流参数。球头流向传感器由安装在机身头部截锥中的一个球构成,在球表面水平方向和垂直方向对称地各布置一对测压孔,球面驻点的中心布置一个总压测量孔。整个测量球头在液压伺服机构驱动下旋转,保持两对侧压孔的压差均为零。这样,中心测压孔测量的压力对应于总压,而球头转过的角度对应于流向角。静压由机体上的两个静压孔测量。由于球头流向传感器需要一套复杂的机械结构,因此,在 $X-15$ 项目之后就再也没有使用过。取而代之的是在端头帽上布置固定的测压点阵,根据各点表面压力测量数据来推算各种气流参数,以供飞控系统使用,这就是 FADS 的设计思想。

图 5-8 给出了美国可重复使用跨大气层飞行器 $X-33$ 的 FADS 测压位置布局。FADS 由 6 个测压位置构成,5 个位于端头帽上,第 6 个位于 C-C 裙上。FADS 采用 2 余度系统硬件设计,即每个测压位置上安装一个有两个测压孔的塞,塞的构形如图 5-9 所示。

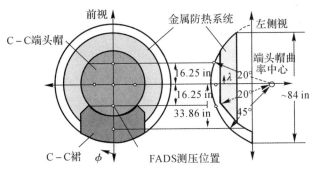

**图 5 - 8　X - 33 的 FADS 测压位置布局**

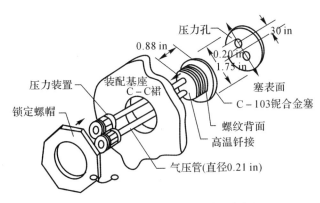

**图 5 - 9　X - 33 的 FADS 测压孔塞**

　　为了进行 FADS 气流参数的准确估计,必须建立描述表面压力与气流参数之间关系的气动模型,这个模型应能适用于很大的马赫数范围。为解决这一问题,需要引入位置误差 $\varepsilon$、攻角流向校正系数 $\Delta\alpha$(真实自由流攻角与当地攻角之差)、侧滑角校正系数 $\Delta\beta$(真实自由流侧滑角与当地侧滑角之差) 三个校准因子,以便将低速位流的压力模型和高超声速修正牛顿流的压力模型统一成相同形式。采用校准因子,能够比较方便地反映流动压缩性和飞行器外形的影响,以及前体激波或膨胀波等非偶然因素的影响,给气流参数估算带来较大的便利。X - 33,X - 34,X - 38,HYFLEX 等飞行器均将 FADS 系统作为一项关键技术来研究和应用,一般主要通过地面试验手段得到校准因子,建立表面压力与气流参数之间的关系,从而应用于真实的飞行控制系统。

　　由于避免了飞行器气动外形受到严酷气动加热的影响,因此从理论上讲,嵌入式气流参数测量系统可以适用于高超声速飞行器整个上升段和再入段。但在高马赫数时,马赫数的变化引起的压力分布变化并不明显,因此测量精度显著下降。对于可重复使用的跨大气层高超声速飞行器,控制系统要求提供气流参数的马赫数范围为 $0.2 < Ma < 4.0$。而在此范围内,FADS 能够提供较准确的气流参数,满足控制系统设计的需要。此外系统还具有很高的鲁棒性,这对于实时地为

控制系统提供气流参数是十分重要的。

目前,美国基于临近空间高速飞行器的需要,从可重复使用运载器技术开展,发展了异型嵌入式FADS,并将其应用到包括X-43A在内的多个高超声速试验飞行器上。具有在高速度($Ma > 10$)、大迎角(可达70°)和从超低空到高空条件下实时感知大气参数的突出优点,完全可以满足临近空间飞行器在高机动、高速度、低探测性和强烈气动热飞行条件下准确感受大气参数的要求。该系统已经在钝头部前体飞行器、超声速尖锐头部飞行器上得到成功应用,其可靠性已得到验证。其流向角的测量精准度在0.5°以内,动压测量精准度在5%以内,马赫数测量精准度在0.1以内。

### 5.1.2.2 舵机及舵传动机构

#### 1. 对舵机的基本要求

舵机是自动驾驶仪的执行元件,其作用是根据控制信号的要求,操纵舵面偏转以产生操纵飞行器运动的控制力矩。

当舵面发生偏转时,流过舵面的气流将产生相应的空气动力,并对舵轴形成气动力矩,通常称为铰链力矩。铰链力矩是舵机的负载力矩,与舵偏角的大小、舵面的形状及飞行的状态有关。为了使舵面偏转到所需的位置,舵机产生的主动力矩必须能克服作用在舵轴上的铰链力矩,以及舵面转动所引起的惯性力矩和阻尼力矩。

铰链力矩的极性与舵面气动力压力中心的位置有关。如果舵面的压力中心位于舵轴的前方,则铰链力矩的方向将与主动力矩的方向相同,从而引起反操纵现象。

根据所用能源的形式,舵机有液压舵机、气压舵机、燃气舵机及电动舵机等不同类型。

对舵机的性能要求,主要有舵面的最大偏角,舵偏的最大角速度,舵机的最大输出力矩,以及动态过程的时间响应特性等。

在结构上,要求舵机具有质量轻、尺寸小、结构紧凑、容易加工和工作可靠等特点。

下面以电动舵机为例,给出其工作原理。

#### 2. 电动舵机

直流电动舵机的原理结构如图5-10所示。

电动舵机空载时的传递函数为

$$\frac{\delta(s)}{u_a(s)} = \frac{K_M}{s(T_M s + 1)} \qquad (5-8)$$

式中,$K_M$和$T_M$分别为电动舵机空载时的传递系数和时间常数,是电动舵机的重要性能参数。

铰链力矩与动压成比例。在飞行过程中,随着飞行器飞行状态的变化,铰链力矩将在比较大的范围内发生变化,因而影响伺服机构的动态性能。为了减少铰链力矩对舵机特性的影响,合理地设计舵机的输出功率和控制力矩,在设计操纵机构和舵面的形状时,应使舵面的转轴位于舵面压力中心变化范围的中心附近,因为铰链力矩与舵面空气动力对转轴的力臂成正比。

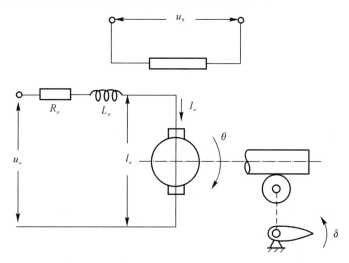

**图 5 - 10    直流电动舵机的原理图**

$u_b$ — 激磁电压;    $u_a$ — 电机的控制电压;    $R_a, L_a$ — 电枢绕组的电阻和电感

若舵面转轴离舵面压力中心比较近,当压力中心发生变化时,舵有可能成为静不稳定,以致出现反操纵现象。当飞行器处于亚声速和超声速的不同状态飞行时,压力中心就会发生明显的变化。因此在确定舵机的控制力矩时,必须留有足够的余量。

# 5.2    高超声速飞行器姿态控制系统方案

目前,高超声速飞行器在气动布局上可分为轴对称外形和面对称外形两大类,轴对称外形一般俯仰、偏航、滚动三通道之间耦合较小,因此,大都采用三通道独立控制。而面对称外形在气动上偏航与滚动存在较强的耦合,在姿态控制系统结构上大都采用偏航-滚动联合控制方案,常见的主要有BTT(Bank-to-Turn)控制方案和协调转弯控制方案。

根据对攻角和侧滑角反馈控制形式,又可分为直接控制方案和间接控制方案两类。其中直接控制方案即通过攻角、侧滑角传感器直接测量攻角进行闭环控制。常用的自动驾驶仪方案主要有攻角/侧滑角反馈自动驾驶仪。通过反馈惯性攻角进行闭环控制的方案也属于直接控制方案,如美国 X-43A 控制方案。

间接控制方案即通过反馈飞行器的姿态角、过载等控制量实现对攻角/侧滑角的控制。常用的自动驾驶仪方案主要有姿态角反馈自动驾驶仪、过载反馈自动驾驶仪。

### 5.2.1 轴对称外形飞行器姿态控制系统

轴对称外形高超声速飞行器的气动力随攻角的变化往往具有较好的线性特性,在气动零偏得到很好控制的情况下,过载等于零时,攻角也为零。因此可以利用轴对称飞行器的这一特性,合理规划姿态控制系统的指令。

#### 5.2.1.1 攻角反馈自动驾驶仪

攻角反馈自动驾驶仪根据增稳回路的信息不同,又可分为姿态角速率增稳方案(见图 5-11)和攻角角速率增稳方案(见图 5-12)。其中姿态角速率增稳是通过速率陀螺信息对飞行器动力特性进行增稳,而攻角角速率增稳是通过反馈攻角角速率来实现增稳,攻角角速率由速率陀螺和加速度计的信号给出。

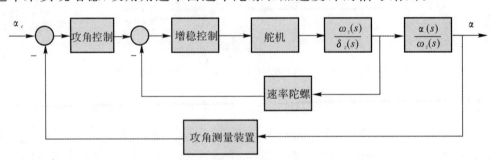

**图 5-11 攻角反馈自动驾驶仪:姿态角速率增稳方案**

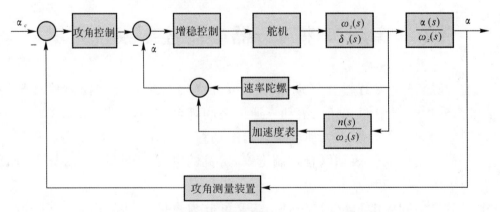

**图 5-12 攻角反馈自动驾驶仪:攻角角速率增稳方案**

图 5-11、图 5-12 自动驾驶仪均属直接控制方案,其中攻角测量装置可以是

攻角传感器也可以指惯导系统给出的惯性攻角。由于在临近空间外部风场的扰动远远小于飞行器的飞行速度,因此,可认为惯性攻角等于飞行攻角。该方案的优点是可以实现对飞行器攻角的直接控制,驾驶仪具有很强的鲁棒性。缺点是对攻角的测量装置提出了很高的要求,如果采用 FADS 则要在飞行器机体上开孔安装大量的传感器,这对飞行器的结构、防热等带来新的问题,同时,FADS 的测量误差难以给出精确的模型。该方案还处于试验验证阶段,并未见到直接采用 FADS 测量攻角进行反馈控制的报道。

目前,采用攻角反馈的自动驾驶大都采用惯导系统的解算攻角,这对惯导系统的测量精度提出了更高的要求,无疑会增加飞行控制系统的研制难度和研制成本。该方案大都应用于短时飞行的试验验证飞行器。如 X - 43A 发动机点火工作段的控制飞行。

### 5.2.1.2　过载反馈自动驾驶仪

过载反馈自动驾驶仪大都采用三回路控制方案,根据增稳回路的信息不同,又可分为姿态角速率增稳方案(见图 5 - 13)和伪攻角增稳方案(见图 5 - 14)。其中姿态角速率增稳是通过速率陀螺和速率陀螺的积分信息对飞行器动力特性进行增稳。而伪攻角增稳是通过反馈姿态角速率和伪攻角信息来实现增稳,其中伪攻角信息是通过对速率陀螺信号进行滤波给出。

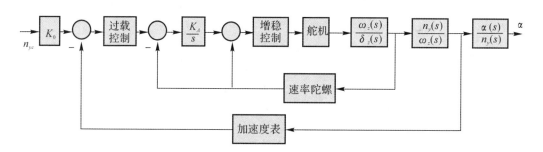

图 5 - 13　过载反馈自动驾驶仪:角速率增稳方案

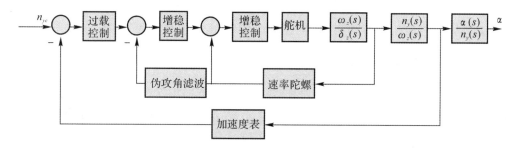

图 5 - 14　过载反馈自动驾驶仪:伪攻角增稳方案

图 5-13、图 5-14 自动驾驶仪方案均属间接控制方案,都是通过对过载的反馈来实现对攻角的精确控制。该方案的优点是对传感器的要求较低,目前加速度的测量精度较高且随时间的漂移较小,无需研制新型传感器即可满足要求,同时,法向过载自动驾驶仪具有风标效应,可消除风场对攻角的影响。该方案的缺点是需要很高的气动建模精度,尤其是对气动零偏的抑制。

### 5.2.1.3 姿态角反馈自动驾驶仪

姿态角反馈自动驾驶仪内回路常采用姿态角速率增稳,外回路采用姿态角反馈(见图 5-15)。该自动驾驶仪同样属于间接控制方案,都是通过对姿态角的反馈来实现对攻角的精确控制。该方案的特点是对姿态传感器的要求较高,姿态的控制误差会影响对攻角的控制精度;同时,该方案对基准弹道的指令要求较高,要通过严格的基准弹道飞行才能满足对应攻角的要求,而且该方案也无法消除风场对攻角的影响。

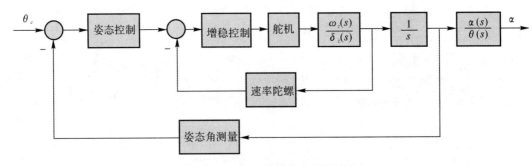

**图 5-15　姿态角反馈自动驾驶仪**

## 5.2.2　面对称外形飞行器姿态控制系统

面对称外形高超声速飞行器一般来说俯仰通道与横侧向之间的耦合影响较小,横侧向之间耦合较为严重,因此,俯仰通道常是单独设计,横侧向必须采用方向舵和副翼联合控制。纵向通道的自动驾驶仪根据不同的要求,可以采用攻角、过载和姿态角反馈方案,具有结构与面对称飞行器中的相关内容。横侧向联合控制根据增稳回路的信息不同可分为单通道增稳补偿方案和联合增稳控制方案。

### 5.2.2.1 单通道增稳补偿方案

单通道增稳补偿方案自动驾驶仪偏航、滚动通道分别采用各自角速率信息进行增稳,控制指令分别加载到偏航通道和滚转通道,而通道之间的耦合采用补偿网络进行补偿(见图 5-16)。该类自动驾驶仪常用于横侧向静稳定性很好,且横侧向之间的耦合影响可以通过模型给出的飞行器。如 X-43A 飞行器即采用该方案。

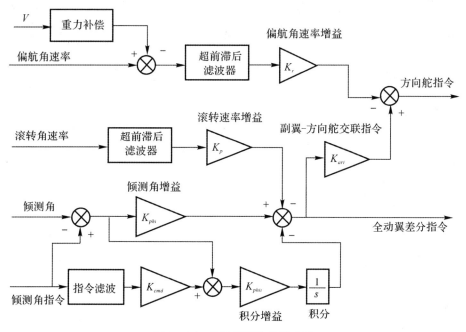

**图 5 - 16　单通道增稳补偿方案**

### 5.2.2.2　双通道联合增稳方案

双通道联合增稳补偿方案自动驾驶是偏航、滚动通道分别采用偏航通道和滚动通道的信息进行联合增稳,控制指令分别加载到偏航通道和滚转通道(见图 5 - 17)。该类自动驾驶仪常用于横侧向动力学耦合较为严重,且横航向具有静不稳定特性的飞行器,如 X - 47B 飞行器即采用该方案。

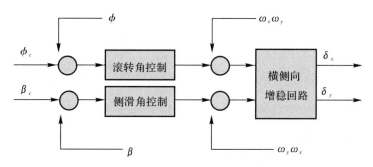

**图 5 - 17　双通道联合增稳方案**

# 5.3　高超声速飞行器轨迹控制方案

无论是进行超燃冲压发动机验证试验的短时飞行,还是"两小时全球到达"的长航时飞行,都必须对高超声速飞行器进行轨迹控制。其原因:

(1)高超声速飞行试验大都是按照基准弹道飞行,在基准弹道上分别事先设计助推分离、发动机进气道打开、发动机点火的飞行窗口,该飞行窗口包括高度、马赫、攻角、动压等条件,高超声速飞行器在飞行过程中会受到气动偏差、风干扰、冲击扰动等因素的影响,会造成较大的轨迹散布。因此,在飞行过程中必须对飞行轨迹进行控制,实现对基准弹道的跟踪,以保证超燃冲压发动机的正常工作。

(2)对于长航时高超声速飞行器,就不仅仅是跟踪基准弹道,而要根据目标点位置实时对高超声速飞行器进行导航及制导。高超声速飞行器航迹角很小的摄动,随着飞行时间的增加,会造成很大航迹误差,导致高超声速飞行器难以实现其任务要求。因此,对于长航时高超声速飞行器必须引入轨迹导引控制。

长航时高超声速飞行器飞行轨迹大致可分为助推爬升段、转弯调整段、巡航飞行段以及下滑飞行段,其中助推爬升段和转弯调整段可按照基准弹道进行轨迹控制,而中制导段纵向采用高度控制,航向采用航迹角的倾斜转弯控制实现侧向纠偏。在下滑飞行段可根据目标区位置实时进行导引。

## 5.3.1 高超声速飞行试验轨迹控制方案

高超声速飞行器飞行试验轨迹控制采用跟踪基准弹道控制方案,其纵向控制系统方案如图5-18所示。

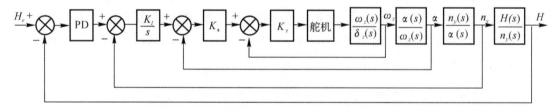

**图5-18 高超声速飞行器飞行轨迹控制方案(纵向)**

图5-18中高超声速飞行器飞行轨迹控制系统内回路采用法向过载控制,外回路是基准弹道指令的跟踪控制。基准弹道控制系统其本质是飞行轨迹的线偏差控制,控制器采用比例微分控制,以减小因各种干扰引起的飞行轨迹的散布。

## 5.3.2 长航时高超声速飞行轨迹控制方案

长航时高超声速飞行器飞行轨迹控制在中制导采用定高巡航控制方案,其纵向控制系统方案如图5-19所示。

图5-19中高超声速飞行器飞行轨迹控制系统内回路采用法向过载控制,外回路是平飞高度指令的跟踪控制。轨迹控制系统其本质是飞行高度的偏差控制,控制器采用比例微分控制,以实现飞行高度的稳定。

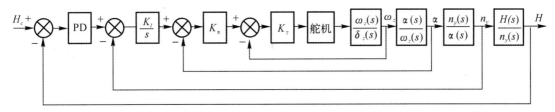

**图 5 - 19　长航时高超声速飞行器飞行轨迹控制方案(纵向)**

长航时高超声速飞行器一般采用升力体构型,侧向机动能力有限,同时由于超燃冲压发动机限制无法通过侧滑角来实现侧向纠偏。因此,侧向轨迹控制采用倾斜转弯(BTT)控制方案,其侧向控制系统方案如图 5 - 20 所示。

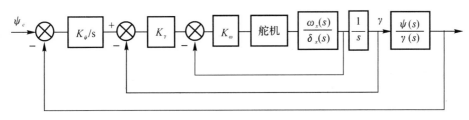

**图 5 - 20　高超声速飞行器侧向飞行轨迹控制方案**

图 5 - 20 中高超声速飞行器侧向飞行轨迹控制系统内回路采用滚转角控制,外回路是偏航角的积分控制,以实现对飞行射面的精确控制。

# 5.4　本 章 小 结

本章综述了高超声速飞行控制系统的任务组成以及控制系统部件模型,给出了高超声速飞行器姿态控制系统方案,对比了不同控制方案的优缺点,提出了高超声速飞行器轨迹控制方案,对高超声速飞行器的姿态控制和轨迹控制系统设计具有工程参考价值。

# 第6章 高超声速飞行器的分离段控制

由于吸气式高超声速飞行器的超燃冲压发动机需要在一定的高度和速度条件下才能启动工作,因此需要用地面或机载的助推器将其助推到一定的高度并具有一定的初始速度后,高超声速飞行器才能与助推器分离。两者分离后,高超声速飞行器进行姿态调整的飞行阶段称为分离段。分离段是吸气式高超声速飞行器飞行的一个典型阶段,其开始的标志是分离控制指令的发出,结束的标志是将高超声速飞行器的姿态调整到规定的角度范围内。分离段的姿态控制是为吸气式高超声速飞行器在后续超燃冲压发动机工作条件下的巡航段飞行创造必要的初始条件。

本章将讨论吸气式高超声速飞行器从助推器上分离和抛掉头部整流罩这两类分离工作模式。临近空间吸气式高超声速飞行器在分离段的典型飞行高度为 $20 \sim 40 \mathrm{km}$,其飞行速度在马赫数 $5 \sim 7$ 以上。飞行试验中各类助推器和运载器将高超声速飞行器运载到此高度范围进行高速分离时,由于仍在大气层内,飞行器所经受的分离动压范围约为 $50 \sim 170 \mathrm{kPa}$,同时还面临分离过程的气动问题。而与此相对应的是传统航天运载火箭在进行高速级间分离或抛整流罩时,由于已经飞出稠密大气层,所经受的动压不超过数十至数百帕,且不用考虑分离过程的气动特性问题。吸气式高超声速飞行器高动压条件下分离所经历的气动变化过程和复杂的飞行器姿态动力学特性,与运载火箭等大气层外的分离、抛罩过程有本质的不同,此过程往往对整个飞行过程的成败和安全具有至关重要的影响。

本章首先介绍高超声速飞行器的级间分离动力学建模方法,给出分离过程中几种扰动的估算方法,在此基础上,探讨大动压下级间分离的控制方法,包括预置舵偏控制方法和分离后高度和姿态的协调控制。最后介绍整流罩分离控制中的控制策略。

## 6.1 高超声速飞行器分离过程要考虑的问题

吸气式高超声速飞行器分离段主要研究分离时多体间的气动干扰和分离机构的扰动特性,以及分离后高超声速飞行器能否按期望的轨迹和姿态安全地飞行。

分离过程需要考虑的三个问题:第一个是将分离后吸气式高超声速飞行器的姿态角、姿态角速率控制在一定的范围内。第二个是在设计包线内分离后的飞行物体间不发生碰撞。第三个要避免大的姿态控制量超出吸气式高超声速飞行器舵面偏转角度和舵机铰链力矩的限制。

分离过程中对扰动分析和控制系统设计产生影响的主要因素列写如下：

（1）考虑分离机构工作行程对分离体与助推器的影响。

（2）考虑分离机构产生的分离力/力矩及其偏差的影响。

（3）考虑非轴对称分离面对分离力/力矩的影响。

（4）考虑分离机构推力矢量偏心对分离过程的影响。

（5）考虑分离体的质量和转动惯量特性的变化。

（6）分离时需考虑多体之间的气动干扰和分离流场特性。

（7）要求助推器和分离体在分离时不发生碰撞，单点碰撞即认为分离失败。

高超声速飞行器在高动压条件下的分离过渡过程，是在极短的时间内完成的。在分离后飞行器的姿态控制系统开始工作，将飞行器的姿态朝小角度进行调节。针对短时间内的分离过渡过程，为方便分析其特性做出如下的假设：

（1）刚体假设。考虑高超声速飞行器和助推器的相对运动时，假设二体不发生弹性变形。但二体的质量、质心位置和转动惯量随时间变化。

（2）瞬时假设。因为高超声速分离过程是一个极短暂的过渡过程，因此忽略分离过程中地球曲率变化的影响。

（3）定常重力场假设。假定分离过程时间内重力场只随高度变化，同时考虑飞行动压与高度的对应关系。

（4）刚体碰撞假设。如果分离体之间发生碰撞，则假定其碰撞的性质是刚体之间的碰撞。

（5）单点碰撞假设。即同一时刻只有一点相撞，对于多点相撞的情况，认为是由单点碰撞所形成的时间极短的叠加过程。

（6）假设助推器的运动范围在以助推器的质心为圆点，以其质心到助推器的最远端的距离为半径的球面内，其碰撞运动学满足对应的几何关系。

# 6.2　高超声速飞行器分离过渡过程的数学模型

为了研究高超声速飞行器的分离过程，需要为其建立合理准确的数学模型。定义分离前整个高超声速飞行器的机体坐标系为 $C_{j0}:O_{j0}x_{j0}y_{j0}z_{j0}$（见图 6-1(a)）。分离后的高超声速飞行器称为分离体，为方便叙述，分离体的各变量以角标 1 表示，而助推器的各变量以角标 2 表示。分离体的机体坐标系为 $C_{j1}:O_{j1}x_{j1}y_{j1}z_{j1}$（见图 6-1(b)），分离后助推器的机体坐标系为 $C_{j2}:O_{j2}x_{j2}y_{j2}z_{j2}$（见图 6-1(c)）。由于在分离过程开始前，分离体和助推器在结构上为一体，故可认为 $C_{j0}$，$C_{j1}$，$C_{j2}$ 三个坐标系分离前保持平行的几何关系。分离体质心在地面发射坐标系下的坐标为

$(x_1,y_1,z_1)$，姿态角为$(\theta_1,\psi_1,\gamma_1)$。助推器质心在地面发射坐标系下的坐标为$(x_2,y_2,z_2)$，姿态角为$(\theta_2,\psi_2,\gamma_2)$。设分离体的质心为$O_1$，绝对速度为$V_1$，助推器的质心为$O_2$，绝对速度为$V_2$。

### 6.2.1　分离过程的动力学分析

分离体与助推器的分离过程可分为三个阶段进行考虑：一是分离机构作动阶段；二是分离体从分离结构上脱离后，与助推器存在相互气动干扰的阶段；三是分离体与助推器之间无气动干扰，且两者安全分离无碰撞的阶段。

对于分离体而言，其所受的外力是重力、分离前后的气动力和分离机构的推力。对于助推器而言，在分离过程中其自身的发动机大都已经停止工作，因此假定助推器所受到的外力只有重力、气动力和分离机构的推力。

本节仅就分离过程前后的受力状态进行分析，而不涉及分离体和助推器机体表面的气动载荷计算过程。

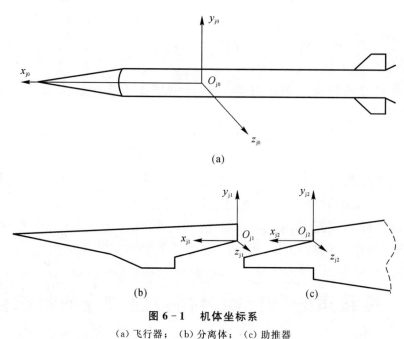

图 6 - 1　机体坐标系

（a）飞行器；　（b）分离体；　（c）助推器

分离体和助推器的动力学特性均满足牛顿定律的基本原理，其总的表达公式如下：

$$m\frac{\mathrm{d}\boldsymbol{V}}{\mathrm{d}t}+\boldsymbol{\omega}\times\boldsymbol{V}=\sum\boldsymbol{F} \qquad (6-1)$$

$$\frac{\mathrm{d}\boldsymbol{H}}{\mathrm{d}t}+\boldsymbol{\omega}\times\boldsymbol{H}=\sum\boldsymbol{M} \qquad (6-2)$$

其中$m$为质量，$\boldsymbol{V}=V_x\boldsymbol{i}+V_y\boldsymbol{j}+V_z\boldsymbol{k}$为飞行器的速度矢量，表达为三坐标的形

式;$\boldsymbol{\omega}=\omega_x\boldsymbol{i}+\omega_y\boldsymbol{j}+\omega_z\boldsymbol{k}$ 为飞行器的体轴角速度矢量;$\boldsymbol{H}=H_x\boldsymbol{i}+H_y\boldsymbol{j}+H_z\boldsymbol{k}$ 为角动量矢量;$\boldsymbol{F}$ 为飞行器所受的合外力矢量,$\boldsymbol{M}$ 为飞行器所受的合外力矩矢量。

角动量矢量 $\boldsymbol{H}$ 与飞行器的体轴角速度矢量 $\boldsymbol{\omega}$ 的关系可以用下式表示:

$$\begin{bmatrix} H_x \\ H_y \\ H_z \end{bmatrix} = \boldsymbol{I} \begin{bmatrix} \omega_x \\ \omega_y \\ \omega_z \end{bmatrix} = \begin{bmatrix} I_{xx} & -I_{xy} & -I_{xz} \\ -I_{yx} & I_{yy} & -I_{yz} \\ -I_{zx} & -I_{zy} & I_{zz} \end{bmatrix} \begin{bmatrix} \omega_x \\ \omega_y \\ \omega_z \end{bmatrix} \tag{6-3}$$

速度矢量和合外力矢量的转换关系由下式决定:

$$\frac{\mathrm{d}}{\mathrm{d}t} \begin{bmatrix} V_x \\ V_y \\ V_z \end{bmatrix} = \begin{bmatrix} \omega_z V_y - \omega_y V_z \\ \omega_x V_z - \omega_z V_x \\ \omega_y V_x - \omega_x V_y \end{bmatrix} + \frac{1}{m} \begin{bmatrix} F_x \\ F_y \\ F_z \end{bmatrix} \tag{6-4}$$

角速度矢量和合外力矩矢量的方程如下:

$$\frac{\mathrm{d}}{\mathrm{d}t} \begin{bmatrix} \omega_x \\ \omega_y \\ \omega_z \end{bmatrix} = \boldsymbol{I}^{-1} \begin{bmatrix} \omega_z H_y - \omega_y H_z + M_x \\ \omega_x H_z - \omega_z H_x + M_y \\ \omega_y H_x - \omega_x H_y + M_z \end{bmatrix} \tag{6-5}$$

$$\boldsymbol{F} = \boldsymbol{F}_g + \boldsymbol{F}_t + \boldsymbol{F}_a \tag{6-6}$$

其中 $\boldsymbol{F}_g$ 为飞行器的重力矢量,$\boldsymbol{F}_t$ 为飞行器的推力矢量,$\boldsymbol{F}_a$ 为飞行器的气动力矢量。$\boldsymbol{M}=\boldsymbol{M}_g+\boldsymbol{M}_t+\boldsymbol{M}_a$,其中 $\boldsymbol{M}_g$ 为飞行器的重力矩矢量,$\boldsymbol{M}_t$ 为飞行器的推力矩矢量,$\boldsymbol{M}_a$ 为飞行器的气动力矩矢量。飞行器可分为分离体和助推器两部分,其所受的力和力矩可分开计算,下面分别计算分离体和助推器所受的重力、气动力 / 力矩和分离机构的力 / 力矩等参数。

**1. 分离体的重力分析**

重力作用点在分离体的质心 $O_1$,垂直于当地平面,其在地面发射坐标系中的分量为

$$\boldsymbol{F}_{g1} = \begin{bmatrix} 0 & -m_1 g & 0 \end{bmatrix}^{\mathrm{T}} \tag{6-7}$$

重力分量在机体坐标系中的表达式为

$$\boldsymbol{F}_{g1} = (-m_1 g) \begin{bmatrix} \sin\theta_1 \\ \cos\theta_1\cos\gamma_1 \\ -\cos\theta_1\sin\gamma_1 \end{bmatrix} \tag{6-8}$$

其中 $m_1$ 是分离体在分离初始时刻的质量,由于分离体在这一阶段的质量变化极小,$m_1$ 可视为常数。

**2. 分离体的气动力及气动力矩分析**

分离体的气动力在机体坐标系中表示为

$$\boldsymbol{F}_{a1} = \begin{bmatrix} X_{a1} & Y_{a1} & Z_{a1} \end{bmatrix}^{\mathrm{T}} \tag{6-9}$$

其中

$$\left.\begin{array}{l} X_{a1} = C_{x1} q_1 S_1 \\ Y_{a1} = C_{y1} q_1 S_1 \\ Z_{a1} = C_{z1} q_1 S_1 \end{array}\right\} \tag{6-10}$$

$$q_1 = \frac{1}{2}\rho V_{r1}^2 \tag{6-11}$$

其中，$V_{r1}$ 是分离体相对于气流的速度，$q_1$ 是相应的动压，$S_1$ 是分离体的特征面积，$C_{x1}, C_{y1}, C_{z1}$ 是与分离体相对应的三分量气动系数。

分离体受气动力矩 $\boldsymbol{M}_{a1}$ 的作用，其表达式如下：

$$\boldsymbol{M}_{a1} = \begin{bmatrix} M_{ax1} \\ M_{ay1} \\ M_{az1} \end{bmatrix} = \begin{bmatrix} (m_{x1} + m^\beta \beta + m^{\omega_y} \omega_y + m^{\omega_x} \omega_x) q_1 S_1 L_1 \\ (m_{y1} + m^\beta \beta + m^{\dot\beta} \dot\beta + m^{\omega_y} \omega_y + m^{\omega_x} \omega_x) q_1 S_1 L_1 \\ (m_{z1} + m^\alpha \alpha + m^{\dot\alpha} \dot\alpha + m^{\omega_z} \omega_z) q_1 S_1 L_1 \end{bmatrix} \tag{6-12}$$

其中，$m_{x1}, m_{y1}, m_{z1}$ 为无量纲的比例因数，分别为分离体的滚转力矩系数、偏航力矩系数和俯仰力矩系数；$L_1$ 为分离体的参考长度；$S_1$ 为分离体的参考面积。

**3. 分离结构对分离体的推力及推力矩分析**

分离结构的推力 $\boldsymbol{F}_{t1}$ 过其质心，大小随二体相对距离变化，写成坐标形式：

$$\boldsymbol{F}_{t1} = \begin{bmatrix} F_{t1x} & F_{t1y} & F_{t1z} \end{bmatrix}^T \tag{6-13}$$

推力 $\boldsymbol{F}_{t1}$ 对质心 $O_1$ 的力矩由下式决定：

$$\boldsymbol{M}_{t1} = \boldsymbol{l}_1 \times \boldsymbol{F}_{t1} \tag{6-14}$$

$l_1$ 是推力 $F_{t1}$ 到质心 $O_1$ 的矢径距离。

**4. 助推器的重力分析**

助推器的重力在地面发射坐标系中可表示为

$$\boldsymbol{F}_{g2} = \begin{bmatrix} 0 & -m_2 g & 0 \end{bmatrix}^T \tag{6-15}$$

机体坐标系中的分量表示为

$$\boldsymbol{F}_{g2} = (-m_2 g) \begin{bmatrix} \sin\theta_2 \\ \cos\theta_2 \cos\gamma_2 \\ -\cos\theta_2 \sin\gamma_2 \end{bmatrix} \tag{6-16}$$

**5. 助推器的气动力**

助推器的气动力在机体坐标系中可表示为

$$\boldsymbol{F}_{a2} = \begin{bmatrix} X_{a2} & Y_{a2} & Z_{a2} \end{bmatrix}^T \tag{6-17}$$

其中

$$\left.\begin{array}{l} X_{a2} = C_{x2} q_2 S_2 \\ Y_{a2} = C_{y2} q_2 S_2 \\ Z_{a2} = C_{z2} q_2 S_2 \end{array}\right\} \tag{6-18}$$

$$q_2 = \frac{1}{2}\rho V_{r2}^2 \tag{6-19}$$

其中，$V_{r2}$ 是助推器相对于气流的空速，$q_2$ 是相应的动压，$S_2$ 是助推器的特征面积，$C_{x2}$，$C_{y2}$，$C_{z2}$ 是与助推器相对应的气动系数。

助推器受气动力矩 $\boldsymbol{M}_{a2}$ 的作用，其表达式如下：

$$\boldsymbol{M}_{a2} = \begin{bmatrix} M_{ax2} \\ M_{ay2} \\ M_{az2} \end{bmatrix} = \begin{bmatrix} (m_{x2} + m^{\beta}\beta + m^{\omega_y}\omega_y + m^{\omega_x}\omega_x)q_2 S_2 L_2 \\ (m_{y2} + m_{y2}^{\beta}\beta + m^{\dot{\beta}}\dot{\beta} + m^{\omega_y}\omega_y + m^{\omega_x}\omega_x)q_2 S_2 L_2 \\ (m_{z2} + m^{\alpha}\alpha + m^{\dot{\alpha}}\dot{\alpha} + m^{\omega_z}\omega_z)q_2 S_2 L_2 \end{bmatrix} \quad (6-20)$$

其中，$m_{x2}$，$m_{y2}$，$m_{z2}$ 为无量纲的比例因数，分别为助推器的滚转力矩系数、偏航力矩系数和俯仰力矩系数；$L_2$ 为助推器的参考长度；$S_2$ 为参考面积。

**6. 分离结构对助推器的推力及推力矩分析**

分离结构的推力 $\boldsymbol{F}_{t2}$ 在质心之上，大小随二体相对距离变化，写成坐标形式：

$$\boldsymbol{F}_{t2} = \begin{bmatrix} F_{t2x} & F_{t2y} & F_{t2z} \end{bmatrix}^{\mathrm{T}} \quad (6-21)$$

推力 $\boldsymbol{F}_{t2}$ 对质心 $O_2$ 的力矩由下式决定：

$$\boldsymbol{M}_{t2} = \boldsymbol{l}_2 \times \boldsymbol{F}_{t2} \quad (6-22)$$

$\boldsymbol{l}_2$ 是推力 $\boldsymbol{F}_{t2}$ 到质心 $O_2$ 的矢径距离。

## 6.2.2　级间分离过程的碰撞模型

分析助推器与高超声速分离体相对运动的一个重要目的就是要进行二体之间的碰撞判断与碰撞分析，所以首先要建立两者碰撞关系模型。

为了简化研究，只考虑纵向平面的两体碰撞情况（见图 6-2），可以将两体碰撞问题归结为三个点到线的距离是否大于零。这三个距离分别是高超声速飞行器上的两个点 $O_2$ 和 $D$ 分别到 $O_1A$ 和 $AB$ 的距离，以及助推器上的点 $A$ 到 $O_2C$ 的距离。

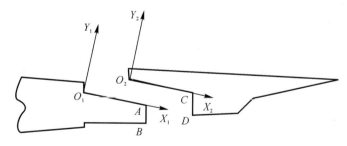

**图 6-2　高超声速级间分离时的碰撞模型示意图**

在纵向平面内，坐标变换矩阵 $\boldsymbol{T}_z$ 可以推导为

$$\boldsymbol{T}_z = \begin{bmatrix} \cos\theta & \sin\theta \\ -\sin\theta & \cos\theta \end{bmatrix} \quad (6-23)$$

$O_2$ 在高超声速飞行器机体坐标系中的坐标为 $(x_{1bQ1}, y_{1bQ1})$ 始终不变，飞行器

机体坐标系原点在地面坐标系中的坐标为$(x_1,y_1)$,$O_1$ 在地面坐标系中的坐标为 $(x_2,y_2)$,高超声速飞行器的俯仰角为 $\theta_1$,助推器适配器的倾斜角为 $\varphi_2$,$O_2$ 在坐标系 $O_1X_1Y_1$ 中的位置坐标可通过下式求得:

$$\begin{bmatrix} x_{1bQ2} \\ y_{1bQ2} \end{bmatrix} = \boldsymbol{T}_z(\varphi_2)\left[\begin{bmatrix} x_1 \\ y_1 \end{bmatrix} + \boldsymbol{T}_z^{-1}(\theta_1)\begin{bmatrix} x_{1bQ1} \\ y_{1bQ1} \end{bmatrix}\right] - \begin{bmatrix} x_2 \\ y_2 \end{bmatrix} \tag{6-24}$$

同理可由下式求得 $D$ 点在 $O_1X_1Y_1$ 坐标系中的位置坐标:

$$\begin{bmatrix} x_{2bQ2} \\ y_{2bQ2} \end{bmatrix} = \boldsymbol{T}_z(\varphi_2)\left\{\begin{bmatrix} x_1 \\ y_1 \end{bmatrix} + \boldsymbol{T}_z^{-1}(\theta_1)\begin{bmatrix} x_{2bQ1} \\ y_{2bQ1} \end{bmatrix}\right\} - \begin{bmatrix} x_2 \\ y_2 \end{bmatrix} \tag{6-25}$$

$A$ 点在 $O_2X_2Y_2$ 的位置坐标为

$$\begin{bmatrix} x_{bQ1} \\ y_{bQ1} \end{bmatrix} = \boldsymbol{T}_z(\theta_1)\left[\begin{bmatrix} x_2 \\ y_2 \end{bmatrix} + \boldsymbol{T}_z^{-1}(\varphi_2)\begin{bmatrix} x_{bQ2} \\ y_{bQ2} \end{bmatrix}\right] - \begin{bmatrix} x_1 \\ y_1 \end{bmatrix} \tag{6-26}$$

级间分离时要保证两体间不发生碰撞,须满足如下条件:

$$\left.\begin{aligned} y_{1bQ2} > 0, \qquad x_{1bQ2} < O_1A \\ x_{2bQ2} > O_1A \\ y_{1bQ2} < 0, \qquad x_{bQ1} > 0 \end{aligned}\right\} \tag{6-27}$$

### 6.2.3　分离过程的气动扰动建模

高超声速飞行器在临近空间大气层内分离的一个显著特点是分离过程的气动扰动问题。目前在分离阶段高超声速飞行器的气动特性获取方法中,数值模拟方法取得了很大的进展,同时相关的试验测量和飞行演示验证计划也将气动特性的辨识作为飞行任务的重点。高动压分离过程中多体间的气动力和力矩干扰对飞行过程的影响是十分显著的;分离过程的流场是复杂的,分离体之间存在明显的相互干扰。如何获得耦合流场下各分离体所受的气动力和力矩干扰,目前有三种方法。

**1. 试验测量方法**

可采用风洞试验、地面模拟及飞行试验等方法。一般测量专用的数据,其试验分析周期较长、耗资较大,且影响试验结果的随机因素较多。

**2. 工程估算方法**

一般用于分离系统的前期方案设计,这种方法计算的误差较大,而且也需在以往的试验基础上总结经验。一种最常用的方法是系数修正法,即使用工程法计算出单个分离体的气动力和力矩,而分离体间流场的相互干扰可以通过系数加以修正来得到估算的结果。

**3. 数值模拟流体计算方法**

这是目前流体力学领域快速发展的一个分支。其优势是研究周期短,不依赖复杂的试验设备,同时人为因素的影响较小。但对于高动压分离这个复杂的过程而言,其计算理论的发展还不完善成熟。流场计算是分离动力学分析的一个难点,也是未来大力发展的重要方向。

在分析分离过程的气动干扰因素时,应以最坏的情况来判定能否实现飞行器的安全分离;需要进行俯仰、偏航和滚转三通道的气动干扰力／力矩建模,并综合分析三通道气动干扰的作用时间、大小和方向等。所有的干扰力和力矩的计算方法需考虑分离过程偏差量的影响。偏差干扰因素要根据分离过程的具体要求来确定,分离气动力和力矩应以数值模拟为基础,而以试验测量作为辅助修正手段。

以图 6-3 所示的高超声速两体间助推分离为例,采用非定常数值模拟方法计算相关气动特性的方法如下:

采用基于直角笛卡尔网格的 Euler 模型,研究不同攻角、不同轴向分离位置、不同径向分离位置条件下的多体干扰气动特性,并对选定的初始分离参数,应用直角笛卡尔网格的 Euler 模拟方法分析助推分离的全过程。同时应用 CFD 非定常模拟的理论方法对分离过程进行模拟,该计算方法流场空间划分基于非结构重叠网格技术。网格单元主要包括四面体、三棱柱、六面体以及金字塔形单元,流动控制方程采用非定常 Euler/NS 方程,其求解采用四步 Runge-Kutta 迭代。应用上述计算方法对两体分离过程进行非定常模拟,确定初始构型参数(分离作动器工作结束后的气动分离初始参数)下的分离过程,并分别输出分离体和助推器的质心运动轨迹、速度、角速度、姿态(采用四元数表示)、气动力、气动力矩、流场参数(压力、密度、速度)等参数以供分离方案设计使用。

图 6-3　高超声速飞行器的助推分离示意图

(1)网格生成。生成笛卡尔网格的难点在于物面层网格的处理,可以通过笛卡尔网格的细分,用相对较细的锯齿形台阶来模拟物面,此时就不存在笛卡尔网格单元与物面的相交问题,其对物面的复杂性不敏感,可快速处理复杂问题的空间网格。空间网格生成使用自适应细化笛卡尔网格来捕捉物面的细节,且可以随求解进程自适应改善。

(2)分离体相对助推器的气动干扰分组计算参数。

• 高超声速组合体飞行攻角:0°,2°,4°;

- 高超声速组合体飞行侧滑角:$0°,2°$;
- 分离体相对助推器转角:$0°,4°,8°$;
- 分离体相对未分离状态在轴向的偏移量:$0.0m,0.05m,0.1m,0.15m$, $0.2m$。

计算上述状态参数组合下气动特性参数。发生相关的气动干扰效应的原因是分离体在分离间隙近距状态下,流场在分离体的后部造成高压区,导致在分离体表面上产生了附加的法向力,以及造成不利于分离的气动力矩。因此分离体的初始状态参数中的速度和角速度要足够大,从而能够克服分离体在气动干扰下的气动力矩。

### 6.2.4  分离气动干扰估算

本节所研究的高超声速飞行器分离纵向模型,是以 Andrew Clark,Paul V., Piete G. Buning,Peter A. Liever 等人的多篇论文的研究成果为基础,经过估算得到的。Andrew Clark 提出的 CSULA-GHV 模型考虑了飞行器纵向平面运动,所以本节关注高超声速飞行器在纵向对称平面内的分离运动。高超声速飞行器纵向运动的状态变量为飞行速度、迎角、俯仰角、航迹角等。若不考虑侧向气动力和力矩,并假设发动机推力沿机轴方向,得到的刚体高超声速飞行器在纵向平面内的运动方程如下:

$$\dot{V} = \frac{T\cos\alpha - D}{m} - \frac{\mu\sin\kappa}{\kappa^2} \tag{6-28}$$

$$\dot{\kappa} = \frac{L + T\sin\alpha}{mV} - \frac{(\mu - V^2\kappa)\cos\kappa}{Vr^2} \tag{6-29}$$

$$\dot{h} = V\sin\kappa \tag{6-30}$$

$$\dot{\alpha} = f - \dot{\kappa} \tag{6-31}$$

$$\dot{f} = \frac{M_{yy}}{I_{yy}} \tag{6-32}$$

式中,

$$L = \frac{1}{2}\rho V^2 SC_L \tag{6-33}$$

$$D = \frac{1}{2}\rho V^2 SC_D \tag{6-34}$$

$$T = \frac{1}{2}\rho V^2 SC_T \tag{6-35}$$

$$M_{yy} = \frac{1}{2}\rho V^2 ScC_m \tag{6-36}$$

$$r = h + R_E \tag{6-37}$$

式中,$\rho$ 为大气密度,$h$ 为飞行高度,$V$ 为飞行速度,$f$ 为俯仰角速度,$T$ 为发动机推力,$L$ 为升力,$D$ 为阻力,$M_{yy}$ 为俯仰力矩,$\mu$ 为引力常数,$\kappa$ 为航迹角,$\alpha$ 为攻角,$m$ 为质量,$S$ 为参考面积,$c$ 为平均气动翼弦长,$I_{yy}$ 为转动惯量,$R_E$ 为地球半径,$r$ 为距离矢量。高超声速分离飞行器的两个控制输入为 $\delta_e$ 和 $d_T$,其中 $\delta_e$ 为升降舵偏角,$d_T$ 为发动机燃料流量比。

根据 Piete G. Buning 的论文,在 X‐43A 的模型中,分离气动干扰对验证飞行器的俯仰力矩系数影响如图 6‐4 所示,图中 $x_{\text{sep}}$,$z_{\text{sep}}$ 分别为验证飞行器与助推器在轴向和法向的相对距离。从图 6‐4 可以看出,在分离气动干扰的作用下,俯仰力矩系数 $C_m$ 会由正值变为负值,即由抬头俯仰力矩变为低头俯仰力矩;在轴向分离距离大于 44in,即两个飞行器完全分离后,验证飞行器的俯仰力矩系数基本不随法向分离距离变化;在未完全分离时,轴向相对距离越小,气动干扰的影响越大;法向相对距离大约为验证飞行器高度的一半时,影响最大,超过验证飞行器高度的一半时,影响又逐渐减小。根据图 6‐4 以及 X‐43A 模型与 CSULA‐GHV模型的外形尺寸对比,简单估算出 CSULA‐GHV 模型中加入分离气动干扰的俯仰力矩系数为

$$\left.\begin{array}{ll} m_{z_{\text{sep}}} = m_z + m_{z0} \dfrac{e_y}{L_y/4}\left(\dfrac{e_x}{L_x} - 1\right) & e_x \leqslant L_x/2 \\[3mm] m_{z_{\text{sep}}} = m_z - m_{z_0} \dfrac{e_y}{L_y/2}\left(\dfrac{e_x}{L_x} - \dfrac{1}{2}\right) & e_x > L_x/2 \end{array}\right\} \tag{6-38}$$

式中,$m_{z_{\text{sep}}}$ 为分离过程中的俯仰力矩系数,$m_z$ 为无分离干扰状态下的俯仰力矩系数,$m_{z_0}$ 为攻角为 0° 时的无分离干扰状态下的俯仰力矩系数,$e_x$,$e_y$ 分别为级间分离的 $x$,$y$ 轴相对距离,$L_x$,$L_y$ 分别为验证飞行器尾部的长度和高度。

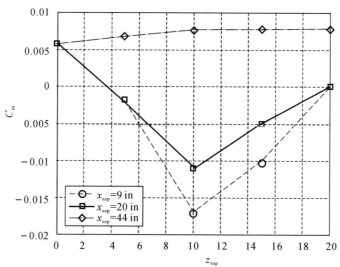

图 6‐4 分离气动干扰对俯仰力矩系数的影响

### 6.2.5 分离机构的扰动特性建模

#### 6.2.5.1 分离机构的设计要求

一个设计良好的分离机构对高超声速飞行器的分离过程至关重要,分离机构的设计要求可总结如下:

(1) 在分离过程中要求分离机构对分离体本体冲击、扰动小。分离机构工作结束后不损伤分离体本体。因此要求分离时具有正确的分离速度和分离姿态。

(2) 分离机构易于调整,使用维护方便。

(3) 分离机构在高超声速飞行器上安装后,应保证气动外形符合总体设计的要求。

(4) 分离机构的密封要求应符合结构和总体的技术要求。

(5) 分离冲击环境要求分离时对结构产生的冲击不能破坏结构件、进气道和测量设备的功能。

#### 6.2.5.2 分离冲量装置的特性

分离冲量装置提供两分离体所需的相对分离速度。对于中小型的高超声速飞行器,可考虑采用空气动力、弹簧力、火工品推力和飞行器自身重力作为分离力,使分离部分产生相对分离速度。

一般常用的分离冲量装置有如下几种:

(1) 压缩弹簧组件。这种装置技术成熟,简单,可靠性高,无污染,分离冲击小,成本低。但是对于要求提供较大分离冲量时不宜采用,因为大冲量的弹簧组件其结构质量将大为增加,不利于提高有效载荷的效率。

(2) 气动作动筒。利用高压气体推动作动筒的活塞产生推力,形成分离冲量。这种装置分离冲击小,但装置较为复杂,对作动筒的可靠性要求较高。

(3) 火工品作动筒。依靠装药爆燃产生的燃气推动活塞。这种装置克服了气动作动筒缺点,但推力作用时间较短,燃气造成的分离冲击较大。

(4) 固体装药的分离火箭。依靠火箭推力产生分离冲量,是目前普遍使用的一种分离结构。除了前推火箭外,还可用侧推火箭来改变飞行器的侧向飞行轨迹。考虑到高超声速分离过程极短,其火工品的冲击只持续 $2 \sim 6\,\mathrm{ms}$ 的时间,并以三轴冲量的形式给出。

下面以 X-43A 飞行器为例,研究分离机构产生的扰动特性。X-43A 飞行试验中采用活塞推杆将高超声速飞行器推离后进行分离,活塞分离机构推力偏心带来的干扰力与力矩情况如图 6-5 所示。假设飞行器分离推杆的推力作用线与高超声速飞行器纵轴在一个平面内,通过质心作一个与纵轴垂直的横截面,图 6-5

中显示为圆截面。推力作用线与横截面交于 $O'$ 点,该点与纵轴之间的距离为 $d_1$;由于高超声速飞行器质量分布不均匀,假定质心位于偏离纵轴距离为 $d_2$ 的 $O'$ 点。

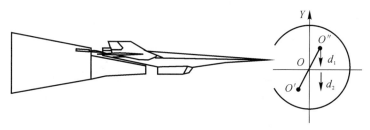

**图 6 - 5　分离过程推力偏斜示意图**

考虑到推力偏心最严重的情况,则最大偏心距为 $d=d_1+d_2$。假设 $OO''$ 连线与纵轴之间的夹角为 $\gamma_P$;推力偏离纵轴并形成偏角 $\beta_P$,由于 $\beta_P$ 很小,活塞机构推力偏心造成的干扰力很小,可不考虑;于是活塞推力的干扰作用主要表现的额外干扰力矩为

$$\left.\begin{array}{l} M_{PY}=P\cos\beta_P \cdot d\sin\gamma_P \\ M_{PZ}=-P\cos\beta_P \cdot d\cos\gamma_P \end{array}\right\} \tag{6-39}$$

分离干扰效应可等效为一脉冲干扰或等效为飞行器姿态角速率初值效应,则分离干扰引起的姿态角速度突变不确定性可表述为 $(\omega_{x0},\omega_{y0},\omega_{z0})$ 向量;由于分离机构的结构限制,不允许分离时产生大的初始偏航和俯仰角速度。

在工程设计的初期阶段,可采用如下简化的扰动特性添加方式来进行分析,即添加俯仰通道、偏航通道、滚转通道的冲击力矩。单通道的冲击曲线如图 6 - 6 所示,在仿真分析中可进行单通道仿真或三通道联合仿真。

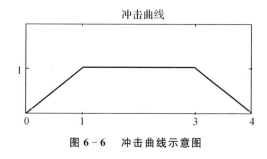

**图 6 - 6　冲击曲线示意图**

从图 6 - 6 中可以看出,简化的冲击过程分为三个阶段:

(1)上升阶段:持续时间为整个冲击时间的冲击开始到四分之一时刻。

(2)保持阶段:持续时间为整个冲击时间的四分之一到四分之三时刻。

(3)下降阶段:持续时间为整个冲击时间的四分之三到冲击结束时刻。

# 6.3　大动压下的助推分离控制

吸气式高超声速飞行器在助推分离后,分离扰动的表现形式为其量级和矢量方向。分离扰动可能给吸气式高超声速飞行器带来较大的初始姿态变化,按照姿态控制的常规思路,需要高超声速飞行器操纵舵面偏转来进行姿态调整。为抑制大的分离扰动对高超声速飞行器舵系统的设计带来了难度。首先,大的分离扰动需要舵面偏转较大的角度,进而要求舵机具有较大的输出力矩;其次,高超声速飞行器的分离过程很快,分离干扰也会很快影响飞行器的姿态,如果采用常规的闭环控制,就对舵机的响应速度提出了很高的要求;要同时满足输出力矩大和响应速度快,对舵机的性能要求会非常高。

为了避免对舵机提出过高的要求,针对上述问题,可以采用预置舵偏的姿态控制方法,来降低对舵机性能的需求。预置舵偏方法首先要假定分离扰动的量级和矢量方向是可以预先分析得出的,其核心思想是在分离时刻将舵面预置到特定的角度,靠预置舵面的控制力来削弱分离扰动对飞行器姿态的影响能力,在降低分离过渡过程中飞行器姿态散布的同时,也降低了对舵机性能的需求。当采用预置舵偏将飞行器的姿态稳定控制在所需角度并安全分离后,再采用飞行控制系统给出的闭环姿态控制方法,快速调整姿态直到进入后续的巡航段飞行。

## 6.3.1　预置舵偏姿态控制方法的基本原理

为突出高超声速助推分离过程中预置舵偏姿态控制问题的特点,首先作出如下假设:

(1) 分离机构的扰动可以通过其设计计算和试验较为准确地获得,因此本节中涉及的预置舵偏控制方法只针对克服分离气动扰动加以分析。

(2) 助推器与高超声速飞行器分离体的分离是安全无碰撞的;未能安全和成功地分离带来的后续控制问题不在讨论范畴内。

(3) 预置舵偏角是指将高超声速飞行器分离体自身的若干个舵面偏转到特定的角度,用以提供一个抵抗分离过程气动扰动的预先控制量。

(4) 分离前分离体预置舵偏的控制作用不影响助推飞行器的飞行姿态。意味着分离体飞行器预置舵偏角的同时,助推飞行器的姿态控制系统需要操控其自身的舵面偏转产生适当的控制量,以使得助推器的飞行姿态不受分离过程的影响。

(5) 分离干扰力矩是有界的、可推算的。由于预置舵偏设计是提供抵抗分离扰动的预先控制,因此需要推算出整个分离过程中前后体之间气动干扰力矩的有界量级。

### 6.3.2　预置舵偏角的传递函数

以类 X‑43A 的吸气式高超声速飞行器为例,为方便讨论可认为机体坐标系就是其惯性主轴系,飞行器对机体坐标系各轴的惯量积为零,其绕质心转动的动力学方程可写为

$$
\begin{bmatrix}
J_x \dfrac{\mathrm{d}\omega_x}{\mathrm{d}t} + (J_z - J_y)\omega_z\omega_y \\[2mm]
J_y \dfrac{\mathrm{d}\omega_z}{\mathrm{d}t} + (J_x - J_z)\omega_x\omega_z \\[2mm]
J_z \dfrac{\mathrm{d}\omega_z}{\mathrm{d}t} + (J_y - J_x)\omega_y\omega_x
\end{bmatrix}
=
\begin{bmatrix} M_x \\ M_y \\ M_z \end{bmatrix}
\tag{6-40}
$$

为估算预置舵偏值,只考虑飞行器绕机体 $z$ 轴转动,假设 $\omega_x$ 和 $\omega_y$ 等于零,则由式(6‑40)可得分离体的俯仰力矩可由下式计算得到:

$$
J_z \frac{\mathrm{d}\omega_z}{\mathrm{d}t} = M_z \tag{6-41}
$$

由此可以得出高超声速飞行器机体动力学在分离时刻的线性化模型和传递函数。以吸气式高超声速飞行器分离体为例,研究俯仰通道攻角的变化,并分析在有界分离气动力矩干扰下的预置舵偏角设计方法。忽略惯性交叉耦合,可得吸气式高超声速飞行器的纵向扰动运动的方程如下:

$$
\left.
\begin{aligned}
&\Delta\ddot{\vartheta} + a_{11}\Delta V + a_{22}\Delta\dot{\vartheta} + a_{24}\Delta\alpha + a'_{24}\Delta\dot{\alpha} = -a_{25}\Delta\delta_z - a'_{25}\Delta\dot{\delta}_z + M_z \\
&\Delta\dot{\theta} + a_{21}\Delta V + a_{33}\Delta\theta - a_{34}\Delta\alpha = a_{35}\delta_z \\
&\Delta\vartheta = \Delta\theta + \Delta\alpha
\end{aligned}
\right\}
\tag{6-42}
$$

式中,运动参数偏量 $\Delta V,\Delta\alpha,\Delta\theta$ 和 $\Delta\vartheta$ 分别为高超声速飞行器分离体的飞行速度、攻角、弹道倾角和俯仰角,$a_{11},a_{21},a_{22},a_{24},a_{25},a'_{24},a'_{25},a_{33},a_{34},a_{35}$ 为纵向动力学系数。

由于分离过程的时间跨度很短,以毫秒为单位,因此只需要考虑分离过程中飞行器的短周期运动模态。式(6‑42)中考虑 $\Delta\alpha,\Delta\vartheta$ 等变量的动力学系数,忽略 $\Delta V$ 等长周期运动的动力学系数,可得分离过程纵向短周期运动的方程如下:

$$
\left.
\begin{aligned}
&\Delta\ddot{\vartheta} + a_{22}\Delta\dot{\vartheta} + a_{24}\Delta\alpha + a'_{24}\Delta\dot{\alpha} = -a_{25}\Delta\delta_z - a'_{25}\Delta\dot{\delta}_z + M_z \\
&\Delta\dot{\theta} + a_{33}\Delta\theta - a_{34}\Delta\alpha = a_{35}\delta_z \\
&\Delta\vartheta = \Delta\theta + \Delta\alpha
\end{aligned}
\right\}
\tag{6-43}
$$

对式(6-43)进行 Laplace 变换后整理可得

$$\left[a_{24}s^2 + \left(a_{22} + a'_{24} + \frac{a_{22}s+1}{a_{33}s+1}a_{34}\right)s + 1\right]\alpha(s) =$$

$$s^2 M_z(s) - \left[a_{25}s^2 + \left(\frac{a_{22}s+1}{a_{33}s+1}a_{35} + a'_{25}\right)s\right]\delta_z(s) \quad (6-44)$$

式(4-44)等号右端多项式恒等于零,即可保证分离过程中高超声速飞行器分离体的攻角 $\alpha$ 保持不变。由此可得预置舵偏角 $\delta_z$ 来抑制分离过程中气动干扰力矩 $M_z$ 的传递函数为

$$G(s) = \frac{\delta_z(s)}{M_z(s)} = \frac{s(1+a_{33}s)}{a_{25}a_{33}s^2 + s(a_{22}a_{35} + a'_{25}a_{33} + a_{25}) + a'_{25} + a_{35}} \quad (6-45)$$

式(6-45)中需要计算的相关纵向动力系数定义如下:

$$a_{25} = -\frac{m_z^{\delta_z}qSb_A}{J_z} \quad (6-46)$$

$$a'_{25} = -\frac{m_z^{\dot{\delta}_z}qSb_A}{J_z} \cdot \frac{b_A}{V} \quad (6-47)$$

$$a_{22} = -\frac{m_z^{\omega_z}qSb_A}{J_z} \cdot \frac{b_A}{V} \quad (6-48)$$

$$a_{35} = \frac{Y^{\delta_z}/57.3}{mV} \quad (6-49)$$

$$a_{33} = -\frac{g}{V}\sin\theta \quad (6-50)$$

需要根据式(6-46)~式(6-50)计算不同飞行状态下的纵向动力系数 $a_{25}, a'_{25}, a_{22}, a_{35}, a_{33}$。由于分离过程一般要求为分离平衡攻角 $\alpha_0 \approx 0°$,而吸气式高超声速飞行器分离后前后均要求侧滑角 $\beta \approx 0°$,因此分离过程中侧向通道的预置舵偏角设计原理与纵向通道的设计类同,这里不再赘述。在高超声速飞行器的不同飞行状态中,对应的纵向动力系数是发生变化的,所以需要计算不同分离动力学参数下的预置舵偏角数据值。根据高超声速飞行器总体设计的技术状态,确定在分离时刻的高超声速飞行器分离体的马赫数 $Ma$、飞行高度 $h$、分离平衡攻角 $\alpha_0$。由前面计算得到的气动力矩扰动值 $M_z$,即可根据式(6-45)来计算纵向通道的预置舵偏角 $\delta_z$。由式(6-41)可知,理论上此预置舵偏角 $\delta_z$ 附加的控制作用将使得高超声速飞行器在分离过程中气动扰动作用下的攻角不发生变化。

将分离气动干扰作用加入高超声速飞行器的数学模型中进行仿真,通过对比不同舵偏值对攻角和两级飞行器之间的分离距离的影响,来决定分离时需要设定多大的预置舵偏值。在特定预置舵偏角控制下的攻角、侧滑角控制曲线如图6-7、图6-8所示。

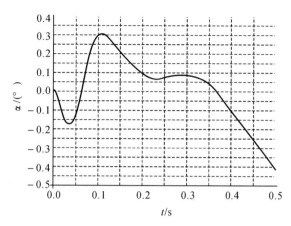

图 6-7　预置舵偏下的攻角控制曲线图

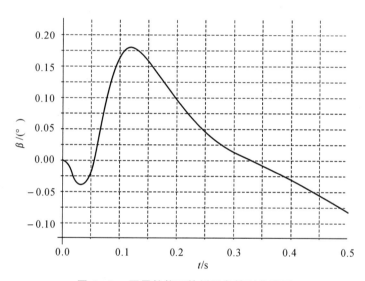

图 6-8　预置舵偏下的侧滑角控制曲线图

### 6.3.3　分离后飞行器高度与姿态的协调控制

在采用预置舵偏的姿态控制完成,高超声速飞行器与助推器安全分离后,需要使高超声速飞行器进入发动机点火所需要的飞行包线中。经过助推段的飞行后,飞行器的高度、速度难免与标准弹道有一定偏差,所以高超声速飞行器在分离后,需要引入高度控制来修正高度偏差。这就带来一个问题,就是飞行高度和姿态控制的协调控制问题。这里要考虑两个因素:

(1)因为要使高超声速飞行器保持较高的飞行速度,所以从分离到发动机点火的这段时间比较短,进而可以用于控制的时间并不多,所以要根据总体指标来合理分配高度控制和姿态控制的时间。

（2）在刚刚分离后，由于分离干扰的作用，飞行器的姿态可能还不稳定，先进行姿态稳定控制，再引入高度控制应该是合理的控制策略。

基于上述两点考虑，高度控制和姿态控制是同时进行，还是姿态控制先引入再引入高度控制，要根据总体指标要求合理地进行优化设计。

图 6-9～图 6-13 所示是两种分离后的高度、姿态协调控制策略的仿真结果，一种是分离后高度控制和姿态控制同时启控（实线），一种是分离后延迟 2s 开始高度控制（虚线）。从仿真结果可以看出，采用延迟 2s 开始高度控制的策略，分离后飞行器的攻角、侧滑角迅速收敛，姿态较为稳定，但是高度曲线与标准弹道的偏差就相对较大；采用高度控制和姿态控制同时启控的策略，刚刚分离后飞行器的攻角就会立即增大以调整高度，所以高度曲线与标准弹道的偏差就相对较小。

综上所述，助推分离后的高度和姿态协调控制要根据不同飞行器的任务要求和指标要求，综合考虑飞行过程中的高度、攻角、侧滑角、舵偏等因素，合理地优化控制策略。

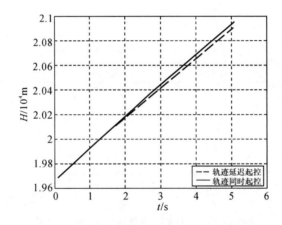

图 6-9　高度曲线对比

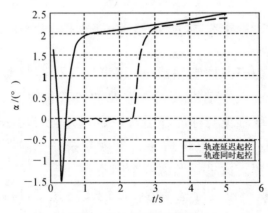

图 6-10　攻角曲线对比

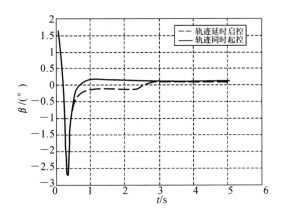

图 6-11　侧滑角对比

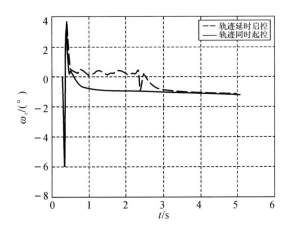

图 6-12　俯仰角速率对比

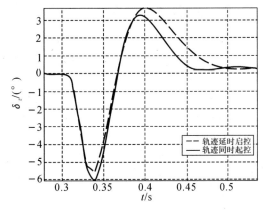

图 6-13　升降舵偏对比

# 6.4 高动压下的整流罩分离控制

吸气式高超声速飞行器的飞行任务是围绕超燃冲压发动机的工作状态而开展的。高超声速飞行器在总体设计上采用一个整体的头部整流罩将超燃冲压发动机的进气道罩住，分离结束后，经过姿态调整，等到高超声速飞行器转入巡航段前，在超燃冲压发动机点火工作前将整流罩抛掉，露出发动机的进气道，建立起超燃冲压发动机点火工作的各项条件后，发动机再点火工作维持巡航段的飞行。

## 6.4.1 高超声速飞行器分离控制时的停控策略分析

抛罩分离与助推分离过程不同的是，助推分离前后的高超声速飞行器和助推器自身都具有控制舵面，都具备姿态控制的能力，因此可以采用预置舵偏角的姿态控制方法来控制高超声速飞行器的姿态。而高超声速飞行器在从带罩状态转换为无罩状态的抛罩分离过程中，高超声速飞行器头部分离出去的整流罩自身没有任何的姿态控制能力，只能按照设计状态来预测其飞行轨迹和飞行状态。高超声速飞行器在抛罩的前后虽然具有姿态控制能力，但由于前部整流罩的实际飞行状态可能与其设计状态存在差异，因此无罩高超声速飞行器不宜采用主动的姿态控制策略，这点与助推分离过程不同。本节提出了一种高超声速飞行器断开控制回路并延时启控的姿态控制策略，并根据工程实际中的具体方法来解决高超声速飞行器在整流罩高动压抛离过程中的机体控制问题。

为突出高超声速飞行器整流罩分离问题的特点，首先作出如下假设：

（1）整流罩安装在高超声速飞行器的头部，整流罩的密封性和气动外形通过总体优化设计确定。

（2）采用分离火工品的方式提供瞬时、足够的分离推力，将头罩从高超声速飞行器上快速推离至一定的安全距离。

（3）高超声速飞行器头罩分离时刻的飞行攻角和侧滑角都很小，即在相对气流近似对称的条件下分离。由于姿态非小角度的情况会加剧分离动力学系统的非线性和不确定性，因此要求高超声速飞行器在抛罩前应控制其机体攻角和侧滑角近似为零。

（4）头罩的气动特性是已知的，根据总体设计确定了头罩的气动力系数和静稳定性特性，头罩的理论运动轨迹是确知的。分离后头罩自身没有相关操纵机构和姿态控制的能力，因此分离后的头罩处于自由飞行的状态。

高超声速飞行器在抛罩的瞬间断开控制回路的设计思想主要基于如下的考虑：罩体的静态气动特性虽然在设计阶段可以确定，但罩体的外形设计主要是保证被覆头罩的高超声速飞行器具有良好的气动外形,分离后的罩体自身的稳定性则比较差,并且罩体容易被不确定的分离流场引发大姿态变化,甚至偏移和翻滚。虽然要求高超声速飞行器在抛离头罩的时刻保持攻角和侧滑角为零,但在实际飞行过程中,头罩分离时刻的高超声速飞行器总会有姿态角的偏差,因此分离过程的冲击和扰动作用下,在头罩分离后的瞬间,高超声速飞行器的姿态运动和质心运动的方向具有不确定性。头罩运动的不确定性和抛离头罩后高超声速飞行器运动的不确定性叠加,再考虑到分离后的头罩只能自由飞行,无法对其进行操控,因此为防止盲目控制无罩的高超声速飞行器与分离后的头罩发生碰撞,在工程实践中采用抛罩分离时刻断开高超声速飞行器的姿态控制回路的方法,延时几百毫秒后再接通飞行器的姿态控制回路,以渡过抛罩分离的阶段。此方法已在工程上得到了应用,证明了其有效性。

具体的设计方法和分离时序如下:

(1)以头罩分离的初始时刻为零点,断开飞行器控制回路,在点燃分离火工品发动机后延时几百毫秒的时间段内,保持无罩飞行器自身的俯仰和偏航方向的惯性运动。

(2)头罩从初始时刻零点开始的几百毫秒内依靠前推发动机的推力,从飞行器轴向方向迅速脱离。然后,点燃头罩的侧推火工品发动机,依靠侧向发动机产生的推力,迅速在侧向平面内远离后面的高超声速飞行器。从而以最大概率避免高超声速飞行器和前方的头罩发生碰撞。

抛罩分离阶段俯仰通道的控制回路框图见图 6 - 14,偏航通道控制回路类同,同时考虑俯仰 / 偏航通道姿态角速率发散的抑制策略。

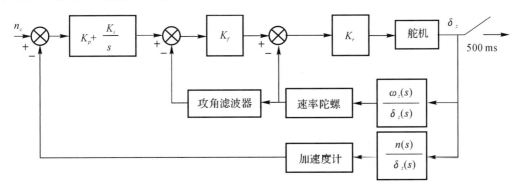

**图 6 - 14　头罩分离时刻的俯仰控制回路示意图**

高超声速飞行器在抛罩前一时刻,断开控制回路,存在着舵面保持和舵面归零两种不同的控制策略。舵面保持策略是指断开控制回路后舵面保持当前时刻的偏转状态,直至分离结束后,重新跟踪舵面指令。舵面归零策略是指断开控制回路后舵面回到零位状态,直至分离结束后,重新跟踪舵面指令。两种不同的控制策在工程上存在着不同的控制效果。

下面,以某型轴对称外形高超声速飞行器的滚动通道为例,对两种不同的控制策略进行仿真分析。仿真条件如下:

助推分离时,动压为 175kPa,助推分离时考虑分离冲击干扰、外部气动干扰以及飞行器自身加工带来的气动零偏等因素。

整流罩分离时,动压为 75kPa,整流罩分离时考虑分离冲击干扰、外部气动干扰以及飞行器自身加工带来的气动零偏等因素。由于整流罩分离前后,飞行器处于带罩状态和无罩状态,因此,在仿真中考虑气动零偏在抛罩后会有同向和反向两种状态。

### 6.4.2　舵面保持策略分析

假定整流罩分离后,飞行器已处于姿态稳定状态,飞行器所受的外部力矩平衡。根据飞行器的力矩方程:

$$\sum M_{x1} = M_{x1}^{\omega_{x1}} \omega_{x1} + M_{x1}^{\beta} \beta_1 + M_x^{\delta} \delta + M_{01} = 0 \qquad (6-51)$$

式中,$M_{01}$ 为分离前气动零偏。由于飞行器处于稳定状态 $\omega_{x1} \approx 0, \beta_1 \approx 0$,因此,在气动零偏作用下,根据力矩平衡,抛罩前滚动通道舵偏角保持一恒值。

$$\delta = -\frac{M_{01}}{M_x^{\delta}} \qquad (6-52)$$

假定整流罩分离后,气动零偏处于同号状态,即 $M_{02} = M_{01}$,则抛罩后飞行器力矩平衡方程:

$$\sum M_{x2} = M_{x2}^{\omega_{x2}} \omega_{x2} + M_{x2}^{\beta} \beta_2 + M_x^{\delta} \delta + M_{02} \qquad (6-53)$$

将式(6-52)代入式(6-53),则抛罩后飞行器的合力矩:

$$\sum M_{x2} = M_{x2}^{\omega_{x2}} \omega_{x2} + M_{x2}^{\beta} \beta_2 \qquad (6-54)$$

其中,右边第一项为干扰冲击及外部流场所引起角速率,右边第二项为干扰冲击及外部流场所引起侧滑角。

同理,可以分析给出不同策略不同气动零偏状态下抛罩后的力矩。

舵面保持时的合力矩:

$$\sum M_{x2} = M_{x2}^{\omega_{x2}} \omega_{x2} + M_{x2}^{\beta} \beta_2 \qquad (零偏同号) \qquad (6-55)$$

$$\sum M_{x2} = M_{x2}^{\omega_{x2}} \omega_{x2} + M_{x2}^{\beta} \beta_2 + M_{01} + M_{02} \qquad (零偏反号) \qquad (6-56)$$

舵面归零时的合力矩:

$$\sum M_{x2} = M_{x2}^{\omega_{x2}} \omega_{x2} + M_{x2}^{\beta} \beta_2 + M_{02} - F(\delta) \qquad (零偏同号) \qquad (6-57)$$

$$\sum M_{x2} = M_{x2}^{\omega_{x2}} \omega_{x2} + M_{x2}^{\beta} \beta_2 + M_{02} + F(\delta) \qquad (零偏反号) \qquad (6-58)$$

其中,$F(\delta)$ 表示舵面归零时刻,舵面产生的干扰力矩,由于舵面归零时间远远小于分离停控时间,因此舵面归零影响相当于一脉冲干扰。

从式(6-55)～式(6-58)中可以看出,考虑气动零偏时,舵面保持与舵面归零产生不同的控制效果,当存在气动零偏反号时,尤其是舵面保持策略会适得其反,舵面的保持相当于叠加了更大的气动零偏。

图 6-15～ 图 6-18 给出了舵面保持策略仿真结果。其中图 6-15、图 6-16给出了气动零偏同号时的仿真结果,图 6-17、图 6-18 给出了气动零偏反号时的仿真结果。

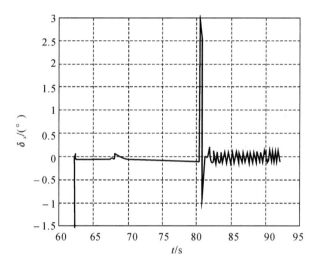

图 6-15　舵面保持策略时副翼响应(气动零偏同号)

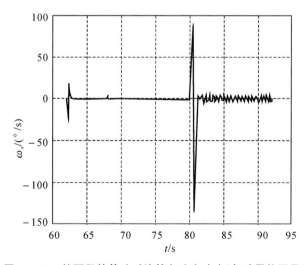

图 6-16　舵面保持策略时滚转角速率响应(气动零偏同号)

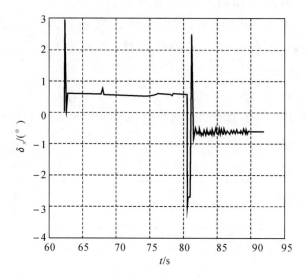

图 6 - 17　舵面保持策略时副翼响应(气动零偏反号)

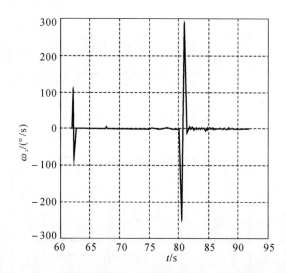

图 6 - 18　舵面保持策略时滚转角速率响应(气动零偏反号)

从图6-15和图6-17中可以明显看出,在抛罩时舵面保持在前一时刻。图6-16和图6-18给出了两种不同策略的滚转角速率的变化,可以明显看出,当气动零偏反号时,采用舵面保持策略,滚动角速率达到260°/s。

图6-19~图6-22给出了舵面归零策略仿真结果。其中图6-19、图6-20给出了气动零偏同号时的仿真结果,图6-21、图6-22给出了气动零偏反号时的仿真结果。

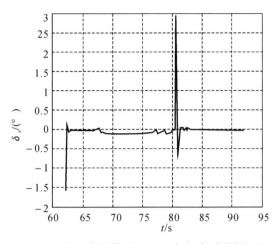

**图 6-19　舵面归零策略时副翼响应(气动零偏同号)**

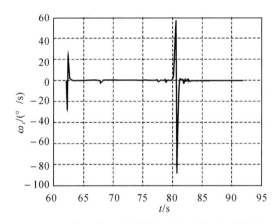

**图 6-20　舵面归零策略时滚转角速率响应(气动零偏同号)**

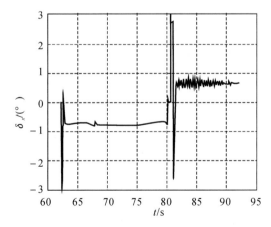

**图 6-21　舵面归零策略时副翼响应(气动零偏反号)**

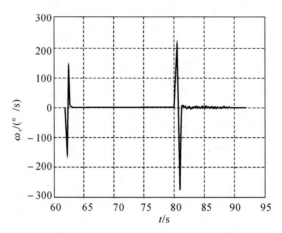

**图 6-22　舵面归零策略时滚转角速率响应(气动零偏反号)**

　　从图 6-19 和图 6-21 中可以明显看出,在抛罩时舵面回到零位,图 6-20 和图 6-22 给出了两种不同状态的滚转角速率的变化,可以明显看出,当气动零偏反号时,采用舵面归零策略,滚动角速率约为200°/s。

### 6.4.3　基于干扰响应门限的整流罩分离控制策略

　　由上分析可知,由于整流罩分离时,动压较高,当飞行控制系统停控后,飞行器气动零偏的存在将会造成很大的干扰,且该干扰会一直持续作用到分离过程结束。同时,由于气动零偏的不确定性,无论采用舵面归零策略还是采用舵面保持策略,高超声速飞行器存在较大的风险。

　　针对这一问题,本节提出采用基于干扰响应门限的整流罩分离控制策略,即发出抛罩分离指令后,断开飞行控制系统,但在整个分离过程实时监控飞行器的姿态变化,当飞行器的姿态响应超过某一设定的阈值时,说明此时分离过程中的干扰已经造成飞行控制系统的风险。此时,飞行控制系统引入增稳控制,对干扰进行抑制,防止飞行器姿态的过快发散。当飞行器姿态低于设定的阈值时,说明此时分离过程干扰较小,飞行控制系统不进行干预,仍维持断开状态。该方法既避免了分离后立即起控,由于流场不确定性引起飞行器失控的风险,同时又避免了分离干扰过大,控制系统起控过晚,不能及时抑制干扰引起的飞行器姿态的发散。

　　图 6-23、图 6-24 给出了采用基于干扰响应门限的整流罩分离控制策略与分离过程不控策略的对比。仿真中模型中加入了飞行器助推分离和整流罩分离两次干扰,在干扰因素中分别考虑了分离机构的冲击干扰和外部流场气动干扰以及飞行器加工装配过程的气动零偏等因素。

　　考虑到飞行器角速率陀螺等测量器件的有效范围,设定干扰响应门限为

260°/s,即干扰引起的角速率大于260°/s时,引入增稳控制。在相同干扰条件下,仿真结果如图 6 - 24 所示。

从图 6 - 23 中可以看出,在分离过程如果仅断开控制回路,分离过程不控制,由于分离冲击、气动零偏等干扰,飞行器滚转角速率将达到350°/s,飞行器在分离过程中存在失控的风险。而采用基于干扰响应门限策略策略后,一旦干扰引起的角速率达到260°/s这一安全门限,飞行控制系统立即对干扰进行抑制,从图 6 - 24 中可以看出,分离干扰很好地抑制在260°/s范围内。

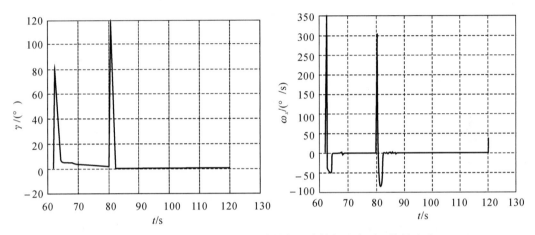

图 6 - 23　分离不控时,飞行器滚转角及滚转角速率对干扰的响应

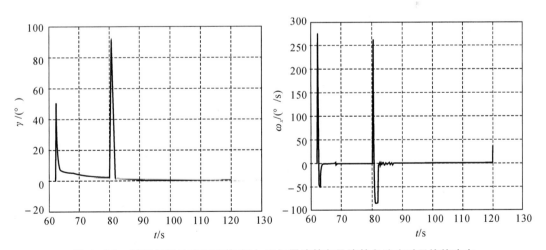

图 6 - 24　基于干扰响应门限策略时,飞行器滚转角及滚转角速度对干扰的响应

为验证分离干扰抑制算法的鲁棒性,将分离冲击干扰拉偏 300%,气动偏差拉偏 50%,仿真结果如图 6 - 25 所示。

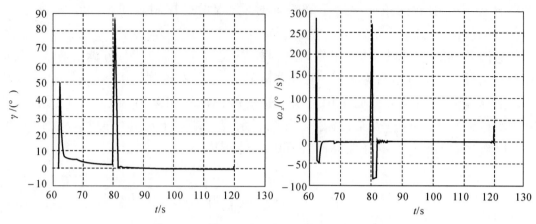

图 6-25　基于干扰响应门限策略鲁棒性仿真

从图 6-25 中可以看出，在分离冲击干扰拉偏 300%，气动、流场偏差拉偏 50% 的情况下，采用基于干扰响应门限策略时，滚转角速率仍小于280°/s，说明所设计的高超声速飞行器分离控制算法不但可以对干扰实现快速抑制，而且对干扰模型的不确定性具有很强的鲁棒性。

考虑引入抛罩时刻的各种干扰组合来考核抛罩分离阶段高超声速飞行器的姿态变化情况，主要是引入抛罩时刻的分离点高度偏差、速度偏差、攻角偏差、侧滑角偏差和姿态角/角速率扰动偏差来进行分析，综合考虑在扰动作用下高超声速飞行器抛罩过程的姿态变化情况；其中抛罩指令发出后500ms内俯仰/偏航姿态控制回路断开。扰动偏差的量值见表 6-1，扰动偏差的组合情况见表 6-2。

表 6-1　抛罩时刻扰动偏差的量值表

| 序号 | 名称 | 量值 |
|---|---|---|
| 1 | 抛罩分离点高度偏差 | $\pm 200m$ |
| 2 | 抛罩分离点速度偏差 | $\pm 0.1Ma$ |
| 3 | 抛罩分离点攻角偏差 | $\pm 1°$ |
| 4 | 抛罩分离点侧滑角偏差 | $\pm 1°$ |
| 5 | 抛罩分离点俯仰角/俯仰角速率偏差 | 俯仰角 $\leqslant 0.5°$<br>角速率偏差 $\leqslant 5°/s$ |
| 6 | 抛罩分离点偏航角/偏航角速率偏差 | 偏航角 $\leqslant 0.5°$<br>角速率偏差 $\leqslant 5°/s$ |
| 7 | 抛罩分离点滚转角/滚转角速率偏差 | 滚转角 $\leqslant 0.5°$<br>角速率偏差 $\leqslant 10°/s$ |

**表 6 - 2　抛罩时刻的干扰组合情况列表**

| 序号 | 名称 | 组合代号 | 组合 1 | 组合 2 |
|---|---|---|---|---|
| 1 | 抛罩分离点高度偏差 | A | +1 | −1 |
| 2 | 抛罩分离点速度偏差 | B | +1 | −1 |
| 3 | 抛罩分离点攻角偏差 | C | +1 | −1 |
| 4 | 抛罩分离点侧滑角偏差 | D | +1 | −1 |
| 5 | 抛罩分离点俯仰角 / 俯仰角速率偏差 | E | −1 | +1 |
| 6 | 抛罩分离点偏航角 / 偏航角速率偏差 | F | +1 | −1 |
| 7 | 抛罩分离点滚转角 / 滚转角速率偏差 | G | +1 | −1 |

　　表 6 - 2 中的组合 +1 表示正向拉偏，−1 表示负向拉偏。基准无拉偏的仿真编号为 Lp0，另外 7 项组合的正负拉偏仿真编号为 Lp1～Lp14。Lp0～Lp14 编号作为图图 6 - 26、图 6 - 27 的横坐标。在无拉偏 Lp0 情况和 Lp1～Lp14 这 14 种拉偏组合情况下，从抛离整流罩开始到发动机点火前无罩高超声速飞行器的攻角变化见图 6 - 26，其侧滑角变化见图 6 - 27。图中的红色点表示最大值，黑色点表示最小值。可见抛离整流罩开始到发动机点火前无罩高超声速飞行器的攻角变化范围在 $0.17°\sim0.36°$ 之间，侧滑角变化范围在 $-0.06°\sim0.12°$ 之间。

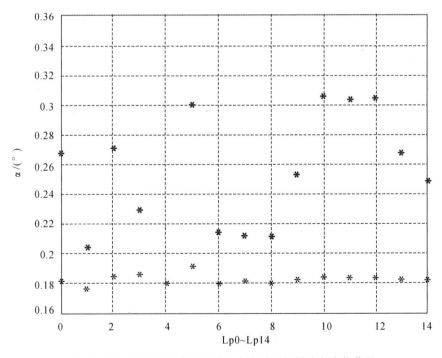

**图 6 - 26　整流罩抛离到发动机点火前飞行器攻角变化范围**

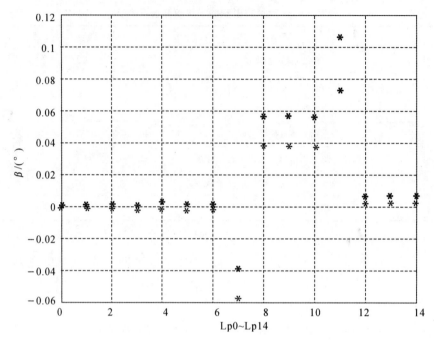

**图 6-27　整流罩抛离到发动机点火前飞行器侧滑角变化范围**

# 6.5　本 章 小 节

　　本章研究了高超声速飞行器分离段的控制技术。建立了高超声速飞行器分离段的分离动力学模型、碰撞模型、分离气动扰动模型,并在这些模型基础上进行助推分离控制和整流罩分离控制的设计。这些控制方法已应用于高超声速飞行器分离段控制设计中,控制效果很好。

# 第7章　高超声速飞行器巡航段精细姿态控制

吸气式高超声速飞行器在巡航飞行中的主要控制问题是保证姿态的高精度，使超燃冲压发动机工作在良好的进气条件下。在第1章综述中提出了一个高超声速飞行控制的基础科学问题，即精细姿态控制（Sophisticated Attitude Control of Hypersonic Flight），典型指标是：平衡攻角 $\pm1°$、侧滑角 $0°\pm1°$；姿态角速度 $\leqslant 2°/s$。这是高超声速飞行器对飞行姿态的高精度要求，是其区别于其他飞行器的一个显著特征。精细姿态控制的要求不但是保证超燃冲压发动机工作的基本条件，也是未来长时间巡航飞行时飞行器阻力最小、发动机燃烧室工作在最佳设计状态的要求。本章从鲁棒控制、弹性控制、复合舵面控制和考虑舵机非线性控制等多个方面，探讨提高高超声速飞行器姿态控制精度的方法。

## 7.1　高超声速飞行器姿态控制系统设计

### 7.1.1　基于极点配置的姿态控制系统设计

如前所述，高超声速飞行器高精度姿态控制可以采用攻角反馈控制，也可以通过姿态角反馈控制和法向过载反馈控制来实现。不同之处在于，攻角反馈控制是通过反馈攻角实现对攻角的直接测量及控制，但需要高精度的攻角测量装置；姿态角和过载的反馈控制是通过对姿态角和法向过载的高精度控制来间接实现对攻角的控制。

不同的控制形式，其飞行控制系统结构也各不相同，下面以法向过载反馈为例，阐述基于极点配置的飞行控制系统设计原理。

高超声速飞行器法向过载反馈飞行控制系统结构如图 7-1 所示。

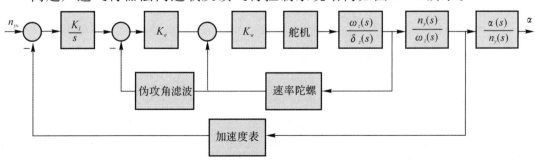

**图 7-1　法向过载反馈飞行控制系统结构**

### 7.1.1.1　极点配置设计原理

高超声速飞行器纵向通道传递函数：

$$\frac{\omega_z(s)}{\delta_z(s)} = \frac{-a_3(s+a_4)}{s^2+(a_1+a_4)s+a_2+a_1a_4} \tag{7-1}$$

忽略舵机、速率陀螺及加速度表的动态特性，则法向过载回路的闭环传递函数：

$$\frac{n_y(s)}{n_{yc}(s)} = \frac{-a_3a_4K_wK_aK_IV/g}{s^3+(a_1+a_4-a_3K_w)s^2+a_2+(a_1a_4-a_3a_4K_w-a_3K_wK_a)s-a_3a_4K_wK_aK_IV/g} \tag{7-2}$$

假定理想特征多项式：

$$\det(s) = (T_0s+1)\left(\frac{s^2}{\omega_d^2}+\frac{2\xi_d}{\omega_d}s+1\right) \tag{7-3}$$

根据极点配置原理，法向过载闭环传函数特征多项式与理想特征多项式对应系数相等，可求得相应的控制参数：

$$K_w = -\left(\frac{2\xi_d\omega_dT_0+1}{T_0}-a_1-a_4\right)\Big/a_3 \tag{7-4}$$

$$K_a = -\left(\frac{2\xi_d\omega_d+T_0\omega_d^2}{T_0}-a_1a_4+a_4a_3K_w\right)\Big/a_3K_w \tag{7-5}$$

$$K_I = -\frac{\omega_d^2g}{T_0a_3a_4K_wK_aV} \tag{7-6}$$

从式（7-4）～式（7-6）可以看出，只要给出系统的性能指标 $T_0,\xi_d,\omega_d$，即可求出高超声速飞行器法向过载控制系统的参数。

### 7.1.1.2　控制系统的性能指标确定

对于三回路过载控制系统，一般采用时域和频域混合指标，即 $\tau,\xi,\omega_c$。其中 $\tau$ 为三回路控制系统闭环一阶等效时间常数。对于临近空间高超声速飞行器时间常数一般取 $0.5\sim1s$。二阶阻尼 $\xi$ 一般取 $0.7$ 附近。而穿越频率 $\omega_c$ 根据舵机的带宽来确定，一般取 $\omega_c=(1/5\sim1/3)\omega_a$，$\omega_a$ 为舵机的带宽频率。

### 7.1.2　高超声速飞行器多模控制系统设计

高超声速飞行器在飞行过程中存在着进气道关闭、进气道打开以及发动机点火工作等不同工作状态，如果单独对不同飞行状态进行极点配置设计，则给出的控制器参数将会出现跳变，这在高超声速飞行器飞行过程将是不能容忍的。为此本节基于参数空间方法给出高超声速飞行器多模控制系统设计。

#### 7.1.2.1  多模控制系统设计原理

设系统模型为

$$\left.\begin{aligned} \dot{x} &= A(\theta)x + B(\theta)u \\ y &= Cx \end{aligned}\right\} \tag{7-7}$$

这里 $\theta$ 是不确定对象特征参数向量。当 $\theta = [\theta_1, \theta_2, \cdots, \theta_n]$ 时,系统式(7-7)即为一多模系统。设系统反馈控制律为 $u = -Kx$ ,使 $\theta = [\theta_1, \theta_2, \cdots, \theta_n]$ 时的多模系统所有极点配置在期望的区域内,即对多模系统寻找一个公共的控制器 $K$ 使 $\theta = \theta_1$ , $\theta = \theta_2, \cdots, \theta = \theta_n$ 时所有系统的极点处于期望的区域内。这种方法就是"多模方法"。图 7-2 给出了两个控制对象时的参数空间方法示意图。

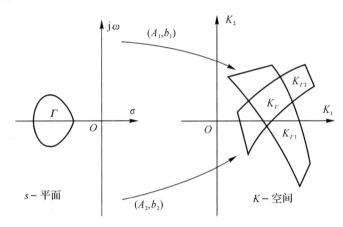

图 7-2  两个对象时参数空间方法示意图

图 7-2 中 $\Gamma$ 为期望的极点配置区域,一般由性能指标所决定,$K_{\Gamma 1}$ 为系统 $(A_1, b_1)$ 在参数空间 $K$ 平面的映射区域,$K_{\Gamma 2}$ 为系统 $(A_2, b_2)$ 在参数空间 $K$ 平面的映射区域,$K_\Gamma$ 为系统 $(A_1, b_1)$ 和 $(A_2, b_2)$ 在参数空间 $K$ 平面的公共区域,即公共控制器。

#### 7.1.2.2  多模系统极点配置区域

连续系统的动态品质可由 4 个参数来决定:

(1)最小带宽 $\omega_{n\min}$:决定系统最大允许调节时间,近似地有

$$t_s = 3.5/(\xi\omega_{n\min}) \tag{7-8}$$

(2)最大带宽 $\omega_{n\max}$:为保证系统的鲁棒性。应使 $\omega_{n\max}$ 是未建模动态频带的 1/5 以下。

(3)最小阻尼 $\xi_{\min}$:规定最大允许超调量,近似地有

$$\sigma\% = 100\mathrm{e}^{-\frac{\xi}{\sqrt{1-\xi^2}}}\% \tag{7-9}$$

(4)最大阻尼 $\xi_{\max}$:为保证响应足够快,取 $\xi_{\max} \leqslant 1.2$。

另外,系统零点对动态特性有一定影响,在决定极点配置区域时可以略加考虑。

对于二阶系统利用极点配置方法很容易给出 $\Gamma$-稳定区域。

二阶可控系统其闭环特征多项式为

$$G(s) = g(s)/d(s) \tag{7-10}$$

式中,

$$G(s) = \begin{bmatrix} l_{11}s + l_{12} \\ l_{21}s + l_{22} \end{bmatrix} \tag{7-11}$$

$$d(s) = s^2 + d_1 s + d_2 \tag{7-12}$$

闭环系统期望特征多项式为

$$d(s) = s^2 + 2\xi\omega_n s + \omega_n = d(s) + \boldsymbol{k}^{\mathrm{T}} \boldsymbol{g}(s) \tag{7-13}$$

$$\boldsymbol{k}^{\mathrm{T}} = [k_1, k_2] \tag{7-14}$$

所以有

$$\begin{bmatrix} L_{11} & L_{21} \\ L_{12} & L_{22} \end{bmatrix} \begin{bmatrix} k_1 \\ k_2 \end{bmatrix} = \begin{bmatrix} 2\xi wn - d_1 \\ wn^2 - d_2 \end{bmatrix} \tag{7-15}$$

即可求出控制器增益 $k_1, k_2$。

对于式(7-10)～式(7-15)描述的系统具有 $\Gamma$-稳定性的充要条件是:

$$\left. \begin{aligned} &l_{12}k_1 + l_{22}k_2 + d_2 - \omega_{n\min}^2 \geqslant 0 \\ &l_{12}k_1 + l_{22}k_2 + d_2 - \omega_{n\max}^2 \leqslant 0 \\ &l_{21}^2 k_2^2 + (2l_{11}l_{21}k_1 + 2l_{21}d_1 - 4\xi_{\min}^2 l_{22})k_2 + l_{11}^2 k_1^2 + \\ &\qquad (2l_{11}d_1 - 4\xi_{\min}^2 l_{12})k_1 + d_1^2 - 4\xi_{\min}^2 d_2 \geqslant 0 \\ &l_{21}^2 k_2^2 + (2l_{11}l_{21}k_1 + 2l_{21}d_1 - 4\xi_{\max}^2 l_{22})k_2 + l_{11}^2 k_1^2 + \\ &\qquad (2l_{11}d_1 - 4\xi_{\min}^2 l_{12})k_1 + d_1^2 - 4\xi_{min}^2 d_2 \leqslant 0 \end{aligned} \right\} \tag{7-16}$$

可以解出

$$\left. \begin{aligned} \xi &= \frac{l_{11}k_1 + l_{21}k_2 + d_1}{\sqrt{l_{12}k_1 + l_{22} + d_2}} \\ \omega_n &= \sqrt{l_{12}k_1 + l_{22}k_2 + d_2} \end{aligned} \right\} \tag{7-17}$$

得到满足 $\Gamma$-稳定性的参数区域如图 7-3 ～ 图 7-4 所示。

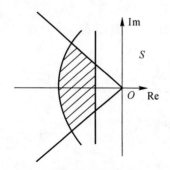

图 7-3　满足 $\Gamma$-稳定性的区域

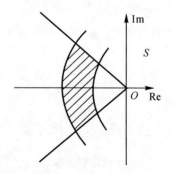

图 7-4　二阶系统满足 $\Gamma$-稳定性的区域

### 7.1.2.3 高超声速飞行器多模控制系统设计

以纵向通道为例,高超声速飞行器飞行控制系统结构如图 7-5 所示。

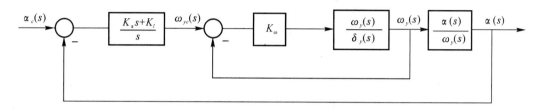

图 7-5 高超声速飞行器飞行控制系统

高超声速飞行器飞行控制系统采用攻角反馈自动驾驶仪,内回路采用俯仰角速率反馈以实现对飞行控制系统的增稳。外回路采用攻角反馈以实现对飞行器姿态的精确控制。

采用阻尼回路简化模型,得到弹体传递函数

$$\frac{\alpha(s)}{E_y(s)} = \frac{T_{1d}K'_d}{T'_d s + 1} \tag{7-18}$$

$$\frac{\hat{\alpha}(s)}{E_y(s)} = \frac{T_{1d}K'_d}{T'_d s + 1} \tag{7-19}$$

式中,$\alpha$ 为攻角,$E_y$ 为角速率反馈回路输入指令。令 $x_1 = \hat{\alpha}$,$x_2 = \int \alpha$,有

$$l_{11} = T_{1d}K'_d / T'_d$$
$$l_{12} = 0$$
$$l_{21} = 0$$
$$l_{22} = T_{1d}K'_d / T'_d$$
$$d_1 = 1/T'_d$$
$$d_2 = 0$$

由下式解出控制增益 $k_1$,$k_2$:

$$\begin{bmatrix} l_{11} & l_{21} \\ l_{12} & l_{22} \end{bmatrix} \begin{bmatrix} k_1 \\ k_2 \end{bmatrix} = \begin{bmatrix} 2\xi'_d \omega'_d - d_1 \\ \omega'^2_d - d_2 \end{bmatrix} \tag{7-20}$$

图 7-6 给出某型高超声速飞行器,飞行高度 $H = 25\text{km}$,$Ma = 6$ 时,飞行器进气道关闭、进气道打开以及超燃冲压发动机点火时的多模控制系统的参数空间。图 7-7 给出该多模控制系统的控制性能仿真。

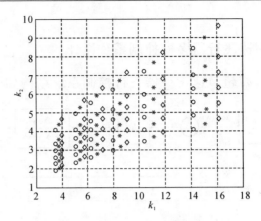

图 7－6　多模控制系统参数空间

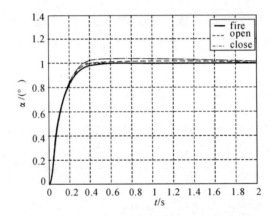

图 7－7　不同飞行状态时控制系统性能仿真

## 7.1.3　基于 $H_\infty$ 理论的鲁棒控制系统设计

### 7.1.3.1　模型不确定下的稳定性定理

由于人们的认识能力或表达方式有限,或由于人为地简化等原因造成的数学模型与实际系统之间的差别称为被控模型的不确定性。

其主要来源为:

(1) 参数测量的误差。

(2) 参数辨识带来的误差。

(3) 环境和运行条件影响。

(4) 人为简化。

对于模型的不确定性,一种处理方法是以一个确定的数学模型为基准,称之为被控对象的名义模型(nominal model);而把实际被控对象的含有不确定性的模型视为相对名义模型的偏移,并把这种偏移称为摄动(perturbation),此时的模型称之为摄动模型(perturbation model)。

被控对象的不确定性分为两类:一类是对不确定性的结构有所了解,如某矩阵的某子块含有不确定性,这种不确定性称为结构型不确定性;另一类是对于模型的不确定结构并不了解,只能笼统地认为模型整体含有不确定性,这种不确定性称为非结构不确定性。

模型参数变化是被控对象模型不确定性的重要来源,不确定模型的表示方法通常包括状态空间矩阵法和传递函数表示法。本节以输出端乘型非结构不确定性为例进行讨论。

如图 $7-8$,$G(s)$ 为名义被控对象,$M_o(s)$ 为被控对象的输出端乘型不确定性,则实际的被控对象 $\widetilde{G}(s)$ 表示为

$$\widetilde{G}(s) = [I + M_o(s)]G(s) \qquad (7-21)$$

所有可允许的输出端乘型不确定性描述为

$$G_{\mathrm{mo}}(s) = \begin{cases} M_o(s): & n_G^+ = n^+ \\ & \bar{\sigma}[M_o(\mathrm{j}\omega)] < W_2(\mathrm{j}\omega), \forall \omega \in [0, \infty) \end{cases} \qquad (7-22)$$

其中 $M_o(s)$ 为真的有理函数,$n_G^+$ 为名义被控对象的不稳定极点数,$W_2(\mathrm{j}\omega)$ 为输出端乘型不确定性的界函数。

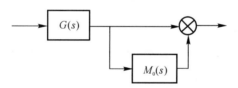

**图 7 - 8　被控对象的输出端乘型不确定性方块图**

下面给出被控对象具有输出端乘型不确定性下的稳定的充要条件,即如果名义闭环系统 $F(G(s), K(s))$ 内稳定,则 $\forall M_o(s) \in G_{\mathrm{mo}}(s)$,摄动系统 $F(\widetilde{G}(s), K(s))$ 也内稳定的充要条件为

$$\bar{\sigma}[GK(I+GK)^{-1}(\mathrm{j}\omega)] < 1/W_2(\mathrm{j}\omega), \quad \forall \omega \in [0, \infty) \qquad (7-23)$$

其中 $K(s)$ 为反馈控制器的传递函数。

### 7.1.3.2　$H_\infty$ 控制问题描述

标准的 $H_\infty$ 控制问题框图如图 $7-9$ 所示。图中的 $w \in \mathbf{R}^{m_1}$ 为外输入信号,包括外干扰、噪声、参考输入等;$u \in \mathbf{R}^{m_2}$ 为控制信号;$z \in \mathbf{R}^{p_1}$ 为被控输出信号;$y \in \mathbf{R}^{p_2}$ 为被测信号。$P(s)$ 为广义被控对象,包括广义被控对象和加权函数,$K(s)$ 为需要设计的控制器。

广义被控对象 $P(s)$ 的状态方程为

$$\left.\begin{aligned}\dot{\boldsymbol{x}}(t) &= \boldsymbol{A}\boldsymbol{x}(t) + \boldsymbol{B}_1\boldsymbol{w}(t) + \boldsymbol{B}_2\boldsymbol{u}(t) \\ \boldsymbol{z}(t) &= \boldsymbol{C}_1\boldsymbol{x}(t) + \boldsymbol{D}_{11}\boldsymbol{w}(t) + \boldsymbol{D}_{12}\boldsymbol{u}(t) \\ \boldsymbol{y}(t) &= \boldsymbol{C}_2\boldsymbol{x}(t) + \boldsymbol{D}_{21}\boldsymbol{w}(t) + \boldsymbol{D}_{22}\boldsymbol{u}(t)\end{aligned}\right\} \qquad (7-24)$$

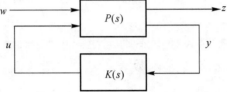

**图 7 - 9    标准 $H_\infty$ 控制问题框图**

其中相应的广义被控对象 $\boldsymbol{P}(s)$ 的传递函数形式为

$$\boldsymbol{P}(s) = \begin{bmatrix} \boldsymbol{P}_{11} & \boldsymbol{P}_{12} \\ \boldsymbol{P}_{21} & \boldsymbol{P}_{22} \end{bmatrix} = \begin{bmatrix} \boldsymbol{D}_{11} & \boldsymbol{D}_{12} \\ \boldsymbol{D}_{21} & \boldsymbol{D}_{22} \end{bmatrix} + \begin{bmatrix} \boldsymbol{C}_1 \\ \boldsymbol{C}_2 \end{bmatrix}(s\boldsymbol{I} - \boldsymbol{A})^{-1}\begin{bmatrix} \boldsymbol{B}_1 & \boldsymbol{B}_2 \end{bmatrix} \qquad (7-25)$$

则从 $w$ 到 $z$ 的闭环系统传递函数

$$\boldsymbol{F}_l(\boldsymbol{P}, \boldsymbol{K}) = \boldsymbol{P}_{11} + \boldsymbol{P}_{12}\boldsymbol{K}(\boldsymbol{I} - \boldsymbol{P}_{22}\boldsymbol{K})^{-1}\boldsymbol{P}_{21} \qquad (7-26)$$

由此标准 $H_\infty$ 控制可描述为:求取控制器 $\boldsymbol{K}(s)$ 使闭环系统内稳定,且使系统闭环传递函数 $\boldsymbol{F}_l(\boldsymbol{P}, \boldsymbol{K})$ 满足

$$\parallel \boldsymbol{F}_l(\boldsymbol{P}, \boldsymbol{K}) \parallel_\infty < \gamma \qquad (7-27)$$

其中 $\gamma$ 为给定常数,不失其一般性可取为 $\gamma = 1$。

### 7.1.3.3  $H_\infty$ 控制问题的代数 Riccati 方程解法

本小节讨论一种针对输出反馈条件下求解 $H_\infty$ 控制问题的两个代数 Riccati 方程算法。

设广义被控对象 $\boldsymbol{P}(s)$ 满足文献[152]中的 6 个假设条件。为求取满足 $\parallel \boldsymbol{F}_l(\boldsymbol{P}, \boldsymbol{K}) \parallel_\infty < \gamma$ 的控制器 $\boldsymbol{K}(s)$,定义:

$$\boldsymbol{D}_{1\cdot} = \begin{bmatrix} \boldsymbol{D}_{11} & \boldsymbol{D}_{12} \end{bmatrix}, \quad \boldsymbol{D}_{\cdot 1} = \begin{bmatrix} \boldsymbol{D}_{11} \\ \boldsymbol{D}_{21} \end{bmatrix}, \quad \boldsymbol{B}_{\cdot} = \begin{bmatrix} \boldsymbol{B}_1 & \boldsymbol{B}_2 \end{bmatrix}, \quad \boldsymbol{C}_{\cdot} = \begin{bmatrix} \boldsymbol{C}_1 & \boldsymbol{C}_2 \end{bmatrix}$$

$$\boldsymbol{R} = \boldsymbol{D}_{1\cdot}^{\mathrm{T}}\boldsymbol{D}_{1\cdot} - \begin{bmatrix} \gamma^2\boldsymbol{I}_{m_1} & \boldsymbol{0} \\ \boldsymbol{0} & \boldsymbol{0} \end{bmatrix}, \quad \widetilde{\boldsymbol{R}} = \boldsymbol{D}_{1\cdot}\boldsymbol{D}_{1\cdot}^{\mathrm{T}} - \begin{bmatrix} \gamma^2\boldsymbol{I}_{p_1} & \boldsymbol{0} \\ \boldsymbol{0} & \boldsymbol{0} \end{bmatrix}$$

假设下列两个代数 Riccati 方程的解存在且分别为 $\boldsymbol{X}_\infty$ 和 $\boldsymbol{Y}_\infty$,则有

$$\boldsymbol{X}_\infty = \mathrm{Ric}\left\{\begin{bmatrix} \boldsymbol{A} & \boldsymbol{0} \\ -\boldsymbol{C}_1^{\mathrm{T}}\boldsymbol{C}_1 & -\boldsymbol{A}^{\mathrm{T}} \end{bmatrix} - \begin{bmatrix} \boldsymbol{B}_{\cdot} \\ -\boldsymbol{C}_1^{\mathrm{T}}\boldsymbol{D}_{1\cdot} \end{bmatrix}\boldsymbol{R}^{-1}\begin{bmatrix} \boldsymbol{D}_{1\cdot}^{\mathrm{T}}\boldsymbol{C}_1 & \boldsymbol{B}_{\cdot}^{\mathrm{T}} \end{bmatrix}\right\} \qquad (7-28)$$

$$\boldsymbol{Y}_\infty = \mathrm{Ric}\left\{\begin{bmatrix} \boldsymbol{A}^{\mathrm{T}} & \boldsymbol{0} \\ -\boldsymbol{B}_1\boldsymbol{B}_1^{\mathrm{T}} & -\boldsymbol{A} \end{bmatrix} - \begin{bmatrix} \boldsymbol{C}_{\cdot}^{\mathrm{T}} \\ -\boldsymbol{B}_1\boldsymbol{D}_{\cdot 1}^{\mathrm{T}} \end{bmatrix}\widetilde{\boldsymbol{R}}^{-1}\begin{bmatrix} \boldsymbol{D}_{\cdot 1}\boldsymbol{B}_1^{\mathrm{T}} & \boldsymbol{C}_{\cdot} \end{bmatrix}\right\} \qquad (7-29)$$

则状态反馈矩阵 $\boldsymbol{F}$ 和输出反馈矩阵 $\boldsymbol{H}$ 为

$$\boldsymbol{F} = \begin{bmatrix} \boldsymbol{F}_{11} \\ \boldsymbol{F}_{12} \\ \boldsymbol{F}_{13} \end{bmatrix} = -\boldsymbol{R}^{-1} \begin{bmatrix} \boldsymbol{D}_{1\cdot}^{\mathrm{T}} \boldsymbol{C}_1 + \boldsymbol{B}_{\cdot}^{\mathrm{T}} \boldsymbol{X}_{\infty} \end{bmatrix} \tag{7-30}$$

$$\boldsymbol{H} = \begin{bmatrix} \boldsymbol{H}_{11} & \boldsymbol{H}_{12} & \boldsymbol{H}_{13} \end{bmatrix} = -\begin{bmatrix} \boldsymbol{B}_1 \boldsymbol{D}_{\cdot 1}^{\mathrm{T}} + \boldsymbol{Y}_{\infty} \boldsymbol{C}_{\cdot}^{\mathrm{T}} \end{bmatrix} \widetilde{\boldsymbol{R}}^{-1} \tag{7-31}$$

如果广义被控对象 $\boldsymbol{P}(s)$ 满足文献[152]中所述 6 个假设条件,则存在一个内稳定控制器 $\boldsymbol{K}(s)$ 满足 $\parallel \boldsymbol{F}_l(\boldsymbol{P},\boldsymbol{K}) \parallel_{\infty} < \gamma$ 的充要条件是:

(1) $\max(\bar{\sigma}\begin{bmatrix} \boldsymbol{D}_{1111} & \boldsymbol{D}_{1112} \end{bmatrix}, \bar{\sigma}\begin{bmatrix} \boldsymbol{D}_{1111}^{\mathrm{T}} & \boldsymbol{D}_{1121}^{\mathrm{T}} \end{bmatrix}) < \gamma$。

(2) $\boldsymbol{X}_{\infty} \geqslant 0$。

(3) $\boldsymbol{Y}_{\infty} \geqslant 0$。

(4) $\rho(\boldsymbol{X}_{\infty} \boldsymbol{Y}_{\infty}) < \gamma^2$。

当上述条件成立时,所有满足 $\parallel \boldsymbol{F}_l(\boldsymbol{P},\boldsymbol{K}) \parallel_{\infty} < \gamma$ 的实有理内稳定控制器 $\boldsymbol{K}(s)$ 表示为

$$\boldsymbol{K} = \boldsymbol{F}_l(\boldsymbol{K}_a, \boldsymbol{Q}) \tag{7-32}$$

其中,$\boldsymbol{K}_a$ 为 $H_{\infty}$ 次优控制器,$\boldsymbol{Q}$ 为 $H_{\infty}$ 空间的任意函数,且 $\parallel \boldsymbol{Q} \parallel_{\infty} < \gamma$ 用来参数化控制器 $\boldsymbol{K}(s)$。这时 $\boldsymbol{K}_a$ 为

$$\boldsymbol{K}_a = \begin{bmatrix} \hat{\boldsymbol{A}} & \hat{\boldsymbol{B}}_1 & \hat{\boldsymbol{B}}_2 \\ \hat{\boldsymbol{C}}_1 & \hat{\boldsymbol{D}}_{11} & \hat{\boldsymbol{D}}_{12} \\ \hat{\boldsymbol{C}}_2 & \hat{\boldsymbol{D}}_{21} & \boldsymbol{0} \end{bmatrix}$$

其中,

$$\hat{\boldsymbol{B}}_2 = (\boldsymbol{B}_2 + \boldsymbol{H}_{12}) \hat{\boldsymbol{D}}_{12}$$

$$\hat{\boldsymbol{B}}_1 = -\boldsymbol{H}_2 + \hat{\boldsymbol{B}}_2 \hat{\boldsymbol{D}}_{12}^{-1} \hat{\boldsymbol{D}}_{11}$$

$$\hat{\boldsymbol{C}}_2 = -\hat{\boldsymbol{D}}_{21}(\boldsymbol{C}_2 + \boldsymbol{F}_{12})\boldsymbol{Z}$$

$$\boldsymbol{C}_1 = \boldsymbol{F}_2 \boldsymbol{Z} + \hat{\boldsymbol{D}}_{11} \hat{\boldsymbol{D}}_{21}^{-1} \hat{\boldsymbol{C}}_2$$

$$\hat{\boldsymbol{A}} = \boldsymbol{A} + \boldsymbol{H}\boldsymbol{C}_{\cdot} + \hat{\boldsymbol{B}}_2 \hat{\boldsymbol{D}}_{12}^{-1} \hat{\boldsymbol{C}}_1$$

$$\boldsymbol{Z} = (\boldsymbol{I} - \gamma^{-2} \boldsymbol{Y}_{\infty} \boldsymbol{X}_{\infty})^{-1}$$

$$\hat{\boldsymbol{D}}_{11} = -\boldsymbol{D}_{1121} \boldsymbol{D}_{1111}^{\mathrm{T}} (\gamma^2 \boldsymbol{I} - \boldsymbol{D}_{1111} \boldsymbol{D}_{1111}^{\mathrm{T}})^{-1} \boldsymbol{D}_{1112} - \boldsymbol{D}_{1122}$$

$\hat{\boldsymbol{D}}_{12} \in \boldsymbol{R}^{m_2 \times m_2}$,$\hat{\boldsymbol{D}}_{21} \in \boldsymbol{R}^{p_2 \times p_2}$ 是满足下面两式的任意矩阵:

$$\hat{\boldsymbol{D}}_{12} \hat{\boldsymbol{D}}_{12}^{\mathrm{T}} = \boldsymbol{I} - \boldsymbol{D}_{1121} (\gamma^2 \boldsymbol{I} - \boldsymbol{D}_{1111}^{\mathrm{T}} \boldsymbol{D}_{1111})^{-1} \boldsymbol{D}_{1121}^{\mathrm{T}}$$

$$\hat{\boldsymbol{D}}_{21}^{\mathrm{T}} \hat{\boldsymbol{D}}_{21} = \boldsymbol{I} - \boldsymbol{D}_{1112}^{\mathrm{T}} (\gamma^2 \boldsymbol{I} - \boldsymbol{D}_{1111} \boldsymbol{D}_{1111}^{\mathrm{T}})^{-1} \boldsymbol{D}_{1112}$$

### 7.1.3.4　混合灵敏度设计问题

通常被控对象确定以后,要设计一个满意的反馈控制系统,就要确定一个稳定的控制器使闭环系统满足一定的性能指标。概括起来主要有以下几点:

(1) 闭环系统的鲁棒稳定性。

(2) 系统对外界干扰的灵敏性。

（3）闭环系统的动态性能。

（4）系统的稳态响应及误差。

（5）闭环系统的关联作用。

（6）系统对参数变化的鲁棒性。

以上指标中，闭环系统的鲁棒稳定性和对外干扰的灵敏性非常重要，它们是闭环控制系统正常工作的必要条件。为说明这个问题，以图 7-10 所示的输出端乘型不确定性反馈控制系统为例，图中 $d$ 为外干扰信号，$\pmb{\eta}$ 为系统的测量噪声，$\pmb{G}(s)$ 为名义被控对象，$\pmb{K}(s)$ 为要设计的控制器，$\pmb{G}_{mo}(s)$ 为模型输出端乘型不确定性，$\pmb{W}_2(s)$ 为乘型模型不确定性界函数。该反馈控制系统在输出端乘型不确定性作用下闭环反馈控制系统鲁棒稳定的充要条件是

$$\bar{\pmb{\sigma}}[\pmb{W}_2\pmb{G}\pmb{K}\,(\pmb{I}+\pmb{G}\pmb{K})^{-1}]<1,\quad \forall\,\omega\in[0,\infty) \tag{7-33}$$

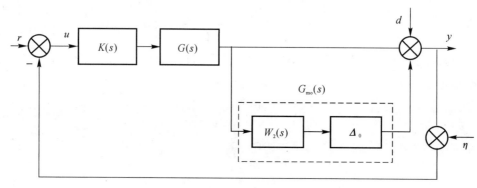

**图 7-10　输出端乘型模型不确定性方框图**

对名义被控对象 $\Delta_0=0$，此时系统的输入输出为

$$\pmb{y}=\pmb{G}\pmb{K}\,(\pmb{I}+\pmb{G}\pmb{K})^{-1}(\pmb{r}-\pmb{\eta})+(\pmb{I}+\pmb{G}\pmb{K})^{-1}\pmb{d} \tag{7-34}$$

系统对命令 $\pmb{r}$ 的跟踪误差为

$$\pmb{e}=\pmb{r}-\pmb{y}=(\pmb{I}+\pmb{G}\pmb{K})^{-1}(\pmb{r}-\pmb{d})+\pmb{G}\pmb{K}\,(\pmb{I}+\pmb{G}\pmb{K})^{-1}\pmb{\eta} \tag{7-35}$$

这里定义 $\pmb{S}=(\pmb{I}+\pmb{G}\pmb{K})^{-1}$ 为系统的灵敏度函数，$\pmb{T}=\pmb{G}\pmb{K}\,(\pmb{I}+\pmb{G}\pmb{K})^{-1}$ 为系统的补灵敏度函数。由上式可以看出，反馈控制系统对输入命令 $\pmb{r}$ 的跟踪误差与系统的灵敏度函数 $\pmb{S}$ 和补灵敏度函数 $\pmb{T}$ 有直接关系。若 $\pmb{S}$ 较小，反馈控制系统对输入命令有很好的跟踪能力，且对外干扰信号有较强的抵抗能力；若 $\pmb{T}$ 较小，则反馈控制系统有较强的鲁棒稳定性。为降低反馈控制系统对外干扰的灵敏性和提高系统的鲁棒稳定性，需要在有效频带内对灵敏度函数 $\pmb{S}$ 和补灵敏度函数 $\pmb{T}$ 的形状提出要求。但 $\pmb{S}+\pmb{T}=\pmb{I}$，因此需在设计系统的性能和鲁棒稳定性时对灵敏度函数 $\pmb{S}$ 和补灵敏度函数 $\pmb{T}$ 折中考虑。在 $H_\infty$ 鲁棒控制理论中，这一折中考虑可以用混合灵敏度 $\pmb{S}/\pmb{T}$ 问题解决，定义如下指标：

$$\|\pmb{T}_{zw}\|_\infty=\left\|\begin{matrix}\pmb{W}_1\pmb{S}\\ \pmb{W}_2\pmb{T}\end{matrix}\right\|_\infty<1 \tag{7-36}$$

这里$W_1(s)$为性能权函数,反映出对系统灵敏度函数 $S$ 的形状要求;$W_2(s)$为模型不确定性界函数,由被控对象的模型不确定性决定。

$H_\infty$/混合灵敏度设计问题可简述为:对于名义受控对象 $G(s)$ 和选取的性能权函数 $W_1(s)$、模型不确定性界函数$W_2(s)$,求取一个控制器 $K(s)$,使得系统稳定且满足式(7-36)的指标。

下面讨论如何将式(7-36)的混合灵敏度设计问题转化为标准 $H_\infty$ 控制问题。

如图 7-11 所示为化为标准 $H_\infty$ 控制问题的混合灵敏度控制问题框图。

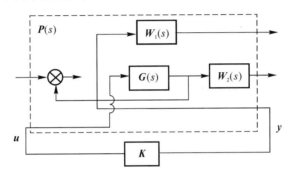

**图 7-11　化为标准控制问题的混合灵敏度设计问题框图**

图 7-11 中广义被控对象

$$P(s) = \begin{bmatrix} P_{11} & P_{12} \\ P_{21} & P_{22} \end{bmatrix} = \begin{bmatrix} W_1 & -W_1 G \\ 0 & W_2 G \\ I & -G \end{bmatrix} \tag{7-37}$$

$$P_{11} = \begin{bmatrix} W_1 \\ 0 \end{bmatrix}, \quad P_{12} = \begin{bmatrix} -W_1 G \\ W_2 G \end{bmatrix}, \quad P_{21} = I, \quad P_{22} = -G$$

从 $w$ 到 $z$ 的反馈控制系统的闭环传递函数为

$$F_l(P,K) = P_{11} + P_{12} K (I - P_{22} K)^{-1} P_{21} \tag{7-38}$$

设 $G, W_2 G, W_1$ 分别为

$$G = \begin{bmatrix} A_g & B_g \\ C_g & D_g \end{bmatrix}, \quad W_2 G = \begin{bmatrix} A_g & B_g \\ C_{W_2} & D_{W_2} \end{bmatrix}, \quad W_1 = \begin{bmatrix} A_{W_1} & B_{W_1} \\ C_{W_1} & D_{W_1} \end{bmatrix}$$

则此时广义被控对象的系统矩阵为

$$P(s) = \begin{bmatrix} A & B_1 & B_2 \\ C_1 & D_{11} & D_{12} \\ C_2 & D_{21} & D_{22} \end{bmatrix} \tag{7-39}$$

其中 $\quad A = \begin{bmatrix} A_g & 0 \\ B_{W_1} C_g & A_{W_1} \end{bmatrix}, \quad B_1 = \begin{bmatrix} 0 \\ B_{W_1} \end{bmatrix}, \quad B_2 = \begin{bmatrix} B_g \\ B_{W_1} D_g \end{bmatrix}$

$$C_1 = \begin{bmatrix} D_{W_1}C_g & C_{W_1} \\ C_{W_2} & 0 \end{bmatrix}, \quad D_{11} = \begin{bmatrix} D_{W_1} \\ 0 \end{bmatrix}, \quad D_{12} = \begin{bmatrix} D_{W_1}D_g \\ D_{W_2} \end{bmatrix}$$

$$C_2 = \begin{bmatrix} C_g & 0 \end{bmatrix}, \quad D_{21} = I, \quad D_{22} = D_g$$

由此就可求解出满足要求的控制器。因此混合灵敏度设计方法的关键是选择合适的名义被控对象 $G(s)$、性能权函数 $W_1(s)$ 和模型不确定界函数 $W_2(s)$。

### 7.1.3.5 权函数选取方法

由上节可以看出,函数 $W_1(s)$ 和 $W_2(s)$ 与反馈控制系统的灵敏度函数 $S$ 和补灵敏度函数 $T$ 的形状有直接关系。通过合理地选择 $W_1(s)$ 和 $W_2(s)$,可使闭环系统的 $S$ 和 $T$ 按希望的规律变化,进而保证系统具有较强的鲁棒稳定性、对输入命令信号很好的跟踪能力及良好的抗干扰和抑制噪声的能力。由于命令信号和干扰信号的频率较低,因此在低频段,在保证闭环系统鲁棒稳定的前提下,$S$ 必须尽量小,即 $W_1(s)$ 的幅值应该尽量大,以使系统获得良好的命令跟踪能力和抗干扰能力。而系统的测量噪声一般随频率的增大而增大,因此要求在高频段 $T$ 较小,即 $W_2(s)$ 的幅值应尽量大,以抑制测量噪声的作用。其选取方法归纳如下。

**1. 模型不确定界函数 $W_2(s)$ 的选取方法**

$W_2(s)$ 由模型的非结构不确定性即高频未建模动态特性和模型参数不确定性决定,反映被控对象本身固有的特性,在设计中不变化。

(1)低频段 $W_2(s)$ 的选取。由于高频未建模动态特性和测量噪声在低频段相对较小,因此在低频段 $W_2(s)$ 的幅值不应小于模型参数变化引起的等效模型误差的最大奇异值。

(2)高频段 $W_2(s)$ 的选取。高频未建模动态特性随频率的增大而增大,因此在高频段模型动态特性主要由高频未建模不确定性决定。另外,为抑制测量噪声的作用,在高频段 $W_2(s)$ 的幅值一般较大,即 $W_2(s)$ 具有高通滤波特性。

(3)$W_2(s)$ 与 0dB 线(即 $|W_2(s)|=1$)的交叉频率近似等于或稍大于希望的闭环系统带宽。

**2. 性能权函数 $W_1(s)$ 的选取方法**

(1)低频段 $W_1(s)$ 的选取。系统的外输入命令和外干扰信号的频率一般较低,因此为使系统具有良好的命令跟踪能力和抗干扰能力,在低频段 $W_1(s)$ 的幅值应尽可能大。

(2)高频段 $W_1(s)$ 的选取。为了控制系统的超调量,在高频段 $W_1(s)$ 的幅值一般取在 $0.1 \sim 0.8$ 之间。

(3)$W_1(s)$ 与 0dB 线的交叉频率近似等于或稍小于希望的闭环系统带宽。由于 $H_\infty$ 鲁棒控制器的维数等于标准被控对象和权函数维数之和,因此为得到低阶次的控制器,按上述方法选取权函数时,在保证设计要求的前提下要尽可能选择低阶次的权函数。另外,选取的权函数应使得广义被控对象 $P(s)$ 满足算法中的 6 个假设条件。

## 7.1.4　基于 $H_\infty$ 混合灵敏度方法的控制器设计

高超声速飞行器巡航段飞行控制系统的设计要求如下:

(1)主特征点攻角回路、侧滑角和滚转角回路具有不少于 10dB 的幅值裕度和 $60°$ 相角裕度。

(2)攻角和侧滑角回路的响应调节时间在 0.2s 左右,阶跃响应无静差,超调小于 10%。

(3)滚转角回路的响应调节时间在 0.15s 左右,阶跃响应无静差,超调小于 10%。

(4)高度回路具有 10dB 的幅值裕度和 $60°$ 相角裕度,高度回路调节时间不大于 5s,航迹回路不大于 10s。

### 7.1.4.1　俯仰通道控制律设计

飞行器俯仰通道的控制系统框图如图 7-12 所示,整个系统分为三个回路、从内到外分别为角速率反馈回路、攻角回路和高度回路。内回路通过角速率反馈实现对飞行器增稳,以减小飞行器的不确定度。其中 $K_\omega$ 为角速率反馈增益,$G_\delta(s)$ 为舵机传递函数,$K_a(s)$ 为 $H_\infty$ 控制器,$K_H(s)$ 为 PD 控制器。

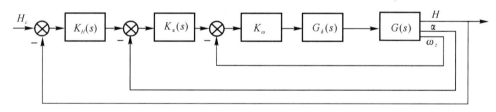

**图 7-12　俯仰通道控制系统框图**

**1. 角速率反馈增益的选择**

引入角速率反馈后内环(角速率反馈)开环传递函数

$$G_o^\omega = K_\omega G_\delta(s) G_{dz}^{\omega z}(s) \tag{7-40}$$

角速率反馈增益 $K_\omega$ 的选取标准是使得内环的开环传递函数 $G_o^\omega$ 的幅频曲线具有接近 10dB 的幅值裕度和 $60°$ 的相角裕度。同时兼顾摄动模型稳定度,综合考虑下选取 $K_\omega = 0.2$,此时主设计点和正负摄动 3km 的两个特征点内环开环对数频率特性曲线如图 7-13 ～ 图 7-15 所示。

**2. 攻角回路的设计**

攻角回路采用混合灵敏度设计方法。已知从舵偏 $\delta_z$ 到 $\omega_z$ 的传递函数为 $G_{dz}^{\omega z}$,

从舵偏 $\delta_z$ 到攻角的传递函数为 $G_{dz}^{\alpha}$。引入角速率反馈后,考虑舵机传函,易知从舵偏指令到攻角的传递函数

$$\overline{G}_{dz}^{\alpha} = \frac{K_{\omega}G_{\delta}G_{dz}^{\omega z}}{1 + K_{\omega}G_{\delta}G_{dz}^{\alpha}} \tag{7-41}$$

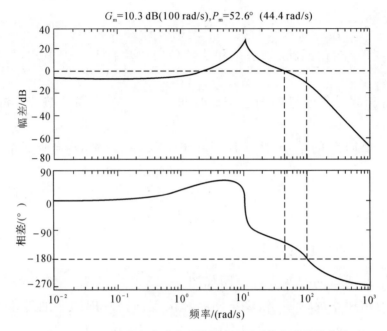

图 7-13　22km 特征点速率反馈回路开环对数频率特性曲线

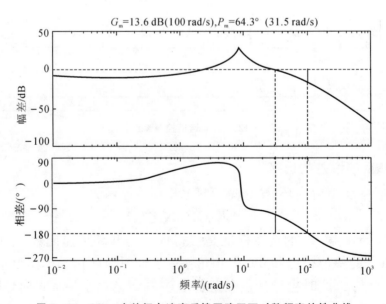

图 7-14　25km 主特征点速率反馈回路开环对数频率特性曲线

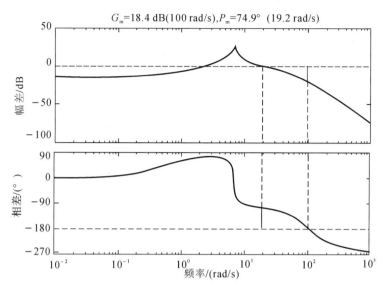

图 7 - 15　28km 特征点速率反馈回路开环对数频率特性曲线

　　记主特征点上的该传递函数为 $\overline{G}_0$，此函数作为设计的标称模型，其余特征点根据高度由高到低分别为 $\overline{G}_i(i=1,2,3,4)$。$H_\infty$／混合灵敏度控制器设计的关键在于合理选择权函数 $\boldsymbol{W}_1(s)$ 和 $\boldsymbol{W}_2(s)$。而由权函数的选取方法知，$\boldsymbol{W}_1(s)$ 和 $\boldsymbol{W}_2(s)$ 的确定与期望的系统带宽 $\omega_c$ 有直接关系，因此第一步需合理选择 $\omega_c$。

　　由于系统带宽与响应速度成正比，为使系统获得快的响应速度和准确的跟踪输入指令，要求系统的带宽尽可能地大，但增大带宽相应削弱了系统对高频噪声的抑制能力，因此需要在响应速度和抑制高频噪声间进行折中，综合考虑选取系统带宽 $\omega_c \approx 10\mathrm{rad/s}$。

　　根据上节中权函数选取方法，有效带宽内 $\boldsymbol{W}_2(s)$ 的幅值应不小于等效模型误差的最大奇异值，即不小于 $\max[\overline{\sigma}(G_{moi})]$，$G_{moi}$ 的表达式为

$$G_{moi} = (\overline{G}_i - \overline{G}_0)0^{-1}, \quad i=1,2,3,4 \tag{7-42}$$

$\boldsymbol{W}_2(s)$ 与 0dB 线的交叉频率稍大于 $10\mathrm{rad/s}$，且在高频段幅值应较高，以抑制高频噪声并反映高频未建模动态特性的影响，同时考虑到降低控制器阶次，取权函数 $\boldsymbol{W}_2(s) = (s+10)/20$，$\boldsymbol{W}_2(s)$ 与 $\max[\overline{\sigma}(G_{moi})]$ 的关系图如图 7 - 16 所示。

　　权函数 $\boldsymbol{W}_1(s)$ 的选取根据上节中讨论的方法，在确保系统稳定的前提下，要求在低频段 $\boldsymbol{W}_1(s)$ 的幅值尽量高，以使系统具有良好的命令跟踪能力和抗干扰性能，在高频段选择合适增益，以控制系统超调，$\boldsymbol{W}_1(s)$ 与 0dB 交叉线的频率略小于带宽，选取

$$W_1(s) = 0.1\gamma_1(s+80)/(s+0.001) \tag{7-43}$$

其中 $\gamma_1$ 为可调参数，在设计中可作调整，这里先取 $\gamma_1 = 1$。

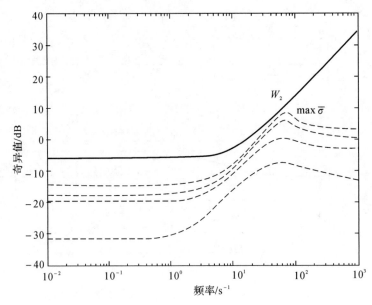

图 7 - 16　$W_2(s)$ 与 $\max[\bar{\sigma}(G_{moi})]$ 的奇异值波特图

选定权函数 $W_1(s)$ 和 $W_2(s)$ 后,便可求解满足要求的 $H_\infty$ 控制器。设计时需调节参数 $\gamma_1$,使闭环系统的灵敏度函数 $S$ 的奇异值波特图曲线尽量下压,即在保证闭环系统鲁棒稳定性的前提下尽可能提高系统性能。经调试,$\gamma_1$ 取 0.7,此时 $W_2^{-1}(s)$ 与补灵敏度函数 $T$,$W_1^{-1}(s)$ 与灵敏度函数 $S$ 的关系图分别如图 7 - 17、图 7 - 18 所示,系统的指标函数 $T_{zw}$ 的奇异值曲线如图 7 - 19 所示,可见在远大于系统带宽的频率域上,满足如下设计指标:

$$\parallel T_{zw} \parallel_\infty = \left\| \begin{matrix} W_1 S \\ W_2 T \end{matrix} \right\|_\infty < 1 \tag{7-44}$$

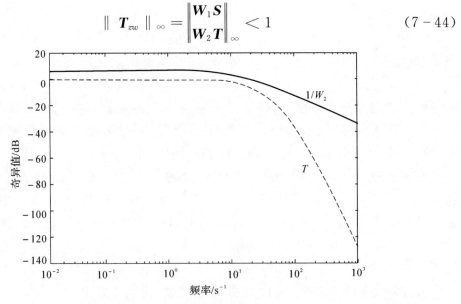

图 7 - 17　$W_2^{-1}(s)$ 与 $T$ 的奇异值波特图

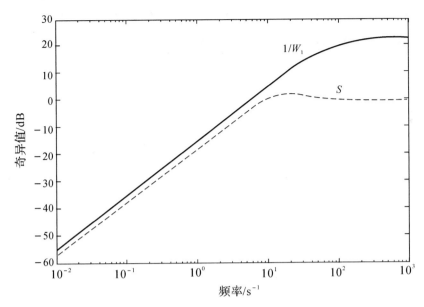

图 7 - 18　$W_1^{-1}(s)$ 与 $S$ 的奇异值波特图

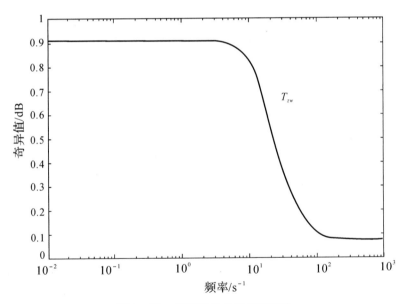

图 7 - 19　指标函数的奇异值曲线

此时的 $H_\infty$ 控制器为单输入、单输出的五阶传递函数,其表达式为

$$K_\alpha = \frac{1171s^4 + 1.647 \times 10^5 s^3 + 1.187\text{E}007s^2 + 2.12\text{E}008s + 6.565\text{E}008}{s^5 + 223.7s^4 + 2.519\text{E}004s^3 + 1.417\text{E}006s^2 + 2.672\text{E}007s + 2.671\text{E}004}$$

图 7 - 20 所示为主特征点攻角回路开环对数频率特性曲线,从图中看出在该特征点下,系统具有11.8dB的幅值裕度和61的相角裕度,满足控制系统对稳定裕度的要求。图 7 - 21 所示为主特征点的攻角阶跃响应曲线,图 7 - 22(a)(b)(c)(d)分别为 28km,26.5km,23.5km 和 22km 四个特征点的攻角响应曲线图,从图中可

以看出:在主特征点上系统对攻角的响应上升到稳态值 80% 的调节时间约为 0. 15s 并且没有超调;其他各特征点的调节时间均在 0.15s 左右,超调小于 10%;控制系统无稳态误差。这说明设计的控制器整体满足了设计要求。

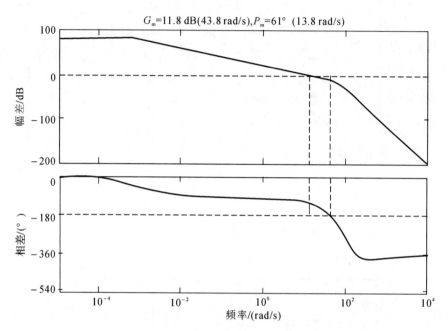

图 7-20　主特征点攻角回路开环对数频率特性曲线

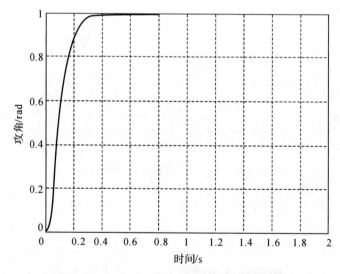

图 7-21　主特征点攻角回路单位阶跃响应曲线

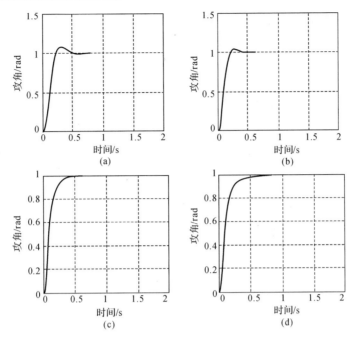

**图 7 - 22　28km, 26.5km, 23.5km 和 22km 四个特征点的攻角响应曲线图**

(a)28km；　(b)26.5km；　(c)23.5km；　(d)22km

### 3. 高度回路的设计

求出攻角回路控制器 $K_\alpha$ 之后，得到高度回路的开环传递函数

$$G_{oH} = \frac{K_\alpha \overline{G}_{dz}^{\alpha}}{1 + K_\alpha \overline{G}_{dz}^{\alpha}} \frac{Va_4}{s^2} \qquad (7-45)$$

其开环对数频率特性曲线如图 7 - 23 所示，可以看出由于双积分环节的影响，高度回路的开环传递函数的相角滞后较大，其相角裕度为 $-72.2°$，系统闭环不稳定，单独改变开环增益不能使系统获得足够的稳定裕度，因此考虑使用具有相角超前性质的 PD 控制器，其表达式为

$$K_H(s) = K_p + K_d s = K_d(s + K_p/K_d) \qquad (7-46)$$

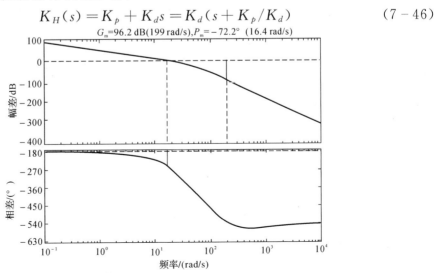

**图 7 - 23　高度回路开环对数频率特性曲线**

经过调试后,获得的参数值为 $K_p = 0.0257, K_d = 0.018$。加入 PD 控制后高度回路开环对数频率特性曲线如图 7-24 所示。

此时系统具有 9.9dB 的幅值裕度和 $60.8°$ 的相角裕度。图 7-25 所示为闭合后的高度回路的单位阶跃响应曲线,从图中可知其调节时间约为 0.35s,无超调,稳态误差约 1%,满足设计要求。

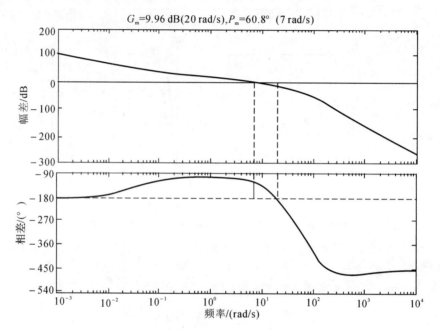

图 7-24 引入 PD 控制后高度回路开环对数频特性曲线

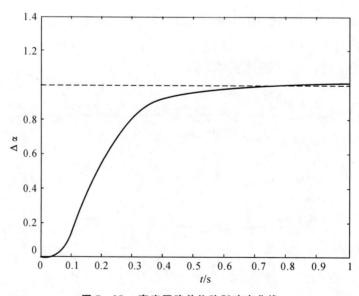

图 7-25 高度回路单位阶跃响应曲线

### 7.1.4.2　偏航通道控制律设计

偏航通道作为飞行器侧向机动的协调通道,其主要作用是增强侧向稳定性,抑制或消除转弯过程中产生的侧滑角。采用闭环＋开环的补偿方式对侧向机动进行协调,其控制系统框图如图 7-26 所示。

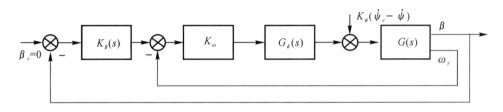

**图 7-26　偏航通道控制系统框图**

由于俯仰和偏航通道设计的相似性,偏航通道的角速率反馈回路和侧滑角反馈回路设计方法与上一小节中的俯仰通道设计方法一致,这里不作叙述,只给出 $K_\omega$ 和 $K_\beta(s)$ 的设计结果。偏航通道的角速率反馈增益 $K_\omega = -0.25$,

$$K_\beta(s) = \frac{724.4s^4 + 1.019 \times 10^5 s^3 + 7.343\text{E}006s^2 + 1.311\text{E}008s + 4.06\text{E}008}{s^5 + 218.2s^4 + 2.402\text{E}004s^3 + 1.292\text{E}006s^2 + 2.044\text{E}007s + 2.043\text{E}004}$$

若只采用图 7-26 中的角速率反馈和侧滑角反馈,不加入开环补偿项 $K_{\dot\psi}(\dot\psi_c - \dot\psi)$,则在干扰力矩作用下侧滑角的稳态误差可能会较大,所以为进一步减小侧滑角的产生,引入补偿项。根据飞行器协调转弯下的力平衡关系

$$\left.\begin{array}{l} Y\cos\gamma = mg \\ -Y\sin\gamma = mV\dot\psi \end{array}\right\} \tag{7-47}$$

可知,偏航角速度 $\dot\psi$ 与滚转角 $\gamma$ 为一一对应关系,即在某个滚转角飞行状态下,只有一个偏航角速度能够实现无侧滑转弯。两式相除,有

$$\dot\psi = -(g/V)\tan\gamma \tag{7-48}$$

补偿项中的 $\dot\psi_c$ 即为理想转弯情况下的偏航角速度,所以补偿项的意义在于产生一个与理想偏航角速度跟实际偏航角速度之差成正比的附加舵偏,以使飞行器尽量跟踪理想偏航角速度。

通过调节 $K_{\dot\psi}$ 能够基本实现协调转弯,但在实际中要完全消除侧滑角是不可能的,只能将其控制在可接受的范围之内。

### 7.1.4.3　滚转通道控制律设计

滚转通道的控制系统框图如图 7-27 所示,这里选取滚转角速率的增益 $K_\omega = -0.05$。下面介绍 $H_\infty$ 控制器 $K_\gamma(s)$ 的设计过程。

引入角速率反馈后,从舵机指令到滚转角的传递函数

$$\overline{G}_{dx}^{\gamma} = \frac{K_\omega G_\delta G_{dx}^{\omega x}}{1 + K_\omega G_\delta G_{dx}^{\gamma}} \tag{7-49}$$

同样,记主特征点上的该函数为 $\overline{G}_0$,此函数作为设计的标称模型,其余特征点分别为 $\overline{G}_i(i=1,2,3,4)$,根据 $G_{moi} = (\overline{G}_i - \overline{G}_0)0^{-1}$ 计算等效模型的误差,选取模型不确定权函数 $W_2(s) = s^2 / 25^2$,它与等效模型误差的关系如图 7-28 所示。

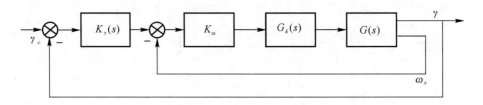

**图 7-27　滚转通道控制系统框图**

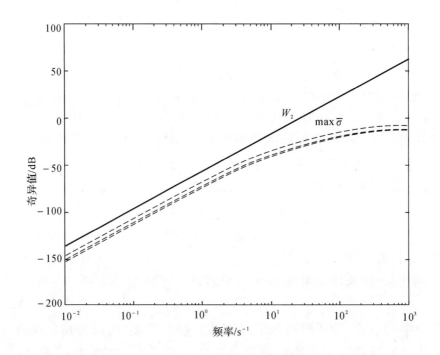

**图 7-28　$W_2(s)$ 与 $\max[\overline{\sigma}(G_{moi})]$ 的奇异值波特图**

选取性能函数

$$W_1(s) = 0.1\gamma_1(s+60)/(s+0.001) \tag{7-50}$$

调节参数 $\gamma_1$,尽可能提高系统的性能。经调试后取为 1.3,此时 $W_2^{-1}(s)$ 与补灵敏度函数 $T$,$W_1^{-1}(s)$ 与灵敏度函数 $S$ 的关系图分别如图 7-29、图 7-30 所示,系统的指标函数 $T_{zw}$ 的奇异值曲线如图 7-31 所示。

由图可知 $H_\infty$ 控制器 $K_\gamma(s)$ 的设计满足指标函数的要求。

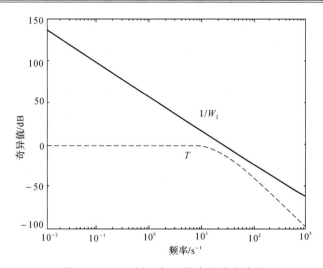

图 7 - 29　$W_2^{-1}(s)$ 与 $T$ 的奇异值波特图

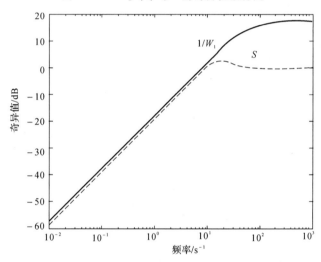

图 7 - 30　$W_1^{-1}(s)$ 与 $S$ 的奇异值波特图

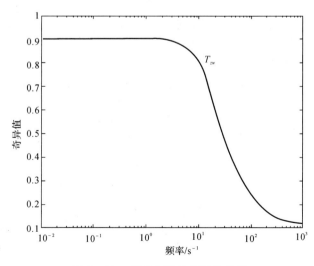

图 7 - 31　指标函数的奇异值曲线

图 7-32 所示为滚转角回路的开环对数频率特性曲线,可以看出系统具有足够的幅值裕度和相角裕度。图 7-33 所示为主特征点的滚转角阶跃响应曲线,图 7-34(a)(b)(c)(d) 分别为 28km,26.5km,23.5km 和 22km 四个特征点的滚转角响应曲线图,从图中可以看出:在主特征点上系统对攻角的响应上升到稳态值 80% 的调节时间约为 0.1s 并且没有超调;其他各特征点的调节时间均在 0.1s 左右,超调小于 10%;控制系统无稳态误差。控制器整体满足了设计要求。

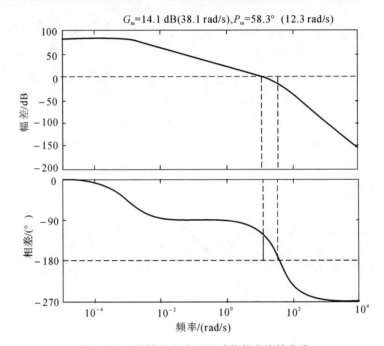

图 7-32 滚转角回路开环对数频率特性曲线

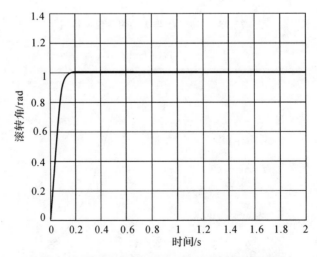

图 7-33 滚转角回路主特征点单位阶跃响应曲线

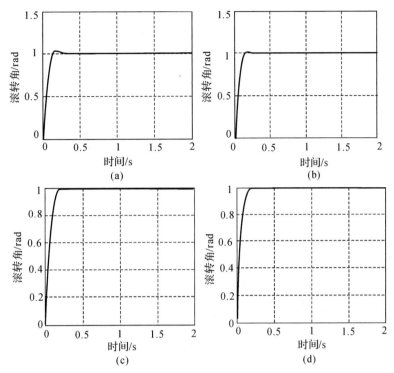

**图 7-34　28km,26.5km,23.5km 和 22km 四个特征点的滚转角响应曲线图**

(a)28km；　(b)26.5km；　(c)23.5km；　(d)22km

### 7.1.4.4　小结

本节使用经典控制理论与鲁棒控制理论相结合的设计方法,分别对俯仰通道、偏航通道、滚转通道的控制器进行了设计,通过仿真校核飞行控制系统的性能满足性能要求。

# 7.2　考虑弹性振动的高超声速飞行器精细姿态控制

高超声速飞行器在巡航段需要进行精细姿态控制。由于高超声速飞行器不是纯刚体,在飞行过程中会产生弹性振动。这些固有的振动信息被传感器测量到,并通过控制系统反馈到舵系统,影响飞行控制系统的控制精度。而控制精度的下降会严重影响超燃冲压发动机的工作品质甚至影响飞行成败,因此弹性振动的控制问题成为了高超声速飞行器飞行控制系统设计必须考虑的主要问题之一。一般地,以 X-43A 为例的高超声速技术验证飞行器弹性振动频率较高,对飞行控制系统影响较小。而未来的高超声速飞机弹性振动频率较低,对飞行控制系统影响将增大。高超声速飞行器的伺服弹性控制问题并不仅限于研究其伺服弹性稳定性,而是研究考虑伺服弹性问题,进一步提高高超声速飞行器的姿态控制精度,实现精细姿态控制。这也是研究高超声速飞行器伺服弹性控制问题与传统飞行器伺服弹性控制的不同。

如何在考虑弹性振动的情况下进行精细姿态控制系统设计是一个难题。在振动抑制方面,目前主要有两大类方法,即振动的被动抑制技术和主动控制技术。

振动的被动抑制技术不增加控制系统的维数,实现简单。在振动模态远离控制频带时抑制效果好,在振动模态与控制频带耦合时抑制效果一般,需要在抑制振动和减小系统稳定裕度间作折中处理。尤其是在多个振动模态处于控制频带中时,振动被动抑制系统的设计较为困难。

振动的主动控制技术增加控制系统的维数,控制系统计算量较大,实现较为复杂。对于构建的高维被控对象,由于无法直接测量各状态,需要设计状态观测器进行状态估计。当振动模态远离控制频带时,传感器输出中振动模态的贡献较小,执行机构对振动模态激励较小,造成被控对象可观/可控度差,进而影响控制效果;对于振动模态与控制频带耦合的情况,传感器输出对振动模态敏感,执行机构对振动模态激励较大,控制效果较好。

从以上分析看出,振动的被动抑制和主动控制各有优缺点。简单来说,被动抑制技术设计简单,实现方便,适用于较高频率振动的抑制;主动控制技术设计较为复杂,适用于较低频振动的抑制。因此,对于高超声速飞行器的振动控制问题:

若弹性振动模态远离控制系统频带或虽然弹性振动的低阶模态与控制系统频带耦合,但耦合不强,耦合的振动模态仅处于控制频带的较高频率处时,采用被动抑制技术。

若弹性振动模态与控制系统频带耦合较强,在保证足够的稳定裕度的前提下同样可以采用被动抑制技术;另外一种思路是利用耦合强的低阶振动模态与刚体模态构建被控对象,采用主动控制技术,同时对不耦合或耦合弱的高阶振动频带采用被动抑制技术。

## 7.2.1 基于振动自适应抑制的高超声速飞行器精细姿态控制

对于振动的被动抑制问题,目前通用的做法是加入滤波器使控制系统相位稳定和幅值稳定。气动加热的影响主要是改变了系统的结构模态参数,造成结构模态参数的不确定,这种不确定性甚至可能达到 30%。通常的振动被动抑制器设计时采用一定的滤波器带宽来抑制这种不确定性,这对结构模态的较大范围变化是不适宜的。在高超声速结构模态变化时,不变的滤波器不仅不能抑制振动,甚至有可能加剧振动。假设我们对包括机体/动力耦合在内的刚体高超声速飞行器气动特性已研究得比较透彻,本节设计一种自适应的振动抑制策略来解决结构模态参数大范围变化造成控制效果下降的问题。要采用振动的被动抑制,需要自适应的抑制变化的结构振动模态。加入自适应振动抑制器的高超声速飞行器精细姿态控制系统的结构如图 7-35 所示。其设计步骤:

(1)设计一个鲁棒的状态观测器,在线辨识高超声速飞行器的结构模态参数;

(2)根据辨识的飞行器结构模态参数,设计滤波器,抑制高超声速飞行器的振动;

(3)设计刚体假设下的高超声速飞行器精细姿态控制系统,与自适应滤波器结合,构成精细姿态控制系统。

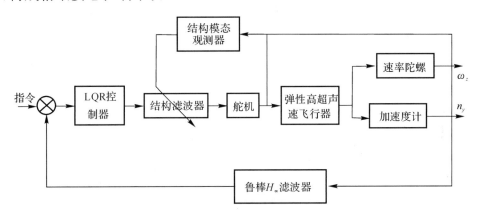

图 7-35 加入自适应振动抑制的纵向通道控制系统结构图

### 7.2.1.1 刚体高超声速飞行器精细姿态控制

在设计刚体假设的高超声速飞行器精细姿态控制系统之前,首先重新列写高超声速飞行器纵向动力学模型,忽略长周期模型:

$$
\left.
\begin{aligned}
& m V \dot{\theta} = P_{y2} + R_{y2} \\
& J \ddot{\vartheta} = M_z + M_{zP} \\
& \vartheta - \theta - \alpha = 0 \\
& \boldsymbol{M} \ddot{\boldsymbol{q}} + \boldsymbol{D}_b \dot{\boldsymbol{q}} + \boldsymbol{K}_b \boldsymbol{q} = \frac{1}{2} \rho V^2 S \boldsymbol{C}_y^{\delta} \boldsymbol{\Phi}_u^{\mathrm{T}} \delta
\end{aligned}
\right\}
\tag{7-51}
$$

$$
\left.
\begin{aligned}
& \omega_z = \omega_{zR} + \omega_{zE} = \omega_{zR} + \sum_{i=1}^{n} \omega_{zEi} \\
& n_y = n_{yR} + n_{yE} = n_{yR} + \sum_{i=1}^{n} n_{yEi}
\end{aligned}
\right\}
\tag{7-52}
$$

对上述两式,选取 $\left\{ \begin{aligned} & \boldsymbol{X} = \begin{bmatrix} \alpha & \omega_{zR} & \dot{\boldsymbol{q}} & \boldsymbol{q} \end{bmatrix}^{\mathrm{T}} \\ & u = \delta \end{aligned} \right.$,将上述模型线性化得

$$
\left.
\begin{aligned}
& \boldsymbol{X} = \boldsymbol{A} \boldsymbol{X} + \boldsymbol{B} u \\
& \boldsymbol{Y} = \boldsymbol{C} \boldsymbol{X} + \boldsymbol{D} u
\end{aligned}
\right\}
\tag{7-53}
$$

其中：

$$
C = \begin{bmatrix} 0 & 1 & \boldsymbol{\Phi}'_s & \mathbf{0} \\ \dfrac{\varrho V^2 S C_Y^\alpha}{2m} & 0 & -\boldsymbol{\Phi}_s \boldsymbol{M}^{-1} \boldsymbol{D}_b & \boldsymbol{\Phi}_s \boldsymbol{M}^{-1} \boldsymbol{K}_b \end{bmatrix}
$$

$$
D = \begin{bmatrix} 0 \\ \dfrac{\varrho V^2 S C_Y^\delta}{2m} + \dfrac{\varrho V^2 S C_Y^\delta \boldsymbol{\Phi}(x_s) \boldsymbol{M}^{-1} \boldsymbol{\Phi}_u^{\mathrm{T}}}{2} \end{bmatrix}
\qquad (7-54)
$$

上式中，$C_Y^\alpha$ 为飞行器升力系数对攻角的偏导数。要保证超燃冲压发动机良好的进气环境，需要精细控制飞行器进气道的当地攻角。发动机进气道当地攻角包括刚体攻角、俯仰运动产生的下洗修正、弹性变形的附加攻角、振动的下洗修正、发动机振动产生的附加弹性攻角。

$$
\begin{aligned}
\alpha_j &= \alpha_g + \alpha_t + \alpha_f \\
\alpha_g &= \alpha - (L-x)/V\omega_z \\
\alpha_t &= \boldsymbol{\Phi}'_j \boldsymbol{q} - \dot{\boldsymbol{q}} \boldsymbol{\Phi}_j/V
\end{aligned}
\qquad (7-55)
$$

要精细控制进气道当地攻角，需要刚体攻角精确跟踪指令攻角，并严格抑制弹性攻角。而超燃冲压发动机的进气道一般为多楔角压缩进气道，综合计算进气道当地攻角十分困难，为简化计算，将发动机进气口的当地攻角作为控制目标。若控制系统能够良好地跟踪刚体攻角、抑制弹性攻角，则发动机进气口当地攻角与综合计算的进气道当地攻角差别不大。

又由于重力十分容易补偿，在被控对象俯仰通道数学建模时忽略重力，在刚体假设下，模型可简化为

$$
\begin{aligned}
\begin{bmatrix} \dot{\alpha} \\ \dot{\omega}_z \end{bmatrix} &= \begin{bmatrix} -a_4 & 1 \\ -a_2 & -a_1 \end{bmatrix} \begin{bmatrix} \alpha \\ \omega_z \end{bmatrix} + \begin{bmatrix} -a_5 \\ -a_3 \end{bmatrix} \delta_z \\
\begin{bmatrix} \omega_z \\ n_y \end{bmatrix} &= \begin{bmatrix} 0 & 1 \\ a_4 V/g & 0 \end{bmatrix} \begin{bmatrix} \alpha \\ \omega_z \end{bmatrix} + \begin{bmatrix} 0 \\ a_5 V/g \end{bmatrix} \delta_z
\end{aligned}
\qquad (7-56)
$$

在这个飞控系统框架下，首先介绍鲁棒状态观测器的设计。

综合考虑各类参数摄动及干扰，将弹性高超声速飞行器的数学模型写为

$$
\begin{aligned}
\dot{\boldsymbol{X}} &= (\boldsymbol{A}_c + \Delta \boldsymbol{A}) \boldsymbol{X} + (\boldsymbol{B}_c + \Delta \boldsymbol{B}) \boldsymbol{u} + \boldsymbol{B}_2 \boldsymbol{w} \\
\boldsymbol{Y} &= (\boldsymbol{C}_c + \Delta \boldsymbol{C}) \boldsymbol{X} + (\boldsymbol{D}_c + \Delta \boldsymbol{D}) \boldsymbol{u} + \boldsymbol{D}_2 \boldsymbol{w}
\end{aligned}
\qquad (7-57)
$$

为进行 $H_\infty$ 最优观测，需要将参数摄动转换为有界干扰信息。首先将摄动项耦合分离为

$$
\begin{aligned}
\Delta \boldsymbol{A} &= \boldsymbol{E}_1 \boldsymbol{F} \boldsymbol{G} \\
\Delta \boldsymbol{B} &= \boldsymbol{E}_2 \boldsymbol{F} \boldsymbol{G} \\
\Delta \boldsymbol{C} &= \boldsymbol{E}_3 \boldsymbol{F} \boldsymbol{G} \\
\Delta \boldsymbol{D} &= \boldsymbol{E}_4 \boldsymbol{F} \boldsymbol{G}
\end{aligned}
\qquad (7-58)
$$

然后,将模型转化为无摄动项的方程:

$$\dot{X} = A_c X + B_c u + \begin{bmatrix} \dfrac{E_1}{\varepsilon_1} & \dfrac{E_2}{\varepsilon_2} & B_2 \end{bmatrix} \begin{bmatrix} \varepsilon_1 FGX \\ \varepsilon_2 FGu \\ w \end{bmatrix} = A_c X + B_c u + B_k w_k$$

$$Y = C_c X + D_c u + \begin{bmatrix} \dfrac{E_3}{\varepsilon_1} & \dfrac{E_4}{\varepsilon_2} & D_2 \end{bmatrix} \begin{bmatrix} \varepsilon_1 FGX \\ \varepsilon_2 FGu \\ w \end{bmatrix} = C_c X + D_c u + D_k w_k$$

$$(7-59)$$

其中 $\varepsilon_1, \varepsilon_2$ 为待定系数,用来控制转换后的误差。基于 $H_\infty$ 滤波理论,鲁棒观测器方程为

$$\left. \begin{aligned} \dot{\hat{X}} &= (A_c - KC_c)\hat{X} + (B_c - KD_c)u + KY \\ Z &= \hat{X} \end{aligned} \right\}$$

$$(7-60)$$

其中,$K = PC_c^{\mathrm{T}}$。$P$ 为对称正定阵,且满足 Riccati 方程:

$$A_c P + P A_c^{\mathrm{T}} + P(\gamma^{-2} I - C_c^{\mathrm{T}} C_c)P + B_k B_k^{\mathrm{T}} = 0 \qquad (7-61)$$

在 LQ 控制器设计方面,同上文类似,由于控制目的是 $\alpha_j$ 的精细控制,即动态误差越小越好,可以用二次优化指标来描述。但直接利用 LQR 理论设计的最优控制器,输出信号和指令信号间均存在静差。为消除静差,达到精细控制攻角的目的,根据内模定理,引入攻角积分项,定义:

$$e_\alpha = \int_{t_0}^{t_f} (\alpha - \alpha^*) \mathrm{d}t \qquad (7-62)$$

令 $X_k = \begin{bmatrix} X^{\mathrm{T}} & e_\alpha \end{bmatrix}^{\mathrm{T}}$,扩展被控对象为

$$\left. \begin{aligned} \dot{X}_k &= A_k X_k + B_k u = \begin{bmatrix} A & 0 \\ \hline 1 & 0 \ \ 0 \end{bmatrix} X_k + \begin{bmatrix} B \\ 0 \end{bmatrix} u \\ Y &= \begin{bmatrix} C & 0 \end{bmatrix} X_k + Du = C_k X_k + Du \end{aligned} \right\}$$

$$(7-63)$$

设计优化指标如下:

$$J = \int_{t_0}^{t_f} \begin{bmatrix} X_k Q X_k + \boldsymbol{\delta}_z(t) R \boldsymbol{\delta}_z(t) \end{bmatrix} \mathrm{d}t \qquad (7-64)$$

在鲁棒 $H_\infty$ 状态观测的基础上,设计状态反馈控制器:$u^* = -R^{-1} B_k^{\mathrm{T}} P X_k$。其中,$P$ 为对称阵,且满足 Riccati 方程。

$$P A_k + A_k^{\mathrm{T}} P - P B_k R^{-1} B_k^{\mathrm{T}} P + Q = 0 \qquad (7-65)$$

### 7.2.1.2　自适应结构滤波器设计

自适应滤波的难点是如何获取高超声速飞行器的结构模态参数。本节以纵向通道为例,研究结构模态参数的在线辨识问题。首先,推导考虑弹性的高超声速飞行器的传递函数模型:

$$\left.\begin{aligned}\frac{\omega_z(s)}{\delta(s)} &= \frac{\Delta_\vartheta s}{\Delta} + \sum_{i=1}^{n} \frac{\varphi_i(x_s)\Delta_{qi}s}{\Delta} \\ \frac{n_y(s)}{\delta(s)} &= \frac{V\Delta_\theta s}{\Delta} + \sum_{i=1}^{n} \frac{\varphi_i(x_s)\Delta_{qi}s^2}{\Delta}\end{aligned}\right\} \qquad (7-66)$$

由于线加速度计属于加速度信息,高超声速飞行器弹性振动的影响较大,因此,在辨识模型选择上,利用速率陀螺测量信息。速率陀螺测量信息传递函数如下:

$$\frac{\omega_z(s)}{\delta(s)} = \frac{\omega_{zg}(s)}{\delta(s)} \cdot \prod_i \frac{\omega_{zri}(s)}{\delta(s)} \qquad (7-67)$$

其中,等号右边第一项为刚体传递函数,第二项为各弹性模态传递函数的积。

$$\left.\begin{aligned}\frac{\omega_{zg}(s)}{\delta(s)} &= \frac{K_d(T_{1d}s+1)}{T_d^2 s^2 + 2\zeta_d T_d s + 1} \\ \frac{\omega_{zri}(s)}{\delta(s)} &= \frac{(T_{ni}s^2 + 2\zeta_{ni}T_{ni}s + 1)}{(T_{di}s^2 + 2\zeta_{di}T_{di}s + 1)}\end{aligned}\right\} \qquad (7-68)$$

其中,$T_{di}$ 为各弹性模态的时间常数,忽略弹性模态间的耦合,$\omega_{di}=1/T_{di}$,即为结构模态滤波器的陷波中心频率。

一般的,对系统稳定性、跟踪性能影响最大的是一阶弯曲模态。因此,可以以一阶弯曲模态为例,进行模态参数的辨识。假设高超声速飞行器纵向通道刚体模态的传递函数已知,当只考虑一阶模态时,纵向通道传递函数为

$$\frac{\omega_z(s)}{\delta(s)} = \frac{\omega_{zg}(s)}{\delta(s)} \times \frac{\omega_{zr1}(s)}{\delta(s)} = \frac{N_g(s)\left(\dfrac{s^2}{\omega_n} + \dfrac{2\zeta_n}{\omega_n}s + 1\right)}{D_g(s)\left(\dfrac{s^2}{\omega_d} + \dfrac{2\zeta_d}{\omega_d}s + 1\right)} \qquad (7-69)$$

式中,$\omega_n,\omega_d,\zeta_n,\zeta_d$ 为四个待辨识参数,已知 $N_g(s)$ 与 $D_g(s)$,忽略非线性因素,也可认为 $\omega_z(s),\delta(s)$ 已知,将其写成时域形式 $\omega_z(t),\delta(t)$,模型整理为

$$D_g(s)\omega_z(t) - N_g(s)\delta(t) = \begin{bmatrix}\dfrac{\zeta_d}{\omega_d} & \dfrac{1}{\omega_d^2} & \dfrac{\zeta_n}{\omega_n} & \dfrac{1}{\omega_n^2}\end{bmatrix}\begin{bmatrix}-2D_g(s)s\omega_z(t) \\ -D_g(s)s^2\omega_z(t) \\ 2N_g(s)s\delta(t) \\ N_g(s)s^2\delta(t)\end{bmatrix}$$

$$(7-70)$$

为了避免出现孤立的微分环节,一般设计滤波器 $\Lambda(s)=(\lambda s+1)^n$,加入系统并整理得到式(7-71)~ 式(7-74),即为高超声速飞行器纵向通道弯曲振动模态辨识的原理,式(7-74)为待辨识参数。

$$z(t) = \boldsymbol{\Theta}^{*\mathrm{T}}\boldsymbol{\Psi}(t) \qquad (7-71)$$

$$z(t) = \frac{D_g(s)}{\Lambda(s)}\omega_z(t) - \frac{N_g(s)}{\Lambda(s)}\delta(t) \qquad (7-72)$$

$$\boldsymbol{\Psi}(t) = \left[ \begin{array}{cccc} \dfrac{-2D_g(s)s}{\Lambda(s)}\omega_z(t) & \dfrac{-D_g(s)s^2}{\Lambda(s)}\omega_z(t) & \dfrac{2N_g(s)s}{\Lambda(s)}\delta(t) & \dfrac{N_g(s)s^2}{\Lambda(s)}\delta(t) \end{array} \right]^{\mathrm{T}}$$

$$(7-73)$$

$$\boldsymbol{\Theta}^* = \left[ \begin{array}{cccc} \dfrac{\zeta_d}{\omega_d} & \dfrac{1}{\omega_d} & \dfrac{\zeta_n}{\omega_n} & \dfrac{1}{\omega_n} \end{array} \right]^{\mathrm{T}} \qquad (7-74)$$

设计合理的滤波器 $\Lambda(s)$ 后,针对输入 $\omega_z(t)$ 和输出 $\delta(t)$,式(7-72)和式(7-73)均为可测值,设计辨识算法,可以在线辨识出一阶弯曲模态参数。设控制系统的频带为 $0 \sim \omega_c$,当 $\hat{\omega}_d > \omega_c$ 时,采用衰减滤波器(如式(7-75)所示),当 $\hat{\omega}_d < \omega_c$ 时,采用陷波滤波器(如式(7-76)所示),$\varepsilon,\zeta_{n0}$ 根据需要选取合适的值。

$$G_{ps}(s) = \dfrac{1}{1/\omega_c s^2 + 2\varepsilon/\omega_c s + 1} \qquad (7-75)$$

$$G_{px}(s) = \dfrac{s^2/d^2 + 2\hat{\zeta}_d s/\hat{\omega}_d + 1}{s^2/d^2 + 2\zeta_{n0}s/\hat{\omega}_d + 1} \qquad (7-76)$$

上面分析的仅仅是考虑一阶弯曲模态的情况。根据实际情况,若需要辨识高阶弯曲模态,只要其观测度足够高,辨识模型可以很方便地通过将式(7-71)~式(7-74)扩展得到。值得注意的是,当考虑到多阶弯曲模态时,由于弯曲模态间的耦合,$\omega_d$ 与其对应的弯曲模态频率接近,但并不完全相同。另外,在传感器配置方面,由于需要在线辨识飞行器的结构模态参数,所以应该将传感器配置在对振动敏感的区域,这与振动被动抑制的传感器配置策略是相矛盾的。相较于传统的振动抑制策略,若自适应振动抑制策略设计不合理,会加剧振动对系统的影响。

在辨识方法方面,需要寻找一种计算量低的递推型辨识算法,满足弹载计算机计算能力受限制时的振动模态辨识需求。

递推算法的结构为:$\hat{\boldsymbol{\theta}}_{N+1} = \hat{\boldsymbol{\theta}}_N + \boldsymbol{K}_{N+1}(y_{N+1} - \hat{y}_{N+1})$。其中,$(y_{N+1} - \hat{y}_{N+1})$ 代表新的信息,$\boldsymbol{K}_{N+1}$ 为设计的增益。最小二乘法中,$\boldsymbol{K}_{N+1}$ 的计算需要较大的计算量,若可以找到一种不需要大量矩阵运算,尤其是求逆运算的增益求取方法,就可以大大降低计算量。梯度校正法正好可以满足这种需求,梯度校正法的基本思想是沿着某个指标函数的负梯度方向,逐步修正模型参数的估计值,直至指标函数达到最小值。对本小节研究的问题进行分析,发现满足本小节需求的梯度校正法的指标函数应该是一个积分的形式,针对辨识方程式(7-71)~式(7-74),设计指标函数为

$$\boldsymbol{J}(\Theta) = \dfrac{1}{2}\int_0^t \mathrm{e}^{-\beta_w(t-\tau)} \dfrac{(z(\tau) - \boldsymbol{\Theta}^{\mathrm{T}}(t)\boldsymbol{\Psi}(\tau))^2}{m^2(\tau)}\mathrm{d}\tau \qquad (7-77)$$

梯度校正法的递推公式为

$$\hat{\boldsymbol{\Theta}}(k+1) = \hat{\boldsymbol{\Theta}}(k) - \boldsymbol{\Gamma}(k)\operatorname*{grad}_{\Theta}[\boldsymbol{J}(\boldsymbol{\Theta})]\big|_{\hat{\boldsymbol{\Theta}}(k)} \qquad (7-78)$$

化简式(7-78),推导梯度校正法的递推公式为

$$\left.\begin{array}{l} \hat{\boldsymbol{\Theta}}(k+1)=\hat{\boldsymbol{\Theta}}(k)-\boldsymbol{\Gamma}(k)(\boldsymbol{R}(k)\boldsymbol{\Theta}+\boldsymbol{Q}(k)) \\[2mm] \boldsymbol{R}(k)=(1-\beta_W)\boldsymbol{R}(k-1)+\dfrac{\boldsymbol{\Psi}(k)\,\boldsymbol{\Psi}^{\mathrm{T}}(k)}{m^2(k)} \\[4mm] \boldsymbol{Q}(k)=(1-\beta_W)\boldsymbol{Q}(k-1)-\dfrac{z(k)\,\boldsymbol{\Psi}(k)}{m^2(k)} \end{array}\right\} \qquad (7-79)$$

$m^2$ 是误差的标准化因子,一般设计为

$$\left.\begin{array}{l} m^2(k)=1+n_s(k)+n_d(k) \\[2mm] n_s(k)=c_s\,\boldsymbol{\Psi}^{\mathrm{T}}(k)\boldsymbol{\Psi}(k) \\[2mm] n_d(k)=(1-d_0)n_d(k-1)+d_1(\omega_z(k)+\delta^2(k)) \end{array}\right\} \qquad (7-80)$$

由梯度校正法的递推公式式(7-79)与式(7-80)可以看出,辨识过程仅需少量矩阵运算和四则运算,不需要求逆,计算量较少。选取 $\lambda=0.03,n=4,\beta_W=0.8$,$d_0=2,d_1=1,\Gamma=\mathrm{diag}(1,5,1,5)$,加入测量噪声,针对模型式(7-67)~式(7-68),利用递推公式式(7-79)、式(7-80)可以对待辨识参数进行辨识。利用式(7-74)求得 $\omega_n$,$\omega_d,\zeta_n,\zeta_d$,如图7-36、图7-37所示。

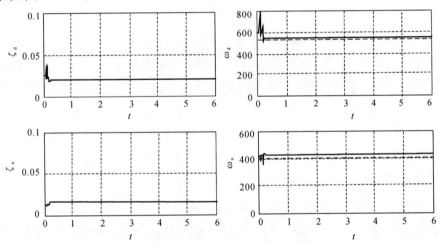

图7-36　梯度校正法跟踪效果曲线1

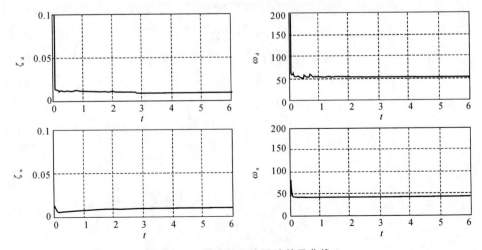

图7-37　梯度校正法跟踪效果曲线2

可以看出，$\omega_n,\omega_d,\zeta_n,\zeta_d$ 均能较快逼近真实值，在 $\omega_d$ 较大时，传感器测得的数据中振动所占比重较少，此时，辨识存在一定的误差，如图 7-36 所示。在 $\omega_d$ 较小时，传感器测得的数据中振动所占比重增加，此时振动模态的辨识精度较高，如图 7-37 所示。当 $\omega_n,\omega_d$ 变化时，辨识结果如图 7-38 所示，在振动模态参数变化时，本节的辨识方法仍然能够很好地辨识出需要的参数，辨识速度快。

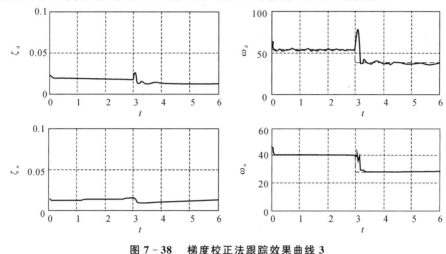

**图 7-38　梯度校正法跟踪效果曲线 3**

### 7.2.1.3　仿真分析

以飞行高度 25km，飞行马赫数 6，常温下的高超声速飞行器气动参数和模态参数为标称状态，速率陀螺采样时间 4ms。考虑测量噪声和舵机非线性，无参数摄动时的控制效果如图 7-39 所示。可以看出：设计的鲁棒 $H_\infty$ 滤波器很好地观测出飞行器的刚体攻角 $\alpha$；结构模态观测器能够很好地辨识出飞行器的弯曲模态频率，收敛速度快，辨识效果好，观测结果仅在指令变化时存在一些振荡，但能够很快收敛；由于这些振荡，造成结构模态滤波器弹性抑制效果变差，在这些时刻出现最大 $\pm0.2°$ 的弹性攻角，同样很快收敛至 $0°$ 附近；高超声速飞行器进气道攻角能够很好地跟踪指令攻角，上升时间约 0.5s，跟踪精度保持在 $\pm0.15°$。

将结构模态参数向下摄动 30%（一弯频率由 53.22rad/s 变为 37.25rad/s），通过仿真发现一弯模态引起的进气道处瞬时攻角对飞行器进气道处瞬时攻角的贡献较大，采用原来的陷波滤波器和采用自适应滤波器时，一弯模态对进气道处瞬时攻角的贡献对比如图 7-40 所示。进气道处瞬时攻角跟踪效果对比如图 7-41 所示，跟踪时实际舵偏对比如图 7-42 所示，滤掉高频噪声后，速率陀螺和加速度计的输出对比如图 7-43 所示。从这些仿真结果可以看出，由于受气动加热和燃料消耗的影响，当高超声速飞行器的一弯频率向下摄动 30% 时，采用原来的滤波器不能很好地抑制振动，速率陀螺和加速度计接收到大量的振动信息，控制系统放大这些振动信息，大大影响了高超声速飞行器的姿态控制精度，而执行机构的非线性和延迟进一步加剧这些影响,使控制系统的精度由±0.2°变为±2.0°,这使得超燃冲压发动机的性能受到影响;若采用本节的自适应滤波策略,控制系统精度仍然可以控制在±0.5°以内,对超燃冲压发动机的影响大大降低,而且飞行器结构振动较弱,对机体影响较小。

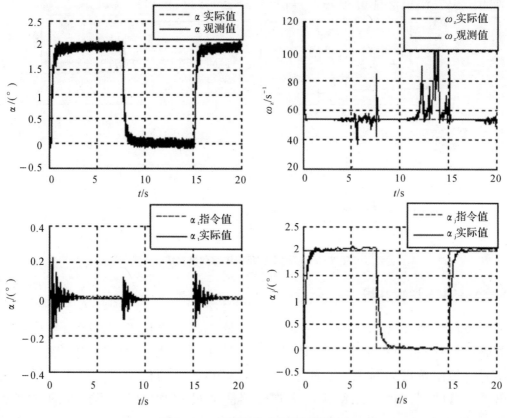

图 7 - 39　无参数摄动的控制效果图

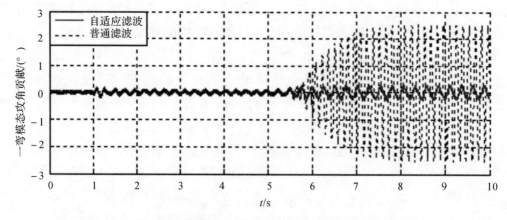

图 7 - 40　两种滤波器作用下一弯模态对进气道处瞬时攻角贡献对比

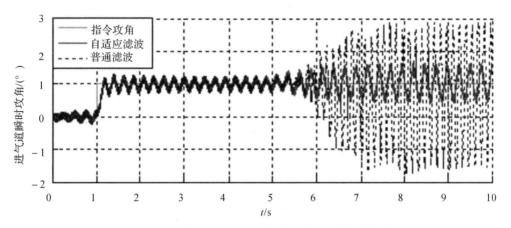

图 7 - 41  两种滤波器作用下进气道处瞬时攻角对比

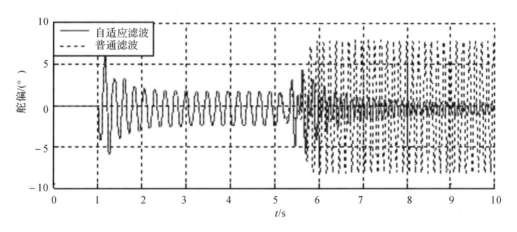

图 7 - 42  两种滤波器作用下舵偏对比

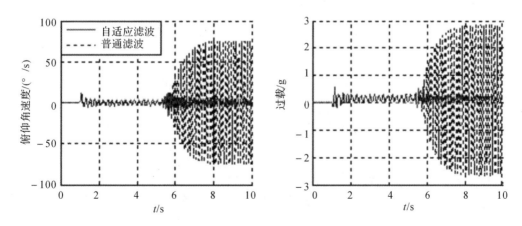

图 7 - 43  两种滤波器作用下陀螺及加速度计输出对比

跟踪方波指令,加入摄动参数,并加入量测噪声和舵机非线性环节的控制效果如图7-44所示。分析图7-44可以得到与图7-39类似的结果,高超声速飞行器进气道攻角能够很好地跟踪指令攻角,上升时间约0.5s,跟踪精度保持在±0.3°。

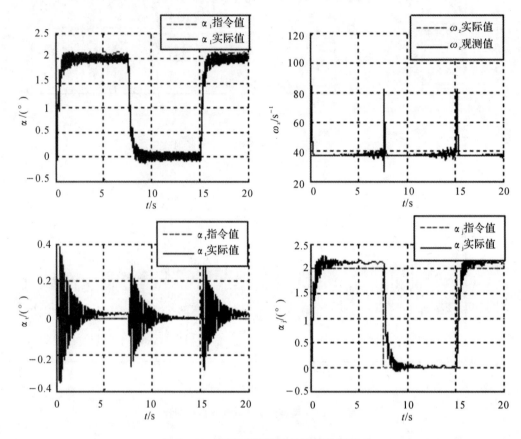

图 7-44    模态参数摄动的控制效果图

将气动参数全程随机摄动20%,结构模态参数在3s和15s时出现两次摄动,这种情况下的控制效果如图7-45所示。从图中可以看出,鲁棒$H_\infty$滤波器能够很好地观测刚体攻角;结构模态观测器能够很好地观测弯曲模态频率;设计的控制系统能够很好地抑制弹性攻角;高超声速飞行器进气道攻角能够很好地跟踪指令攻角,跟踪速度快,跟踪精度仍可以达到±0.3°。

为进一步验证控制系统的有效性,将气动参数全程随机摄动20%,结构模态参数随机摄动30%,结合测量噪声和舵机非线性环节,进行100次蒙特卡洛试验,高超声速飞行器进气道攻角的跟踪效果如图7-46所示。可以看出:进气道攻角跟踪速度快,跟踪精度高,全程动态误差不大于±0.6°,满足精细姿态控制的要求。

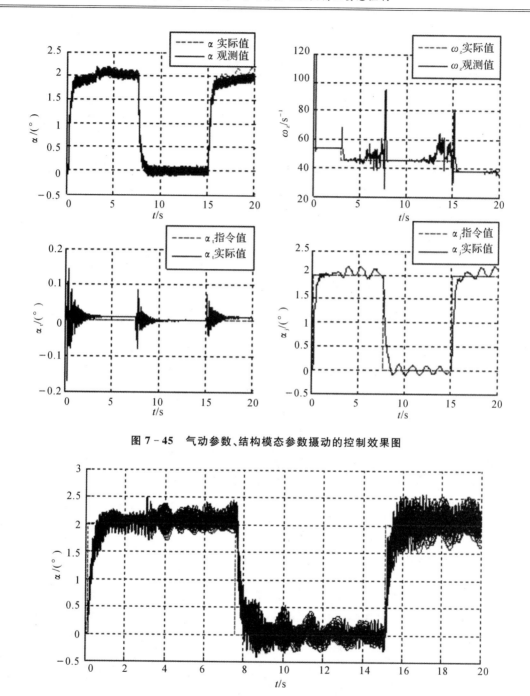

图 7-45　气动参数、结构模态参数摄动的控制效果图

图 7-46　蒙特卡洛仿真结果图

## 7.2.2　基于振动鲁棒控制的高超声速飞行器精细姿态控制

在高超声速飞行器的弹性振动被动抑制策略中,当高超声速飞行器的结构模态频率远离控制系统的频带时,采用低通滤波器能够很好地处理弹性振动对控制

系统的影响;当高超声速飞行器的结构模态频率和控制系统的频带耦合时,采用陷波滤波器也能够较好地处理。但是滤波器的加入很明显会降低控制系统的稳定裕度,这使得在刚体高超声速飞行器控制系统设计时需要尽可能多地增加稳定裕度。但是在过大稳定裕度需求下设计的控制系统可能会牺牲系统的快速性和指令跟踪的准确性。为达到设计要求,飞行器控制系统的设计可能需要经过"控制器设计→滤波器设计→控制器设计"的数次反复尝试。另外,这种依靠滤波器的被动抑制技术是有一定限度的,只能有限地改善飞行器的气动伺服弹性特性,飞行器的结构模态频率与控制系统频带耦合越强,滤波器对稳定裕度的影响越大,控制系统参数和滤波器参数调整越困难。

振动的主动控制技术始于 20 世纪 70 年代,它通过合适的控制气动操纵面的运动达到镇定弹性变形/振动的目的。经典的振动主动控制技术建立在奈奎斯特曲线法和根轨迹法的基础上,多用于系统的校核。目前,模态控制法、气动能量法,以及最优控制、鲁棒控制等大量现代控制方法开始应用于振动的主动控制领域。其中,作为现代控制算法的代表,最优控制理论在振动的主动控制领域获得了大量的应用,最优控制理论比经典的调节原理更加直接。本节采用最优控制技术对高超声速飞行器的弹性振动进行主动控制。目前,振动的主动控制技术多用于改善气动伺服弹性稳定性,本节的研究目标是在改善气动伺服弹性稳定性的基础上保证适当的姿态控制精度。本节的研究仍以纵向通道为例。

### 7.2.2.1　基于振动鲁棒控制的精细姿态控制器设计

考虑弹性的高超声速飞行器纵向通道的状态空间模型是一个高阶系统,高阶弹性模态造成了系统的高阶次。对于这样一个多变量高阶的复杂系统,控制是十分困难的。从控制需求的计算量看,要实时地控制这样一个高阶系统,需要大量的计算,由于机载计算机的容量和计算速度的限制,这是难以实现的。从信号测量的角度看,高频振动信号的测量始终是一个很大的难题,频率越高,其对应模态的可观测度越低,这使得利用输出信号采用状态观测器来估计高频信号可能会有很大的误差,进而影响控制效果。另外,由于控制系统频带较低的原因,高阶振动模态对机身运动的影响随频率增大而显著下降,这使得选取过多的振型并无实际意义。因此,高超声速飞行器振动主动控制的基本思路就是将系统降阶,用一个低阶的控制系统来控制一个高阶对象。

对于高于系统频带的振动模态,由于其对机身弹性运动贡献较小,可观测度较低,若将其加入状态观测器可能会影响观测器的观测精度;而从前文研究的振动被动抑制技术来看,对高于系统频带的振动模态,可以很方便地通过低通滤波器进行抑制。因此高超声速飞行器主动控制的策略是:仅选取控制频带内的弹性模态与刚体模态构建低阶的控制对象,设计控制系统,然后再加入低通滤波器抑制高阶振动模态的影响。

降阶后的系统状态如下式所示：

$$\boldsymbol{X}_N = \begin{bmatrix} \alpha & \omega_{zR} & \dot{q}_1 & \dot{q}_2 & \cdots & \dot{q}_N & q_1 & q_2 & \cdots & q_N \end{bmatrix}^{\mathrm{T}} \qquad (7-81)$$

降阶后的低阶系统如下式：

$$\left.\begin{aligned} \dot{\boldsymbol{X}}_N &= \boldsymbol{A}_N \boldsymbol{X}_N + \boldsymbol{B}_N \boldsymbol{u} \\ \boldsymbol{Y}_N &= \boldsymbol{C}_N \boldsymbol{X}_N + \boldsymbol{D}_N \boldsymbol{u} \end{aligned}\right\} \qquad (7-82)$$

高超声速飞行器精细姿态控制系统的目的：进气道瞬时攻角需要稳定跟踪指令攻角，且动态误差小。进气道瞬时攻角的计算公式为

$$\alpha_j = \alpha - \frac{L-x}{V}\omega_z + \boldsymbol{\Phi}'_j \boldsymbol{q} - \frac{\dot{\boldsymbol{q}}\,\boldsymbol{\Phi}_j}{V} + \alpha_f \qquad (7-83)$$

不考虑第二类激励带来的干扰，进气道的瞬时攻角是状态 $\boldsymbol{X}_N$ 的线性表达式。攻角跟踪误差最小的问题可以转化为 $\boldsymbol{X}_N$ 跟踪误差最小的问题，再考虑控制能量的影响，设计最优控制的指标函数如下：

$$J = \int_{t_0}^{t_f} \left[ \boldsymbol{X}_N^{\mathrm{T}} \boldsymbol{Q}\, \boldsymbol{X}_N + \delta_z(t) R \delta_z(t) \right] \mathrm{d}t \qquad (7-84)$$

即将高超声速飞行器精细姿态控制问题转化为标准的最优二次型控制问题。与前文类似，为了解决以指标式(7-84)设计的控制系统存在静差的问题，对攻角引入积分环节，形成广义对象。通过设计合理的 $Q$ 和 $R$，利用前文的方法可解得控制器的参数。这种思路构建的高超声速飞行器纵向通道精细姿态控制系统的结构如图 7-47 所示。

详细的控制器设计方法与 7.2.1.1 节刚体假设下高超精细姿态控制器设计相同。

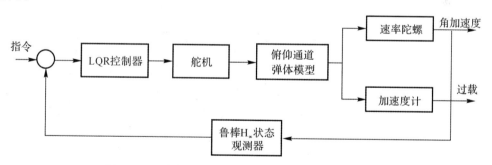

**图 7-47　高超声速飞行器纵向通道振动控制系统结构**

### 7.2.2.2　仿真分析

以飞行高度 25km，飞行速度马赫 6，常温下的飞行器的气动参数和模态参数为标称状态，利用前文的方法设计鲁棒状态观测器。在标称状态下，观测效果良好，气动参数极限摄动 30%，模态参数向下极限摄动 30%，并加入测量噪声的观测效果如图 7-48 所示。从图中可以看出，在考虑参数极限摄动和干扰的情况下，鲁棒状态观测器观测效果良好。

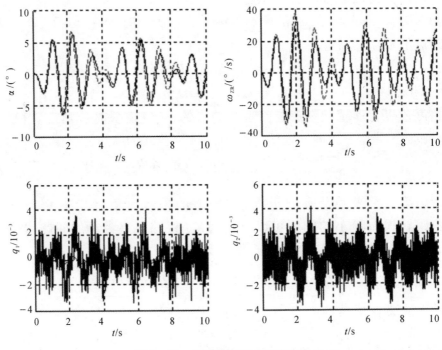

**图 7 - 48　极限摄动下观测效果图**

　　试凑合适的 $Q$ 和 $R$，计算控制器。考虑测量噪声、舵机非线性及各类参数摄动，控制效果如图 7 - 49 所示，图中虚线为指令攻角，实线为标称状态下攻角控制效果，点画线为极限摄动下攻角控制效果。

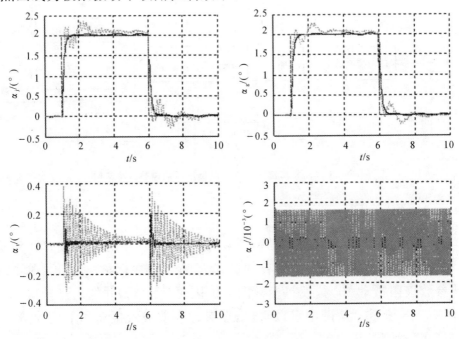

**图 7 - 49　精细姿态控制效果图**

可以看出：标称状态下，刚体攻角 $\alpha_g$ 跟踪效果较好；弹性攻角 $\alpha_t$ 在指令攻角变化时，出现约 $0.1°$ 的幅值，但衰减很快，抑制效果良好；发动机振动产生的攻角 $\alpha_f$ 较小，为 $10^{-3}$ 量级。极限摄动时，刚体攻角 $\alpha_g$ 跟踪效果较好；弹性攻角 $\alpha_t$ 在指令攻角变化时，出现约 $0.4°$ 的幅值，衰减仍然较快，抑制效果良好；发动机振动产生的攻角 $\alpha_f$ 较小，仍然为 $10^{-3}$ 量级。无论是标称状态还是极限摄动，发动机进气口当地攻角跟踪效果均满足要求。

为进一步验证控制系统的有效性，在考虑测量干扰及舵机非线性的基础上，加入 $30\%$ 的各类参数摄动，进行 100 次蒙特卡洛试验，跟踪效果如图 7-50 所示。可以看出，攻角跟踪效果可以保持在 $\pm 0.4°$，满足高超声速飞行器攻角精细控制的要求。

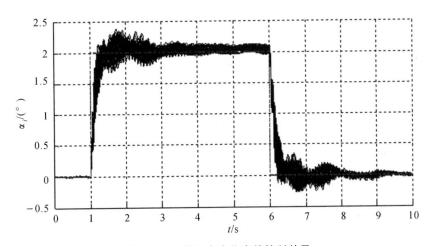

图 7-50　蒙特卡洛仿真的控制效果

# 7.3　复合舵面设计

## 7.3.1　复合舵面的概念

### 7.3.1.1　复合舵面设计的意义

高超声速巡航飞行器的典型特征是使用超燃冲压发动机。超燃冲压发动机需要在较高的马赫数和动压条件下才能点燃，因此目前的高超声速飞行器均使用助推器。当速度达到一定要求后，高超声速飞行器与助推器分离，并通过操纵效率较高的全动舵面偏转来抑制分离扰动,使飞行器快速达到发动机点火要求的窗口,这个窗口包括速度、动压和姿态。之后发动机点火工作,进入巡航状态。高超声速飞行器进入巡航飞行状态后,其飞行在临近空间,所受的扰动主要来自冲压发动机的抖动、传感器噪声和阵风,而这些与助推器分离扰动相比要小得多,且受超燃冲压发动机对姿态变化的限制,飞行器不会进行大的机动。如果仍使用操纵效率较高的全动舵面,则舵面的微小偏转,会引起飞行器姿态较大的变化。同时受舵机死区和间隙的影响,舵面无法进行细微偏转,这将导致很难对高超声速飞行器进行巡航段的高精度、高稳定度的姿态控制。

高超声速飞行器的操纵性设计存在两种可能性:一是可以使用一组舵面进行控制,即该舵面的操纵性既满足助推分离段的需求,也可进行巡航段的高精度姿态控制,由于这两个阶段对操纵性的需求差别较大,因而该操纵性在设计上必然需要折中,这就需要找到折中操纵性的设计方法,使其能对飞行器各阶段的控制效果达到单一舵面控制效果的最优;二是一组舵面无法完成两个阶段的控制任务,需要增加新的操纵面或改变现有操纵面的操纵性。

### 7.3.1.2　复合舵面的概念

在高超声速飞行器中使用多操纵面的结构形式主要有:

(1)前端加操纵鸭舵。采用此种布局的优点是在低马赫数情况下,使用鸭舵进行控制;在高马赫数情况下,鸭舵固定,成为安定面,而使用尾舵进行飞行控制,这样在飞行过程中,根据使用条件的不同,舵面的操纵效率发生改变。

(2)在原有全动舵的情况下增加新的操纵舵面。在与助推器分离的过程中,由于受到的扰动较大,使用全动舵面进行稳定控制,使飞行器快速达到满足超燃冲压发动机可以点火的工作状态。高超声速飞行器进入巡航飞行状态后,由于其飞行在临近空间,所受的扰动主要来自冲压发动机的抖动、传感器噪声和微弱的阵风影响,而这些与助推器分离扰动相比,要小得多。如果仍使用如此大的全动舵来稳定小扰动引起的姿态变化,并且将攻角和侧滑角控制在±2°左右的范围内,那么对控制系统的要求将极高。若在巡航阶段将全动舵面固定,而使用较小的操纵面,则在满足高精度姿态控制方面将优于全动舵面。

(3)将原有的全动舵面分为两部分,即翼端舵,这里我们称之为复合舵面,即将原有舵面分为两部分,其中一部分舵面可固定,而仅偏转另一部分舵面。复合舵面结构示意图如图 7-51 所示。在与助推器分离阶段,使用完整的全动舵面,而在巡航阶段,将全动舵面分为两部分,靠近弹体部分固定,而将另一部分作为舵面来进行稳

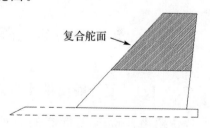

图 7-51　复合舵面结构示意图

定控制。

下面对上述三种方式进行分析比较。第一种方式虽然实现了根据飞行条件而进行操纵特性的改变,但增加了气动控制面,破坏了飞行器的外形,且需要额外增加舵机。第二种方式虽然解决了巡航段操纵特性改变的问题,但是增加了操纵舵面,破坏了原有飞行器的气动外形,同时增加了舵机,提高了成本。因此拟采用第三种方式来进行多操纵面的技术研究。这里需要说明的是第三种方式需要通过机构实现将全动舵面根据需要进行分离和对靠近弹体的舵面进行固定,增加了舵面机构设计难度,且对系统可靠性也有一定影响。

### 7.3.2　复合舵面设计方法

#### 7.3.2.1　设计依据

操纵面的功用是产生操纵力矩,在复合舵面设计中,主要的依据是:
(1)典型飞行弹道需用过载矢量在各坐标轴上的投影值。
(2)飞行中飞行器所受的扰动。
(3)调整比。

#### 7.3.2.2　设计原则

(1)操纵面偏转产生的可用过载应大于需用过载,且能平衡其他干扰力矩,这里舵偏角需留有 $2°$ 以上的余量。
(2)调整比 $K$ 值的选择应适度,变化量要小。$K$ 值太小,则难以操纵,$K$ 值太大,则舵偏角大,导致操纵力矩非线性严重。
(3)操纵面压力分布合理,能满足刚度、强度要求。

#### 7.3.2.3　优化设计方法

复合舵面优化设计流程图如图 7 - 52 所示。

采用协同优化方法(CO)和并行子空间优化方法(CSSO)两种一体化优化方法对飞行器的操纵性设计进行优化,并对这两种方法所得的最优解对高超声速飞行器在分离段和巡航段的操纵性和控制性能进行分析和比较,选取最优值作为优化设计的结果。

在协同优化方法中,气动学科和控制学科均为学科级,飞行器操稳特性需要满足的要求约束可作为系统级。首先,通过分析扰动模型对操纵面的参数设计提出约束条件,再由操纵性和响应速度等要求,对控制学科的设计提出约束条件。选择用于解决带有约束的非线性数学规划问题的连续二次规划法(SQP)作为两个学科级和系统级优化的方法。将已建立的学科响应面模型带入优化系统中,将响应面函数以二阶泰勒级数展开,并把响应的约束条件进行线性化处理,从而将原系统的非线性问题转化为二次规划问题,通过求解二次规划得到下一个设计点,依此不断对响应面模型进行优化直至收敛,最终得到满足分离段和巡航段的操稳性能和控制精度的操纵面设计参数,以及相应的控制器调节参数。

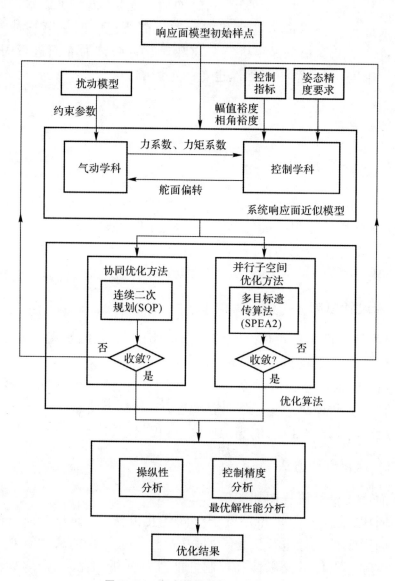

**图 7 - 52  复合舵面优化设计流程图**

对于并行子空间优化方法,气动与控制两个子空间优化,需要对方系统的状态变量,两个子系统通过响应面获取对方的状态变量近似值,并将自身的设计优化结果作为进一步构造响应面的设计点,逐步迭代以提高系统响应面的精度,直至收敛。其优化设计目的也是得到最优的操纵面设计参数,以及相应的控制器调节参数。响应面模型和约束条件的选取与 CO 相同。拟采用多目标遗传算法

SPEA2 对两个子空间进行优化设计,得到 Pareto 非劣解集,在 Pareto 前沿点上对操纵面参数和控制器进行设计,通过分析所得非劣解,得到在分离段和巡航顶端的性能最优点,将其作为最优解。

复合舵面外形尺寸图如图 7-53 所示。

全动舵面外形几何参数如下:

(1)翼根弦:0.347m。

(2)翼尖弦:0.107m。

(3)翼展(其中弹径 0.367m):0.950m。

(4)翼面积:0.061 8m²。

复合舵面从距翼端 0.175m 处断开,复合舵面的面积为 0.031 3m²。

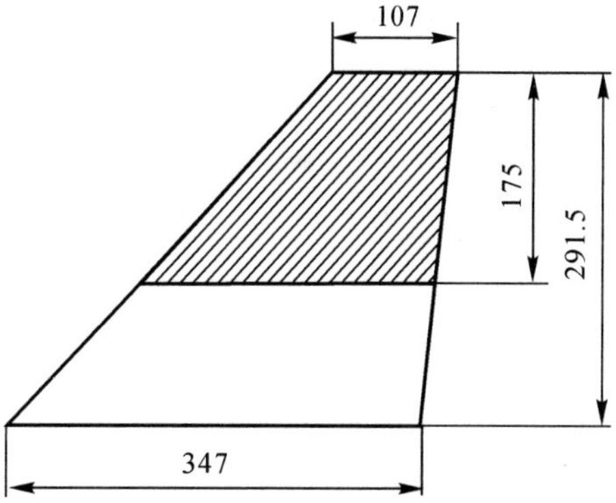

### 7.3.3　复合舵面气动特性分析

高超声速飞行器使用复合舵面的气动特性如图 7-54～图 7-58 所示。

图 7-53　复合舵面尺寸图

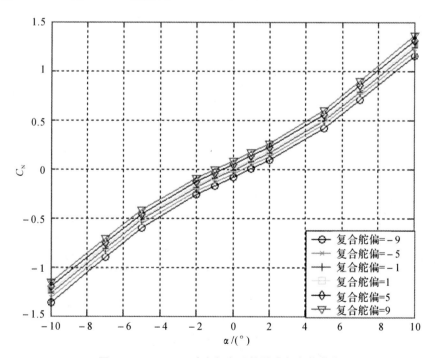

图 7-54　$Ma=5$ 时法向力系数随攻角变化曲线

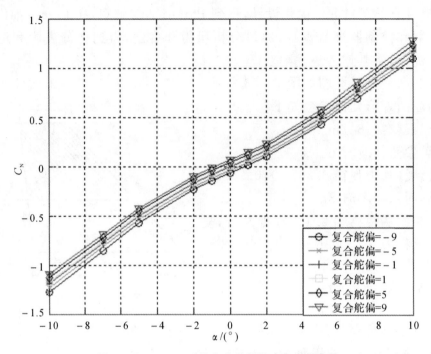

图 7-55　$Ma=6$ 时法向力系数随攻角变化曲线

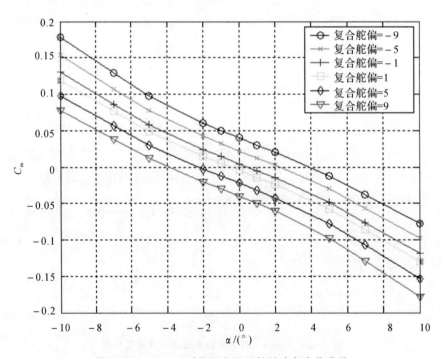

图 7-56　$Ma=5$ 时俯仰力矩系数随攻角变化曲线

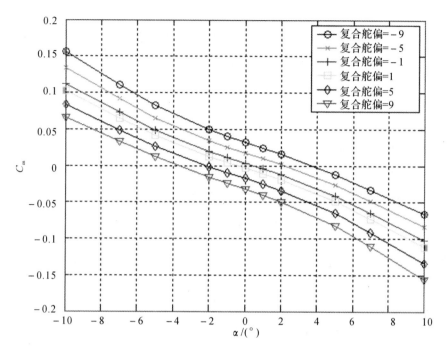

图 7-57　$Ma=6$ 时俯仰力矩系数随攻角变化曲线

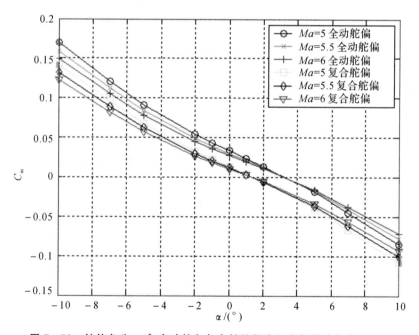

图 7-58　舵偏角为 $-3°$,全动舵和复合舵俯仰力矩系数随攻角变化曲线

从图中可以得出以下结论:

(1)法向力系数随攻角增大而增大,且线性度较好。

(2)法向力系数随着升降舵增大而增大,且变化范围不大,即升降舵对法向力影响较小。

（3）全动舵在同等舵偏角下产生的俯仰力矩系数要明显大于复合舵。

### 7.3.4　舵机系统设计及建模

使用复合舵面后，使飞行器的操稳比变小，这样可以降低舵机死区对控制精度的影响，同时由于翼端舵面为原全动舵面的一部分，因此，舵机系统的转动惯量也随之降低，这样提高了系统的快速性。下面将通过对舵机系统进行建模和仿真，给出转动惯量对舵机系统影响的仿真曲线。

#### 7.3.4.1　数学模型

电动舵机数学模型如图 7−59 所示。

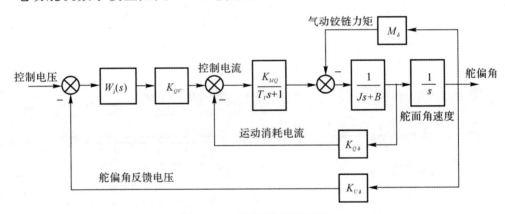

图 7−59　电动舵机数学模型

图中　$W_j(s)$——校正网络；

$K_{QV}$，$K_{MQ}$，$K_{Q\delta}$，$K_{U\delta}$——电流放大系数、电机力矩常数、反电流常数、角位置反馈系数；

$T_V$，$J$，$B$，$M_\delta$——电气时间常数、等效转动惯量、等效阻尼系数、等效铰链力矩系数。

#### 7.3.4.2　仿真结果

全动舵和复合舵在舵机模型的区别有两处：

（1）转动惯量不同。全动舵舵系统转动惯量由传动系统和全动舵面组成，其值为 $0.036\ 7\mathrm{kg} \cdot \mathrm{m}^2$；而复合舵舵系统转动惯量由传动系统和复合舵组成，其值为 $0.027\ 4\mathrm{kg} \cdot \mathrm{m}^2$。

（2）铰链力矩不同。复合舵的铰链力矩斜率为 $0.5\mathrm{N} \cdot \mathrm{m}/(°)$，而全动舵为 $2.82\ \mathrm{N} \cdot \mathrm{m}/(°)$。

复合舵和全动舵系统对阶跃响应曲线如图 7-60 所示。

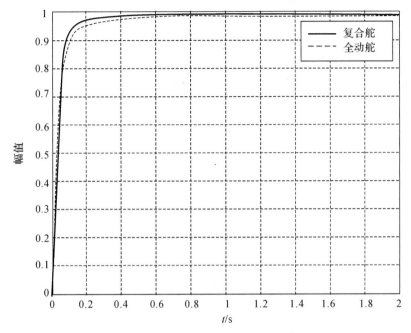

图 7-60 复合舵和全动舵系统对阶跃响应曲线

从图中可以看出,复合舵系统的响应快速性优于全动舵系统。

复合舵系统和全动舵系统的频域特性分别如图 7-61 和图 7-62 所示。

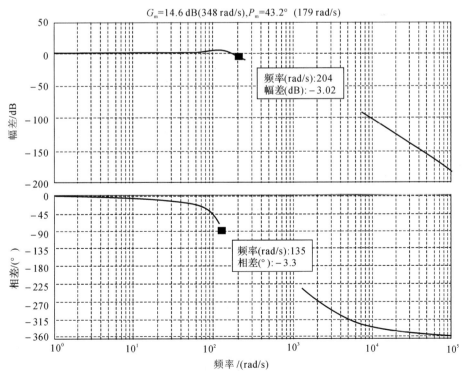

图 7-61 复合舵系统频域特性

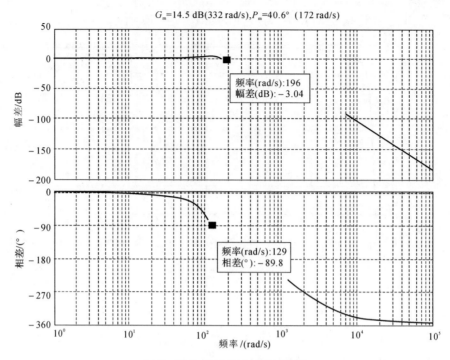

**图 7 - 62　全动舵系统频域特性**

从频域特性曲线可以看出,复合舵系统的截止频率为 135 rad/s,而全动舵系统的截止频率为 129 rad/s,较复合舵系统低 6 rad/s。

## 7.3.5　六自由度仿真结果

将高超声速飞行器复合舵面和全动舵面的舵机数学模型和气动参数代入到数学模型,并在阵风扰动、推力偏差、气动零偏等扰动情况下进行仿真,仿真结果如图 7 - 63 ～图 7 - 65 所示。

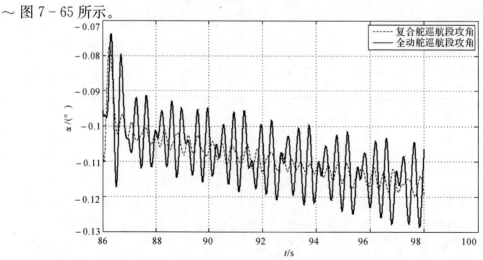

**图 7 - 63　攻角随时间变化曲线**

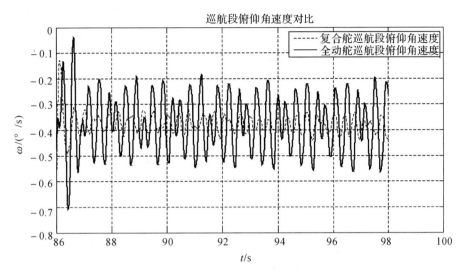

图 7 - 64　俯仰角速度随时间变化曲线

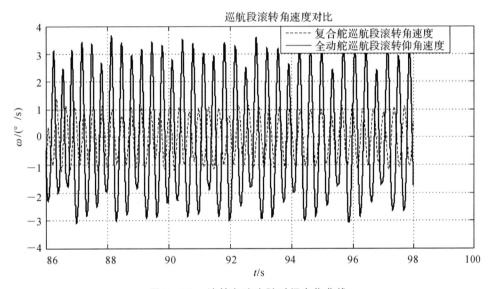

图 7 - 65　滚转角速度随时间变化曲线

从仿真结果可以得到如下结论:

(1) 全动舵和复合舵均可实现对高超声速飞行器攻角的高精度姿态控制,复合舵控制精度优于全动舵。采用全动舵控制时,攻角幅值变化范围约为 $0.02°$,而复合舵控制的攻角幅值变化范围为 $0.005°$。

(2) 复合舵在俯仰角速度和滚转角速度控制精度上明显优于全动舵。

## 7.3.6　小结

通过对有助推分离的高超声速飞行器飞行特点的分析,提出在不改变飞行器外形和不增加舵机情形下,改变飞行器操纵效率的方法 —— 复合舵面。仿真结果表明,复合舵面在攻角、俯仰角速度和滚转角速度控制精度上优于全动舵,从而为高超声速飞行器巡航段高精度姿态控制提供了一种新的控制策略。

# 7.4 舵机特性对姿态控制精度的影响及其抑制策略

舵机是高超声速飞行器制导控制系统的执行机构,依据飞控系统的控制信号,驱动空气舵面产生操纵力矩,控制高超声速飞行器飞行。舵机带宽和非线性特性是影响高超声速飞行器姿态控制的重要因素。

## 7.4.1 电动舵机系统数学模型

电动舵机系统作为一个典型位置反馈系统,在方案设计时为便于分析一般采用如下式所示二阶简化模型:

$$W_{dj}(s) = \cfrac{1}{\cfrac{s^2}{\omega^2} + 2\xi\cfrac{1}{\omega}s + 1} \tag{7-85}$$

而在设计和仿真中调整参数时就需要根据舵机工作机理建立描述运动过程的微分方程,这些方程一般包括饱和、摩擦、间隙等非线性因素。下面就针对飞行器常用无刷直流电动舵机建立非线性数学模型。

### 7.4.1.1 伺服电机及其数学模型

直流无刷电机是电动舵机的核心部件,其性能参数对舵机指标的实现有举足轻重的影响。而直流无刷电机相对于其他电机而言具有体积小、质量轻、功率大、效率高、易维护等优点。其等效模型如图 7-66 所示。

各变量满足以下方程:

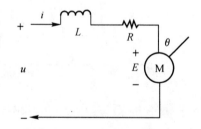

**图 7-66 直流无刷电机等效模型图**

$$u = L\frac{di}{dt} + iR + E \tag{7-86}$$

$$E = K_E\frac{d\theta}{dt} \tag{7-87}$$

$$T_M = K_T i \tag{7-88}$$

$$T_B = T_M - T_L - T_f = J\frac{d^2\theta}{dt^2} \tag{7-89}$$

其中:$u$ 为电枢电压(V);$i$ 为电枢电流(A);$L$ 为电枢总电感(H);$R$ 为电枢总电阻($\Omega$);$E$ 为反电势(V);$T_M$ 为电机转矩(Nm);$T_L$ 为折算到电机轴上的负载转

矩(Nm);$T_B$ 为加速转矩(Nm);$J$ 为折算到电机轴上的总的转动惯量($\mathrm{kgm}^2$);$K_E$ 为反电势系数(Vs/rad);$K_T$ 为转矩系数(Nm/A);$T_f$ 为摩擦力矩(Nm)。其传递函数结构图如图 7 - 67 所示。

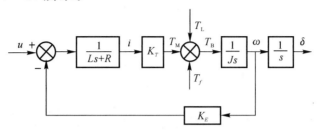

**图 7 - 67　直流无刷电机等效模型图**

### 7.4.1.2　驱动器及其数学模型

驱动器的作用,是将前级来的信号通过功率放大,驱动伺服电机的转动。对驱动器的要求是,功率放大电路的效率要高。PWM 是 20 世纪 60 年代发展起来的控制技术,它使直流电源以一定的频率交替地导通与关断,用改变脉冲电压的宽度来改变加在电机上的平均电压,以控制电机的转向和转速。其工作原理图如图 7 - 68 所示。

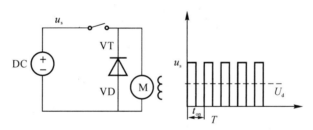

**图 7 - 68　PWM 驱动器工作原理图**

图 7 - 68 中 VT 表示任何一种电力电子开关器件,VD 表示续流二极管。当 VT 导通时,直流电源电压 $U_s$ 加到电动机上。当 VT 关断时直流电源与电机脱开,电动机电枢经 VD 续流,两端电压接近于零。如此反复,得到的电枢两端电压波形如图 7 - 68 右图所示,即电源电压 $U_s$ 在 $t_{on}$ 时间内被接上,又在 $t_{on} \sim T$ 时间内被斩断,所以也称为斩波器。这样电动机所得的平均电压为

$$U_d = \frac{t_{on} U_s}{T} \tag{7-90}$$

式(7 - 90)中 $T$ 为功率器件的开关周期(单位:s);$t_{on}$ 为开通时间;$\rho = t_{on}/T = t_{on} f$ 为控制电压占空比,$f = 1/T$ 为开关频率。

根据以上原理,当控制电压 $U_{ct}$ 发生改变时,PWM 驱动器的输出电压需要到下一个开关周期才能改变,因此 PWM 驱动器可以看作是一个具有纯滞后的放大环节,它的最大滞后时间不超过一个开关周期 $T$,当系统的截止频率满足下式:

$$\omega_c \leqslant \frac{1}{3T} \tag{7-91}$$

则 PWM 驱动器的传递函数就可以近似为

$$W_{\text{PWM}}(s) = \frac{U_{\text{do}}(s)}{U_{\text{ct}}(s)} = \frac{K_s}{T_s s + 1} \tag{7-92}$$

式（7-101）中 $U_{\text{do}}$ 为 PWM 驱动器输出的空载平均电压；$U_{\text{ct}}$ 为脉宽调制器的控制电压；$K_s = U_{\text{do}}/U_{\text{ct}}$ 为 PWM 驱动器的控制增益，$T_s$ 为 PWM 驱动器的平均滞后时间，$T_s = T/2$，单位为 s。

由于是电压型驱动系统，为了保证电机及自身器件的安全就需要有电流保护措施。

现阶段常用的做法是采用电流截止负反馈的方法控制电流使其不超限，及电流负反馈的限流作用只在工作电流超过限定值才起作用，这样既保证了舵机正常工作的需要，又满足了限制电流的要求，其具体工作原理如图 7-69 所示。

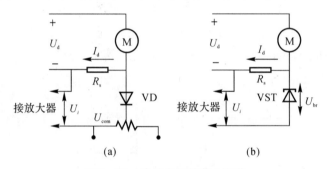

图 7-69　电流负反馈截止环节

由图 7-69(a) 可见在电动机电枢回路串入一个小阻值电阻 $R_s$，$I_d R_s$ 是正比于电流的电压信号，用它去和比较电压 $U_{\text{com}}$ 进行比较。当 $I_d R_s > U_{\text{com}}$，电流负反馈信号 $U_i$ 起作用，当 $I_d R_s \leqslant U_{\text{com}}$，电流负反馈信号被截止。利用独立电源在反馈电压 $I_d R_s$ 和比较电压 $U_{\text{com}}$ 之间串接一个二极管 VD 组成电流负反馈截止环节，也可以如图 7-69(b) 所示利用稳压管 VST 的击穿电压 $U_{\text{br}}$ 作为比较电压组成电流负反馈截止环节。

那么电流截止负反馈的数学模型下：

$$U_i = \begin{cases} \beta I_d - U_{\text{br}}, & \beta I_d - U_{\text{br}} \geqslant 0 \\ 0, & \beta I_d - U_{\text{br}} < 0 \end{cases} \tag{7-93}$$

电流截止负反馈环节的输入输出特性如图 7-70 所示。

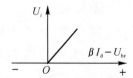

图 7-70　电流截止负反馈环节的输入输出特性

这是一个非线性环节,与电机传递函数结构图合并如图 7 - 71 所示。

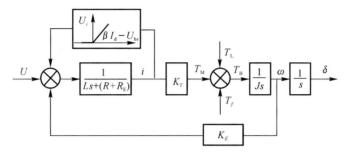

图 7 - 71　带电流截止负反馈环节的电机结构框图

### 7.4.1.3　减速器及其数学模型

滚珠丝杠传动起源于 19 世纪末,1874 年就已经在美国获得了专利,但真正得到使用和发展却是在 20 世纪 40 年代以后。1940 年美国通用公司将滚珠螺杆应用在汽车方向盘转向机构上,从此,滚珠丝杠才得到了真正的使用和发展。由于滚珠丝杠副所具有的高精度、高效率、高刚度、运行平稳等特点,因此被广泛应用于各行各业,尤其是在精密机械、自动化、各种动力传输、半导体、医疗和航天等产业上得到了广泛应用。

滚珠丝杠传动的物理基础是滚动摩擦,工作原理为:滚珠丝杠与滚珠螺母之间填满了滚珠,在滚珠螺母上有与滚道始末接通的滚珠回珠孔,当丝杠转动时,滚珠即沿着滚道作循环运动,螺母作直线运动。因为是滚动摩擦,所以摩擦小,传动效率高。

减速传动机构的工作原理如图 7 - 72 所示。

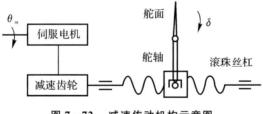

图 7 - 72　减速传动机构示意图

减速传动机构工作时,丝杠每转动一周,螺母沿丝杠移动一个导程,舵轴带动舵面转动一个角度。若电机转动的角度为 $\theta_m$,那么舵面转动的角度为

$$\theta = \arctan\left(\frac{\theta_m L}{2\pi i_{g1} r}\right) \tag{7-94}$$

式(7 - 94)中:$\theta_m$ 为电机转动的角度(rad);$\theta$ 为舵面转动的角度(rad);$L$ 为滚珠丝杠的导程(mm);$i_{g1}$ 为减速齿轮的减速比;$r$ 为拨叉的有效转动半径(mm)。由于 $L$ 远小于 $r$,$i_{g1}$ 大于 1,因此,当 $\theta \approx 0$,相应地即 $\theta_m$ 较小时,$\frac{\theta_m L}{2\pi i_{g1} r} \approx 0$。此时,

式(7-94)相应地可以变为

$$\theta = \frac{\theta_m L}{2\pi i_{g1} r} \tag{7-95}$$

于是,$\theta \approx 0$ 时,减速传动机构的传递函数为常数,即

$$\theta = \arctan\left(\frac{\theta_m}{i}\right) \tag{7-96}$$

舵面转动的角度通常以度表示,则有

$$\delta = \frac{180\theta}{\pi} = \frac{180}{\pi}\arctan\left(\frac{\theta_m}{i}\right) \tag{7-97}$$

减速传动机构的结构图如图 7-73 所示。其中 $u$ 是设置的辅助量,$\arctan(u)$ 对该模块的输入 $u$ 取反正切。

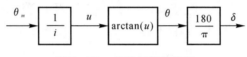

图 7-73　传动机构结构图

摩擦力矩主要包括电机摩擦力矩和减速器摩擦力矩,其中电机摩擦力矩是电机转速的函数,而减速器滚珠丝杠副的摩擦主要来自以下几个方面:材料弹性滞后所引起的纯滚动摩擦,在滚动接触面上的差动滑动所引起的摩擦,滚动体沿接触面中心法线的自旋滑动所引起的摩擦,滑动接触部位的纯滑动摩擦,润滑剂的黏性摩擦。

间隙环节也是减速器带来的主要非线性环节,主要包括减速齿轮间的间隙和滚珠丝杠副中的轴向间隙。

间隙和摩擦是影响舵机工作进而影响高超飞行器精细控制的主要非线性环节,后面将给出详细的分析。

### 7.4.1.4　反馈电位器及其数学模型

反馈装置将舵面的角位移变成电压量,以便实现位置反馈。这里采用反馈电位器建立数学模型,反馈电位器具有体积小、精度高、线性好、简单可靠的优点,非常适合用作位置反馈。反馈电位器的输出电压为

$$u_f = \frac{\delta}{\theta_p} U_p \tag{7-98}$$

其中:$U_p$ 为反馈电位器上的电压(V);$\theta_p$ 为反馈电位器的总行程(°)。令 $K_F = U_p/\theta_p$,称为舵面反馈系数(V/(°)),则式(7-98)变为

$$u_f = K_F \delta \tag{7-99}$$

因此,反馈电位器的传递函数为常数,即

$$\frac{u_f(s)}{\delta(s)} = K_F \tag{7-100}$$

### 7.4.1.5　舵机控制器

控制器完成对舵控制信号 $u_i$ 和舵反馈信号 $u_f$ 的误差综合和放大。舵机为了在系统稳定的前提下,提高系统的快速性,控制器通常都包含有校正环节。传统的校正环节可以采用超前校正、PID 校正等实现。但是由于舵机指标要求的不断提高,新的控制技术的发展和数字信号处理器的出现,变结构控制、模糊控制等先进的控制算法,可以通过数字信号处理器的编程得以在线实现,从而获得性能更为优秀的控制器。

### 7.4.1.6　舵机系统模型

根据上节对舵机各部分的分析,将其串联获得舵机非线性数学模型如图 7 - 74 所示。

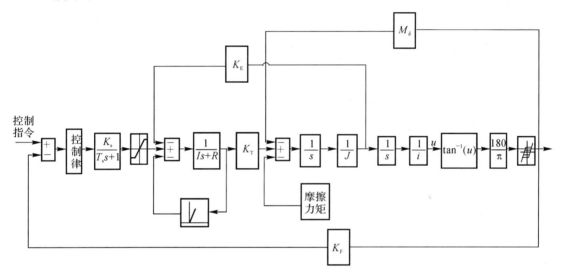

**图 7 - 74　舵机非线性数学模型**

图 7 - 74 中:$L$ 为电枢总电感(H);$R$ 为电枢总电阻与采样电阻之和($\Omega$);$J$ 为折算到电机轴上的总的转动惯量(kg·m²);$K_E$ 为反电势系数(V·s/rad);$K_T$ 为转矩系数(N·m/A);$i$ 为减速比;$M_j^{\theta}$ 为铰链力矩系数;$K_1$ 为电路电压放大系数;$K_F$ 为舵偏角反馈系数;$T_s$ 为指令输出平均滞后时间。

## 7.4.2　舵机频带对姿态控制精度的影响

高超声速飞行器对姿态控制的精细控制要求,使得舵机需要快速响应舵控指令,保证姿态输出能够迅速跟踪指令要求,对于高超声速飞行器而言,其舵回路频带不同,对稳定回路中的干扰抑制具有不一样的效果。

本节以轴对称高超声速飞行器模型俯仰通道为研究对象,分析舵机性能对抑制扰动过程的影响。

忽略长周期模态，以纵向通道为例，采用过载控制方式，高超声速飞行器纵向通道控制框图如图 7-75 所示。

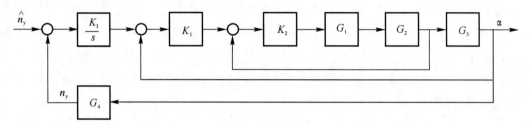

图 7-75 高超声速飞行器纵向通道控制框图

其中 $K_1, K_2, K_1$ 为控制系统增益，$G_1 = W_{dj}(s)$ 为舵机二阶等效模型，其表达式为式(7-94)。

$G_2 = W_{\delta_z}^{\dot\vartheta}(s)$ 为俯仰角速度 $\dot\vartheta$ 与舵偏角 $\delta_z$ 之间的传递函数，其表达式为

$$W_{\delta_z}^{\dot\vartheta}(s) = \frac{K_M(T_1 s + 1)}{T_M^2 s^2 + 2 T_M \xi_M s + 1} \qquad (7-101)$$

$G_3$ 为 1 阶惯性环节，其表达式为

$$G_3 = \frac{1}{s + a_{34}} \qquad (7-102)$$

$G_4$ 为比例环节，其表达为

$$G_4 = \frac{V}{g} a_{34}$$

将干扰项作为舵偏角引入，即引入等效干扰舵偏，其原理框图变为图 7-76。

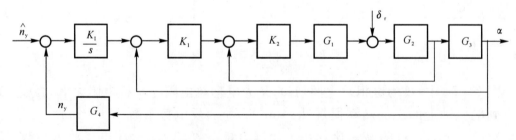

图 7-76 带舵偏的高超声速飞行器纵向通道控制框图

结构图化简后如图 7-77 所示。

根据图 7-77，得出攻角的表达式：

$$\alpha = \frac{G}{1+GH}\delta + \frac{G}{1+GH}QR \qquad (7-103)$$

其中

$$H = \frac{K_2 G_1}{G_3} + G_1 K_1 K_2 + K_1 K_2 G_1 G_4 \frac{K_1}{s}$$

$$G = G_2 G_3$$

$$Q = K_1 K_2 G_1 \frac{K_1}{s}$$

$$G_1 = \cfrac{1}{\dfrac{s^2}{\omega^2} + 2\xi \dfrac{1}{\omega}s + 1}$$

$$G_2 = -\frac{91.730\,7s + 7.341\,7}{1.000\,0s^2 + 0.267\,7s + 49.336\,8}$$

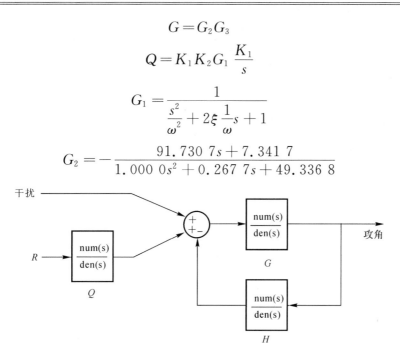

**图 7 - 77　高超声速飞行器纵向通道控制简化框图**

### 7.4.2.1　系统性能随舵机频带变化分析

通过仿真分析可以知道,当舵机频率为 7Hz 时,系统开环 Bode 图如图 7 - 78 所示。

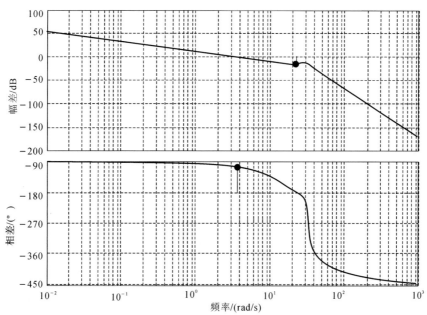

**图 7 - 78　舵机频率为 7Hz 时系统开环 Bode 图**

由 Bode 图可看出,系统闭环稳定。增大舵机频率,依次绘制 Bode 图,则可得出表 7 - 1。

表 7-1　纵向通道随舵机频带变化幅相特性表

| 频率 /Hz | $1/\omega$ | GM/dB | PM/(°) |
|---|---|---|---|
| 7 | 0.023 | 16 | 71 |
| 8 | 0.020 | 16.5 | 71.1 |
| 9 | 0.018 | 16.8 | 71.1 |
| 10 | 0.016 | 17 | 71.2 |
| 15 | 0.011 | 17.5 | 71.3 |
| 20 | 0.008 | 17.8 | 71.4 |
| 25 | 0.006 | 18 | 71.4 |
| 30 | 0.005 | 18.1 | 71.5 |

故舵机频率大于或等于 7Hz 时,系统均能闭环稳定,且相位裕度大于 45°,幅值裕度大于 16dB。但是由表 7-1 可以看出在控制器参数不动的情况下,仅增大舵机频率并不能显著提高飞控系统性能,图 7-79 是攻角指令为 4°阶跃的系统响应图。

由图 7-79 可以看出动态特性随着舵机频率增加,系统性能并没有发生较大变化。

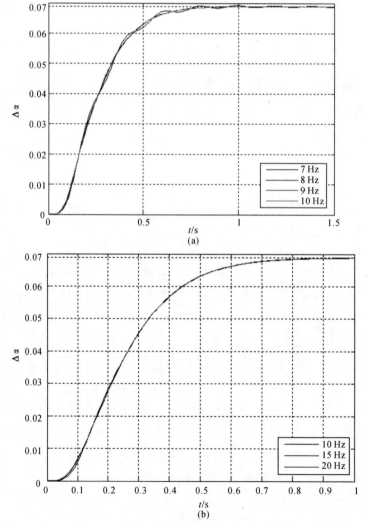

图 7-79　纵向通道 4°阶跃攻角响应图

### 7.4.2.2　系统扰动抑制能力随舵机频带变化分析

系统传函表达式为

$$\alpha = \frac{G}{1+GH}\delta + \frac{G}{1+GH}QR \qquad (7-104)$$

零输入即 $R=0$ 时，

$$\alpha = \frac{G}{1+GH}\delta \qquad (7-105)$$

画出闭环极点随 $\omega$ 变化的根轨迹。将表 7-2 参数代入，先计算传函。

表 7-2　参数表

| $K_1$ | 10 | $K_I$ | 0.300 0 |
|---|---|---|---|
| $K_2$ | $-0.350\ 0$ | $\xi$ | 0.7 |
| $G_4$ | 14.524 1 | $a_{34}$ | 0.080 0 |

闭环传函为 $\Phi = \dfrac{G}{1+GH}$，提出常系数后，设 $N$ 为零点多项式，$G$ 为极点多项式

$$N = -0.0281(4.0344s + 0.3229)(5s^2 + 7\omega s + 5\omega^2)s$$

$$D = 0.0619s^6 + (0.0867\omega + 0.0215)s^5 + (0.0619\omega^2 + 0.0301\omega + 3.0551)s^4 +$$
$$(2.0088\omega^2 + 4.2772\omega + 0.2443)s^3 + (23.2456\omega^2 + 0.3420\omega)s^2 +$$
$$88.4366\omega^2 s + 6.9302\omega^2$$

闭环传函中，舵机频带 $\omega$ 不是根轨迹增益，且同时存在一次项和二次项，现在考虑用数值解法，描点画出闭环极点随 $\omega$ 变化的根轨迹图像。

由 $N=0$ 计算闭环零点见表 7-3。

表 7-3　闭环零点表

| 0 | $-0.080\ 0$ | $(-0.7 \pm 0.714\ 1i)\omega$ |
|---|---|---|

由 $D=0$，计算 $\omega$ 不同取值下闭环极点见表 7-4。

表 7-4　闭环极点表

| $f$/Hz | $\omega$/rad | 极点 | | | |
|---|---|---|---|---|---|
| | | NO.1，NO.2 | NO.3，NO.4 | NO.5 | NO.6 |
| 6 | 37.699 1 | $-0.043\ 2 \pm 29.555\ 5i$ | $-7.045\ 3 \pm 2.980\ 1i$ | $-0.080\ 0$ | $-38.893\ 0$ |
| 7 | 43.982 3 | $-2.415\ 1 \pm 32.292\ 1i$ | $-7.226\ 1 \pm 2.894\ 3i$ | $-0.080\ 0$ | $-42.589\ 1$ |
| 8 | 50.265 5 | $-5.120\ 7 \pm 34.822\ 7i$ | $-7.387\ 4 \pm 2.813\ 7i$ | $-0.080\ 0$ | $-45.654\ 9$ |
| 9 | 56.548 7 | $-8.166\ 3 \pm 37.172\ 9i$ | $-7.532\ 7 \pm 2.737\ 8i$ | $-0.080\ 0$ | $-48.074\ 4$ |
| 10 | 62.831 9 | $-11.574\ 0 \pm 39.369\ 8i$ | $-7.665\ 7 \pm 2.664\ 3i$ | $-0.080\ 0$ | $-49.792\ 7$ |
| 15 | 94.247 8 | $-35.491\ 4 \pm 50.474\ 3i$ | $-8.204\ 9 \pm 2.322\ 3i$ | $-0.080\ 0$ | $-44.882\ 7$ |
| 20 | 125.663 7 | $-64.013\ 4 \pm 70.707\ 1i$ | $-8.628\ 6 \pm 1.972\ 7i$ | $-0.080\ 0$ | $-30.992\ 9$ |
| 25 | 157.079 6 | $-88.715\ 7 \pm 93.692\ 1i$ | $-8.995\ 9 \pm 1.573\ 9i$ | $-0.080\ 0$ | $-24.856\ 7$ |

零极点 $-0.0800$ 对消,画出根轨迹图像如图 $7-80$ 所示。

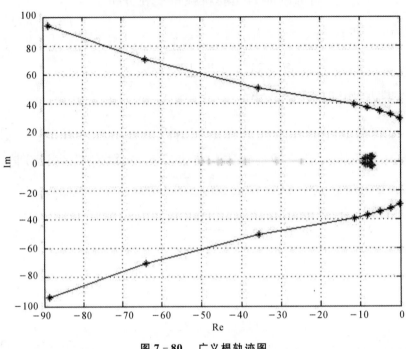

图 7 - 80　广义根轨迹图

由闭环根轨迹图可以看出,舵机频率为 $6\mathrm{Hz}$;一对共轭极点 $\mathrm{NO.1}$, $\mathrm{NO.2}$ 处于虚轴边缘,此时系统处于临界稳定,随着舵机频率的增加,由靠近虚轴的这对共轭极点影响系统在干扰作用下的收敛速度,直到该对极点靠近 $\mathrm{NO.3}$, $\mathrm{NO.4}$,当 $\mathrm{NO.1}$, $\mathrm{NO.2}$ 远离 $\mathrm{NO.3}$, $\mathrm{NO.4}$ 时, $\mathrm{NO.3}$, $\mathrm{NO.4}$ 基本保持不变,因此此时舵机频率的增加并不能改变系统在干扰作用下的收敛速度。下面给出具体例子进行验证。

根据攻角表达式式(7-114)可知,由干扰引起的攻角误差可表示为

$$\Delta\alpha = \frac{G}{1+GH}\delta \tag{7-106}$$

在阶跃输入,即 $R = \dfrac{1}{s}$ 下,各个参数按表 $7-5$ 取值。

表 7 - 5　参数表

| $K_1$ | 10 | $K_I$ | 0.3000 |
|---|---|---|---|
| $K_2$ | $-0.3500$ | $\xi$ | 0.7 |
| $G_4$ | 14.5241 | $a_{34}$ | 0.0800 |

当把干扰引入系统,取 $\delta = \dfrac{0.0698}{s}$(即干扰为 $4°$)时,舵机频率取不同的值,可画出 $\Delta\alpha$ 的变化曲线。从 $7\mathrm{Hz}$ 开始,每次增大 $1\mathrm{Hz}$,绘制出 $\Delta\alpha$ 的变化曲线如图 7 -

81 所示。

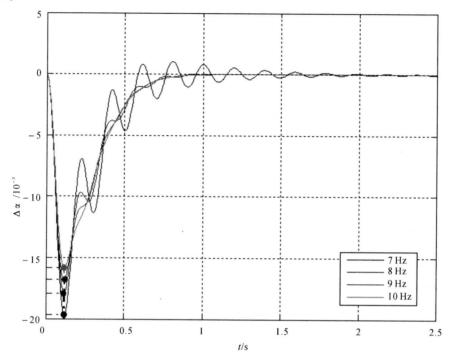

**图 7 - 81　7 ～ 10Hz 舵机频带变化下的 $\Delta\alpha$ 的变化曲线**

由图 7-82 知随舵机频率的增大，$\Delta\alpha$ 的曲线由振荡逐渐变得比较平滑，$\Delta\alpha$ 的峰值的绝对值也有明显减小。舵机频率从 9 Hz 增大到 10 Hz 时，$\Delta\alpha$ 的曲线变化不再显著，但 $\Delta\alpha$ 的峰值仍然在减小。

继续增大舵机频率，从 10 Hz 每次增加 5 Hz，绘制 $\Delta\alpha$ 的变化曲线如图 7-82 所示。

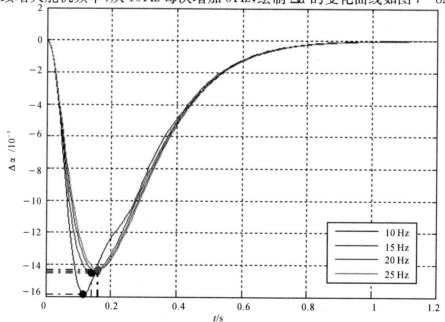

**图 7 - 82　10 ～ 25Hz 舵机频带变化下的 $\Delta\alpha$ 的变化曲线**

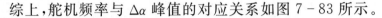

从图7-82中可以看出,继续增大舵机频率,$\Delta\alpha$ 的峰值的绝对值仍然有进一步的缩小,但当舵机频率达到20Hz后,再增大舵机频率,$\Delta\alpha$ 的峰值仅仅发生非常微小的改变,而曲线也近乎重合。

综上,舵机频率与 $\Delta\alpha$ 峰值的对应关系如图 7-83 所示。

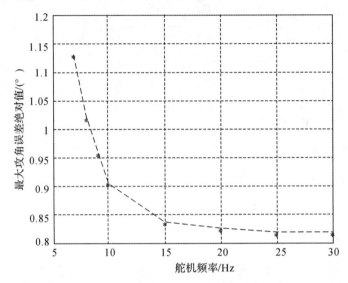

**图 7-83   舵机频率与 $\Delta\alpha$ 峰值的对应关系**

由图 7-83 可以看出,舵机频率小于 10Hz 时,舵机频率的增大能显著降低攻角的最大误差,舵机频率在 10~20Hz 之间时,降低舵机频率,仍能稍微降低该误差。但舵机频率超过 20Hz 之后,继续增大舵机频率,对攻角误差最大值而言,已经没有显著的影响。

当系统控制器参数确定后,增加舵机频带并不能提高飞行器的稳态和动态性能,但是如果舵机频带过低,会导致飞行器抑制扰动影响的能力降低,增大攻角在扰动作用下的抖动峰值。

### 7.4.3   舵机非线性特性及其抑制策略

舵机作为飞行器的执行机构,其性能直接影响飞行器的飞行控制品质。吸气式高超声速飞行器大多采用电动舵机。电动舵机是机电一体化产品,其非线性环节主要包括饱和、间隙和摩擦。由于在吸气式高超声速飞行器巡航飞行阶段,舵控指令幅值较小,使舵机工作达不到饱和状态,因此舵机影响飞行控制的主要非线性就是间隙和摩擦。

根据间隙环节位于系统位置的不同,可以将含有间隙环节的非线性系统分为输入间隙非线性(间隙位于线性部分前)和输出间隙非线性(间隙环节位于线性部分后),如图 7-84 所示。电动舵机系统为一输出间隙非线性系统,通常间隙非线性环节用滞环环节来代替进行系统特性分析。电动机与负载之间,要用齿轮减速装置。理想的齿轮传动装置,其输入与输出之间的关系应当是线性的。由于加工、装配和使用中的各种误差的存在,齿轮啮合中非工作面之间留有一定的侧面间隙,以存储润滑油,并补偿由于温度和弹性变形引起的尺寸变化,避免齿轮卡死,所以在一对相互啮合的齿轮之间,总是存在一定的齿侧间隙,间隙的存在对于可逆运转的传动装置造成了回差。这样,传动装置的输出和输入之间不再是单值的线性关系,而是具有滞环形的非单值的非线性关系。

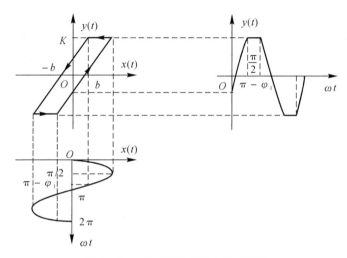

**图 7 - 84　间隙非线性输入输出特性**

间隙的位置函数为

$$p(k) = \begin{cases} b, & \Delta u(k) > 0, p(k-1) + \Delta u(k) \geqslant b \\ -b, & \Delta u(k) < 0, p(k-1) + \Delta u(k) \leqslant b \\ p(k-1) + \Delta u(k), & \text{其他} \end{cases}$$

$$(7-107)$$

间隙输出函数为

$$y(k) = u(k) - p(k) \qquad\qquad (7-108)$$

式(7-117)中 $\Delta u(k) = u(k) - u(k-1)$,间隙大小为 $2b$。则间隙非线性的位置记忆函数关系为

$$y(k) = \begin{cases} u(k) - b, & \Delta u(k) > 0, p(k-1) + \Delta u(k) \geqslant b \\ u(k) + b, & \Delta u(k) < 0, p(k-1) + \Delta u(k) \leqslant b \\ u(k-1) - p(k-1), & \text{其他} \end{cases}$$

$$(7-109)$$

从上述模型可以看出,带有间隙原件的输出信号不仅与当前时刻的输入值有关,还与前一时刻的输入值和间隙所在位置有关,所以它是一个带有记忆的本质非线性特性。那么在正弦激励信号 $\theta(t) = A\sin\omega t$ 作用下的波形为图 7-84 所示的

输出波形,得到其描述函数表述为

$$N(A) = \frac{K}{\pi}\left[\frac{\pi}{2} + \arcsin\left(1 - \frac{2b}{A}\right) + 2\left(1 - \frac{2b}{A}\right)\sqrt{\frac{b}{A}\left(1 - \frac{b}{A}\right)} + \mathrm{j}\frac{4Kb}{\pi A}\left(\frac{b}{A} - 1\right)\right], \quad A \geqslant b$$

$$(7 - 110)$$

其中 $b$ 为 1/2 间隙宽度,$K$ 为线性区间输出与输入之间的斜率。

那么就可以利用描述函数分析间隙对飞控系统的影响,以俯仰通道为例,如图 7-85 所示为轴对称高超声速飞行器巡航段俯仰通道控制系统框图。采用的是伪攻角反馈三回路驾驶仪。

其中 $K_1, K_2, K_I$ 为控制系统增益,$n_{yc}$ 为过载指令,$n_y$ 为过载反馈,$G_2 = W_{\delta_z}^{\dot\vartheta}(s)$ 为俯仰角速度 $\dot\vartheta$ 与舵偏角 $\delta_z$ 之间的传递函数,其表达式为

$$W_{\delta_z}^{\dot\vartheta}(s) = \frac{K_M(T_1 s + 1)}{T_M^2 s^2 + 2T_M \xi_M s + 1} \tag{7 - 111}$$

式中:$K_M$ 为轴对称高超声速飞行器的传递系数;$T_1$ 为飞行器气动力时间常数;$T_M$ 为飞行器时间参数;$\xi_M$ 为飞行器的相对阻尼系数;$G_3$ 为攻角 $\alpha$ 与 $\dot\vartheta$ 之间的传递函数,为 1 阶惯性环节,其表达式为 $G_3 = \dfrac{1}{s + a_{34}}$;$G_4$ 为攻角 $\alpha$ 与 $n_y$ 之间的传递函数,为比例环节,其表达式为 $G_4 = \dfrac{V}{g}a_{34}$;$G_1$ 为舵机模型,在仅考虑非线性因素间隙的情况下,其 Simulink 模型如图 7-86 所示。

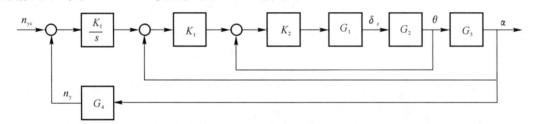

图 7-85　俯仰控制系统框图

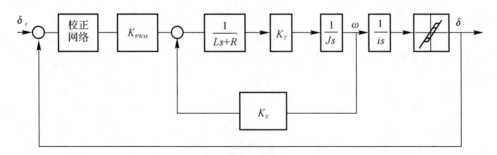

图 7-86　含间隙的舵机系统框图

其中:$K_{PWM} = 1.43$ 为驱动模块增益,$K_T = 0.042 \mathrm{N \cdot m/A}$ 为转矩系数,$J = 6.14 \times 10^{-6} \mathrm{kg \cdot m^2}$ 为电机轴上的总的转动惯量,$i = 212$ 为减速比;$R = 1.54\Omega$ 为电枢电阻;

$L = 1.16 \times 10^{-3} \mathrm{H}$ 为电枢电感；$K_E = 0.043 \mathrm{V \cdot s/rad}$ 为反电势系数。校正网络

$$G_j = \frac{154.1s^3 + 24\,030s^2 + 29\,970s + 9\,346}{7.05s^3 + 1\,505s^2 + 1\,000s}$$

图 7-87 为攻角 0.5° 阶跃的响应曲线图，由图可以看出系统产生了 15 Hz 左右的振荡。那么将系统根据线性等效原则进行变换，获得图 7-88 所示结构。其中，$N(A)$ 为非线性环节描述函数，$G(s)$ 为舵机等效线性控制系统等效传递函数。

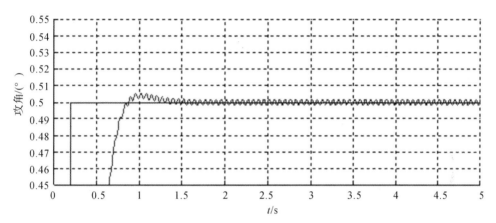

图 7-87　0.5° 阶跃的响应曲线图

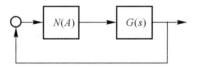

图 7-88　系统等效变换图

当非线性特性采用描述函数近似等效时，闭环系统的特征方程为 $1 + N(A)G(\mathrm{j}\omega) = 0$，即 $G(\mathrm{j}\omega) = \dfrac{-1}{N(A)}$，式中 $\dfrac{-1}{N(A)}$ 为非线性特性的负倒描述函数，在这里为间隙的负倒描述函数，其中取 $b = 0.1°$，$K = 1$；那么间隙环节描述函数的负倒函数 $-\dfrac{1}{N(A)}$ 与去掉间隙后控制系统等效传递函数 $G(s)$ 的 $\Gamma_G$ 曲线如图 7-89 所示。从图 7-89 中可以看出，两条线存在一个交点，交点处频率为 14.5 Hz。根据非线性系统稳定性判据，在此交点处，系统存在稳定的周期性等幅振荡。因此，此交点处 14.5 Hz 的振荡频率与用非线性等效舵机模型（含间隙环节）的俯仰通道控制系统仿真振荡频率一致，表明舵机间隙环节引起了系统振荡。

摩擦是一种非常复杂的非线性现象，产生于存在有相对运动或有相对运动趋势的两个接触界面之间。摩擦非线性影响主要表现为低速和速度过零时伺服系统分别产生"爬行"和波形失真现象，稳态输出有较大静差或极限环振荡等。

对于摩擦的研究，已经有近百年的发展历史。先后出现了多种摩擦模型，大

致分为两类:一类是静态摩擦模型,主要有经典模型、Stribeck 模型和 Karnopp 模型等;另一类是动态摩擦模型,主要有 Dahl 模型、Bliman-Sorine 模型和 LuGre 模型等。

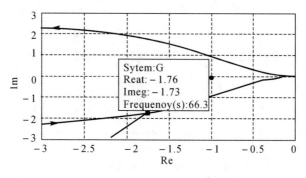

图 7 - 89　系统的 $\Gamma_G$ 和 $-\dfrac{1}{N(A)}$ 曲线

　　舵机的摩擦环节相对而言是比较复杂的,其摩擦力矩由电机轴上摩擦力矩、传动机构摩擦力矩组成,其中传动机构的摩擦力矩是影响系统的主要摩擦力矩。

　　以工程常用的摩擦模型为讨论对象,摩擦模型为静摩擦+库仑+黏性摩擦模型,其表达式如下:

$$T_f = \begin{cases} T_e, & \dot{\delta}=0 \text{ 且 } |T_e| < T_s \\ T_s\text{sign}(\dot{\delta}), & \dot{\delta}=0 \text{ 且 } |T_e| > T_s \\ T_c\text{sign}(\dot{\delta}) + k_{\dot{\delta}}\dot{\delta}, & \dot{\delta} \neq 0 \end{cases} \qquad (7-112)$$

　　式中:$\dot{\delta}$ 为瞬时舵偏角速度;$T_c$ 为库仑摩擦力矩;$T_s$ 为静摩擦力矩;$k_{\dot{\delta}}$ 为黏性摩擦系数。其摩擦力分为库仑摩擦力和黏性摩擦力。

　　在舵机系统的工作过程中,当舵机处于静止状态时,摩擦力为静摩擦力,随着外力的增加而增加,最大值发生在运动前的瞬间。运动一开始,静摩擦力消失,静摩擦力立即下降为库仑摩擦力,大小为一常数 $F=\mu mg$,随着运动速度的增加,摩擦力成线性地增加,此时的摩擦力为黏性摩擦力。

　　将摩擦非线性环节引入舵机模型中,如图 7 - 90 所示。

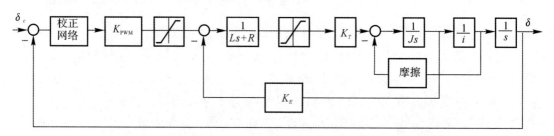

图 7 - 90　摩擦力引入舵机模型

　　将该舵机模型引入轴对称高超声速飞行器滚转通道控制系统框图(见图 7 -

91）中。采用传统的 PI 控制方式。

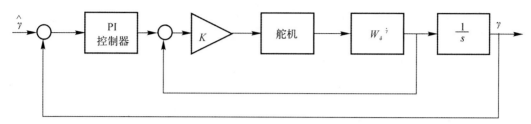

**图 7 - 91　轴对称高超声速飞行器滚转通道控制系统框图**

控制器为 PI 控制，其传递函数为：$G_{PI} = K_P + \dfrac{K_I}{s}$，其中 $K_P = 8$，$K_I = 0.4$。另外 $K = -0.03$ 为前向增益，$W_\delta^{\dot\gamma} = \dfrac{-c_3}{s + c_1}$，其中 $c_3 = 500$ 为副翼舵效系数，$c_1 = 0.1$ 为滚动方向空气动力阻尼系数。

那么该滚转通道控制系统的 5 度阶跃仿真图如图 7 - 92 所示。

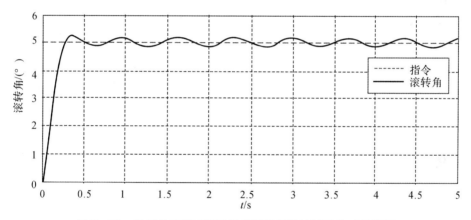

**图 7 - 92　轴对称高超声速飞行器滚转通道控制系统 5° 阶跃图**

当去掉摩擦环节之后，其 5 度阶跃仿真图如图 7 - 93 所示。

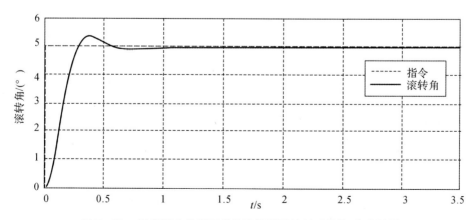

**图 7 - 93　无摩擦非线性环节的滚转通道控制系统的 5° 阶跃图**

可以看出振荡消失,说明摩擦环节造成了系统的振荡。

如上文分析由于间隙、摩擦等非线性因素的存在,也会带给飞行器一定的小幅振荡,而对于高超声速飞行器而言其对姿态以及姿态角速度控制精度有严格要求。这种振荡如果不加以处理,甚至会引起高超声速发动机停机。

而在六自由度仿真采用舵机线性模型时其滚转角速度在发动机工作段如图7-94所示。

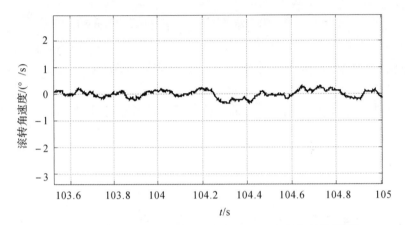

图7-94　发动机工作时刻滚转角速度图(采用舵机线性模型)

当把摩擦间隙环节考虑进舵机模型时,系统仿真滚转角速度图如图7-95所示。

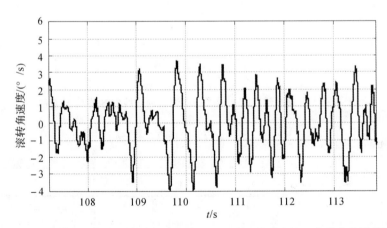

图7-95　发动机工作时刻滚转角速度图(采用舵机带有摩擦环节的非线性模型)

可以看出舵机非线性带来了较大的姿态角速度控制误差,为了防止产生自持振荡,目前主要采用限制非线性因素的方法,将其限制在允许范围内。其措施主要有提高加工工艺,选取摩擦因数较小、间隙可调整的减速器,如滚珠丝杠等方法,并通过合理安排非线性特性指标,达到削弱自持振荡的目的。另外一种就是通过采用先进的控制方法补偿摩擦间隙对舵机系统的影响。

　　摩擦补偿技术经过多年的发展,其补偿方法有很多,大致可归为三大类型。第 1 种类型是基于模型的摩擦补偿,其实质是前馈补偿,这种方法的关键是能准确建立摩擦模型并辨识出来,这也是工程上经常采用的一种主流方法;第 2 种类型是不基于模型的摩擦补偿,其思想是将摩擦视为外干扰进行抑制,但该方法对零速时波形畸变补偿能力有限;第 3 种类型是基于现代控制理论的摩擦补偿,其根据控制策略的不同又可以分为多种摩擦补偿方法,但这类控制方法相对复杂,对工程技术人员的知识水平要求较高且不易于工程实现。

　　对于间隙补偿技术的研究,早在 20 世纪 40 年代人们就开始了这一方面的研究工作,直至现在对该技术的研究仍然是有增无减。经过近几十年的发展,间隙补偿技术已逐渐发展完善。以现代控制理论为基础发展起来的自适应控制、神经网络控制、滑模控制以及 Backstepping 控制等相关控制理论成为了研究该技术的有力工具;从间隙模型的特点出发,形成的逆模型补偿方法、线性控制补偿方法(如函数描述法等)、换向补偿方法、冲击补偿方法和多电机联动补偿方法等间隙非线性补偿方法愈加切合工程实际应用。

　　由于摩擦间隙模型参数辨识困难,且随着工作环境变化其参数也会发生变化,因此本书拟采用一种非模型补偿方法 —— 非线性 PID 控制算法 —— 对舵机摩擦间隙环节造成的影响进行抑制。这种控制算法采用离散最速控制器,其控制结构如图 7 - 96 所示。

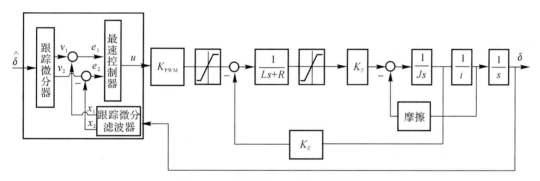

**图 7 - 96　非线性 PID 舵机控制框图**

　　采用跟踪微分器获得输入信号的过渡过程,同时利用这种跟踪微分器进行输出信号的滤波,并取得它们的微分信号,这样就可以获得位置误差和位置微分误差,再对它们进行非线性组合,获得控制量。

　　其中跟踪微分器其实是一种信号处理环节,充分利用它的跟踪特性和提取微分信号的能力给出了理想的过渡过程,提高了系统的稳定性。

　　跟踪微分器表达式为

$$\left.\begin{array}{l} fh=\mathrm{fhan}((v_1(k)-v(k)),v_2(k),r_v,h_v) \\ v_1(k+1)=v_1(k)+h_v v_2(k) \\ v_2(k+1)=v_2(k)-h_v fh \end{array}\right\} \quad (7-113)$$

式中：$h_v$ 为步长，$r_v$ 为跟踪增益，$v_1$ 为跟踪输出，$v_2$ 跟踪微分输出。在设计时 $h_v$ 可以选为控制周期，$r_v$ 应尽可能地大，保证跟踪的快速性和稳定性。 fhan 函数具体表达式如下：

$$\mathrm{fhan}\,(x_1,x_2,r,h)=\left\{\begin{array}{l} d=rh_1,d_0=dh_1,y=x_1+h_1 x_2 \\[2mm] a_0=\sqrt{d^2+8r\,|\,y\,|} \\[2mm] a=\left\{\begin{array}{ll} x_2+\dfrac{y}{h_1}, & |\,y\,|\leqslant d_0 \\[4mm] x_2+\dfrac{\mathrm{sign}(y)\,(a_0-d)}{2}, & |\,y\,|>d_0 \end{array}\right. \\[8mm] u(x_1,x_2)=\left\{\begin{array}{ll} -r\dfrac{a}{d}, & |\,a\,|\leqslant d \\[4mm] -r\mathrm{sign}(a), & |\,a\,|>d \end{array}\right. \end{array}\right. \quad (7-114)$$

同时利用此跟踪微分器的频率特性即输入信号的幅值和频率的乘积决定输出量，即输出量与信号的最大变化率有关，来设计滤波器获得工程上能够应用的微分信号。

滤波器表达式为

$$\left.\begin{array}{l} fh=\mathrm{fhan}((x_1(k)-y(k)),x_2(k),r_l,h_l) \\ x_1(k+1)=x_1(k)+h_l x_2(k) \\ x_2(k+1)=x_2(k)-h_l fh \end{array}\right\} \quad (7-115)$$

式中：$r_l$ 为滤波增益，$h_l$ 为滤波因子，$x_1$ 为滤波输出，$x_2$ 为滤波微分输出。且 $h_l,r_l$ 值应与 $h_v,r_v$ 值保持一致。

最速控制器，$u_k=\mathrm{fhan}\,(e_1,ce_2,r_0,h_0)$ 作为控制律时具有较强的抑制扰动能力，其中 $e_1$ 为位置误差，$e_2$ 为位置微分误差，$h$ 为采样步长，$h_0$ 为精度因子，$r_0$ 为控制量的增益，$u_k$ 为第 $k$ 步控制量，$c$ 为阻尼因子。$c$ 相当于 PID 控制中的微分增益，$r_0$ 相当于比例增益，$r_0$ 大到一定程度对系统没有太大影响，它反映的是控制器执行机构的响应能力，代表了系统的鲁棒性。

采用该控制算法下的舵机频响如图 7-97 所示。

在这种舵机状态下进行仿真，半实物仿真结果如图 7-98 所示。

可以看出舵机间隙摩擦环节对高超声速飞行器可以导致姿态和角速度自激振荡，影响高超声速飞行器的控制精度，通过补偿算法能够有效抑制这种非线性的影响。

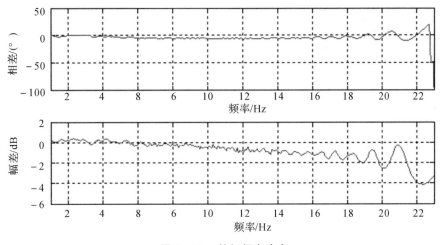

图 7 - 97　舵机频率响应

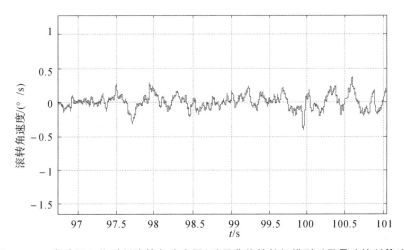

图 7 - 98　发动机工作时刻滚转角速度图(采用非线性舵机模型以及最速控制算法)

## 7.4.4　小结

　　舵机是按输入信号产生舵偏角的伺服系统,从频率特性的角度看舵机具备较高的带宽,能够提高飞控系统控制能力,快速抑制扰动,但是高到一定程度后该效果就不显著了。另外舵机的间隙、摩擦非线性特性能够造成姿态角的快速振荡,这种振荡对于吸气式高超声速发动机来说是有害的,需要加以抑制。本节以最速控制算法作为舵机非线性抑制算法,从仿真效果看出抑制舵机非线性能够使高超声速飞行器的控制精度得到有效提高。

# 7.5 考虑角速度约束的高超声速姿态控制器设计

由于采用超燃冲压发动机为动力系统,不仅高超声速飞行器的攻角大小会影响发动机的工作状态,飞行器的姿态角速度也会对发动机的工作产生重要影响。所以高超声速飞行器除了对攻角、侧滑角的控制精度有较高的要求,对角速度也有约束。而高超声速飞行器的飞行环境复杂,飞行中可能会产生一些干扰力矩,使飞行器产生较大的角速度。飞行器的角速度扰动与角速度约束要求是矛盾的,因此设计姿态控制器时,在满足飞行器攻角精细控制的同时,还应该满足对飞行器角速度的约束。

### 7.5.1 角速度扰动产生原因

高超声速飞行器在飞行过程中,角速度扰动产生的原因主要包括:

(1)高超声速飞行器静不稳定。高超声速飞行器推力／机体一体化的气动外形以及飞行器总体性能的要求,会使飞行器呈静不稳定,这样飞行器的角速度必然呈发散状态,其飞行过程中就更容易产生较大的角速度。在无控的情况下,飞行器的自身静不稳定性将引起角速度呈发散趋势,如图 7-99 中曲线 a 所示。在 500 ms 时间内,角速度会增加到 $35°/s$。

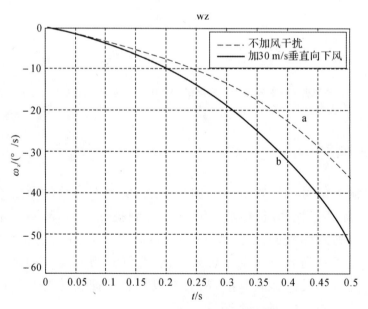

图 7-99  风场变化对角速度的影响

(2)风场的变化。飞行器在飞行过程中,在瞬时作用的阵风干扰下,风场的风向和风速均会发生剧烈的变化。风场变化对角速度的影响如图 7 - 99 中曲线 b 所示，在 0.1s 时加入 30m/s 切向风，飞行器的角速度明显发散更快，在 500ms 时角速度会增加到约 50°/s。

（3）舵机的非线性特性。舵机存在间隙、摩擦等非线性因素，也会给飞行器带来一定的小幅振荡，而对于高超声速飞行器而言其对姿态以及姿态角速度控制精度有严格要求。这种振荡如果不加以处理，甚至会引起高超声速发动机停机。上节中的图 7 - 95 和图 7 - 96 分别为采用舵机线性模型和舵机带有间隙摩擦环节的非线性模型的角速度仿真结果，可以看出舵机非线性带来了较大的角速度误差。

### 7.5.2 "过载＋角速度＋角加速度"控制律设计

本节根据高精度姿态控制和角速度约束的控制要求，应用一种基于"过载＋角加速度＋角速度"反馈的滑模变结构控制方法，来设计高超声速飞行的控制器。这种设计方法，在常用的"过载＋角速度"反馈控制结构的基础上，通过引入角加速度反馈量，实现角度的精细控制和角速度约束控制。以飞行器纵向通道控制器为例，其"过载＋角加速度＋角速度"控制方案结构如图 7 - 100 所示。

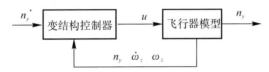

图 7 - 100　纵向通道"过载＋角加速度＋角速度"控制方案结构

变结构控制器设计可以简洁地表示为两步：
（1）求切变函数，保证滑动模态稳定。
（2）求切变控制律，使到达条件满足。
高超声速飞行器的纵向动力学模型如下：

$$\left.\begin{array}{l} \dot{\omega}_z = -a_{22}\omega_z - a_{24}\alpha - a_{25}\delta_z \\[4pt] \dot{\alpha} = \omega_z - a_{34}\alpha - a_{35}\delta_z \\[4pt] \dot{\delta}_z = \dfrac{1}{\tau}(u - \delta_z) \\[4pt] n_y = \dfrac{v}{g}(a_{34}\alpha + a_{35}\delta_z) \end{array}\right\} \qquad (7 - 116)$$

式中，$\alpha$ 为攻角，$\omega_z$ 为俯仰角速度，$\delta_z$ 为俯仰舵偏角，$\tau$ 为舵系统的时间常数，$u$ 为控制输入，$n_y$ 为过载，$v$ 为飞行速度，$g$ 为重力加速度，动力系数定义如下：

$$a_{22} = -\frac{M_z^{\omega_z}}{J_z}(\mathrm{s}^{-1})$$

$$a_{24} = -\frac{M_z^{\alpha}}{J_z}(\mathrm{s}^{-2})$$

$$a_{25} = -\frac{M_z^{\delta_z}}{J_z}(\mathrm{s}^{-2}) \Bigg\}$$ (7-117)

$$a_{34} = \frac{P+Y^{\alpha}}{mv}(\mathrm{s}^{-1})$$

$$a_{35} = \frac{Y^{\delta_z}}{mv}(\mathrm{s}^{-1})$$

设计变结构控制的滑模面如下：

$$s = c_1(n_y^* - n_y) + c_2(z^* - \dot{\omega}_z) + (\omega_z^* - \omega_z)$$ (7-118)

式中，$c_1,c_2 > 0$，$n_y^*$，$\dot{\omega}_z^*$ 和 $\omega_z^*$ 分别是期望输出过载、期望输出角加速度和期望输出角速度。对上式求导，并令 $\dfrac{\mathrm{d}n_y^*}{\mathrm{d}t}=0$，$\dfrac{\mathrm{d}\dot{\omega}_z^*}{\mathrm{d}t}=0$ 和 $\dfrac{\mathrm{d}\omega_z^*}{\mathrm{d}t}=0$，有

$$\dot{s} = -c_1\dot{n}_y - c_2\ddot{\omega}_z - \dot{\omega}_z$$ (7-119)

将高超声速飞行器的纵向动力学模型代入上式，整理可得

$$\dot{s} = E_1 n_y + E_2\dot{\omega}_z + E_3\omega_z + H\delta_z - Hu$$ (7-120)

式中

$$E_1 = c_1 a_{34} - c_2\frac{g}{v}a_{24}$$

$$E_2 = c_2 a_{22} - 1$$

$$E_3 = -c_1\frac{v}{g}a_{34} + c_2 a_{24} \Bigg\}$$ (7-121)

$$H = \frac{1}{\tau}\left(c_1\frac{v}{g}a_{35} - c_2 a_{25}\right)$$

为了使系统从初始状态能够很快到达切换面，同时避免系统运动到切换面时由于速度过大而引起抖振，故选用指数趋近律 $\dot{s} = -ks - \varepsilon\mathrm{sgn}(s)$。可以得到控制律为

$$u = (E_1 n_y + E_2\dot{\omega}_z + E_3\omega_z + H\delta_z + ks + \varepsilon sgn\ (s))/H$$ (7-122)

### 7.5.3　控制参数设计

选用指数趋近律变结构控制满足到达条件后，进而可以分析系统滑动运动的稳定性，并根据分析结果确定控制参数 $c_1,c_2$。

根据高超声速飞行器的纵向动力学模型，可以推导得到角速度、角加速度和过载的关系如下：

$$G_{n_y}^{\omega_z}(s) = \frac{\omega_z}{n_y} = \frac{g}{v}\frac{A_1 s + A_2}{A_3 s^2 + A_4 s + A_2} \tag{7-123}$$

$$G_{n_y}^{\dot{\omega}_z}(s) = \frac{\dot{\omega}_z}{n_y} = \frac{g}{v}\frac{A_1 s^2 + A_2 s}{A_3 s^2 + A_4 s + A_2} \tag{7-124}$$

式中,

$$\left.\begin{aligned}
A_1 &= -a_{25}\\
A_2 &= -a_{25}a_{34} + a_{24}a_{35}\\
A_3 &= a_{35}\\
A_4 &= a_{22}a_{35}
\end{aligned}\right\} \tag{7-125}$$

系统在滑模面上的运动满足 $s=0$,定义 $e = n_y^* - n_y$,则有

$$s = (c_1 + c_2 G_{n_y}^{\dot{\omega}_z}(s) + G_{n_y}^{\omega_z}(s))e = 0 \tag{7-126}$$

进一步整理,可得到系统滑动模态的特征方程为

$$(c_1 A_3 v + c_2 A_1 g)s^2 + (c_1 A_4 v + c_2 A_2 g + A_1 g)s + (c_1 A_2 v + A_2 g) = 0 \tag{7-127}$$

特征方程的根与 $c_1,c_2$ 都相关。首先,将特征方程写成以 $c_1$ 为变量的参数根轨迹形式:

$$c_1 \frac{A_3 s^2 + A_4 s + A_2}{c_2 A_1 s^2 + (c_2 A_2 + A_1)s + A_2}\frac{v}{g} = -1 \tag{7-128}$$

再将上式的分母写成以 $c_2$ 为变量的参数根轨迹的形式:

$$c_2 \frac{A_1 s^2 + A_2 s}{A_1 s + A_2} = -1 \tag{7-129}$$

这样,就可以根据上式调整参数 $c_2$ 来移动系统的极点,再通过调整 $c_1$ 来移动系统滑动模态的极点,以改善系统的动态特性。

## 7.5.4　仿真分析

为了对比加角加速度反馈和不加角加速度反馈的控制效果,图 7-101 ~ 图 7-105 分别给出了两种控制方案的攻角、俯仰角速度、角加速度、舵偏角和过载的对比曲线。

仿真初值为攻角 $6°$,角速度 $0°/s$,角加速度 $0°/s^2$。在仿真中第 $4\sim5s$ 时间段内加入俯仰力矩干扰。从仿真结果看,加入角加速度反馈后对控制性能有两方面的影响。

一方面,在不加角加速度反馈时,在干扰作用下,飞行器攻角最大变化幅值可以达到 $3.7°$,俯仰角速度最大可以达到 $10°/s$;而采用"过载+角加速度+角速度"控制方案后,飞行器攻角最大变化幅值减小到 $1°$,俯仰角速度减小到约 $3°/s$。仿真结果验证了采用"过载+角加速度+角速度"控制方案后,可以在干扰情况下,

有效约束角速度的变化。

另一方面，从攻角和舵偏角的对比曲线也可以看出，加入角加速度反馈的情况下，由于角速度的变化有约束，攻角的响应速度就慢了，而且由于要更快速地抑制干扰引起的角速度增大，所需要的舵偏响应速度相对没有角加速度反馈时有所加快。

攻角的响应速度变慢是角速度约束带来的必然结果，而为了提供角速度约束控制，舵偏角的增大也是必然结果。所以在设计"过载＋角加速度＋角速度"控制器时，要综合考虑超燃冲压发动机对攻角和角速度的要求，同时满足攻角的响应速度和角速度的约束要求，而且要考虑舵机的性能限制，不能使所需舵偏的响应速度过快而超过舵机的响应速度。

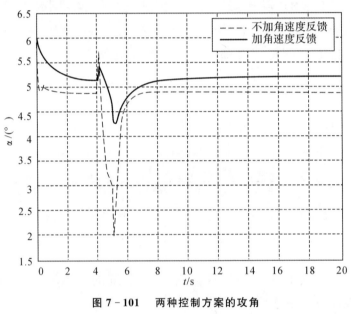

图 7 - 101　两种控制方案的攻角

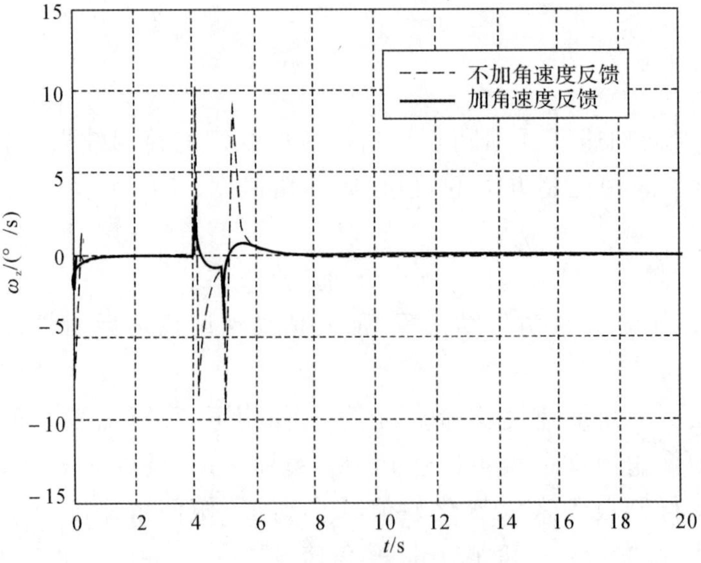

图 7 - 102　两种控制方案的俯仰角速度

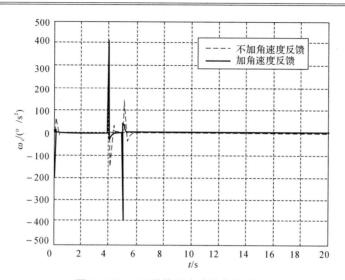

**图 7 - 103　两种控制方案的角加速度**

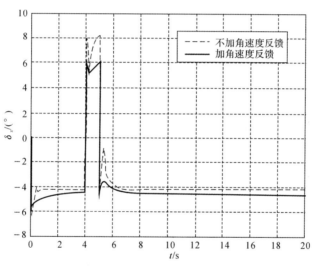

**图 7 - 104　两种控制方案的舵偏角**

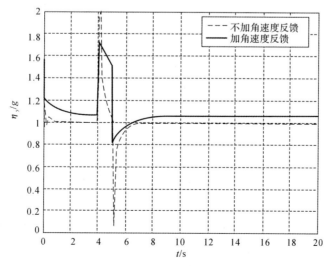

**图 7 - 105　两种控制方案的过载**

# 7.6　本章小结

本章围绕高超声速飞行器巡航飞行段精细姿态控制这一关键技术,提出鲁棒控制、自适应伺服弹性控制、复合舵面设计以及考虑航机非线性和飞行器姿态角速度约束的控制系统设计方法,具有很好工程参考价值。

# 第8章　高超声速飞行器导航及航迹控制

高超声速飞行器导航系统与普通飞行器导航系统基本相同,导航系统在上电初始化、初始对准后,进行惯性导航/组合导航,为高超声速飞行器提供导航信息。高超声速飞行器导航系统可为飞控系统提供位置、速度、姿态角、角速度、比力/过载、惯性攻角和侧滑角等信息。在高超声速飞行器飞行的各个阶段(助推段、过渡段、巡航段等),飞控系统利用导航信息,实现各个阶段的控制目标。如在高超声速飞行器的巡航飞行段,导航系统加速度计输出过载信息可作为过载控制的过载信息;导航系统导航输出的惯性攻角、侧滑角可作为攻角控制的信息;如果大气数据测量系统(FADS)实现攻角、侧滑角测量,则可实现 FADS/SINS 组合测量,实现攻角、侧滑角测量的快速性和稳定性。

在高超声速飞行器航迹控制研究领域,应用较多的飞行器模型有三个:第一个是 Winged‒cone 模型,该模型为刚体模型;第二个是 Jason T. Parker 等人的模型 FAHV,该模型为弹性模型;第三个是 Andrew D. Clark 等人的模型 CSULA‒GHV,该模型为弹性模型。对刚体模型主要解决参数不确定性的问题,对弹性模型除了参数不确定性外,还要考虑发动机/机体耦合和机体弹性问题。

本章介绍高超声速飞行器导航系统、高超声速飞行器惯性导航和组合导航系统。高超声速飞行器航迹控制的方法很多,本书不可能一一介绍。在本章中,主要介绍两种高超声速飞行器航迹控制思路:一种是基于反馈线性化方法得到飞行器的线性模型,进而设计控制器;另一种是基于小扰动线性化方法得到飞行器的线性模型来设计控制器。这两种设计思路均给出了设计过程,并给出了仿真示例作为参考。

## 8.1　高超声速飞行器导航

本节对世界各国主要的高超声速飞行器导航系统进行介绍;探讨高超声速飞行器惯性导航和算法设计,探讨高超声速飞行器 SINS/BDS 组合导航、SINS/CNS 组合导航、SINS/BDS/CNS 组合导航,并进行仿真分析。

### 8.1.1　高超声速飞行器导航系统

由于捷联惯导系统(SINS)具有导航信息全、自主性高、连续性好、更新率高等优点,在世界各国高超声速飞行器的研制和试验中,导航系统均采用了以 SINS 为主的组合导航方案。X-43A 高超声速飞行器验证机采用 SINS/GPS 组合导航系统,在飞行试验过程中采用纯捷联惯性导航,X-43A 的飞行轨迹如图 8-1 所示。X-51A 的导航通过惯性测量装置(IMU)、全球定位系统(GPS)接收机以及天线等设备实现,X-51A 的飞行轨迹如图 8-2 所示。HTV-2 采用 GPS/IMU 紧耦合的制导方式,使再入飞行实现精确制导,圆概率误差可以达到 3m,HTV-2 的飞行轨迹如图 8-3 所示。德国的 SHEFEX-2 导航系统融合惯性测量单元(IMU)、GPS 接收机、STR 星跟踪器测量值。俄罗斯、日本和印度等国家的高超声速飞行器导航系统,也采用类似的方案。表 8-1 列出了世界各国具有代表性的高超声速飞行器导航系统,由该表可见,组合导航系统是高超声速飞行器的主要导航形式。

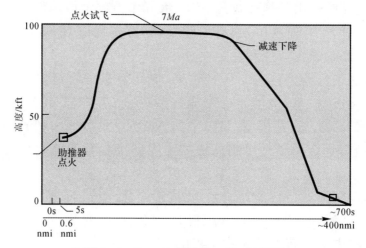

**图 8-1  X-43A 马赫数 7 时飞行剖面**

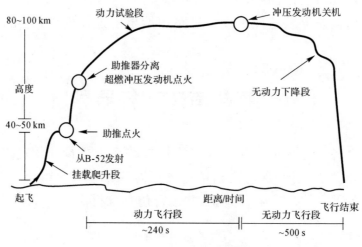

**图 8-2  X-51A 飞行剖面**

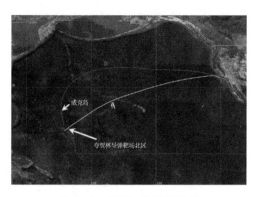

图 8-3 HTV-2 飞行轨迹

表 8-1 各国高超声速飞行器导航系统

| 国家 | 型号 | 导航系统 | 备注 |
|------|------|----------|------|
| 美国 | X-23A | IMU | |
| 美国 | X-43A | INS/GPS | Honeywell 成熟产品 |
| 美国 | X-51A | IMU/GPS | |
| 美国 | HyFly | IMU/GPS/数据链 | |
| 美国 | HTV-2 | IMU/GPS(ESIGI) | CEP 达到 3m |
| 美国 | FastHawk | INS/GPS | |
| 俄罗斯 | 针试验飞行器 | IMU/卫星导航 | |
| 俄罗斯 | GELA 试验飞行器 | IMU/RD/TAN | |
| 德国 | SHEFEX-2 | IMU/GPS/STR | 星敏感器减小了助推段带来的姿态误差 |
| 日本 | HOPE-X | IMU/GPS/RD | 6 个斜置激光惯组＋3GPS 接收机＋3 雷达高度计 |
| 日本 | HSFD | IMU/DGPS/RD | |
| 印度 | 布拉莫斯-2 | IMU/GPS | 精确制导 |

飞行器以 5～25 倍声速在大气层中飞行时,飞行器周围的空气由于剧烈的摩擦和压缩,温度急剧上升,空气分子发生离解和电离,形成一层厚度不均等离子,称为等离子鞘。无线电波通过等离子鞘传输时,将引起严重衰减,甚至会造成通信信号中断,这种现象称为"黑障"。高超声速飞行器的飞行高度在临近空间,临近空间包括大气层 20～100km 的空域。通常认为,高超声速飞行器在临近空间高速飞行时,会产生"黑障"现象。"黑障"的产生与飞行高度、马赫数以及通信频率等相关,理论和工程都有成熟的参考。从国外部分高超声速飞行器飞行试验中可以得到结论:HTV-2 高超声速飞行器在试验中,在速度为 5.8km/s($Ma=17$)的飞行条件下,依然能够保持 GPS 通信和遥控遥测通信;X-43A 和 X-51A 的飞行试验,也未见"黑障"现象的报道。

### 8.1.1.2 典型高超声速飞行器导航系统

在高超声速飞行器导航系统的选型或研制中,两种导航系统具有代表性。第一种:X-43A采用的Honeywell公司H-764系列成熟的INS/GPS组合导航产品,X-43A的飞控计算机与SLAM-ER防区外导弹相同,即采用成熟的货架产品,这些产品在其他型号上都有成功应用。第二种:SHEFEX-2采取自主研制路线,实现了IMU/GPS/STR综合导航系统(HNS),但是该综合导航系统没有进入控制系统。两种导航系统在各自型号上都成功应用。

H-764嵌入式全球定位系统(GPS)和惯导系统(INS)组合导航系统(见图8-4),可在GPS受到干扰的环境下为飞行器提供精确的任务信息。在组合导航时,H-764的位置精度(SEP)<10 m,速度精度(rms)<0.05 m/s;在惯性导航时,H-764的圆概率误差(CEP)<0.8 nmi/h,速度精度(rms)<1.0 m/s。

SHEFEX-2综合导航系统均采用成熟的货架产品,主要包括:导航计算机采用RTD的货架产品PC/104嵌入式计算机,实现导航计算;惯性测量组件IMU为iMAR公司的iIMU-FCAI-MDS,其主要的技术指标如表8-2所示;GPS接收机采用了Phoenix公司的Phoenix-HD;STR采用了Prosilica公司的CCD相机。SHEFEX-2组合导航系统如图8-5所示。

图8-4　H-764嵌入式GPS/INS组合导航系统

表8-2　iIMU-FCAI-MDS惯性测量组件技术指标

| 技术指标 | 陀螺仪 | 加速度计 |
|---|---|---|
| 漂移($1\sigma$) | $1°/h$ | $2mg$ |
| 零漂稳定性 | $<0.03°/h$ | $<50ug$ |
| 刻度因子误差($1\sigma$) | $3\times10^{-4}$ | $1.5\times10^{-3}$ |
| 线性度 | $<3\times10^{-4}$ | $<3\times10^{-4}$ |
| 失准角 | $<5\times10^{-4}rad$ | $<5\times10^{-4}rad$ |
| 随机游走 | $0.03°/\sqrt{h}$ | $<50ug/\sqrt{Hz}$ |

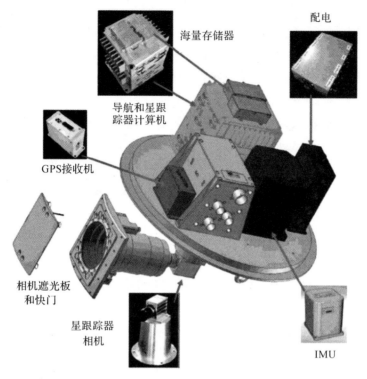

海量存储器

配电

导航和星跟踪器计算机

GPS接收机

相机遮光板和快门

星跟踪器相机

IMU

图 8 - 5　SHEFEX - 2 的组合导航系统

## 8.1.2　高超声速飞行器惯性导航

高超声速飞行器的巡航飞行高度在临近空间空域,该区域高于国际民航组织(ICAO)管理的空域上界,而低于国际航空联合会(FAI)定义的航天区域下界。根据吸气式高超声速飞行器的飞行剖面,其主要的飞行高度在临近空间空域内。从导航的角度,飞行器的导航需求与航空领域的飞行器相似。因此,本节以航空体系下的导航方式,探讨高超声速飞行器惯性导航的坐标系、姿态、导航算法等。

### 8.1.2.1　常用坐标系介绍及参数说明

**1. 常用坐标系定义**

(1)惯性坐标系($i$ 系):用 $Ox_iy_iz_i$ 表示。原点为地球中心,$x_i$,$y_i$ 轴在地球赤道平面内相互垂直,$x_i$ 轴指向春分点(赤道面与黄道面交线与天球的交点之一,春分点是天文测量中确定恒星时的起始点),$z_i$ 轴为地球自转轴。惯性器件的测量均是以此坐标系为参考基准的。

(2)地球坐标系($e$ 系):用 $Ox_ey_ez_e$ 表示。原点为地球中心,$x_e$,$y_e$ 轴在地球赤道平面内相互垂直,$x_e$ 轴指向本初子午线,$z_e$ 轴为地球自转轴。该系与地球固连,也称地球固连坐标系或地固系,其相对于惯性坐标系的运动就是地球的自转角速

度 $\omega_{ie}$。

（3）地理坐标系（$g$ 系）：用 $Ox_gy_gz_g$ 表示。原点为载体重心，$x_g$ 轴指向东（E），$y_g$ 轴指向北（N），$z_g$ 轴指向天（U），也称为东北天坐标系。该系相对于地球坐标系的方位关系就是载体的地理位置（经度 $\lambda$ 和纬度 $L$）。

（4）载体坐标系（$b$ 系）：用 $Ox_by_bz_b$ 表示。原点为载体的质心，$x_b$ 轴沿载体横轴向右，$y_b$ 轴沿载体纵轴向前，$z_b$ 轴沿载体立轴向上。该系与载体固连，其相对于地理坐标系的方位关系就是载体的航向和姿态。

（5）导航坐标系（$n$ 系）：用 $Ox_ny_nz_n$ 表示。它是惯导系统在求解导航参数时所采用的坐标系，本节采用地理坐标系作为导航坐标系。

**2. 各坐标系之间的相互转换**

（1）姿态矩阵。姿态矩阵描述了载体坐标系与地理坐标系（即导航坐标系）之间的关系，用航向角和姿态角（俯仰角和滚转角）表示，定义如下：

航向角：载体纵轴在水平面的投影与地理子午线之间的夹角，用 $\psi$ 表示，规定以地理北向为起点，偏东向为正，定义域 $0° \sim 360°$。

俯仰角：载体纵轴与纵向水平轴之间的夹角，用 $\theta$ 表示，规定以纵向水平轴为起点，向上为正，向下为负，定义域 $-90° \sim +90°$。

滚转角：载体纵向对称面与纵向铅垂面之间的夹角，用 $\gamma$ 表示，规定从铅垂面算起，右倾为正，左倾为负，定义域 $-180° \sim +180°$。

地理坐标系 $Ox_gy_bz_g$ 绕 $-z_g$ 轴转角 $\psi$ 得 $Ox'y'z'$，$Ox'y'z'$ 绕 $x'$ 轴转角 $\theta$ 得 $Ox''y''z''$，$Ox''y''z''$ 再绕 $y''$ 轴转角 $\gamma$，得到载体坐标系 $Ox_by_bz_b$（见图 $8-6$）。因而载体坐标系与地理坐标系之间的关系用下式表示：

$$\boldsymbol{C}_g^b = \boldsymbol{C}_\gamma \boldsymbol{C}_\theta \boldsymbol{C}_\psi = \begin{bmatrix} \cos\gamma & 0 & -\sin\gamma \\ 0 & 1 & 0 \\ \sin\gamma & 0 & \cos\gamma \end{bmatrix} \begin{bmatrix} 1 & 0 & 0 \\ 0 & \cos\theta & \sin\theta \\ 0 & -\sin\theta & \cos\theta \end{bmatrix} \begin{bmatrix} \cos\psi & -\sin\psi & 0 \\ \sin\psi & \cos\psi & 0 \\ 0 & 0 & 1 \end{bmatrix} =$$

$$\begin{bmatrix} \cos\gamma\cos\psi + \sin\gamma\sin\psi\sin\theta & -\cos\gamma\sin\psi + \sin\gamma\cos\psi\sin\theta & -\sin\gamma\cos\theta \\ \sin\psi\cos\theta & \cos\psi\cos\theta & \sin\theta \\ \sin\gamma\cos\psi - \cos\gamma\sin\psi\sin\theta & -\sin\gamma\sin\psi - \cos\gamma\cos\psi\sin\theta & \cos\gamma\cos\theta \end{bmatrix}$$

$$(8-1)$$

所以

$$\boldsymbol{C}_b^n = \boldsymbol{C}_b^g = (\boldsymbol{C}_g^b)^{\mathrm{T}} = \begin{bmatrix} T_{11} & T_{12} & T_{13} \\ T_{21} & T_{22} & T_{23} \\ T_{31} & T_{32} & T_{33} \end{bmatrix} =$$

$$\begin{bmatrix} \cos\gamma\cos\psi + \sin\gamma\sin\psi\sin\theta & \sin\psi\cos\theta & \sin\gamma\cos\psi - \cos\gamma\sin\psi\sin\theta \\ -\cos\gamma\sin\psi + \sin\gamma\cos\psi\sin\theta & \cos\psi\cos\theta & -\sin\gamma\sin\psi - \cos\gamma\cos\psi\sin\theta \\ -\sin\gamma\cos\theta & \sin\theta & \cos\gamma\cos\theta \end{bmatrix}$$

$$(8-2)$$

该矩阵即为姿态矩阵。

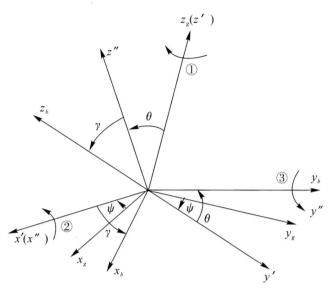

图 8-6　载体坐标系与地理坐标系之间的关系

由姿态更新求出姿态矩阵,则偏航角 $\psi$、俯仰角 $\theta$ 和滚转角 $\gamma$ 就可以从姿态矩阵中提取出来,即

$$\left.\begin{array}{l} \psi_{\text{主}} = \arctan2(T_{12}, T_{22}) \\ \theta = \arcsin(T_{32}) \\ \gamma_{\text{主}} = \arctan2(-T_{31}, T_{33}) \end{array}\right\} \tag{8-3}$$

(2)位置矩阵。位置矩阵描述了地理坐标系(即导航坐标系)与地球坐标系之间的关系,用经度和纬度表示。

设 $S$ 为地球表面一点,$S$ 的经、纬度分别为 $\lambda$ 和 $L$,则 $S$ 点处的地理坐标系可由地球坐标系作三次旋转确定,即地球坐标系 $Ox_ey_ez_e$ 绕 $z_e$ 轴转角 $\lambda$ 得 $Ox'y'z'$,$Ox'y'z'$ 绕 $y'$ 轴转角 $(90°-L)$ 得 $Ox''y''z''$,$Ox''y''z''$ 再绕 $z''$ 轴转 $90°$,得到地理坐标系 $Ox_gy_gz_g$ (见图 8-7)。因而地理坐标系与地球坐标系之间的关系用下式表示:

$$\boldsymbol{C}_e^g = \begin{bmatrix} -\sin\lambda & \cos\lambda & 0 \\ -\sin L\cos\lambda & -\sin L\sin\lambda & \cos L \\ \cos L\cos\lambda & \cos L\sin\lambda & \sin L \end{bmatrix} \tag{8-4}$$

所以

$$\boldsymbol{C}_n^e = \boldsymbol{C}_g^e = (\boldsymbol{C}_e^g)^{\text{T}} = \begin{bmatrix} -\sin\lambda & -\sin L\cos\lambda & \cos L\cos\lambda \\ \cos\lambda & -\sin L\sin\lambda & \cos L\sin\lambda \\ 0 & \cos L & \sin L \end{bmatrix} \tag{8-5}$$

该矩阵即为位置矩阵。

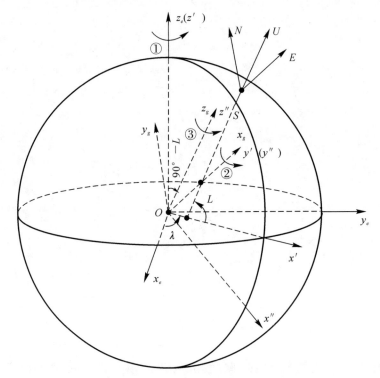

图 8 - 7   地理坐标系与地球坐标系之间的关系

### 3. 常用参数说明

（1）地球椭圆度。认为地球由一椭圆绕其短半轴旋转而成，该短半轴即是地球的自转轴。$R_e$ 为长半轴，$R_p$ 为短半轴，则椭圆度 $f$ 为

$$f = \frac{R_e - R_P}{R_e} \tag{8-6}$$

（2）地球自转角速率。用于描述地球坐标系相对于惯性坐标系的运动，取值为 $\omega_{ie} = 7.292\ 115\ 146\ 7 \times 10^{-5} \text{rad/s} \approx 15.041\ 08°/\text{h}$。

（3）重力加速度。在地球上任意一点，由万有引力引起的加速度 $G$，产生了维持物体随地球自转的向心加速度 $a_c$ 和重力加速度 $g$ 这两个分量。$g$ 和 $G$ 的偏角随纬度 $L$ 而变化，重力加速度的大小也随着物体所在高度 $h$ 而改变。对于20km以上的临近空间，重力加速度的计算可以依照如下形式：

$$g = g_0 + (\xi_0 + \xi_2 \cos^2 L + \xi_4 \cos^4 L)h + (\eta_0 + \eta_2 \cos^2 L + \eta_4 \cos^4 L + \eta_6 \cos^6 L + \eta_8 \cos^8 L)h^2 + (\rho_0 + \rho_2 \cos^2 L + \rho_4 \cos^4 L + \rho_6 \cos^6 L)h^3 + (\sigma_0 + \sigma_2 \cos^2 L)h^4 \tag{8-7}$$

式中，$g_0$ 代表椭球面上大地纬度 $L$ 处的正常重力，即

$$g_0 = g_e(1 + a_2 \sin^2 L + a_4 \sin^4 L + a_6 \sin^6 L + a_8 \sin^8 L + a_{10} \sin^{10} L) \tag{8-8}$$

以上两式中的系数 $a_2, a_4, \cdots$ 以及 $\xi_0, \xi_2, \cdots, \eta_0, \eta_2, \cdots$ 对于给定的椭球均为常数。式中，$g_0$ 为地球赤道表面的重力加速度值，$g_0 = 9.780\ 326\ 771\ 4\text{m/s}^2$。

（4）主曲率半径。取地球模型为参考旋转椭球体。设 $P$ 为地球上某一点，$n$ 为参考旋转椭球面在 $P$ 点的法线，如图 8-8 所示。$P$ 点的法线和椭球短半轴构成的平面称为子午面，子午面与椭球面的截线称为过 $P$ 点的子午圈；与子午面正交的法截面称为过 $P$ 点的卯酉面，它与椭球面的截线称为过 $P$ 点的卯酉圈。过 $P$ 点作纬线 $IPI$ 的切线 $tt$，由于 $tt$ 和法线 $n$ 确定的平面截椭球面的平面曲线 $rPr$，则平面曲线 $rPr$（卯酉圈的一部分）和 $mPm$（子午圈的一部分）在 $P$ 点的曲率半径称为主曲率半径。

$P$ 点处沿子午圈的主曲率半径（$mPm$ 曲线的主曲率半径）为

$$R_M = \frac{R_e(1-f)^2}{[\cos^2 L + (1-f)^2 \sin^2 L]^{3/2}}$$

$P$ 点处沿卯酉圈的主曲率半径（$rPr$ 曲线的主曲率半径）为

$$R_N = \frac{R_e}{[\cos^2 L + (1-f)^2 \sin^2 L]^{1/2}}$$

一般可将以上两式简化为

$$\left. \begin{aligned} R_M &\approx R_e(1 - 2f + 3f \sin^2 L) \\ R_N &\approx R_e(1 + f \sin^2 L) \end{aligned} \right\} \tag{8-9}$$

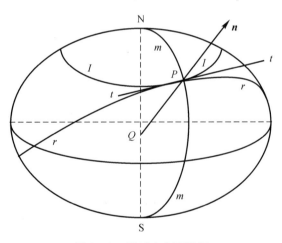

**图 8-8　地球主曲率半径**

### 8.1.2.2　高超声速飞行器捷联惯导计算

惯性导航的基本原理是以牛顿力学定律为基础的，在运载体内用加速度计测量运载体运动的加速度，通过积分运算得到运载体的速度和位置信息。在捷联式惯导系统中没有实体平台，陀螺仪和加速度计直接安装在载体上，惯性元件的敏感轴安装在载体坐标系三轴方向上。在载体运动过程中，陀螺测定载体相对于惯性参考系的运动角速度，经导航计算得到载体坐标系至导航坐标系的坐标变换矩阵，即姿态矩阵，通过姿态矩阵把加速度计测得的比力加速度信息变换到导航坐标系,然后进行导航计算。因此姿态矩阵起着"数学平台"的作用。

**1. 捷联惯导微分方程**

捷联惯导的姿态、速度、位置更新微分方程如下:

(1)姿态更新四元数微分方程。在姿态计算时,将姿态矩阵的计算转化为四元数的计算,从而简化计算过程,并避免姿态奇异。姿态更新四元数微分方程为

$$\dot{\boldsymbol{q}}_b^n = \frac{1}{2}\boldsymbol{q}_b^n\boldsymbol{\omega}_{nb}^b \tag{8-10}$$

其中

$$\boldsymbol{\omega}_{nb}^b = \boldsymbol{\omega}_{ib}^b - \boldsymbol{\omega}_{in}^b = \boldsymbol{\omega}_{ib}^b - \boldsymbol{C}_n^b\boldsymbol{\omega}_{in}^n = \boldsymbol{\omega}_{ib}^b - (\boldsymbol{C}_b^n)^{\mathrm{T}}\boldsymbol{\omega}_{in}^n \tag{8-11}$$

$$\boldsymbol{\omega}_{in}^n = \boldsymbol{\omega}_{ie}^n + \boldsymbol{\omega}_{en}^n \tag{8-12}$$

$$\boldsymbol{\omega}_{ie}^n = \begin{bmatrix} 0 & \omega_{ie}\cos L & \omega_{ie}\sin L \end{bmatrix}^{\mathrm{T}} \tag{8-13}$$

$$\boldsymbol{\omega}_{en}^n = \begin{bmatrix} -\dfrac{v_{\mathrm{N}}^n}{R_M + h} & \dfrac{v_{\mathrm{E}}^n}{R_N + h} & \dfrac{v_{\mathrm{E}}^n}{R_N + h}\tan L \end{bmatrix}^{\mathrm{T}} \tag{8-14}$$

$\boldsymbol{\omega}_{ib}^b$ 是陀螺的输出角速度,$\boldsymbol{C}_b^n$ 是姿态矩阵。

(2)速度更新微分方程。

$$\dot{\boldsymbol{v}}^n = \boldsymbol{C}_b^n\boldsymbol{f}^b - (2\boldsymbol{\omega}_{ie}^n + \boldsymbol{\omega}_{en}^n)\times\boldsymbol{v}^n + \boldsymbol{g}^n \tag{8-15}$$

式中,$\boldsymbol{v}^n = \begin{bmatrix} v_{\mathrm{E}}^n & v_{\mathrm{N}}^n & v_{\mathrm{U}}^n \end{bmatrix}^{\mathrm{T}}$,$\boldsymbol{v}^n$ 是地速,$v_{\mathrm{E}}^n$,$v_{\mathrm{N}}^n$ 和 $v_{\mathrm{U}}^n$ 分别为载体在东、北、天向的分量。

(3)位置更新微分方程。

$$\left.\begin{aligned} \dot{L} &= \frac{v_{\mathrm{N}}^n}{R_M + h} \\ \dot{\lambda} &= \frac{v_{\mathrm{E}}^n}{R_N + h}\sec L \\ \dot{h} &= v_{\mathrm{U}}^n \end{aligned}\right\} \tag{8-16}$$

捷联惯导系统进行导航计算时,将地理坐标系($g$ 系)选作导航坐标系($n$ 系)。用捷联陀螺仪测量的角速度 $\boldsymbol{\omega}_{ib}^b$ 与导航计算机计算的角速度 $\boldsymbol{\omega}_{in}^n$ 来计算飞行器的姿态矩阵 $\boldsymbol{C}_b^n$,然后从姿态矩阵元素中提取飞行器的姿态和航向信息,把加速度计测量的比例信息 $\boldsymbol{f}^b$ 用 $\boldsymbol{C}_b^n$ 变换到导航坐标系,得到 $\boldsymbol{f}^n$,然后和平台式惯导系统一样进行导航计算。捷联惯导系统导航计算流程如图 8-9 所示。

由于工程应用中,陀螺仪和加速度计以角增量和速度增量输出,因此,捷联惯导计算一般采用递推形式。

**2. 姿态更新递推算法**

根据四元数的链乘规则,可以写出姿态四元数更新的递推公式为:

$$\boldsymbol{q}_{b_n(m)}^n = \boldsymbol{q}_{b_n(m-1)}^n\boldsymbol{q}_{b_n(m)}^{b_n(m-1)} \tag{8-17}$$

其中:$\boldsymbol{q}_{b_n(m)}^n$ 是 $t_m$ 时刻的姿态四元数,简记为 $\boldsymbol{q}_{b(m)}^n$;$\boldsymbol{q}_{b_n(m-1)}^n$ 是 $t_{m-1}$ 时刻的姿态四元

数,简记为 $\boldsymbol{q}_{b(m-1)}^{n}$;$\boldsymbol{q}_{b_n^n(m)}^{b^n(m-1)}$ 是以 $n$ 系为参考坐标系时,$b$ 系从 $t_{m-1}$ 时刻到 $t_m$ 时刻的变换四元数,它的计算和载体坐标系相对于导航坐标系的转动角速度 $\boldsymbol{\omega}_{nb}^{b}(t)$ 有关。

上式一般采用旋转矢量法求解。记 $\boldsymbol{\eta}_m$ 是从 $t_{m-1}$ 时刻到 $t_m$ 时刻载体坐标系($b$ 系)相对于导航坐标系($n$ 系)的等效旋转矢量,则

$$\boldsymbol{\eta}_m = \int_{m-1}^{m} \boldsymbol{\omega}_{nb}^{b}(t)\mathrm{d}t = \int_{m-1}^{m} (\boldsymbol{\omega}_{ib}^{b}(t) - (\boldsymbol{C}_b^n(t))^{\mathrm{T}}\boldsymbol{\omega}_{in}^{n}(t))\mathrm{d}t \qquad (8-18)$$

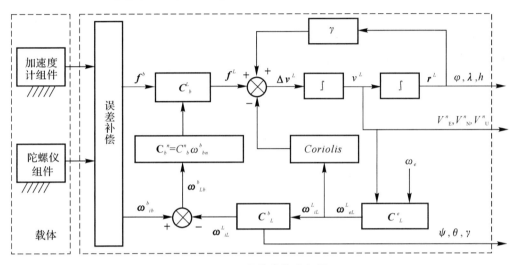

图 8 - 9　导航计算流程图

由于 $\boldsymbol{\omega}_{in}^{n}(t)$ 相对于 $\boldsymbol{\omega}_{ib}^{b}(t)$ 来说变化很小,若认为 $\boldsymbol{C}_b^n(t)$ 和 $\boldsymbol{\omega}_{in}^{n}(t)$ 在 $t_{m-1} \leqslant t \leqslant t_m$ 时间内基本保持不变,且取为 $t_{m-1}$ 时刻的值,则

$$\boldsymbol{\eta}_m = \int_{m-1}^{m} \boldsymbol{\omega}_{ib}^{b}(t)\mathrm{d}t - (\boldsymbol{C}_{b(m-1)}^{n})^{\mathrm{T}}\boldsymbol{\omega}_{in(m-1)}^{n} T_m \qquad (8-19)$$

其中,$\boldsymbol{C}_{b(m-1)}^{n}$ 是 $t_{m-1}$ 时刻的姿态矩阵,$\boldsymbol{\omega}_{in(m-1)}^{n}$ 是 $t_{m-1}$ 时刻导航坐标系相对于惯性空间的转动角速度,均为已知量。

记

$$\boldsymbol{\phi}_m = \int_{m-1}^{m} \boldsymbol{\omega}_{ib}^{b}(t)\mathrm{d}t \qquad (8-20)$$

$\boldsymbol{\phi}_m$ 的计算可用不同子样数的角增量算法。若采用角增量二子样算法,则有

$$\boldsymbol{\phi}_m = \boldsymbol{\theta} + \frac{2}{3}(\boldsymbol{\theta}_1 \times \boldsymbol{\theta}_2), \quad \boldsymbol{\theta} = \boldsymbol{\theta}_1 + \boldsymbol{\theta}_2 \qquad (8-21)$$

得到 $\boldsymbol{\eta}_m$ 后,利用四元数与旋转矢量之间的关系,即

$$\boldsymbol{q} = \cos\frac{\|\boldsymbol{\eta}_m\|}{2} + \boldsymbol{\eta}_m \frac{\sin\dfrac{\|\boldsymbol{\eta}_m\|}{2}}{\|\boldsymbol{\eta}_m\|} \qquad (8-22)$$

可求得 $\boldsymbol{q}_{b_n^n(m)}^{b^n(m-1)}$,完成姿态更新。

### 3. 速度更新递推算法

由惯导基本方程得到速度更新的数字递推算法:

$$v_m^n = v_{m-1}^n + \Delta v_{sfm}^n + \Delta v_{g/corm}^n \tag{8-23}$$

式中,$\Delta v_{g/corm}^n$ 为重力 / 哥式速度增量;$\Delta v_{sfm}^n$ 为比力速度增量。

$$\Delta v_{g/corm}^n = \int_{m-1}^m (g^n - (\omega_{en}^n + 2\omega_{ie}^n) \times v^n) \mathrm{d}t \tag{8-24}$$

$$\Delta v_{sfm}^n = \int_{m-1}^m C_b^n f_{sf}^b \mathrm{d}t \tag{8-25}$$

对式(8-23)等号右端的项分别分析如下:

(1)重力 / 哥式速度增量:重力 / 哥式速度增量是由于重力加速度和哥式加速度引起的,考虑到从 $t_{m-1}$ 时刻到 $t_m$ 时刻内载体位置和速度的变化不大,因而 $\omega_{en}^n$ 和 $\omega_{ie}^n$ 基本保持不变,式(8-24)中各分量取为 $t_{m-1}$ 时刻的值,则

$$\Delta v_{g/corm}^n = \int_{m-1}^m (g_{m-1}^n - (\omega_{en\,m-1}^n + 2\omega_{iem-1}^n) \times v^n(t)) \mathrm{d}t =$$
$$g_{m-1}^n T_m - (\omega_{en\,m-1}^n + 2\omega_{iem-1}^n) \times v^n(t) T_m \tag{8-26}$$

(2)比力速度增量:由于 $C_b^n$ 的变化较大,可以采取平均值法。记 $f_{sf}^b$ 为 $f_{sf}^b(t)$,则式(8-25)可变换为

$$\Delta v_{sfm}^n = \frac{(C_{bm-1}^n + C_{bm}^n)}{2} \int_{m-1}^m f_{sf}^b(t) \mathrm{d}t \tag{8-27}$$

其中,$C_{bm-1}^n$ 是 $t_{m-1}$ 时刻的姿态矩阵,$C_{bm}^n$ 是 $t_m$ 时刻的姿态矩阵;$\int_{m-1}^m f_{sf}^b(t) \mathrm{d}t$ 表示从 $t_{m-1}$ 时刻到 $t_m$ 时刻的速度增量,可取为 $t_{m-1}$ 和 $t_m$ 时刻加速度计测得的速度增量的平均值。至此,速度更新完成。

### 4. 位置更新递推算法

从位置更新微分方程可获得位置更新一阶近似算式如下:

$$\left.\begin{aligned} L_m &= L_{m-1} + \frac{v_{N\,m-1}^n}{R_{Mm-1} + h_{m-1}} \cdot T_m \\ \lambda_m &= \lambda_{m-1} + \frac{v_{E\,m-1}^n}{R_{Nm-1} + h_{m-1}} \sec L_{m-1} \cdot T_m \\ h_m &= h_{m-1} + v_{U\,m-1}^n \cdot T_m \end{aligned}\right\} \tag{8-28}$$

由于解算 $t_m$ 时刻的位置时,$t_m$ 时刻的速度 $v^n$ 已经从速度更新算法中计算出来,所以在位置更新计算式中,用速度的平均值 $\frac{1}{2}(v_{m-1}^n + v_n^n)$ 进行计算,则上面的方程组可以改写为

$$
\left.
\begin{aligned}
L_m &= L_{m-1} + \frac{v_{Nm-1}^n + v_{Nm}^n}{2(R_{Mm-1} + h_{m-1})} \cdot T_m \\
\lambda_m &= \lambda_{m-1} + \frac{v_{Em-1}^n + v_{Em}^n}{2(R_{Nm-1} + h_{m-1})} \sec L_{m-1} \cdot T_m \\
h_m &= h_{m-1} + \frac{1}{2}(v_{Um-1}^n + v_{Um}^n) \cdot T_m
\end{aligned}
\right\}
\tag{8-29}
$$

### 8.1.2.3 高超声速飞行器捷联惯导仿真

高超声速飞行器飞行一般可分为助推、巡航、降落等飞行阶段。在巡航飞行阶段,由于超燃冲压发动机的工作需要精细姿态控制,飞行器的过载和姿态角速度均受到严格限制,在此限制下作适当机动。在助推和降落阶段,超燃冲压发动机不工作,飞行器的过载和姿态角速度要求放宽,但需在飞行器载体环境适应性要求之内。假设高超声速飞行器在整个飞行过程中先后作加速、爬升、匀速平飞、左转弯、右转弯、俯冲等各种运动,巡航飞行速度为 2 000m/s,飞行仿真时间为 2 000s。并假设飞行器的初始位置为北纬 34.241 17°、东经 108.910 51°,海拔高度 8 000m;初始速度为 300m/s;初始航向角为 120°,俯仰角为 0°,横滚角为 0°。高超声速飞行器的飞行仿真轨迹具体设计如表 8-3 所示。

表 8-3 高超声速飞行器的飞行仿真轨迹设计($w_i$ 为转弯角速率)

| 阶段 | 飞行运动状态 | 起始时刻 /s | 持续时间 /s | 航向角变化率 $\dot\psi$/((°)/s) | 俯仰角变化率 $\dot\theta$/((°)/s) | 横滚角变化率 $\dot\gamma$/((°)/s) | 加速度 / (m/s²) | 速度 /(m/s) |
|---|---|---|---|---|---|---|---|---|
| 1 | 匀速平飞 | 0 | 10 | 0 | 0 | 0 | 0 | 300 |
| 2 | 进入爬升 | 10 | 20 | 0 | 1 | 0 | $300w_1$ | 300 |
| 3 | 加速爬升 | 30 | 20 | 0 | 0 | 0 | 85 | 300 |
| 4 | 改平 | 50 | 40 | 0 | -0.5 | 0 | $2\,000w_2$ | 2 000 |
| 5 | 平飞巡航 | 90 | 410 | 0 | 0 | 0 | 0 | 2 000 |
| 6 | 左转弯 | 500 | 50 | -0.4 | 0 | 0 | $2\,000w_3$ | 2 000 |
| 7 | 平飞巡航 | 550 | 350 | 0 | 0 | 0 | 0 | 2 000 |
| 8 | 右转弯 | 900 | 50 | 0.3 | 0 | 0 | $2\,000w_4$ | 2 000 |
| 9 | 平飞巡航 | 950 | 650 | 0 | 0 | 0 | 0 | 2 000 |
| 10 | 左转弯 | 1 600 | 50 | -0.3 | 0 | 0 | $2\,000w_5$ | 2 000 |
| 11 | 平飞巡航 | 1 650 | 150 | 0 | 0 | 0 | 0 | 2 000 |
| 12 | 右转弯 | 1 800 | 50 | 0.4 | 0 | 0 | $2\,000w_6$ | 2 000 |
| 13 | 平飞巡航 | 1 850 | 100 | 0 | 0 | 0 | 0 | 2 000 |
| 14 | 进入俯冲 | 1 950 | 30 | 0 | -1.0 | 0 | $2\,000w_7$ | 2 000 |
| 15 | 减速俯冲 | 1 980 | 20 | 0 | 0 | 0 | -50 | 2 000 |

高超声速飞行器的飞行仿真轨迹如图 8-10 所示。

按照表 8-3 所给的飞行轨迹,选择两种不同精度的惯性测量组件进行惯性导航仿真验证:

(1)陀螺仪零偏:0.1°/h(1σ),加速度计零偏:$1 \times 10^{-4} g$(1σ)。

(2) 陀螺仪零偏：$0.01°/h(1\sigma)$，加速度计零偏：$5 \times 10^{-5}g(1\sigma)$。

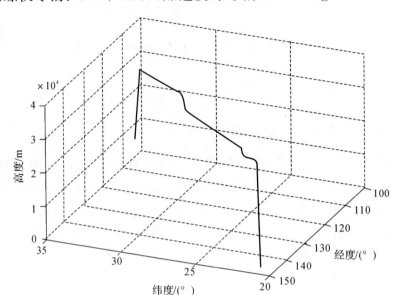

图 8-10　高超声速飞行器的飞行仿真轨迹

捷联惯性导航仿真的最大误差如表 8-4 所示，可见，随着捷联惯组精度的提高，惯性导航误差越来越小。由于惯导高度通道具有发散特点，在工程应用中需采用外部高度阻尼。在实际的应用中，对于高超声速武器，具有末制导功能，导航精度满足中末制导交接班要求即可；对于高超声速运载器，也会具有着陆系统，导航精度满足着陆系统要求即可。因此，随着惯性器件的精度提高，在重量和成本等因素许可的情况下，高精度的惯性导航能够满足高超声速飞行器 2 小时全球到达的精度要求。

表 8-4　不同 IMU 精度下的导航最大误差

| 误差<br>漂移　　　　项目 | 位置 /m | 高度 /m | 东向速度 /(m/s) | 北向速度 /(m/s) | 天向速度 /(m/s) |
|---|---|---|---|---|---|
| 0.1°/h | 6 405 | 2 743 | − 6.85 | − 2.46 | 3.49 |
| 0.01°/h | 740 | 2 469 | 1.06 | 0.51 | 4.36 |

然而，虽然高精度的捷联惯导能够满足高超声速飞行器导航精度的要求，实际高超声速飞行器使用的导航系统均采用捷联惯导为主的组合导航系统。采用低精度捷联惯导与卫星导航或天文导航进行组合，能够降低对捷联惯导的依赖，提高系统的冗余，可以克服单一导航设备各自的缺点，扬长避短，使得导航能力、精度、可靠性和自动化程度大大提高。

## 8.1.3　高超声速飞行器 SINS/BDS 组合导航

### 8.1.3.1　北斗卫星导航系统(BDS) 介绍

北斗卫星导航系统是我国自主建设、独立运行,并与世界其他卫星导航系统兼容共用的全球卫星导航系统。

北斗卫星导航系统由空间星座、地面控制和用户终端三大部分组成。空间星座部分由 5 颗地球静止轨道(GEO) 卫星和 30 颗非地球静止轨道(Non - GEO) 卫星组成,北斗系统星座示意图如图 8 - 11 所示。GEO 卫星分别定点于东经 58.75°,80°,110.5°,140° 和 160°。Non - GEO 卫星由 27 颗中圆地球轨道(MEO) 卫星和 3 颗倾斜地球同步轨道(IGSO) 卫星组成。其中,MEO 卫星轨道高度 21 500km,轨道倾角 55°,均匀分布在 3 个轨道面上;IGSO 卫星轨道高度 36 000km,均匀分布在 3 个倾斜同步轨道面上,轨道倾角 55°,3 颗 IGSO 卫星星下点轨迹重合,交叉点经度为东经 118°,相位差 120°。地面控制部分由若干主控站、时间同步 / 注入站和监测站组成。主控站的主要任务包括收集各时间同步 / 注入站、监测站的观测数据,进行数据处理,生成卫星导航电文,向卫星注入导航电文参数,监测卫星有效载荷,完成任务规划与调度,实现系统运行控制与管理等;时间同步 / 注入站主要负责在主控站的统一调度下,完成卫星导航电文参数注入、与主控站的数据交换、时间同步测量等任务;监测站对导航卫星进行连续跟踪监测,接收导航信号,发送给主控站,为导航电文生成提供观测数据。用户终端部分是指各类北斗用户终端,包括与其他卫星导航系统兼容的终端,以满足不同领域和行业的应用需求。

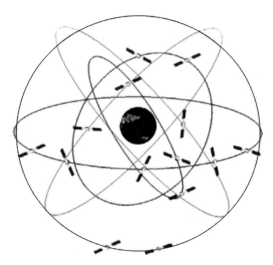

**图 8 - 11　北斗系统星座示意图**

北斗卫星导航系统的时间基准为北斗时(BDT)。BDT 采用国际单位制(SI)秒为基本单位连续累计,不闰秒,起始历元为 2006 年 1 月 1 日协调世界时(UTC)00 时 00 分 00 秒。BDT 通过中国科学院国家授时中心保持的 UTC,即 UTC(NTSC)与国际 UTC 建立联系,BDT 与 UTC 的偏差保持在 100 纳秒以内(模 1 秒)。BDT 与 UTC 之间的闰秒信息在导航电文中播报。北斗卫星导航系统的坐标框架采用中国 2000 大地坐标系统(CGCS2000)。

北斗卫星导航系统建成后将为全球用户提供卫星定位、测速和授时服务,并为我国及周边地区用户提供定位精度优于 1m 的广域差分服务和 120 个汉字 / 次的短报文通信服务。其主要功能和性能指标如下:

—— 主要功能:定位、测速、单双向授时、短报文通信;

—— 服务区域:全球;

—— 定位精度:优于 10m;

—— 测速精度:优于 0.2m/s;

—— 授时精度:20ns。

### 8.1.3.2　SINS/BDS 组合导航方案

在捷联惯导 / 北斗组合导航系统中,采用间接法卡尔曼滤波,即以导航子系统输出参数的误差作为组合导航系统状态,这里主要是捷联惯导系统误差。首先,由捷联惯导系统和北斗卫星接收机对飞行器的三维位置和速度参数分别进行测量;然后,将捷联惯导和北斗接收机各自输出的对应导航参数相减作为量测 $Z_B$,送入捷联惯导 / 北斗组合导航卡尔曼滤波器进行滤波计算,从而获得系统状态(捷联惯导系统误差) 的最优估计值;接着,利用系统误差的估计值实时对捷联惯导系统进行误差校正;最后,将经过校正的捷联惯导的输出作为捷联惯导 / 北斗组合导航系统的输出。捷联惯导 / 北斗组合导航系统的原理结构如图 8-12 所示。

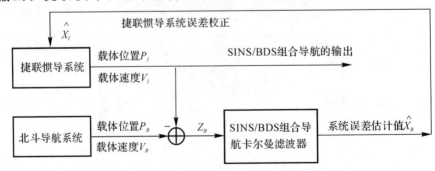

**图 8-12　SINS/BDS 组合导航系统的原理结构图**

### 8.1.3.3　SINS/BDS 组合导航算法

为了设计 SINS/BDS 组合导航算法,首先要建立 SINS/BDS 组合导航的状态方程。由于采用的是间接法卡尔曼滤波,因此需要对 SINS 和 BDS 的系统误差分别进行分析、建模。

**1. 捷联惯导系统误差方程**

捷联惯导的误差分析方法和基本误差特性与平台式惯导相同,可参考平台式惯导的方法进行推导和分析。

(1) 平台角误差方程。在平台式惯导中,惯性平台应模拟导航坐标系,但是,由于平台有误差,故平台坐标系($p$ 系)和导航坐标系($n$ 系)之间存在着误差角,即

$$\boldsymbol{\phi}^n = \begin{bmatrix} \phi_x & \phi_y & \phi_z \end{bmatrix}^{\mathrm{T}}$$

两个坐标系之间的转换阵为

$$\boldsymbol{C}_n^p = \begin{bmatrix} 1 & \phi_z & -\phi_y \\ -\phi_z & 1 & \phi_x \\ \phi_y & -\phi_x & 1 \end{bmatrix} \tag{8-30}$$

对捷联惯导系统计算的姿态阵为

$$\hat{\boldsymbol{C}}_b^n = \boldsymbol{C}_b^{n'} = \boldsymbol{C}_b^{n'} \boldsymbol{C}_b^n$$

式中,$n'$ 为数学平台坐标系,即 $\boldsymbol{C}_n^{n'} = \boldsymbol{C}_n^p$ 和式(8-30)完全相同。

平台对惯性空间的转动角速度可以表示为

$$\boldsymbol{\omega}_{ip}^p = \boldsymbol{C}_n^p \boldsymbol{\omega}_{in}^n + \dot{\boldsymbol{\phi}}^n = [\boldsymbol{I} - \boldsymbol{\phi}^n] \times \boldsymbol{\omega}_{in}^n + \dot{\boldsymbol{\phi}}^n = \boldsymbol{\omega}_{in}^n - \boldsymbol{\phi}^n \times \boldsymbol{\omega}_{in}^n + \dot{\boldsymbol{\phi}}^n \tag{8-31}$$

移项得

$$\dot{\boldsymbol{\phi}}^n = \boldsymbol{\omega}_{ip}^p - \boldsymbol{\omega}_{in}^n + \boldsymbol{\phi}^n \times \boldsymbol{\omega}_{in}^n \tag{8-32}$$

考虑到

$$\boldsymbol{\omega}_{ip}^p = \boldsymbol{\omega}_{ie}^p + \boldsymbol{\varepsilon}^p$$

式中,$\boldsymbol{\omega}_{ie}^p$ 为平台在施矩角速度信号作用下的角速度;$\boldsymbol{\varepsilon}^p$ 为等效陀螺漂移。所以 $\dot{\boldsymbol{\phi}}^n$ 可写为

$$\dot{\boldsymbol{\phi}}^n = \boldsymbol{\omega}_{ie}^p - \boldsymbol{\omega}_{in}^n + \boldsymbol{\phi}^n \times \boldsymbol{\omega}_{in}^n + \boldsymbol{\varepsilon}^p \tag{8-33}$$

式(8-33)中,

$$\begin{aligned} \boldsymbol{\omega}_{ie}^p \quad & \boldsymbol{\omega}_{in}^n = \delta\boldsymbol{\omega}_{ie}^n + \delta\boldsymbol{\omega}_{en}^n \\ \boldsymbol{\omega}_{in}^n & = \boldsymbol{\omega}_{ie}^n + \boldsymbol{\omega}_{en}^n \end{aligned} \tag{8-34}$$

故可得平台误差角方程为

$$\dot{\boldsymbol{\phi}}^n = \delta\boldsymbol{\omega}_{ie}^n + \delta\boldsymbol{\omega}_{en}^n - (\boldsymbol{\omega}_{ie}^n + \boldsymbol{\omega}_{en}^n) \times \boldsymbol{\phi}^n + \boldsymbol{\varepsilon}^p \tag{8-35}$$

而

$$\boldsymbol{\omega}_{ie}^n = \begin{bmatrix} 0 \\ \omega_{ie}\cos L \\ \omega_{ie}\sin L \end{bmatrix}; \quad \delta\boldsymbol{\omega}_{ie}^n = \begin{bmatrix} 0 \\ -\omega_{ie}\sin L\delta L \\ \omega_{ie}\cos L\delta L \end{bmatrix}$$

$$\boldsymbol{\omega}_{en}^{n} = \begin{bmatrix} -\dfrac{v_N}{R_M + h} \\ \dfrac{v_E}{R_N + h} \\ \dfrac{v_E}{R_N + h}\tan L \end{bmatrix} ; \quad \delta\boldsymbol{\omega}_{en}^{n} = \begin{bmatrix} -\dfrac{\delta v_N}{R_M + h} \\ \dfrac{\delta v_E}{R_N + h} \\ \dfrac{\delta v_E}{R_N + h}\tan L + \dfrac{v_E}{R_N + h}\sec^2 L\delta L \end{bmatrix}$$

将式(8-35)展开得

$$\dot{\phi}_E = -\frac{\delta v_N}{R_M + h} + \left(\omega_{ie}\sin L + \frac{v_E}{R_N + h}\tan L\right)\phi_N - \left(\omega_{ie}\cos L + \frac{v_E}{R_N + h}\right)\phi_U + \varepsilon_E$$

$$\dot{\phi}_N = \frac{\delta v_E}{R_N + h} - \omega_{ie}\sin L\delta L - \left(\omega_{ie}\sin L + \frac{v_E}{R_N + h}\tan L\right)\phi_E - \frac{v_N}{R_M + h}\phi_U + \varepsilon_N$$

$$\dot{\phi}_U = \frac{\delta v_E}{R_N + h}\tan L + \left(\omega_{ie}\cos L + \frac{v_E}{R_N + h}\sec^2 L\right)\delta L + \left(\omega_{ie}\cos L + \frac{v_E}{R_N + h}\right)\phi_E +$$

$$\frac{v_N}{R_M + h}\phi_N + \varepsilon_U$$

$$(8-36)$$

式(8-36)中脚标 E,N,U 分别代表东、北、天;$R_M$,$R_N$ 等参数如式(8-9)。

（2）速度误差方程。由比力方程(8-15)：

$$\dot{\boldsymbol{v}}^n = \boldsymbol{f}^n - (2\boldsymbol{\omega}_{ie}^n + \boldsymbol{\omega}_{en}^n)\times\boldsymbol{v}^n + \boldsymbol{g}^n$$

对上式进行小扰动微分,可得

$$\delta\dot{\boldsymbol{v}}^n = \delta\boldsymbol{f}^n - (2\delta\boldsymbol{\omega}_{ie} + \delta\boldsymbol{\omega}_{en})\times\boldsymbol{v}^n - (2\boldsymbol{\omega}_{ie} + \boldsymbol{\omega}_{en})\times\delta\boldsymbol{v}^n + \delta\boldsymbol{g}^n \quad (8-37)$$

考虑到

$$\delta\boldsymbol{g}^n = \boldsymbol{0} \quad \delta\boldsymbol{f}^n = \boldsymbol{f}^p - \boldsymbol{f}^n$$

其中,$\boldsymbol{f}^p$ 为加速度计的实际输出。设加速度计的测量误差为 $\boldsymbol{V}^p$,则

$$\boldsymbol{f}^p = \boldsymbol{C}_n^p\boldsymbol{f}^n + \boldsymbol{V}^p = [\boldsymbol{I} - \boldsymbol{\phi}^n]\times\boldsymbol{f}^n + \boldsymbol{V}^p$$

故

$$\delta\boldsymbol{f}^p = \boldsymbol{f}^p - \boldsymbol{f}^n = \boldsymbol{f}^n\times\boldsymbol{\phi}^n + \boldsymbol{V}^p$$

于是得到

$$\delta\dot{\boldsymbol{v}}^n = \boldsymbol{f}^n\times\boldsymbol{\phi}^n + \boldsymbol{V}^p - (2\delta\boldsymbol{\omega}_{ie}^n + \delta\boldsymbol{\omega}_{en}^n)\times\boldsymbol{v}^n - (2\boldsymbol{\omega}_{ie}^n + \boldsymbol{\omega}_{en}^n)\times\delta\boldsymbol{v}^n + \delta\boldsymbol{g}^n$$

$$(8-38)$$

式(8-38)即为速度误差的矢量方程,考虑飞行高度 $h$ 和地球为旋转椭球体,将式(8-38)展开写成分量形式,如下：

$$
\begin{aligned}
\dot{\delta v}_E =& f_N\phi_U - f_U\phi_N + \left(\frac{v_N}{R_N+h}\tan L - \frac{v_U}{R_N+h}\right)\delta v_E + \left(2\omega_{ie}\sin L + \frac{v_E}{R_N+h}\tan L\right)\delta v_N + \\
& \left(2\omega_{ie}\cos Lv_N + \frac{v_Ev_N}{R_N+h}\sec^2 L + 2\omega_{ie}\sin Lv_U\right)\delta L - \left(2\omega_{ie}\cos L + \frac{v_E}{R_N+h}\right)\delta v_U + \nabla_E
\end{aligned}
$$

$$
\begin{aligned}
\dot{\delta v}_N =& f_U\phi_E - f_E\phi_U - \left(2\omega_{ie}\sin L + \frac{v_E}{R_N+h}\tan L\right)\delta v_E - \\
& \frac{v_U}{R_M+h}\delta v_N - \frac{v_N}{R_M+h}\delta v_U - \left(2\omega_{ie}\cos L + \frac{v_E}{R_N+h}\sec^2 L\right)v_E\delta L + \nabla_N
\end{aligned}
$$

$$
\dot{\delta v}_U = f_E\phi_N - f_N\phi_E + 2\left(\omega_{ie}\cos L + \frac{v_E}{R_N+h}\right)\delta v_E + 2\frac{v_N}{R_M+h}\delta v_N - 2\omega_{ie}\sin Lv_E\delta L + \nabla_U
$$

$$
\tag{8-39}
$$

（3）位置误差方程。由式（8-16）可得

$$
\left.
\begin{aligned}
\delta\dot{L} =& \frac{\delta v_N}{R_M+h} \\
\delta\dot{\lambda} =& \frac{\delta v_E}{R_N+h}\sec L + \frac{v_E}{R_N+h}\sec L\tan L\delta L \\
\delta\dot{h} =& \delta v_U
\end{aligned}
\right\}
\tag{8-40}
$$

式（8-36）、式（8-39）、式（8-40）合在一起,即为惯导系统的误差方程。

**2. SINS/BDS 组合导航的状态方程**

影响 BDS 定位精度的误差源较多,导致 BDS 的系统误差模型也较为复杂,考虑到组合导航卡尔曼滤波器的系统状态维数不宜太多,因此可以直接将 BDS 的定位误差看作是白噪声过程,而不再列入系统状态,即仅仅将 SINS 的系统误差作为组合导航系统的状态。

于是,根据前面所建立的 SINS 系统误差方程,选取 SINS/BDS 组合导航系统的状态变量为:捷联惯导数学平台姿态误差角 $\phi_E,\phi_N,\phi_U$,捷联惯导速度误差 $\delta v_E$, $\delta v_N,\delta v_U$,捷联惯导位置误差 $\delta L,\delta\lambda,\delta h$,陀螺仪随机常值漂移 $\varepsilon_{bx},\varepsilon_{by},\varepsilon_{bz}$,加速度计随机常值误差 $\nabla_{bx},\nabla_{by},\nabla_{bz}$。因此,SINS/BDS 组合导航的状态向量 $\boldsymbol{X}_B$ 为

$$
\boldsymbol{X}_B = [\phi_E,\phi_N,\phi_U,\delta v_E,\delta v_N,\delta v_U,\delta L,\delta\lambda,\delta h,\varepsilon_{bx},\varepsilon_{by},\varepsilon_{bz},\nabla_{bx},\nabla_{by},\nabla_{bz}]^T
$$

$$
\tag{8-41}
$$

根据 SINS 系统误差方程,并结合状态向量 $\boldsymbol{X}_B$,可列出 SINS/BDS 组合导航的状态方程为

$$
\dot{\boldsymbol{X}}_B(t) = \boldsymbol{F}_B(t)\boldsymbol{X}_B(t) + \boldsymbol{G}_B(t)\boldsymbol{W}_B(t)
\tag{8-42}
$$

其中:$\boldsymbol{F}_B(t)$ 为系统状态阵;$\boldsymbol{G}_B(t)$ 为系统噪声驱动阵;$\boldsymbol{W}_B(t) = [w_{gx},w_{gy},w_{gz},w_{ax},w_{ay},w_{az}]^T$ 为系统噪声,这里 $w_{gx},w_{gy},w_{gz}$ 分别为沿载体 $x$, $y,z$ 轴上陀螺仪的白噪声,$w_{ax},w_{ay},w_{az}$ 分别为沿载体 $x,y,z$ 轴上加速度计的白噪声,即 $E[\boldsymbol{W}_B(t)]=0$ 且 $E[\boldsymbol{W}_B(t)\boldsymbol{W}_B^T(\tau)]=\boldsymbol{q}_B\delta(t-\tau)$,$\boldsymbol{q}_B$ 为 $\boldsymbol{W}_B(t)$ 的方差强度阵。

**3. SINS/BDS 组合导航的量测方程**

将 SINS 输出的纬度、经度、高度信息与 BDS 输出的对应信息相减作为量测，即 SINS/BDS 组合导航的量测 $\boldsymbol{Z}_B$ 为

$$\boldsymbol{Z}_B = \begin{bmatrix} L_I - L_B \\ \lambda_I - \lambda_B \\ h_I - h_B \\ v_{EI} - v_{EB} \\ v_{NI} - v_{NB} \\ v_{UI} - v_{UB} \end{bmatrix} \tag{8-43}$$

其中，$L_I, \lambda_I, h_I$ 为 SINS 输出的载体位置（纬度、经度和高度），$L_B, \lambda_B, h_B$ 为 BDS 输出的载体位置；$v_{EI}, v_{NI}, v_{UI}$ 为 SINS 输出的载体东、北、天速度，$v_{EB}, v_{NB}, v_{UB}$ 为 BDS 输出的东、北、天速度。由于 SINS 和 BDS 输出的位置速度信息中分别存在误差，于是根据式（8-43）可将量测 $\boldsymbol{Z}_B$ 写为

$$\boldsymbol{Z}_B = \begin{bmatrix} (L + \delta L) - (L + \delta L_B) \\ (\lambda + \delta\lambda) - (\lambda + \delta\lambda_B) \\ (h + \delta h) - (h + \delta h_B) \\ (v_E + \delta v_E) - (v_E + \delta v_{EB}) \\ (v_N + \delta v_N) - (v_N + \delta v_{NB}) \\ (v_U + \delta v_U) - (v_U + \delta v_{UB}) \end{bmatrix} = \begin{bmatrix} \delta L \\ \delta\lambda \\ \delta h \\ \delta v_E \\ \delta v_N \\ \delta v_U \end{bmatrix} - \begin{bmatrix} \delta L_B \\ \delta\lambda_B \\ \delta h_B \\ \delta v_{EB} \\ \delta v_{NB} \\ \delta v_{UB} \end{bmatrix} \tag{8-44}$$

其中，$\delta L, \delta\lambda, \delta h$ 分别为 SINS 的纬度、经度和高度误差，$\delta v_E, \delta v_N, \delta v_U$ 分别为 SINS 的东、北、天速度误差；而 $\delta L_B, \delta\lambda_B, \delta h_B$ 则分别为 BDS 的纬度、经度和高度误差，$\delta v_{EB}, \delta v_{NB}, \delta v_{UB}$ 为 BDS 的东、北、天速度误差，其为白噪声过程。

于是，结合选取的 SINS/BDS 组合导航状态向量 $\boldsymbol{X}_B$，根据式（8-44）可列写出 SINS/BDS 组合导航的量测方程为

$$\boldsymbol{Z}_B = \boldsymbol{H}_B \boldsymbol{X}_B + \boldsymbol{V}_B \tag{8-45}$$

其中，量测矩阵 $\boldsymbol{H}_B = \begin{bmatrix} \boldsymbol{O}_{3\times3} & \boldsymbol{O}_{3\times3} & \boldsymbol{I}_{3\times3} & \boldsymbol{O}_{3\times6} \\ \boldsymbol{O}_{3\times3} & \boldsymbol{I}_{3\times3} & \boldsymbol{O}_{3\times3} & \boldsymbol{O}_{3\times6} \end{bmatrix}$；$\boldsymbol{V}_B = [\delta L_B, \delta\lambda_B, \delta h_B, \delta v_{EB}, \delta v_{NB}, \delta v_{UB}]^{\mathrm{T}}$ 为 BDS 的量测白噪声，其方差强度阵为 $\boldsymbol{R}_B$。

获得 SINS/BDS 组合导航的状态方程和量测方程以后，为了在导航计算机上实现卡尔曼滤波计算，必须对其进行离散化处理。由于量测方程式（8-45）本身已经是离散的，因此这时只须对连续的系统状态方程式（8-42）进行离散化处理即可。而对系统状态方程进行离散化处理以后，只须给定状态初值，并结合 $k$ 时刻的量测 $\boldsymbol{Z}_k$，就可以利用下列标准卡尔曼滤波基本方程进行滤波计算了。

假设离散型的系统状态方程描述如下：

$$\boldsymbol{X}_k = \boldsymbol{\phi}_{k,k-1} \boldsymbol{X}_{k-1} + \boldsymbol{\varGamma}_{k-1} \boldsymbol{W}_{k-1} \tag{8-46}$$

而离散型的量测方程为

$$Z_k = H_k X_K + V_k \tag{8-47}$$

式中，$\boldsymbol{\phi}_{k,k-1}$ 为 $t_{k-1}$ 时刻至 $t_k$ 时刻的状态转移阵，$\boldsymbol{\varGamma}_{k-1}$ 为系统噪声驱动阵，$W_k$ 为系统激励噪声序列；$Z_k$ 为 $t_k$ 时刻的量测，$H_k$ 为量测矩阵，$V_k$ 为量测噪声序列。其中，$W_k$ 满足 $E[W_k]=0$ 且 $\mathrm{Cov}[W_k, W_j]=E[W_k W_j^{\mathrm{T}}]=Q_k \delta_{kj}$，$V_k$ 满足 $E[V_k]=0$ 且 $\mathrm{Cov}[V_k, V_j]=E[V_k V_j^{\mathrm{T}}]=R_k \delta_{kj}$。这里，$Q_k$ 为系统噪声方差阵，$R_k$ 为量测噪声方差阵。

如果被估计状态 $X_k$ 满足式(8-46)，对 $X_k$ 的量测 $Z_k$ 满足式满足式(8-47)，且系统噪声 $W_k$ 和量测噪声 $V_k$ 满足上述条件，则 $X_k$ 的估计 $\hat{X}_k$ 按下述方程求解：

$$\hat{X}_{k/k-1} = \boldsymbol{\phi}_{k,k-1} \hat{X}_{k-1} \tag{8-48}$$

$$\hat{X}_k = \hat{X}_{k/k-1} + K_k (Z_k - H_k \hat{X}_{k/k-1}) \tag{8-49}$$

$$K_k = P_{k/k-1} H_k^{\mathrm{T}} (H_K P_{k/k-1} H_k^{\mathrm{T}} + R_k)^{-1} \tag{8-50}$$

$$P_{k/k-1} = \boldsymbol{\phi}_{k,k-1} P_{k-1} \boldsymbol{\phi}_{k,k-1}^{\mathrm{T}} + \boldsymbol{\varGamma}_{k-1} Q_{k-1} \boldsymbol{\varGamma}_{k-1}^{\mathrm{T}} \tag{8-51}$$

$$P_k = (I - K_k H_k) P_{k/k-1} (I - K_k H_k)^{\mathrm{T}} + K_k R_k K_k^{\mathrm{T}} \tag{8-52}$$

式(8-48)～式(8-52)即为标准卡尔曼滤波基本方程。于是，只要设定状态初值 $\hat{X}_0$ 及其估计均方误差 $P_0$，并结合 $k$ 时刻的量测 $Z_k$，就可递推计算获得 $k$ 时刻的状态估计 $\hat{X}_k (k=1,2,3,4,\cdots)$。

### 8.1.3.4　SINS/BDS 组合导航仿真

对前面所研究的捷联惯导／北斗组合导航系统进行计算机数学仿真，仿真中各参数设置情况如表 8-5 所示。

表 8-5　SINS/BDS 组合导航仿真参数设置

| 仿真参数 | 指标 | 仿真参数 | 指标 |
|---|---|---|---|
| 陀螺仪常值漂移 | $1.0°/\mathrm{h}$ | 初始速度误差 | $0.2\mathrm{m/s}$ |
| 陀螺仪随机游走 | $0.1°/\sqrt{\mathrm{h}}$ | 初始位置误差 | $10\mathrm{m}$ |
| 加速度计常值误差 | $2 \times 10^{-4} g$ | 北斗定位精度 | $10\mathrm{m}(1\sigma)$ |
| 加速度计随机游走 | $2 \times 10^{-5} g \cdot \sqrt{\mathrm{s}}$ | 北斗速度精度 | $0.2\mathrm{m/s}(1\sigma)$ |
| IMU 采样周期 | $5\mathrm{ms}$ | 北斗更新周期 | $1\mathrm{s}$ |
| 惯导解算周期 | $10\mathrm{ms}$ | 卡尔曼滤波周期 | $1\mathrm{s}$ |
| 水平对准误差 | $1'$ | 仿真时间 | $2\,000\mathrm{s}$ |
| 方位对准误差 | $6'$ | | |

基于上一节的飞行仿真轨迹及上述仿真条件，对 SINS/BDS 组合导航系统进行计算机仿真，仿真结果如图 8-13～图 8-17 所示。

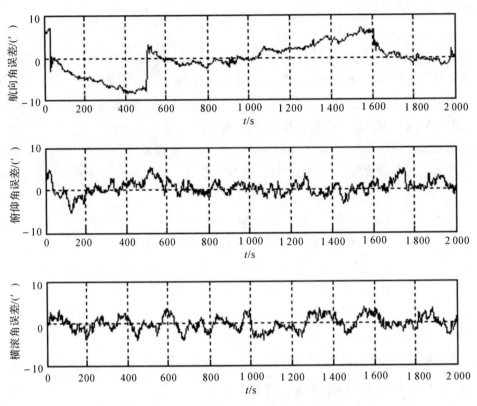

**图 8 - 13　SINS/BDS 组合导航的姿态误差**

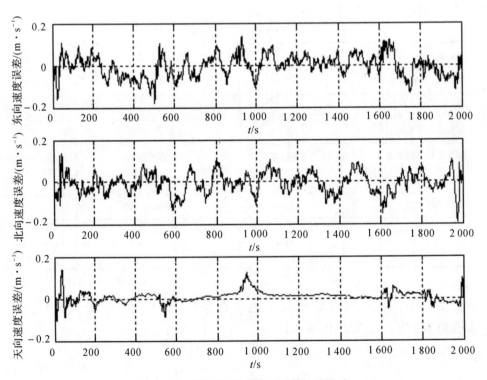

**图 8 - 14　SINS/BDS 组合导航的速度误差**

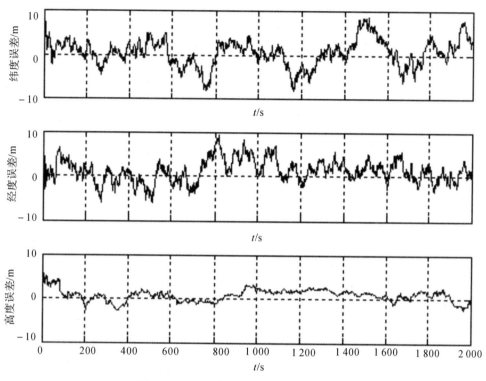

**图 8 - 15　SINS/BDS 组合导航的位置误差**

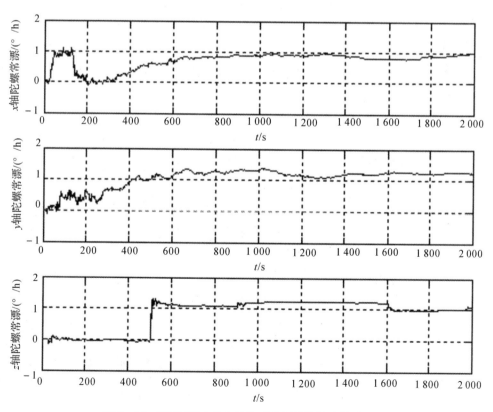

**图 8 - 16　SINS/BDS 组合导航对陀螺常值漂移估计结果**

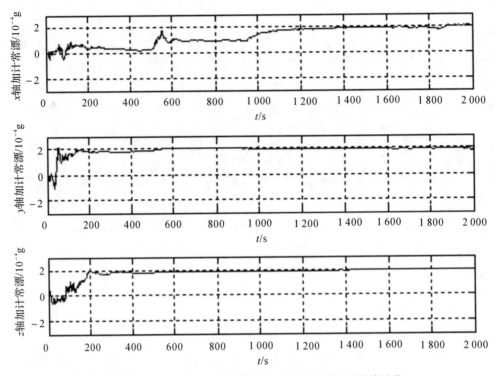

**图 8-17 SINS/BDS 组合导航对加速度计常值误差估计结果**

在上述仿真结果曲线中,SINS/BDS 组合导航的姿态误差、速度误差、位置误差是指经过误差校正后的捷联惯导系统输出的载体姿态、速度、位置信息与载体真实姿态、速度、位置(轨迹参数值)之间的差值;而 SINS/BDS 组合导航对陀螺常值漂移、加速度计常值误差估计结果则是 SINS/BDS 组合导航卡尔曼滤波对惯性器件误差的直接估计结果。

根据图 8-13 ~ 图 8-15 可以看出,将 SINS 与 BDS 结合起来进行组合导航以后,各导航参数误差均获得了显著的收敛效果:经过 2 000s 的仿真时间,SINS/BDS 组合导航系统的航向角误差稳定在 $\pm 10'$ 以内,俯仰角和横滚角误差均稳定在 $\pm 5'$ 以内;东向、北向、天向速度误差均稳定在 $\pm 0.2 m/s$ 以内;纬度误差稳定在 $\pm 5m$ 以内,经度误差稳定在 $\pm 5m$ 以内,高度误差则稳定在 $\pm 10m$ 以内。可见,SINS/BDS 组合导航系统具有较高的定姿和定位精度,而且导航误差不随时间发散,其通过组合导航技术完全克服了纯 SINS 导航误差随时间积累的致命缺陷,并显著提高了系统导航精度。而根据图 8-13 还可发现,SINS/BDS 组合导航系统的航向角精度相对于俯仰角和横滚角精度要低一些,这是由 SINS/BDS 组合导航中航向角误差的可观测性较弱所引起的,并且在机动过程中,航向误差明显增大。

根据图 8-16 可以看出,SINS/BDS 组合导航卡尔曼滤波对陀螺常值误差进行了估计:对 $x$,$y$,$z$ 轴陀螺常值漂移的估计效果较好,其估计结果与陀螺常值漂移的真实值非常接近,但是估计达到稳态的时间较长,到了仿真第 $600 \sim 800\mathrm{s}$ 才完全估计出来;而对 $z$ 轴陀螺漂移的估计初始效果则较差,这是因为 SINS/BDS 组合导航系统中 $z$ 轴陀螺常值漂移的可观测性较差。 根据图 8 - 17 则可以看出:SINS/BDS 组合导航系统对三个轴上加速度计常值误差的估计效果比较好,其估计结果与加速度计常值误差的真实值比较接近。

因此,根据上述仿真结果可以得出以下结论:SINS/BDS 组合导航系统克服了纯 SINS 导航误差随时间而积累的缺陷,具有较高的定姿、定位和测速精度。SINS/BDS 组合导航系统大大降低了对 SINS 惯性测量组件的精度要求。

## 8.1.4　高超声速飞行器 SINS/CNS 组合导航

### 8.1.4.1　惯性 / 天文导航系统简介

天文导航是利用天空中的星体作为导航信息源的一种古老的导航方式。这种方式在航海领域从古代一直沿用至今。而航空飞行器惯性 / 天文组合导航系统是将恒星测量部件 —— 星敏感器 —— 作为惯导惯性姿态误差的外部辅助测量手段,利用天体矢量信息修正惯导平台漂移,抑制惯导系统误差的发散。

惯性 / 天文组合导航具备以下其他组合导航方式所无法比拟的优点:

(1)自主性和隐蔽性。天文导航系统以被动探测方式进行天体观测,无须设立陆基台站或向空间发射轨道运行体,不向外发射电磁波,也不受外界电磁波的干扰和破坏。因此在战时系统具有很强的生命力。可满足远程高超飞行对高精度、高自主的导航需求。

(2)导航精度高。目前国外战略武器应用的高精度惯性 / 天文组合系统的位置精度普遍可达到 $300 \sim 500\mathrm{m}$,航向精度可达到 $20'' \sim 30''$,在现行的运载体姿态测量系统中,惯性 / 天文组合导航的航向精度最高,是情报、监视与侦察(ISR)应用的最佳选择,可保证载机任务周期内的航路导航、精确武器发射、高精度侦察探测的技术要求。

### 8.1.4.2　星敏感器工作原理

天文导航是利用天体敏感器测量恒星天体方向信息,通过解算获得运载体的惯性姿态,或在给定水平信息条件下进行定位、定向的导航方法。实现天文导航星体观测的核心部件为星敏感器。星敏感器是以恒星星光作为非电测量对象,以光敏感元件为核心的光电转换电子测量系统。星敏感器一般由光学模块、检测模块和处理模块三个单元组成,图 8 - 18 所示是欧洲航天局(ESA)的星敏感器通用模型。其中,光学模块用来收集进入星敏感器视场的目标所辐射的光子,并聚焦在检测模块上,然后检测模块进行光电转换,从而得到星图,最后经过处理模块的处理之后,即可得到所需的载体惯性姿态信息。

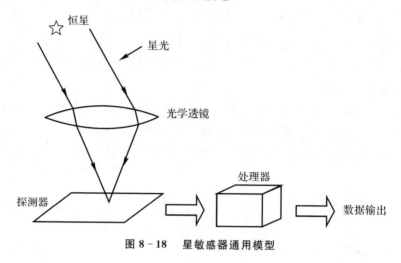

**图 8-18　星敏感器通用模型**

　　星敏感器由两大组成部分:镜头和电子处理单元。镜头通常包含遮光罩、光学系统和探测器。遮光罩直接安装在光学系统之前,作用是对地球、太阳和月亮的杂散光进行吸收和消除。光学系统是由一系列光学透镜和机械支架组成的,主要作用是汇聚进入视场的光线。探测器由探头(CCD 或 CMOS 等)、工作电路(如定时、驱动和处理等)和冷却装置组成,主要用于形成星图。电子处理模块通常包括处理器、电源、星表和软件算法。其中,软件算法包括星点提取算法、星识别算法和姿态计算等。

　　星敏感器的基本工作原理:恒星发出的星光通过光学系统在 CCD(或 CMOS)光敏面上成像,由信号检测线路将星光的光能信号转换成模拟电信号,信号处理电路对其进行放大、滤波、整形等处理,之后由模/数转换单元对其进行模/数转换。天空中的星图以数字量形式存储于内存中,数据处理单元对数字化后的星图进行处理,由星提取软件对星图进行大目标剔除、星点提取、星点坐标计算和星等计算。星识别软件可以对星图中的星按匹配方法构造匹配模式,并与导航星库中已存在的模式进行匹配、处理,从而形成观测星与导航星的唯一匹配星对。利用匹配星对,姿态计算软件就可以通过姿态计算方法来确定星敏感器的光轴在惯性空间中的指向,最后由光轴的指向以及星敏感器与卫星本体的安装角度就可以完成对卫星三轴姿态的测量,之后通过姿态预测算法来预测卫星下一时刻的姿态,并反馈给星识别软件。星敏感器工作原理框图如图 8-19 所示。

　　星光进入大气层后随大气层折射率的变化产生蒙气差干扰;星光经过飞行器表面的流场时,受气动光学效应作用改变传输特性;星敏感器相对星光的运动速度产生光行差干扰;机体振动导致星点模糊;多种噪声干扰降低星图的信噪比,最后经过这些因素的共同干扰星敏感器采集到实拍星图。

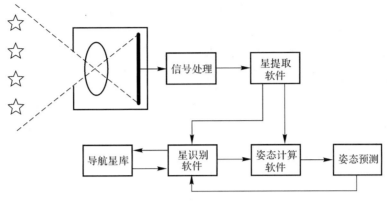

图 8 - 19　星敏感器工作原理框图

### 8.1.4.3　星敏感器矢量定姿原理

星敏感器通过测量多颗星体的矢量方向信息来确定载体相对于天球惯性坐标系下的姿态,这里简称惯性姿态。具体原理如下:在某一时刻,通过光电探测单元拍下一幅星图(含 $N$ 颗星,且 $N \geqslant 3$),利用星图识别算法及导航星库对视场内的 $N$ 颗星进行识别,得出视场内 $N$ 颗星在天球惯性坐标系中的位置矢量。与此同时,通过这 $N$ 颗星在视场内的坐标值及相应处理算法得到星体在运载体基准坐标系中的位置矢量。

把天球惯性坐标系旋转到与运载体基准坐标系重合,旋转过程可用矩阵 $\boldsymbol{A}$ 表示。在一个有效视场内识别出 $N$ 颗星,则可建立一系列如下转换关系式:

$$\boldsymbol{W}_i = \boldsymbol{A}\boldsymbol{V}_i, \quad 1 \leqslant i \leqslant N \tag{8-53}$$

其中,$\boldsymbol{V}_i$ 为导航星矢量;$\boldsymbol{W}_i$ 为星敏感器测量矢量。

如果能获得一个变换矩阵 $\boldsymbol{A}$,使

$$J(\boldsymbol{A}) = \sum_{i=1}^{N} \left| \boldsymbol{W}_i - \boldsymbol{A}\boldsymbol{V}_i \right|^2 \tag{8-54}$$

的值最小,则可确定唯一矩阵 $\boldsymbol{A}$,也就是确定运载体基准坐标系相对天球惯性坐标系的姿态矩阵 $\boldsymbol{C}_b^i$。

从上述原理可以看出,星敏感器通过建立起星体在惯性坐标系与载体坐标系之间的联系,获得精确的载体的惯性姿态信息,而这个姿态的精度仅取决于测量精度,它是不随时间漂移的。在惯性导航中,通过惯导陀螺仪敏感的载体相对于惯性空间的角速率信息也可以获得载体的惯性姿态信息,但是由于陀螺漂移的存在,这个惯性姿态信息存在随时间增长的累积误差。而天文导航系统可以看作一个没有漂移的陀螺组件,它与惯导的陀螺仪不同之处在于,天文导航系统直接输出的是姿态,而不是姿态变化率,天文导航系统对惯导的校正则是通过修正惯性姿态误差来体现的。

在导航系统中,存在着 $\boldsymbol{C}_n^e = \boldsymbol{C}_i^e \boldsymbol{C}_b^i \boldsymbol{C}_n^b$ 这样的关系(其中 $b$ 代表载体坐标系,$n$ 代

表地理坐标系,$e$ 代表地心地固坐标系统,$i$ 代表惯性坐标系)。但在惯导系统中由于陀螺漂移的存在,使得由 $C_b^i$ 所描述的惯性姿态误差是发散的,而天文导航定位只需水平姿态信息即可,但是惯导的水平姿态误差是有界振荡的,综合上述分析不难得出,惯导定位误差的发散主要是由陀螺漂移引起的。从另一个角度来分析,如果陀螺没有漂移,那么可以获得精确的惯性姿态;而只有加速度计存在误差,这时惯导解算的水平姿态也将是有界振荡的,则组合定位误差也必将是有界振荡的。所以可得如下结论:由陀螺漂移引起的惯导惯性姿态误差是导致惯导定位精度发散的主要原因。

### 8.1.4.4 SINS/CNS 组合导航误差分析

在构建惯性/天文组合导航系统之前,有必要先对惯性导航系统这个核心导航子系统的误差进行分析,这是通过天文导航系统有效地辅助惯导系统,最终提高整个组合导航系统性能的理论基础。

惯导的惯性姿态误差体现为惯导平台漂移角 $\Psi$。为了加深对 $\Psi$ 角的理解,先结合天文导航系统的工作原理来看它的物理意义。假设在惯导平台上安装了一个星敏感器,观测天空中的某个星体。首先,为了找到所选星体,天文导航系统就要根据惯导输出的计算位置和所选星体的天文信息(赤经、赤纬)来确定出星体的瞄准线(星体瞄准矢量)$V^c$:

$$V^c = C_e^c C_i^e C^i \tag{8-55}$$

它是星体在惯导计算位置所描述的地理坐标系内的矢量。而另一方面,星敏感器是立足于惯导平台来测星的,由于惯导解算位置的地理坐标系与数学平台模拟的地理坐标系(平台系 p 系)存在偏差,所以使得实测的星体瞄准线与计算的星体瞄准线之间存在偏差,这个瞄准线之间的偏差角即为惯导平台漂移角 $\Psi$ 角的直接观测,如图 8-20 所示。

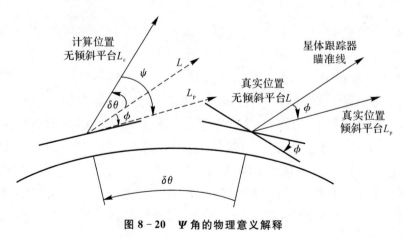

图 8-20　$\Psi$ 角的物理意义解释

在惯导系统中有：$\boldsymbol{\Phi}=\boldsymbol{\Psi}+\delta\boldsymbol{\Theta}$（$\boldsymbol{\Phi}$ 角反映了惯导平台坐标系相对于理想坐标系的偏差角，称为平台偏角。$\delta\boldsymbol{\Theta}$ 是理想地理位置与计算地理位置之间的误差，称为位置误差角）。天文导航系统不能分辨出造成 $\boldsymbol{\Psi}$ 角的原因是姿态误差还是位置误差还是两者皆有。

惯性／天文组合导航可有效校正惯导 $\boldsymbol{\Psi}$ 角误差，因此最终的导航误差满足 $\delta\boldsymbol{\Theta}$ $=\boldsymbol{\Phi}$，即导航位置误差与平台偏角误差相等且不发散。在组合过程中利用 $\boldsymbol{\Psi}$ 角量测，通过卡尔曼滤波的手段来估计并补偿掉引起 $\boldsymbol{\Psi}$ 误差的激励源——陀螺漂移。这就可以将惯导水平姿态中由陀螺漂移引起的那部分误差分量补偿掉，而剩下的只是由加速度计误差所引起的那部分分量，这样便大大地提高了惯导的水平姿态精度，从而提高了组合导航的精度。

图 8-21 所示为惯性／天文导航系统的直观误差模型。可以看出，当惯导系统的平台偏角和位置误差大小相等、方向相反时，天文导航系统就无法分辨。这就导致了其不能阻尼舒拉振荡。从图中也可以看出，加速度计误差以及未补偿的重力垂线偏差对平台偏角误差和位置误差的响应相等，方向相反，因此天文导航系统不能分辨这些误差，这是影响惯性／天文组合导航精度的重要因素。

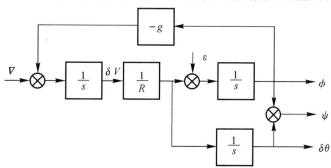

图 8-21　惯性／天文导航系统的直观误差模型

### 8.1.4.5　SINS／CNS 组合导航方案

在捷联惯导／天文组合导航中，首先由 SINS 和 CNS 对载体姿态分别进行测量；然后，将 SINS 和 CNS 各自输出的载体姿态角对应相减作为量测，送入 SINS/CNS 组合导航卡尔曼滤波器中进行滤波计算，从而获得系统状态（捷联惯导系统误差）的最优估计值；接着，利用该误差估计值实时地对捷联惯导系统进行误差校正；最后，将校正后捷联惯导系统的输出作为捷联惯导／天文组合导航系统的输出。捷联惯导／天文组合导航系统的原理结构如图 8-22 所示。

SINS/CNS 组合导航的状态方程与 SINS/BDS 组合导航相同，量测方程采用了姿态矩阵相乘法实现。基于 Kain 等提出的量测失准角概念，对传统姿态匹配方案进行了改进，利用姿态矩阵相乘构造量测。假设星敏感器与载体捷联安装，测量坐标系 $c$ 与载体坐标系 $b$ 重合，但存在安装误差角 $\delta\boldsymbol{A}$，则有

$$\boldsymbol{C}_c^b = \boldsymbol{I} - (\delta\boldsymbol{A} \times) \qquad (8-56)$$

由于星敏感器自身的测量误差 $\boldsymbol{V}$ 为零均值的白噪声过程,那么实际星敏感器输出为

$$\hat{\boldsymbol{C}}_i^c = [\boldsymbol{I} - (\boldsymbol{V} \times)]\boldsymbol{C}_i^c = [\boldsymbol{I} - (\boldsymbol{V} \times)]\boldsymbol{C}_b^c\boldsymbol{C}_i^b = [\boldsymbol{I} - (\boldsymbol{V} \times)][\boldsymbol{I} + (\delta\boldsymbol{A} \times)]\boldsymbol{C}_i^b$$
$$(8-57)$$

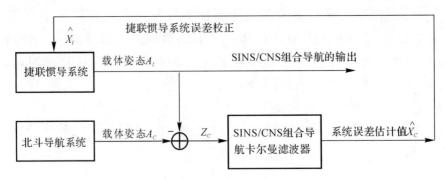

图 8-22　捷联惯导／天文组合导航系统的原理结构图

根据捷联惯导解算的载体姿态矩阵 $\hat{\boldsymbol{C}}_n^b$,位置矩阵 $\hat{\boldsymbol{C}}_e^n$,以及惯性系相对于地球系的变换矩阵 $\boldsymbol{C}_i^e$ 可以计算出矩阵 $\hat{\boldsymbol{C}}_i^b$ 为

$$\hat{\boldsymbol{C}}_i^b = \hat{\boldsymbol{C}}_n^b\hat{\boldsymbol{C}}_e^n\boldsymbol{C}_i^e = \boldsymbol{C}_n^b(\boldsymbol{I} + [\boldsymbol{\phi} \times])(\boldsymbol{I} - [\delta\boldsymbol{\Theta} \times])\boldsymbol{C}_e^n\boldsymbol{C}_i^e \qquad (8-58)$$

式中,$\delta\boldsymbol{\Theta}$ 为导航解算出的位置矩阵和真实位置矩阵的误差。由式(8-58)可以得到捷联惯导输出的变换矩阵 $\hat{\boldsymbol{C}}_i^b$。设星敏感器的测量坐标系 $c$ 相对于载体坐标系 $b$ 存在量测失准角 $\boldsymbol{\phi}_m$,且 $\boldsymbol{\phi}_m$ 为小量。则有

$$\boldsymbol{Z}_{dcm} = \hat{\boldsymbol{C}}_i^b(\hat{\boldsymbol{C}}_i^c)^T = \boldsymbol{I} + (\boldsymbol{\phi}_m \times) \qquad (8-59)$$

把式(8-58)和式(8-57)代入式(8-59),并忽略二阶小项,可以得到

$$\boldsymbol{Z}_{dcm} = \hat{\boldsymbol{C}}_i^b(\hat{\boldsymbol{C}}_b^c)T = \boldsymbol{C}_n^b(\boldsymbol{I} + [\boldsymbol{\phi} \times])(\boldsymbol{I} - [\delta\boldsymbol{\Theta}])\boldsymbol{C}_e^n\boldsymbol{C}_i^e\boldsymbol{C}_b^i[\boldsymbol{I} - (\delta\boldsymbol{A} \times)][\boldsymbol{I} + (\boldsymbol{V} \times)] \approx$$
$$\boldsymbol{C}_n^b(\boldsymbol{I} + [\boldsymbol{\phi} \times])(\boldsymbol{I} - [\delta\boldsymbol{\Theta}])\boldsymbol{C}_b^n[\boldsymbol{I} - (\delta\boldsymbol{A} \times)][\boldsymbol{I} + (\boldsymbol{V} \times)] \approx$$
$$\boldsymbol{I} + (\boldsymbol{C}_n^b\boldsymbol{\phi} - \boldsymbol{C}_n^b\delta\boldsymbol{\Theta} - \delta\boldsymbol{A} + \boldsymbol{V}) \times \qquad (8-60)$$

比较式(8-59)和式(8-60)可以得到

$$\boldsymbol{\phi}_m = \boldsymbol{C}_n^b\boldsymbol{\phi} - \boldsymbol{C}_n^b\delta\boldsymbol{\Theta} - \delta\boldsymbol{A} + \boldsymbol{V} = \boldsymbol{C}_n^b\boldsymbol{\Psi} - \delta\boldsymbol{A} + \boldsymbol{V} \qquad (8-61)$$

以 $\boldsymbol{\phi}_m$ 作为量测量,则量测方程为

$$\boldsymbol{Z} = \boldsymbol{H}\boldsymbol{X} + \boldsymbol{V} \qquad (8-62)$$

式中,

$$\boldsymbol{H} = [\boldsymbol{C}_n^b \quad \boldsymbol{O}_{3\times3} \quad -\boldsymbol{C}_n^b\boldsymbol{C}_H \quad \boldsymbol{O}_{3\times3} \quad \boldsymbol{O}_{3\times3} \quad -\boldsymbol{I}_{3\times3}]$$

$$\boldsymbol{C}_H = \begin{bmatrix} -1 & 0 & 0 \\ 0 & \cos L & 0 \\ 0 & \sin L & 0 \end{bmatrix}$$

同时,根据反对称阵性质,由式(8-60)可知量测量满足

$$Z = \frac{1}{2} \begin{bmatrix} Z_{dcm}(3,2) - Z_{dcm}(2,3) & Z_{dcm}(1,3) - Z_{dcm}(3,1) & Z_{dcm}(2,1) - Z_{dcm}(1,2) \end{bmatrix}^{\mathrm{T}}$$

$$(8-63)$$

### 8.1.4.6　SINS/CNS 组合导航仿真

根据上面的论述,SINS/CNS 组合优势体现在其长航时的导航精度高。这里就根据目前国外航空远程飞行器所装备的惯性／天文组合导航系统的性能参数为例,通过蒙特卡洛仿真并进行方差统计的方法来显性化其组合特点。

国外航空惯性／天文组合导航系统的传感器性能参数如表 8-6 所示。

表 8-6　SINS/CNS 组合导航仿真参数设置 1

| 仿真参数 | 指标(1σ) | 仿真参数 | 指标(1σ) |
|---|---|---|---|
| 陀螺启动逐次误差 | $0.006°/\mathrm{h}$ | 加速度计刻度系数误差 | $3 \times 10^{-5}$ |
| 陀螺零偏稳定性 | $0.003°/\mathrm{h}$ | 加速度计安装不对准角 | $3''$ |
| 陀螺仪随机游走 | $0.0025°/\sqrt{\mathrm{h}}$ | 星敏感器 $x$ 轴测姿误差 | $5''$ |
| 陀螺刻度系数误差 | $3 \times 10^{-6}$ | 星敏感器 $y$ 轴测姿误差 | $5''$ |
| 陀螺安装不对准角 | $3''$ | 星敏感器 $z$ 轴测姿误差 | $10''$ |
| 加速度计逐次误差 | $5 \times 10^{-5} g$ | 仿真轨迹 | 静止 |
| 加速度计零偏稳定性误差 | $2.5 \times 10^{-5} g$ | 仿真时间 | 5h |
| 加速度计随机游走 | $2 \times 10^{-6} g \cdot \sqrt{\mathrm{s}}$ | 对准时间 | 480s |

仿真结果如图 8-23 ～ 图 8-31 所示。

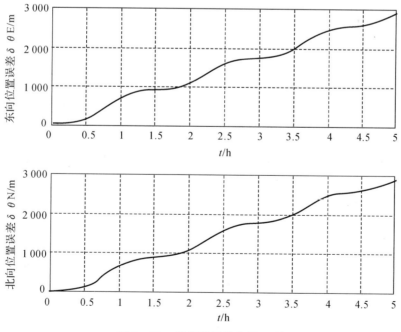

图 8-23　纯惯性导航位置误差

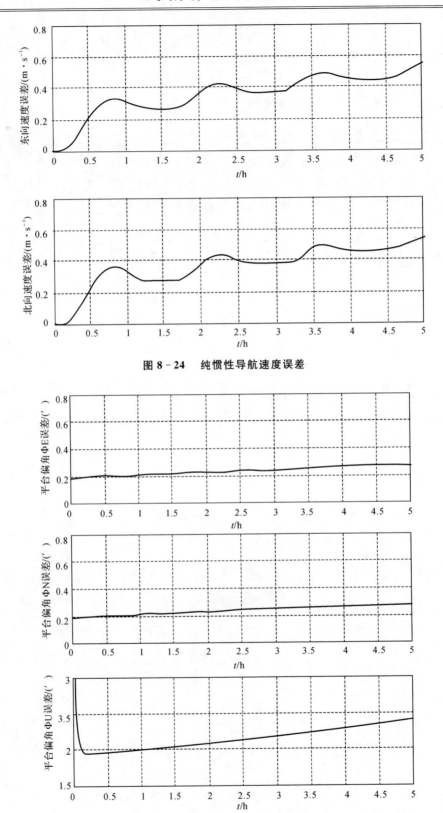

图 8 - 24　纯惯性导航速度误差

图 8 - 25　纯惯性平台偏角误差

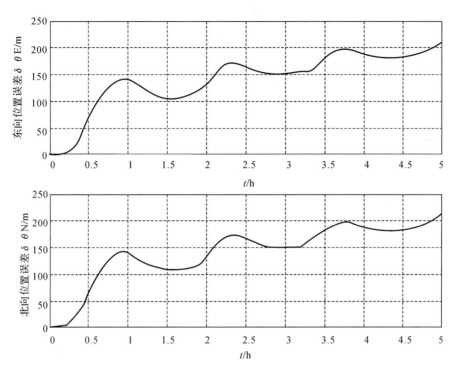

**图 8 - 26  惯性／天文组合位置误差**

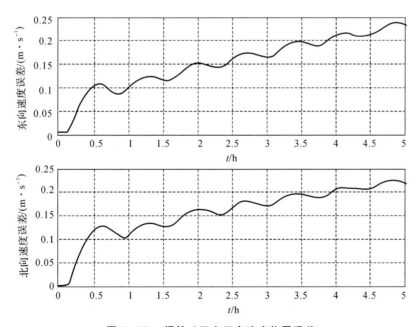

**图 8 - 27  惯性／天文组合速度位置误差**

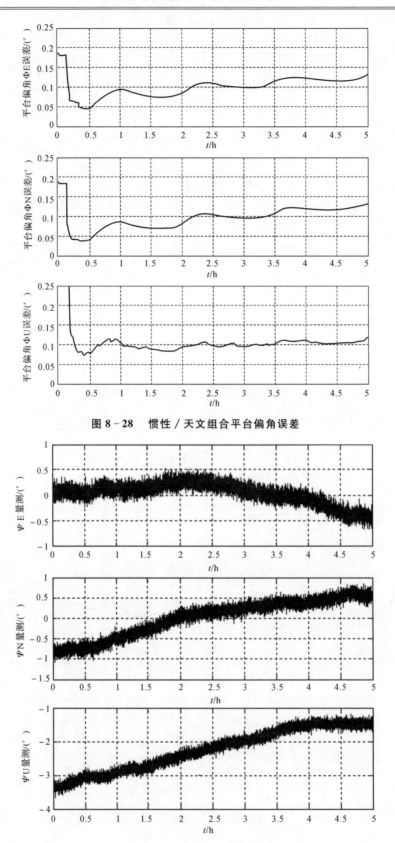

图 8 - 28　惯性／天文组合平台偏角误差

图 8 - 29　天文 Ψ 角量测

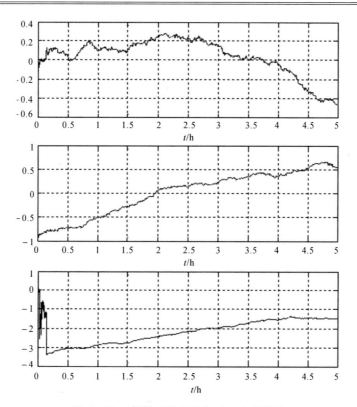

**图 8 - 30　惯性／天文组合对 $\Psi$ 角的估计**

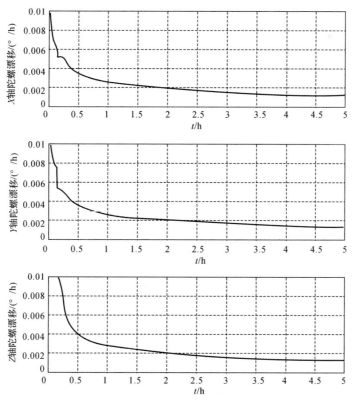

**图 8 - 31　惯性／天文组合对三轴陀螺漂移的估计误差**

上述仿真结果曲线图 8-23～图 8-25 与图 8-26～图 8-28 显示在表 8-6 的仿真条件下，纯惯性导航的位置误差为 5000m/5h(CEP)，速度误差为 0.75m/s(RMS)，平台偏角误差为 0.3′(RMS)，航向误差约为 2.5′(RMS)。而通过 SINS/CNS 组合导航，其位置误差为 370m/5h(CEP)，速度误差为 0.35m/s(RMS)，平台偏角误差为 0.14′(RMS)，航向误差约为 0.1′(RMS)。以上对比可以看出，SINS/CNS 组合导航的姿态精度、速度精度、位置精度较纯惯性导航有显著的性能提升，尤其是位置精度与航向精度。由于天文导航通过惯性导航提供的水平信息可直接进行测星定向，其定向误差与平台偏角(也代表了水平姿态误差)符合 $\tilde{\phi}_U = \tilde{\phi}_N \cdot \tan L$ 关系(其中 $\tilde{\phi}_N, \tilde{\phi}_U$ 分别表示惯性/天文组合导航系统的北向平台偏角与天向平台偏角，而天向平台偏角也为航向误差)。

从组合仿真曲线图 8-26 与图 8-28 的比较可以看出，组合导航误差符合 $\delta\Theta = \Phi$ 关系。从图 8-25 与图 8-28 对比来看，当引入天文导航的惯性姿态误差量测时，惯导平台偏角误差的估计迅速收敛，其原因是通过 SINS/CNS 组合对惯导 $\Psi$ 角及陀螺漂移有直接的估计(如图 8-30～图 8-32 所示)，并且由于初始时刻位置误差较小，通过天文量测可以有效区分位置误差与平台偏角误差，所以使得平台偏角误差估计准确，从而定位误差也较小；此外，从图 8-31 中可以分析，由于系统中存在天文量测噪声与陀螺随机误差的原因，其对陀螺常值漂移的估计不是很快收敛，并且由于星敏感器 $z$ 轴测量误差较 $x,y$ 轴向大，所以其较水平两轴的估计收敛速度较慢。

根据上述仿真结果可以得出以下结论：SINS/CNS 组合导航通过校正惯导惯性姿态误差，可有效抑制 SINS 导航误差的累积，同时也提升了导航的整体性能。

下面继续对本章研究的高超声速飞行器捷联惯导 SINS/CNS 组合导航系统进行模拟飞行条件的计算机数学仿真，仿真中各参数设置情况如表 8-7 所示。

表 8-7 SINS/CNS 组合导航仿真参数设置 2

| 仿真参数 | 指标 | 仿真参数 | 指标 |
| --- | --- | --- | --- |
| 陀螺仪常值漂移 | $1.0°/h$ | 初始速度误差 | 0.2m/s |
| 陀螺仪随机游走 | $0.1°/\sqrt{h}$ | 初始位置误差 | 10m |
| 加速度计常值误差 | $2\times10^{-4}g$ | 星敏感器 $x$ 轴测姿误差 | 5″ |
| 加速度计随机游走 | $2\times10^{-5}g\cdot\sqrt{s}$ | 星敏感器 $y$ 轴测姿误差 | 5″ |
| IMU 采样周期 | 5ms | 星敏感器 $z$ 轴测姿误差 | 10″ |
| 惯导解算周期 | 10ms | 星敏感器更新周期 | 1s |
| 水平对准误差 | 1′ | 卡尔曼滤波周期 | 1s |
| 方位对准误差 | 6′ | 仿真时间 | 2 000s |

基于 8.1.2 节的飞行器飞行轨迹及上述仿真条件,对 SINS/CNS 组合导航系统进行计算机仿真,仿真结果如图 8-32 ～ 图 8-37 所示。

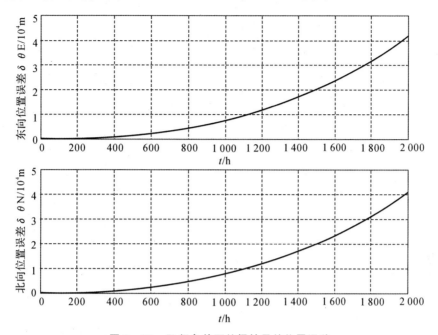

图 8-32　飞行条件下纯惯性导航位置误差

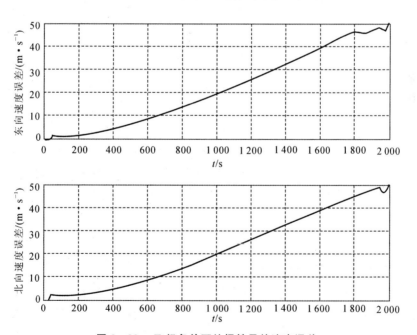

图 8-33　飞行条件下纯惯性导航速度误差

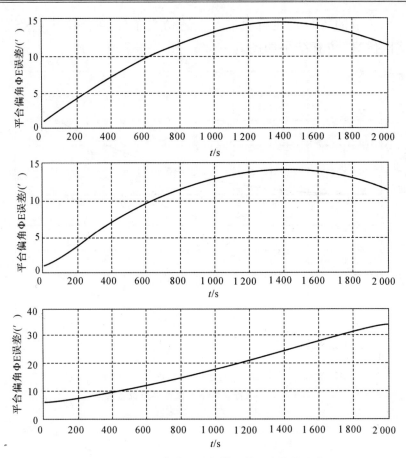

图 8 - 34　飞行条件下纯惯性导航平台偏角误差

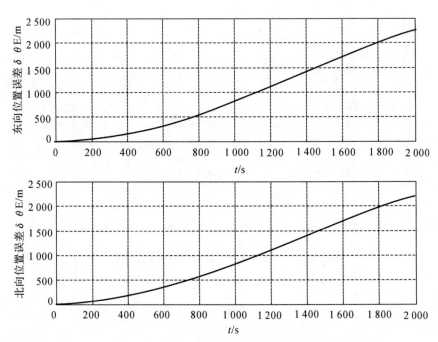

图 8 - 35　飞行条件下惯性 / 天文组合导航位置误差

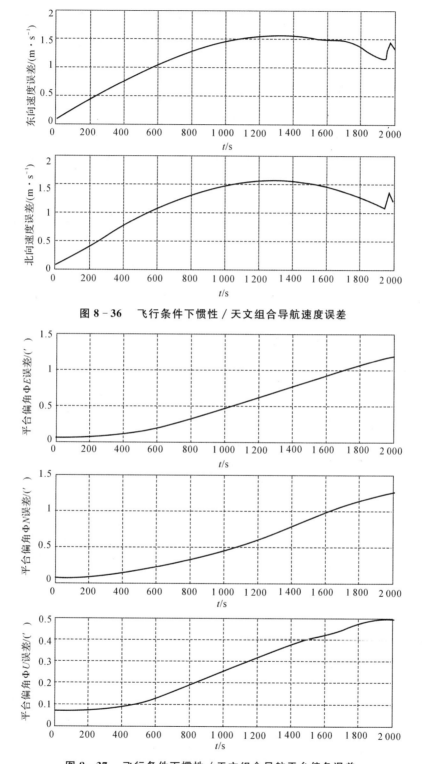

图 8 - 36　飞行条件下惯性／天文组合导航速度误差

图 8 - 37　飞行条件下惯性／天文组合导航平台偏角误差

从仿真结果图 8 - 35 与图 8 - 37 可以看出,在给定的表 8 - 7 仿真条件下,纯惯性导航的位置误差为 66600m/200s(CEP);速度误差为 70m/s(RMS);平台偏角

误差为 $15'$(RMS)，航向误差约为 $35'$(RMS)。而 SINS/CNS 组合位置误差为 $3600\mathrm{m}/2000\mathrm{s}$(CEP)，速度误差为 $1.5\mathrm{m/s}$(RMS)，平台偏角误差为 $1.25'$(RMS)，航向误差约为 $0.5'$(RMS)。

仿真中采用了更低性能的陀螺与加速度计，而由于惯性／天文组合可以有效估计陀螺漂移引起的惯性姿态误差，因此图 8-35 ~ 图 8-37 较图 8-26 ~ 图 8-28 的性能下降主要因素是加速度计的性能下降。

由于惯性／天文组合导航无法校正加速度计误差，所以其是制约惯性／天文组合导航精度的一个重要因素，因此为了获得高精度的组合导航性能，需要采用高精度的加速度计，或是在惯性／天文组合中引入外部位置量测，如卫星导航手段，通过三种组合方式来实现加速度计误差的有效估计与补偿，从而在断开外部位置量测后惯性／天文组合仍能保持较高的导航性能。

同样在表 8-7 的仿真条件下，在前 $200s$ 内加入了外部位置量测并且之后断开，组合导航仿真曲线如图 8-38 ~ 图 8-40 所示，其性能较图 8-35 ~ 图 8-37 有显著提升。在惯性／外部位置组合阶段，惯导平台偏角与加速度计误差保持相抵消的平衡状态，加速度计误差不能完全观测，而此时位置误差很小，一旦有天文量测，可通过准确估计惯导 $\boldsymbol{\Psi}$ 来准确确定惯导平台偏角 $\boldsymbol{\Phi}$，从而打破了平台偏角与加速度计误差的平衡关系，提高了可观测性，使得加速度计得到准确估计与校正。从图 8-41 可以看出，$x,y$ 轴加速度计误差收敛至约 $3\times10^{-5}g$，同时等效反映惯性／天文组合导航性能的平台偏角误差也迅速收敛（见图 8-40）。由于加速度计误差的补偿，从而大大地提升了后续的惯性／天文组合导航性能。从仿真结果可以看出，在给定的表 8-7 仿真条件下，加入 $200s$ 的外部位置量测后，组合位置误差为 $500\mathrm{m}/2000\mathrm{s}$(CEP)，速度误差为 $0.35\mathrm{m/s}$(RMS)，平台偏角误差为 $0.18'$(RMS)，航向误差约为 $0.1'$(RMS)。

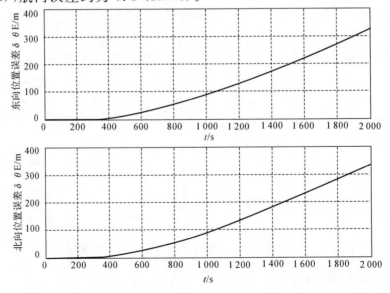

**图 8-38　引入外部位置观测条件下惯性／天文组合导航位置误差**

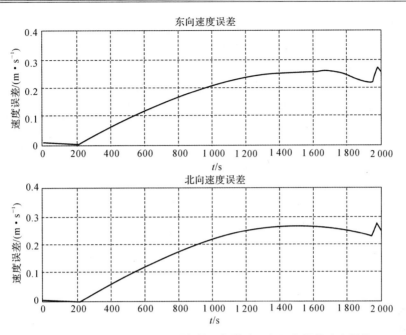

图 8 - 39 引入外部位置观测条件下惯性 / 天文组合导航速度误差

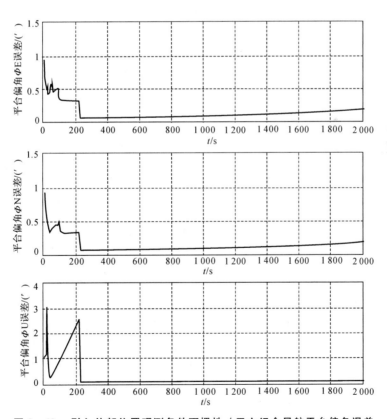

图 8 - 40 引入外部位置观测条件下惯性 / 天文组合导航平台偏角误差

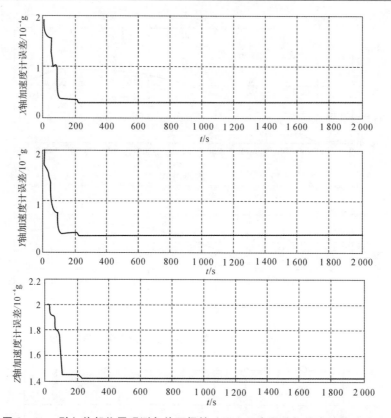

图 8-41 引入外部位置观测条件下惯性／天文组合导航加速度计估计误差

## 8.1.5 高超声速飞行器 SINS/BDS/CNS 组合导航

惯导系统具有导航参数全面、输出及时连续、自主性强、隐蔽性好、抗干扰性强等优点，但是，惯导系统存在着导航误差随时间而不断累积的固有缺陷，这对于长航时高超声速飞行器的高精度导航无疑是致命的。卫星导航系统具有提供高精度位置和速度信息的能力，但是存在易受干扰、战时可用性差等缺点。

因此，为了能够适应高超声速飞行器飞行需求，并满足现代导航高精度、高可靠性、高容错性、抗干扰性、自主性等要求，利用组合导航技术将惯导系统、卫星导航系统、天文导航系统等结合起来构成组合导航系统，使它们互相取长补短，充分发挥各种导航系统的优点，从而全面提高组合导航系统的整体性能。

为此，针对高超声速飞行器，将捷联惯导系统（SINS）作为核心导航系统，北斗卫星导航系统（BDS）、天文导航系统（CNS）作为辅助导航系统，设计了 SINS/BDS/CNS 组合导航方案，并通过计算机数学仿真对该组合导航的效果进行验证与评估。

### 8.1.5.1 SINS/BDS/CNS 组合导航方案

对于具有不同使用目的的导航设备，如 SINS，BDS，GPS，CNS 等导航系统，当它们同时使用时,可对某一导航参数进行冗余测量,通常采用联邦滤波设计组合导航系统。联邦滤波的设计原理:在保证 SINS 绝对可靠性的前提下,将 SINS 作为公共参考系统,与其余导航子系统两两组合构成局部卡尔曼滤波器,各局部滤波器独立并行运算;各局部滤波器的滤波结果具有不同精度,通过局部滤波器仅能获得系统公共状态的局部最优估计;为了获得系统公共状态的全局最优估计,再将这些局部最优估计送进主滤波器进行处理,融合成整体上的全局最优估计。

联邦滤波器有四种基本结构:无重置结构、完全融合反馈结构、部分融合反馈结构、零化重置反馈结构。其中,无重置结构容错性最好,但滤波精度一般;完全融合反馈结构滤波精度最高,但容错能力一般;零化重置反馈结构计算量小,灵活性最好,但滤波精度一般。由此可见,联邦滤波器的滤波精度和容错性能之间是互相矛盾的,两者不能同时达到最佳,只能进行折中选择。

而对于工程中实际使用的导航系统来说,可靠性是第一重要的因素,没有可靠性的保证,精度根本就无从谈起,从而可靠性指标比精度指标更为重要。因此,本章在进行 SINS/BDS/CNS 组合导航系统联邦滤波器设计时,从系统可靠性角度出发,首要考虑组合导航系统的容错性能,其次再保证系统的精度。由于在联邦滤波器的四种基本结构中,基于无重置结构的联邦滤波器具有最强的容错性以及较好的滤波精度,因此选择其来进行 SINS/BDS/CNS 组合导航系统设计。

**1. 无重置联邦滤波器的结构**

在无重置结构的联邦滤波器中,各局部滤波器单独工作,独立进行常规卡尔曼滤波,并在同一时刻各局部滤波器将其滤波结果送到主滤波器进行融合;这种结构的主滤波器无信息分配,只进行全局最优信息融合,主滤波器融合后的全局估计信息不反馈给局部滤波器,每个局部滤波器的信息与其他局部滤波器之间没有交联影响,故而具有最好的容错性能。在组合导航系统的联邦滤波器设计中,通常将惯导系统作为公共参考系统,其他导航系统则作为子系统,惯导系统与各导航子系统两两组合构成局部卡尔曼滤波器。因此,组合导航系统的无重置联邦滤波器的结构如图 8-42 所示。

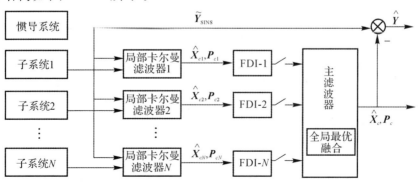

**图 8 - 42　组合导航系统的无重置联邦滤波器结构**

图 8－42 中，$\hat{X}_{ci}$，$P_{ci}$（$i=1,2,\cdots,N$）为组合导航系统公共状态 $X_c$ 的局部最优估计及其协方差阵，其由各局部滤波器计算得到；$\hat{X}_c$，$P_c$ 为系统公共状态的全局估计及其协方差阵，其由主滤波器进行全局最优融合而得到；$\tilde{Y}_{\text{SINS}}$ 为惯导系统输出的导航参数，$\hat{Y}$ 为经过校正的惯导系统导航参数，其作为组合导航系统的输出；FDI 为故障检测与隔离模块，其用来检验各局部滤波器估计的有效性，当其检测到某个导航子系统发生故障时，将自动隔离相应局部滤波器输出的状态，确保送入主滤波器的信息不含有故障子系统的信息。

**2. SINS/BDS/CNS 高精度组合导航系统结构设计**

在 SINS/BDS/CNS 高精度组合导航系统中，采用上述无重置联邦滤波结构进行系统设计。由于捷联惯导系统具有导航信息全面、输出及时连续、抗干扰性强、隐蔽性好、自主性强等独特优点，因此将 SINS 作为导航主系统（公共参考系统），BDS 和 CNS 作为导航辅助系统。

首先，SINS 与 BDS，SINS 与 CNS 两两进行组合，构成 SINS/BDS，SINS/CNS 组合导航局部卡尔曼滤波器，两个局部滤波器计算获得系统状态的两组局部最优估计 $\hat{X}_B$，$\hat{X}_C$；然后，将两组局部最优估计分别通过各自的故障检测模块（FDI），检验各局部估计的有效性；接着，将有效的局部估计值送入主滤波器进行全局最优信息融合，得到系统公共状态（SINS 误差状态）的全局最优估计；最后，利用得到的 SINS 误差最优估计值对 SINS 即时进行误差校正，并将校正后的 SINS 输出作为 SINS/BDS/CNS 组合导航系统的输出。因此，SINS/BDS/CNS 高精度组合导航系统的原理结构如图 8－43 所示。

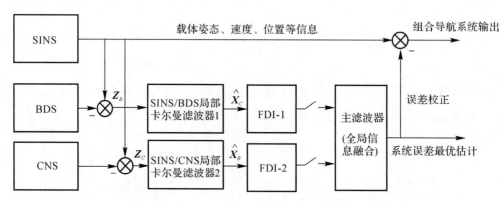

**图 8－43  SINS/BDS/CNS 高精度组合导航系统的原理结构图**

其中，SINS 针对高动态、长航时、大速域的飞行运动环境采用基于等效旋转矢量概念设计的捷联惯导高精度数字递推算法，BDS 即时输出载体位置与 SINS 构成 SINS/BDS 组合导航局部卡尔曼滤波器，CNS 通过捕获星体、星图识别即时获得载体姿态信息与 SINS 构成 SINS/CNS 组合导航局部卡尔曼滤波器，这些内容在前面已经分别做过深入研究。

### 8.1.5.2　SINS/BDS/CNS 组合导航信息融合算法

**1. 无重置联邦滤波器的全局信息融合算法**

在无重置联邦滤波器中,各局部滤波器采用常规卡尔曼滤波算法,而主滤波器则需要采用如下全局信息融合算法。

设 $\boldsymbol{X}_c$ 为组合导航系统的公共状态,$\hat{\boldsymbol{X}}_{ci}(i=1,2,\cdots,N)$ 为局部滤波器 $i$ 对公共状态的局部最优估计,该估计的协方差阵为 $\boldsymbol{P}_{ci}$;$\delta\boldsymbol{X}_{ci}$ 为各局部最优估计的估计误差,即 $\delta\boldsymbol{X}_{ci}=\hat{\boldsymbol{X}}_{ci}-\boldsymbol{X}_c$。于是,各局部最优估计与系统公共状态满足如下关系:

$$\begin{bmatrix} \hat{\boldsymbol{X}}_{c1} \\ \hat{\boldsymbol{X}}_{c2} \\ \vdots \\ \hat{\boldsymbol{X}}_{cN} \end{bmatrix} = \begin{bmatrix} \boldsymbol{I} \\ \boldsymbol{I} \\ \vdots \\ \boldsymbol{I} \end{bmatrix} \hat{\boldsymbol{X}}_c + \begin{bmatrix} \delta\boldsymbol{X}_{c1} \\ \delta\boldsymbol{X}_{c2} \\ \vdots \\ \delta\boldsymbol{X}_{cN} \end{bmatrix} \tag{8-64}$$

记 $\boldsymbol{Z} = [\hat{\boldsymbol{X}}_{c1}^{\mathrm{T}}\quad \hat{\boldsymbol{X}}_{c2}^{\mathrm{T}}\quad \cdots\quad \hat{\boldsymbol{X}}_{cN}^{\mathrm{T}}]^{\mathrm{T}}$,$\boldsymbol{V} = [\delta\boldsymbol{X}_{c1}^{\mathrm{T}}\quad \delta\boldsymbol{X}_{c2}^{\mathrm{T}}\quad \cdots\quad \delta\boldsymbol{X}_{cN}^{\mathrm{T}}]^{\mathrm{T}}$,$\boldsymbol{H} = [\boldsymbol{I}\quad \boldsymbol{I}\quad \cdots\quad \boldsymbol{I}]^{\mathrm{T}}$,则式(8-64)为

$$\boldsymbol{Z} = \boldsymbol{H}\boldsymbol{X}_c + \boldsymbol{V} \tag{8-65}$$

当各局部滤波器的估计误差 $\delta\boldsymbol{X}_{ci}$ 互不相关时,则有

$$E[\boldsymbol{V}\boldsymbol{V}^{\mathrm{T}}] = R = \mathrm{diag}[\boldsymbol{P}_{c1}\quad \boldsymbol{P}_{c2}\quad \cdots\quad \boldsymbol{P}_{cN}] \tag{8-66}$$

于是,在此基础上,可求取系统公共状态 $\boldsymbol{X}_c$ 的最优加权最小二乘估计,即

$$\hat{\boldsymbol{X}}_c = (\boldsymbol{H}^{\mathrm{T}}\boldsymbol{R}^{-1}\boldsymbol{H})^{-1}\boldsymbol{H}^{\mathrm{T}}\boldsymbol{R}^{-1}\boldsymbol{Z} = \Big(\sum_{i=1}^{N}\boldsymbol{P}_{ci}^{-1}\Big)^{-1}\Big(\sum_{i=1}^{N}\boldsymbol{P}_{ci}^{-1}\hat{\boldsymbol{X}}_{ci}\Big) \tag{8-67}$$

而该估计的均方误差为

$$E[(\hat{\boldsymbol{X}}_c-\boldsymbol{X}_c)(\hat{\boldsymbol{X}}_c-\boldsymbol{X}_c)^{\mathrm{T}}] = (\boldsymbol{H}^{\mathrm{T}}\boldsymbol{R}^{-1}\boldsymbol{H})^{-1} = \Big(\sum_{i=1}^{N}\boldsymbol{P}_{ci}^{-1}\Big)^{-1} \tag{8-68}$$

记 $\boldsymbol{P}_c = E[(\hat{\boldsymbol{X}}_c-\boldsymbol{X}_c)(\hat{\boldsymbol{X}}_c-\boldsymbol{X}_c)^{\mathrm{T}}]$,则式(8-67)、式(8-68)即为

$$\hat{\boldsymbol{X}}_c = \boldsymbol{P}_c\Big(\sum_{i=1}^{N}\boldsymbol{P}_{ci}^{-1}\hat{\boldsymbol{X}}_{ci}\Big) \tag{8-69}$$

$$\boldsymbol{P}_c = \Big(\sum_{i=1}^{N}\boldsymbol{P}_{ci}^{-1}\Big)^{-1} \tag{8-70}$$

式(8-69)和式(8-70)即为无重置联邦滤波器的全局信息融合算法。该算法在各局部滤波器获得系统公共状态局部最优估计的基础上,将系统公共状态的各局部最优估计看作系统公共状态的直接量测量,将各局部最优估计的协方差看作量测量的噪声方差,在此基础上对系统公共状态进行最优加权最小二乘估计,从而获得系统公共状态的全局最优估计。

**2. SINS/BDS/CNS 高精度组合导航信息融合算法**

在 SINS/BDS/CNS 组合导航系统中,SINS/BDS,SINS/CNS 组合导航局部卡

尔曼滤波器分别计算获得系统公共状态（捷联惯导系统误差）的两组局部最优估计值，并假设两组局部最优估计均已通过故障检测，确保是有效的。

设 SINS/BDS 组合导航的系统公共状态局部最优估计值为 $\hat{\boldsymbol{X}}_B$，其对应的估计均方差为 $\boldsymbol{P}_B$；而 SINS/CNS 组合导航的系统公共状态局部最优估计值为 $\hat{\boldsymbol{X}}_C$，其对应的估计均方差为 $\boldsymbol{P}_C$。于是，根据无重置联邦滤波器的全局信息融合算法式（8 - 69）和式（8 - 70），可以获得 SINS/BDS/CNS 组合导航系统公共状态（捷联惯导系统误差）的全局最优估计值 $\hat{\boldsymbol{X}}$ 及其估计均方差 $\boldsymbol{P}$ 为

$$\left. \begin{array}{l} \boldsymbol{P} = (\boldsymbol{P}_B^{-1} + \boldsymbol{P}_C^{-1})^{-1} \\ \hat{\boldsymbol{X}} = \boldsymbol{P}(\boldsymbol{P}_B^{-1}\hat{\boldsymbol{X}}_B + \boldsymbol{P}_C^{-1}\hat{\boldsymbol{X}}_C) \end{array} \right\} \tag{8 - 71}$$

获得捷联惯导系统误差状态的全局最优估计值 $\hat{\boldsymbol{X}}$ 以后，需要根据此最优估计值及时对捷联惯导系统进行误差校正，此时具体的误差校正方法同前面 SINS/BDS 组合导航系统的误差校正方法完全相同，这里就不再赘述。最后，将经过系统误差校正的捷联惯导系统的输出作为 SINS/BDS/CNS 高精度组合导航系统的输出，其具体包括载体的姿态、速度、位置、角速度和加速度等导航信息。

SINS/BDS/CNS 各系统的性能指标和主要技术参数见表 8 - 8。

表 8 - 8　SINS/BDS/CNS 组合导航仿真参数设置

| 仿真参数 | 指标 | 仿真参数 | 指标 |
|---|---|---|---|
| 陀螺仪常值漂移 | $1.0°/h$ | 北斗定位精度 | $10m(1\sigma)$ |
| 陀螺仪随机游走 | $0.1°/\sqrt{h}$ | 北斗更新周期 | $1s$ |
| 加速度计常值误差 | $2 \times 10^{-4}g$ | 天文导航水平精度 | $20''(1\sigma)$ |
| 加速度计随机游走 | $2 \times 10^{-5}g \cdot \sqrt{s}$ | 天文导航方位精度 | $60''(1\sigma)$ |
| 水平对准误差 | $1'$ | 天文导航更新周期 | $1s$ |
| 方位对准误差 | $6'$ | SINS/BDS 局部 KF 周期 | $1s$ |
| 初始速度误差 | $0.2m/s$ | SINS/CNS 局部 KF 周期 | $1s$ |
| 初始位置误差 | $10m$ | 全局信息融合的周期 | $1s$ |
| IMU 采样周期 | $5ms$ | 仿真时间 | $2\,000s$ |
| 惯导解算周期 | $10ms$ | | |

### 8.1.5.3　SINS/BDS/CNS 组合导航仿真

基于上面的飞行仿真轨迹及表 8-8 的仿真参数，对 SINS/BDS/CNS 高精度组合导航系统进行计算机数学仿真，仿真结果如图 8 - 44 ～ 图 8 - 48 所示。

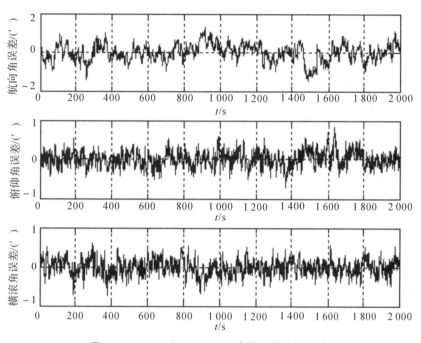

图 8 - 44　SINS/BDS/CNS 组合导航的姿态误差

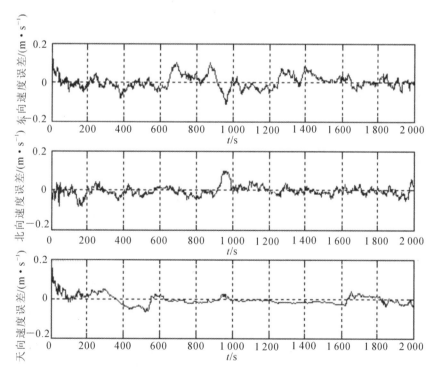

图 8 - 45　SINS/BDS/CNS 组合导航的速度误差

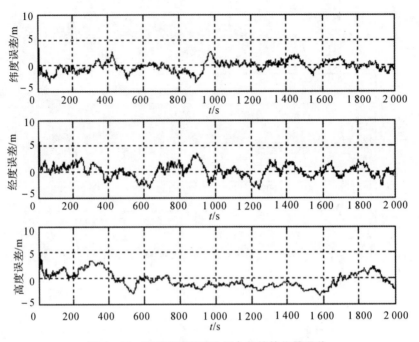

**图 8 - 46　SINS/BDS/CNS 组合导航的位置误差**

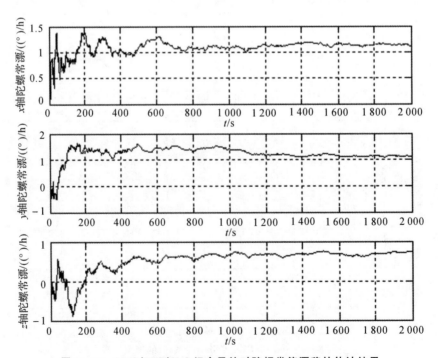

**图 8 - 47　SINS/BDS/CNS 组合导航对陀螺常值漂移的估计结果**

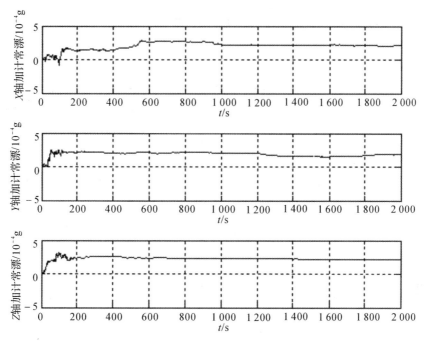

**图 8 - 48　SINS/BDS/CNS 组合导航对加速度计常值误差的估计结果**

根据图 8 - 44 ～ 图 8 - 46 可以看出,SINS,BDS 和 CNS 利用无重置联邦卡尔曼滤波技术构成 SINS/BDS/CNS 组合导航系统以后,经过 2000s 的仿真,组合导航系统所输出的姿态、速度和位置均达到了很高的精度和显著的收敛效果,其中航向角误差为 ±2′,俯仰角误差为 ±1′,横滚角误差为 ±1′,速度误差则达到 ±0. 2m/s,而纬度误差为 ±5m,经度误差为 ±5m,高度误差为 ±5m。

与此同时,根据图 8 - 47 可以看出,SINS/BDS/CNS 组合导航系统对陀螺仪常值漂移的估计效果较好,在 2 000s 的仿真时间内,基本估计出了 $x,y,z$ 轴上陀螺仪的常值漂移,其估计结果与陀螺漂移的真实值比较接近,而且估计速度也较快。而根据图 8 - 48 则可看出,SINS/BDS/CNS 组合导航系统对加速度计常值漂移的估计效果较好:在 2 000s 的仿真时间内,几乎完全估计出了 $x,y,z$ 轴上加速度计的常值误差,其估计结果与真实值非常接近。

于是,根据上述仿真结果可以得出以下结论:SINS/BDS/CNS 高精度组合导航系统利用无重置联邦卡尔曼滤波技术,不仅充分发挥了 SINS,BDS,CNS 各导航子系统的优点,并充分吸收了 SINS/BDS,SINS/CNS 组合导航的各自优点,从而使得 SINS/BDS/CNS 组合导航系统既具有非常高的定姿、测速和定位精度,还能对各惯性器件误差进行有效估计,而且其精度性能具有良好的长期稳定性,全面提高了组合导航系统的综合性能,最终实现了系统各导航参数的最优化。

# 8.2  高超声速飞行器航迹控制

## 8.2.1  基于反馈线性化模型的航迹控制

### 8.2.1.1  非线性系统控制基础理论

考虑如下输入与输出维数相等的多输入多输出非线性系统

$$\dot{x} = f(x) + \sum_{j=1}^{m} g_j(x) u_j \triangleq f(x) + g(x)u$$

$$y_i = h_i(x) \quad (i = 1, \cdots, m) \tag{8-72}$$

其中，$x \in \mathbf{R}^n$，$u \in \mathbf{R}^m$ 和 $y \in \mathbf{R}^m$ 分别为非线性系统的状态向量、输入向量和输出向量。$f$ 和 $g$ 为 $\mathbf{R}^n$ 上的充分光滑向量场；$h_i (i = 1, \cdots, m)$ 为 $\mathbf{R}^n \rightarrow \mathbf{R}$ 充分光滑标量函数映射。

标量函数 $h_i$ 沿光滑向量场 $f$ 的李导数可以表示为

$$L_f h_i = \frac{\partial h_i(x)}{\partial x} f(x) \tag{8-73}$$

多重李导数可以递归地定义为

$$L_f^0 h_i = h_i \tag{8-74}$$

$$L_f^k h_i = \frac{\partial (L_f^{k-1} h_i)}{\partial x} f(x) \tag{8-74}$$

类似地，标量函数 $L_g L_f h(x)$ 为

$$L_g L_f h(x) = \frac{\partial (L_f h(x))}{\partial x} g(x) \tag{8-76}$$

针对式(8-72)所示多输入多输出非线性系统的每一个输出 $y_i$，定义 $r_i$ 是使其导数 $y_i^{(r_i)}$ 至少倚赖一个输入的最小整数，则输出 $y_i$ 的导数可表示为

$$\left.\begin{aligned} \dot{y}_i &= L_f h_i + \sum_{j=1}^{m} (L_{g_j} h_i) u_j = L_f h_i \\ \ddot{y}_i &= L_f^2 h_i + \sum_{j=1}^{m} L_{g_j} (L_f h_i) u_j = L_f^2 h_i \\ &\cdots\cdots \\ y_i^{(r_i)} &= L_f^{r_i} h_i + \sum_{j=1}^{m} L_{g_j} (L_f^{r_i-1} h_i) u_j \end{aligned}\right\} \tag{8-77}$$

将式(8-77)中 $y_i^{(r_i)}$ 的表达式写成矩阵的形式

$$
\begin{bmatrix} y_1^{(r_1)} \\ y_2^{(r_2)} \\ \vdots \\ y_m^{(r_m)} \end{bmatrix} = \begin{bmatrix} L_f^{r_1} h_1 \\ L_f^{r_2} h_2 \\ \vdots \\ L_f^{r_m} h_m \end{bmatrix} + \boldsymbol{A}(\boldsymbol{x}) \begin{bmatrix} u_1 \\ u_2 \\ \vdots \\ u_m \end{bmatrix} \tag{8-78}
$$

其中,$\boldsymbol{A}(\boldsymbol{x})$ 为 $m \times m$ 阶解耦矩阵,其表达式为

$$
\boldsymbol{A}(\boldsymbol{x}) = \begin{bmatrix} L_{g_1} L_f^{r_1-1} h_1 & L_{g_2} L_f^{r_1-1} h_1 & \cdots & L_{g_m} L_f^{r_1-1} h_1 \\ L_{g_1} L_f^{r_2-1} h_2 & L_{g_2} L_f^{r_2-1} h_2 & \cdots & L_{g_m} L_f^{r_2-1} h_2 \\ \vdots & \vdots & & \vdots \\ L_{g_1} L_f^{r_m-1} h_m & L_{g_2} L_f^{r_m-1} h_m & \cdots & L_{g_m} L_f^{r_m-1} h_m \end{bmatrix} \tag{8-79}
$$

若 $\boldsymbol{A}(\boldsymbol{x}_0)$ 在 $\boldsymbol{x}=\boldsymbol{x}_0$ 处非奇异,则称非线性系统式(8-72)在点 $\boldsymbol{x}_0$ 处有相对阶向量 $(r_1, r_2, \cdots, r_m)$,其总相对度 $r$ 定义如下:

$$
r = \sum_i^m r_i \tag{8-80}
$$

若 $r=n$,$n$ 为非线性系统的阶数,定义如下非线性坐标变换:

$$
\left.\begin{aligned}
\xi_1^1 &= h_1(\boldsymbol{x}) \\
\xi_2^1 &= L_f h_1(\boldsymbol{x}) \\
&\vdots \\
\xi_{r_1}^1 &= L_f^{r_1-1} h_1(\boldsymbol{x}) \\
&\vdots \\
\xi_1^m &= h_m(\boldsymbol{x}) \\
\xi_2^m &= L_f h_m(x) \\
&\vdots \\
\xi_{r_m}^m &= L_f^{r_m-1} h_m(\boldsymbol{x})
\end{aligned}\right\} \tag{8-81}
$$

则非线性系统(8-72)可以写成如下形式:

$$
\left.\begin{aligned}
1^1 &= z_2^1 \\
2^1 &= z_3^1 \\
&\vdots \\
r_1^1 &= a_{11}(\boldsymbol{z}) u_1 + a_{12}(\boldsymbol{z}) u_2 + \cdots a_{1m}(\boldsymbol{z}) u_m + b_1(\boldsymbol{z}) \\
&\vdots \\
1^m &= z_2^m \\
2^m &= z_3^m \\
&\vdots \\
r_m^m &= a_{m1}(\boldsymbol{z}) u_1 + a_{m2}(\boldsymbol{z}) u_2 + \cdots a_{mm}(\boldsymbol{z}) u_m + b_m(\boldsymbol{z})
\end{aligned}\right\} \tag{8-82}
$$

其中

$$z = \boldsymbol{\xi}(\boldsymbol{x}) = \left[\xi_1^1, \cdots \xi_{r_1}^1, \cdots, \xi_1^m, \cdots, \xi_{r_m}^m\right]^{\mathrm{T}} \qquad (8-83)$$

$$\boldsymbol{A}(z) = \begin{bmatrix} a_{11}(\boldsymbol{z}) & a_{12}(\boldsymbol{z}) & \cdots & a_{1m}(\boldsymbol{z}) \\ a_{21}(\boldsymbol{z}) & a_{22}(\boldsymbol{z}) & \cdots & a_{2m}(\boldsymbol{z}) \\ \vdots & \vdots & & \vdots \\ a_{m1}(\boldsymbol{z}) & a_{m2}(\boldsymbol{z}) & \cdots & a_{mm}(\boldsymbol{z}) \end{bmatrix} =$$

$$\begin{bmatrix} L_{g_1} L_f^{r_1-1} h_1(\boldsymbol{\xi}^{-1}(\boldsymbol{z})) & \cdots & L_{g_m} L_f^{r_1-1} h_1(\boldsymbol{\xi}^{-1}(\boldsymbol{z})) \\ L_{g_1} L_f^{r_2} h_2(\boldsymbol{\xi}^{-1}(\boldsymbol{z})) & \cdots & L_{g_m} L_f^{r_2} h_2(\boldsymbol{\xi}^{-1}(\boldsymbol{z})) \\ \vdots & & \vdots \\ L_{g_1} L_f^{r_m-1} h_m(\boldsymbol{\xi}^{-1}(\boldsymbol{z})) & \cdots & L_{g_m} L_f^{r_m-1} h_m(\boldsymbol{\xi}^{-1}(\boldsymbol{z})) \end{bmatrix} \qquad (8-84)$$

$$\boldsymbol{B}(z) = \begin{bmatrix} b_1(\boldsymbol{z}) \\ b_2(\boldsymbol{z}) \\ \vdots \\ b_m(\boldsymbol{z}) \end{bmatrix} = \begin{bmatrix} L_f^{r_1} h_1(\boldsymbol{\xi}^{-1}(\boldsymbol{z})) \\ L_f^{r_2} h_2(\boldsymbol{\xi}^{-1}(\boldsymbol{z})) \\ \vdots \\ L_f^{r_m} h_m(\boldsymbol{\xi}^{-1}(\boldsymbol{z})) \end{bmatrix} \qquad (8-85)$$

定义新的控制输入 $\boldsymbol{v} = \begin{bmatrix} v_1 & v_2 & \cdots & v_m \end{bmatrix}^{\mathrm{T}}$ 为

$$\boldsymbol{v} = \boldsymbol{B}(z) + \boldsymbol{A}(z)\boldsymbol{u} \qquad (8-86)$$

由于 $\boldsymbol{A}(z)$ 在 $z_0 = \boldsymbol{\xi}^{-1}(x_0)$ 的邻域内是非奇异的,因此由方程式(8-86)可以解出 $\boldsymbol{u}$,其表达式为

$$\boldsymbol{u} = \boldsymbol{A}^{-1}(z)\left[-\boldsymbol{B}(z) + \boldsymbol{v}\right] \qquad (8-87)$$

将式(8-87)代入式(8-82),可产生简单的输入输出线性关系:

$$\dot{z} = \boldsymbol{A}z + \boldsymbol{B}v$$
$$y = \boldsymbol{C}z \qquad (8-88)$$

其中,$\boldsymbol{A} = \mathrm{diag}(\boldsymbol{A}_1, \cdots, \boldsymbol{A}_m)$,$\boldsymbol{B} = \mathrm{diag}(\boldsymbol{b}_1, \cdots, \boldsymbol{b}_m)$,$\boldsymbol{C} = \mathrm{diag}(\boldsymbol{c}_1, \cdots, \boldsymbol{c}_m)$。

式中,$\boldsymbol{A}_i = \begin{bmatrix} 0 & 1 & 0 & \cdots & 0 \\ 0 & 0 & 1 & \cdots & 0 \\ \vdots & \vdots & \vdots & & \vdots \\ 0 & 0 & 0 & \cdots & 1 \\ 0 & 0 & 0 & \cdots & 0 \end{bmatrix}$,$\boldsymbol{b}_i = \begin{bmatrix} 0 & 0 & \cdots & 1 \end{bmatrix}^{\mathrm{T}}$,$\boldsymbol{c}_i = \begin{bmatrix} 1 & 0 & \cdots & 0 \end{bmatrix}$。

通过引入新的控制输入 $\boldsymbol{v}$,原非线性系统式(8-72)可精确线性化为系统式(8-88)。基于线性系统式(8-88),可根据线性系统的设计方法如极点配置等设计控制律 $\boldsymbol{v}$,根据式(8-87)可以求出实际控制律。

若 $r < n$,仍可按上述方法对输出 $y$ 求导,求导 $r$ 次后可得到一降阶的线性系统。但经过输入—输出线性化后,系统的阶次由原来的 $n$ 变为 $r$,那么系统中必然有 $n-r$ 个状态在线性化过程中变成了"不能观"的子系统。这一部分子系统在显

式的输入输出关系中反映不出来,称为内动态子系统。基于降阶模型得到的控制器,其适用性取决于内动态子系统。若内动态子系统稳定,则控制器可以保证系统性能;若内动态子系统不稳定,则控制器不能保证系统状态有界,系统不稳定。

综上所述,基于反馈线性化的控制设计可按照以下三步来进行:

(1) 对非线性系统的每一个输出 $y_i$ 微分直至其微分表达式中出现任一个输入。

(2) 选取合适的控制律 $u$ 来抵消非线性并保证跟踪收敛。

(3) 研究内动态子系统的稳定性。

若非线性系统总相对度等于系统的阶数,则非线性系统可以完全地线性化,此时不存在内动态子系统。若总相对度小于系统的阶数,则非线性系统只能部分线性化,由此得到的控制器是否真正实用取决于内动态子系统的稳定性。

### 8.2.1.2　高超声速飞行器非线性模型反馈线性化

基于文献[175]的高超声速飞行器模型,考虑非线性模型的输出为飞行速度 $V$ 和飞行高度 $h$,将高超声速飞行器纵向模型改写为如下仿射非线性形式系统方程:

$$\left.\begin{aligned}\dot{\boldsymbol{x}} &= \boldsymbol{f}(\boldsymbol{x}) + g(\boldsymbol{x})\boldsymbol{u} \\ \boldsymbol{y} &= h(\boldsymbol{x}) = \begin{bmatrix} V & h \end{bmatrix}^{\mathrm{T}}\end{aligned}\right\} \tag{8-89}$$

其中　$\boldsymbol{x} = \begin{bmatrix} V & \gamma & h & \alpha & q & \eta_1 & \dot{\eta}_1 & \eta_2 & \dot{\eta}_2 & \eta_3 & \dot{\eta}_3 \end{bmatrix}^{\mathrm{T}}$,　$\boldsymbol{u} = \begin{bmatrix} \delta_T & \delta_e \end{bmatrix}^{\mathrm{T}}$

$$\boldsymbol{f}(\boldsymbol{x}) = \begin{bmatrix} \dfrac{\bar{q}S(C_{T0}\cos\alpha_r - C_{D0})}{m} - \dfrac{\mu\sin\gamma}{r^2} \\[2mm] \dfrac{\bar{q}S(C_{T0}\sin\alpha_r + C_{L0})}{mV} - \dfrac{(\mu - V^2 r)\cos\gamma}{Vr^2} \\[2mm] V\sin\gamma \\[2mm] q - \dfrac{\bar{q}S(C_{T0}\sin\alpha_r + C_{L0})}{mV} + \dfrac{(\mu - V^2 r)\cos\gamma}{Vr^2} \\[2mm] \dfrac{\bar{q}S\bar{c}C_{M0} + M_{rec0}}{I_{yy}} \\[2mm] \dot{\eta}_1 \\[1mm] -2\zeta_1\omega_1\dot{\eta}_1 - \omega_1^2\eta_1 \\[1mm] \dot{\eta}_2 \\[1mm] -2\zeta_2\omega_2\dot{\eta}_2 - \omega_2^2\eta_2 \\[1mm] \dot{\eta}_3 \\[1mm] -2\zeta_3\omega_3\dot{\eta}_3 - \omega_3^2\eta_3 \end{bmatrix}$$

$$g(x) = [g_1(x) \quad g_2(x)] = \begin{bmatrix} \dfrac{\bar{q}S\left(C_{T\delta_T}\cos\alpha_r - C_{D\delta_T}\right)}{m} & \dfrac{\bar{q}S\left(C_{T\delta_e}\cos\alpha_r - C_{D\delta_e}\right)}{m} \\ \dfrac{\bar{q}S\left(C_{T\delta_T}\sin\alpha_r + C_{L\delta_T}\right)}{mV} & \dfrac{\bar{q}S\left(C_{T\delta_e}\sin\alpha_r + C_{L\delta_e}\right)}{mV} \\ 0 & 0 \\ -\dfrac{\bar{q}S\left(C_{T\delta_T}\sin\alpha_r + C_{L\delta_T}\right)}{mV} & -\dfrac{\bar{q}S\left(C_{T\delta_e}\sin\alpha_r + C_{L\delta_e}\right)}{mV} \\ \dfrac{\bar{q}S\bar{c}C_{M\delta_T} + M_{rec\delta_T}}{I_{yy}} & \dfrac{\bar{q}S\bar{c}C_{M\delta_e} + M_{rec\delta_e}}{I_{yy}} \\ 0 & 0 \\ 0 & k_N \\ 0 & 0 \\ 0 & k_N \\ 0 & 0 \\ 0 & k_N \end{bmatrix}$$

式中，

$$M_{rec0} = \bar{q}S\left(x_{cg}\left(C_{L0}\cos\alpha_r - C_{D0}\sin\alpha_r\right) - z_{cg}\left(C_{L0}\sin\alpha_r - C_{D0}\cos\alpha_r\right) + C_{T0}\right)$$

$$M_{rec\delta_T} = \bar{q}S\left(x_{cg}\left(C_{L\delta_T}\cos\alpha_r - C_{D\delta_T}\sin\alpha_r\right) - z_{cg}\left(C_{L\delta_T}\sin\alpha_r - C_{D\delta_T}\cos\alpha_r\right) + C_{T\delta_T}\right)$$

$$M_{rec\delta_e} = \bar{q}S\left(x_{cg}\left(C_{L\delta_e}\cos\alpha_r - C_{D\delta_e}\sin\alpha_r\right) - z_{cg}\left(C_{L\delta_e}\sin\alpha_r - C_{D\delta_e}\cos\alpha_r\right) + C_{T\delta_e}\right)$$

从式(8-89)可以看出，高超声速飞行器纵向模型是一个 2 维输入 2 维输出的非线性耦合系统。利用非线性系统反馈线性化方法，分别对 $y_1 = V$ 求导一次，对 $y_2 = h$ 求导两次可得解耦矩阵为

$$A(x) = \begin{bmatrix} \dfrac{\bar{q}SC_{T,\delta_T}\alpha_r - \bar{q}SC_{D,\delta_T}}{m} & \dfrac{\bar{q}SC_{T,\delta_e}\alpha_r - \bar{q}SC_{D,\delta_e}}{m} \\ \dfrac{\bar{q}SC_{T,\delta_T}(\alpha_r + \gamma) - \bar{q}SC_{D,\delta_T}\gamma + \bar{q}SC_{L,\delta_T}\gamma}{m} & \dfrac{\bar{q}SC_{T,\delta_e}(\alpha_r + \gamma) - \bar{q}SC_{D,\delta_e}\gamma + \bar{q}SC_{L,\delta_e}\gamma}{m} \end{bmatrix}$$

$$(8-90)$$

其中，$\alpha_r = \cos\alpha_r$，$(\alpha_r + \gamma) = \sin(\alpha_r + \gamma)$，$\gamma = \sin\gamma$，$\gamma = \cos\gamma$。

根据建立高超声速飞行器纵向模型，求得飞行器在 $V_0 = 10Ma$，$h_0 = 30km$ 的飞行条件下，其平衡条件为 $\alpha_r = 0.0571°$，$\gamma = 0°$，$\delta_T = 0.0621$，$\delta_e = -8.1699°$，并将表 8-9 中相关的高超声速飞行器模型定常参数数据代入式(8-90)，计算可得 $\det(A) \neq 0$，因此高超声速飞行器纵向模型式(8-89)在平衡点的相对阶向量为 $r = \begin{bmatrix} 1 & 2 \end{bmatrix}$，其分量之和为 3，小于系统的阶数 11，故高超声速飞行器模型无法实现输入—输出精确线性化，其短周期运动模态状态 $\alpha$ 和 $q$，以及六个弹性模态状态 $\eta_i$ 和 $\dot{\eta}$ 变为内动态子系统。虽然高超声速飞行器的弹性模态是稳定的，但短周期运动模态存在正的特征根，是不稳定的。因此内动态子系统是不稳定的，利用反馈

线性化方法设计的控制器不能保证高超声速飞行器的稳定性。

**表 8 - 9　高超声速飞行器模型定常参数数据**

| 参数名 | 数值大小 | 参数名 | 数值大小 |
|---|---|---|---|
| 质量 $m$ | 5 000kg | 参考面积 $S$ | 33.377 2m$^2$ |
| 转动惯量 $I_{yy}$ | 460 590.824 · 2kg · m$^2$ | 气动弦长 $\bar{c}$ | 33.377m |

进一步分析高超声速飞行器非线性模型无法实现输入 — 输出精确线性化的原因在于俯仰舵偏转 $\delta_e$ 显式地出现在飞行器的升力 $L$、阻力 $D$ 和推力 $T$ 的表达式中,造成高超声速飞行器纵向模型总相对度过小,使得高超声速飞行器非线性模型是非最小相位系统,限制了精确反馈线性化方法的应用。

### 8.2.1.3　高超声速飞行器近似反馈线性化控制设计

近似反馈线性化方法是针对非线性系统的相对阶在某一工作点不存在或者在部分线性化后系统内动态子系统不稳定的情况提出的。本书的研究对象 —— 高超声速飞行器 —— 符合近似反馈线性化方法的应用思想。在本节中,针对高超声速飞行器提出了一种近似反馈线性化方法,通过对高超声速飞行器模型进行近似简化处理和动态扩展实现了高超声速飞行器近似模型的精确线性化,并以此为基础设计内环逆控制律,外环最优控制律利用最优控制理论设计。

#### 1. 高超声速飞行器近似模型

高超声速飞行器不稳定的内动态子系统限制将反馈线性化控制应用于高超声速飞行器模型。近似反馈线性化方法针对内动态子系统不稳定的情况,一般的策略是导出原系统的一个新的输出映射,与原系统输出具有相似的稳态轨迹,而且其零动态子系统稳定。高超声速飞行器内动态子系统不仅包含短周期模态状态,还包括其弹性模态状态,形式十分复杂。为了避免直接处理复杂的内动态子系统,在此采用的方法是对高超声速飞行器模型进行近似简化处理,忽略相关的弱耦合关系,并通过对输入端进行动态扩展,使高超声速飞行器近似模型满足精确反馈线性化条件,从而将高超声速飞行器近似模型完全线性化。

高超声速飞行器模型的近似简化处理如下:

首先,考虑高超声速飞行器的弹性运动模态,高超声速飞行器的刚体运动与弹性运动之间不存在惯性耦合,仅存在气动耦合,并且高超声速飞行器弹性运动的零极点位于左半平面,其本身是渐进稳定的。因此,为了减小高超声速飞行器模型的阶数,高超声速飞行器近似模型只考虑飞行器的刚体运动,忽略飞行器弹性运动的影响。

其次,根据上节的分析,俯仰舵的偏转 $\delta_e$ 显式地出现在飞行器的升力 $L$、阻力 $D$ 和推力 $T$ 的表达式是造成高超声速飞行器纵向模型的总相对度过低的原因。

本书第 2 章中高超声速飞行器气动特性和推力特性分析结果表明：俯仰舵的偏转 $\delta_e$ 对于飞行器升力系数 $C_L$、阻力系数 $C_D$ 和推力系数 $C_T$ 的贡献相对较小，飞行马赫数 $Ma$、攻角 $\alpha$ 和节流阀设置 $\delta_T$ 是引起升力 $L$、阻力 $D$ 和推力 $T$ 变化的主要因素。故忽略俯仰舵的偏转 $\delta_e$ 对飞行器升力 $L$、阻力 $D$ 和推力 $T$ 的影响，仅保留俯仰舵的偏转 $\delta_e$ 对于俯仰力矩 $M_{yy}$ 的影响。

在进行了上述近似简化处理后，可得高超声速飞行器纵向近似模型为

$$\dot{V} = \frac{T\cos\alpha - D}{m} - \frac{\mu\sin\gamma}{r^2} \tag{8-91}$$

$$\dot{\gamma} = \frac{L + T\sin\alpha}{mV} - \frac{(\mu - V^2 r)\cos\gamma}{Vr^2} \tag{8-92}$$

$$\dot{h} = V\sin\gamma \tag{8-93}$$

$$\dot{q} = \frac{M_{yy}}{I_{yy}} \tag{8-94}$$

$$\dot{\alpha} = q - \dot{\gamma} \tag{8-95}$$

其中，

$$r = R_e + h \tag{8-96}$$

$$L = \frac{1}{2}\rho V^2 s C_L \tag{8-97}$$

$$D = \frac{1}{2}\rho V^2 s C_D \tag{8-98}$$

$$T = \frac{1}{2}\rho V^2 s C_T \tag{8-99}$$

$$M_{yy} = \frac{1}{2}\rho V^2 s\bar{c} C_M + M_{rec} \tag{8-100}$$

根据高超声速飞行器的近似简化处理要求，式(8-97)中的升力系数 $C_L$，式(8-98)中的阻力系数 $C_D$ 和式(8-99)中的推力系数 $C_T$ 将仅是飞行马赫数 $Ma$、攻角 $\alpha$ 和节流阀设置 $\delta_T$ 的函数，不再包含俯仰舵偏角 $\delta_e$ 项，$C_M$ 则仍然为飞行马赫数 $Ma$、攻角 $\alpha$、俯仰舵偏角 $\delta_e$ 和节流阀设置 $\delta_T$ 的函数：

$$C_L(M,\alpha,\delta_t) = C_{L0} + C_L^{\delta_T}\delta_T \tag{8-101}$$

$$C_D(M,\alpha,\delta_t) = C_{D0} + C_D^{\delta_T}\delta_T \tag{8-102}$$

$$C_T(M,\alpha,\delta_t) = C_{T0} + C_T^{\delta_T}\delta_T \tag{8-103}$$

$$C_M(M,\alpha,\delta_e,\delta_t) = C_{M0} + C_M^{\delta_e}\delta_e + C_M^{\delta_T}\delta_T \tag{8-104}$$

其中，$C_{i,j}$ 均为飞行马赫数 $Ma$、攻角 $\alpha$ 的函数。

飞行马赫数 $Ma$ 的表达式为

$$Ma = \frac{V}{a} \tag{8-105}$$

考虑大气环境的影响，空气密度 $\rho$ 和声速 $a$ 都随飞行高度的变化而变化，其表

达式为

$$\rho(h) = 1.226\ 6e^{-h/7\ 315.2} \tag{8-106}$$

$$a(h) = 2.74 \times 10^{-9}h^2 - 2.79 \times 10^{-4}h + 304 \tag{8-107}$$

对高超声速飞行器纵向模型进行近似简化处理后,高超声速飞行器近似模型共有 5 个状态变量。对高超声速飞行器近似模型进行输入 — 输出线性化,发现其在平衡点处的解耦矩阵奇异,相对阶向量不存在。因此为了使高超声速飞行器近似模型具有相对阶向量,实现高超声速飞行器近似模型的精确线性化,利用动态扩展法,引入下式所示的超燃冲压发动机等效二阶系统模型,从而将原系统扩展为一高维的动态系统:

$$\ddot{\delta}_T = -2\xi_T\omega_T\dot{\delta}_T - \omega_T^2\delta_T + \omega_T^2\delta_{Tc} \tag{8-108}$$

其中,$\delta_{Tc}$ 为节流阀设置指令信号,$\xi_T$ 和 $\omega_T$ 分别为等效模型的阻尼系数和自然频率。则高超声速飞行器模型新的控制输入变量为

$$\boldsymbol{u} = \begin{bmatrix} \delta_{Tc} \\ \delta_e \end{bmatrix}$$

利用该二阶模型来描述超燃冲压发动机的动态特性也进一步增加了所建立高超声速飞行器模型的可信度。

综上,式(8-91)~ 式(8-108)给出了高超声速飞行器近似非线性模型。此近似模型形式类似于 Winged-Cone 纵向模型。与之相比,本书中的模型充分考虑了高超声速飞行器机体与推进系统之间的耦合关系,高超声速飞行器的气动力、气动力矩和推力的计算表达式更加复杂。由于高超声速飞行器真实模型与近似模型存在误差,因此在近似模型的基础上设计的控制器必须应用于真实模型进行仿真验证,以检验其控制效果。

**2. 高超声速飞行器近似模型的反馈线性化**

对于高超声速飞行器近似非线性模型式(8-91)~ 式(8-108),其系统阶数为 7,为实现精确线性化,要求其总相对阶 $r = 7$。根据第一节的非线性系统反馈线性化方法,分别对输出变量飞行速度 $V$ 和飞行高度 $h$ 微分,直至控制输入变量出现在微分式子的因子不为 0。

飞行速度 $V$ 的一阶微分表达式为式(8-91)。参考相关文献中的方法,在求解对 $V$ 的二阶微分时,可先求取 $\dot{V}$ 对向量 $\boldsymbol{X} = [V\ \ \gamma\ \ \alpha\ \ \delta_T\ \ h]^\mathrm{T}$ 的微分,然后再求取 $\boldsymbol{X}$ 对时间 $t$ 的微分,可得

$$\ddot{V} = \frac{\tilde{\boldsymbol{\omega}}_1\dot{\boldsymbol{X}}}{m} \tag{8-109}$$

$$\tilde{\boldsymbol{\omega}}_1^\mathrm{T} = \begin{bmatrix} T_V\cos\alpha - D_V \\ -\dfrac{m\mu\cos\gamma}{r^2} \\ T_a\cos\alpha - T\sin\alpha - D_a \\ T_{\delta_T}\cos\alpha - D_{\delta_T} \\ T_h\cos\alpha - D_h + 2m\mu\sin\gamma/r^3 \end{bmatrix} \tag{8-110}$$

其中,$T_V$,$T_\alpha$,$T_{\delta_T}$ 和 $T_h$ 分别表示推力 $T$ 相对于飞行速度 $V$、攻角 $\alpha$、节流阀设置 $\delta_T$ 和高度 $h$ 的一阶导数。下文中,推力 $T$ 相对于飞行速度 $V$、攻角 $\alpha$、节流阀设置 $\delta_T$ 和高度 $h$ 的二阶导数可表示为 $T_{VV}$,$T_{V\alpha}$,$\cdots$,$T_{hh}$,同理,阻力 $D$ 和升力 $L$ 相对于飞行速度 $V$、攻角 $\alpha$、节流阀设置 $\delta_T$ 和高度 $h$ 的导数采用类似的表示方式。

对 $\ddot{V}$ 微分可得 $V$ 的三阶微分表达式如下:

$$\dddot{V} = \frac{(\tilde{\boldsymbol{\omega}}_1 \ddot{\boldsymbol{X}} + \dot{\boldsymbol{X}}^{\mathrm{T}} \boldsymbol{\Omega}_2 \dot{\boldsymbol{X}})}{m} \qquad (8-111)$$

$$\boldsymbol{\Omega}_2 = \begin{bmatrix} \tilde{\boldsymbol{\omega}}_{21} & \tilde{\boldsymbol{\omega}}_{22} & \tilde{\boldsymbol{\omega}}_{23} & \tilde{\boldsymbol{\omega}}_{24} & \tilde{\boldsymbol{\omega}}_{25} \end{bmatrix} \qquad (8-112)$$

其中

$$\tilde{\boldsymbol{\omega}}_{21} = \begin{bmatrix} T_{VV}\cos\alpha - D_{VV} \\ 0 \\ T_{V\alpha}\cos\alpha - T_V\sin\alpha - D_{V\alpha} \\ T_{V\delta_T}\cos\alpha - D_{V\delta_T} \\ T_{Vh}\cos\alpha - D_{Vh} \end{bmatrix} \qquad (8-113)$$

$$\tilde{\boldsymbol{\omega}}_{22} = \begin{bmatrix} 0 \\ \dfrac{m\mu\sin\gamma}{r^2} \\ 0 \\ 0 \\ \dfrac{2m\mu\cos\gamma}{r^3} \end{bmatrix} \qquad (8-114)$$

$$\tilde{\boldsymbol{\omega}}_{23} = \begin{bmatrix} T_{V\alpha}\cos\alpha - T_V\sin\alpha - D_{V\alpha} \\ 0 \\ T_{\alpha\alpha}\cos\alpha - 2T_\alpha\sin\alpha - T\cos\alpha - D_{\alpha\alpha} \\ T_{\alpha\delta_T}\cos\alpha - T_{\delta_T}\sin\alpha - D_{\alpha\delta_T} \\ T_{\alpha h}\cos\alpha - T_h\sin\alpha - D_{\alpha h} \end{bmatrix} \qquad (8-115)$$

$$\tilde{\boldsymbol{\omega}}_{24} = \begin{bmatrix} T_{V\delta_T}\cos\alpha - D_{V\delta_T} \\ 0 \\ T_{\alpha\delta_T}\cos\alpha - T_{\delta_T}\sin\alpha - D_{\alpha\delta_T} \\ T_{\delta_T\delta_T}\cos\alpha - D_{\delta_T\delta_T} \\ T_{\delta_T h}\cos\alpha - D_{\delta_T h} \end{bmatrix} \qquad (8-116)$$

$$\tilde{\boldsymbol{\omega}}_{25} = \begin{bmatrix} T_{Vh}\cos\alpha - D_{Vh} \\ \dfrac{2m\mu\cos\gamma}{r^3} \\ T_{ah}\cos\alpha - T_h\sin\alpha - D_{ah} \\ T_{\delta_T h}\cos\alpha - D_{\delta_T h} \\ T_{hh}\cos\alpha - D_{hh} - 6m\mu\sin\gamma/r^4 \end{bmatrix} \qquad (8-117)$$

在式(8-111)中出现了 $\ddot{\boldsymbol{X}} = [\ddot{V} \quad \ddot{\gamma} \quad \ddot{\alpha} \quad \ddot{\delta}_T \quad \ddot{h}]^{\mathrm{T}}$，其中 $\ddot{\alpha}$ 和 $\ddot{\delta}_T$ 的表达式可分为两个部分，一部分包含控制输入，另一部分不包含控制输入，$\ddot{\delta}_T$ 的表达式为

$$\ddot{\delta}_T = -2\xi_T\omega_T\dot{\delta}_T - \omega_T^2\delta_T + \omega_T^2\delta_{Tc} = \ddot{\delta}_{T0} + \omega_T^2\delta_{Tc} \qquad (8-118)$$

$\ddot{\alpha}$ 的表达式如下：

$$\ddot{\alpha} = \dot{q} - \ddot{\gamma} = \frac{M_{yy}}{I_{yy}} - \ddot{\gamma} = \frac{\rho V^2 S\bar{c}(C_{M,a} + C_M^{\delta_T}\delta_T) + M_{rec}}{2I_{yy}} - \ddot{\gamma} + \frac{\rho V^2 S\bar{c}C_M^{\delta_e}\delta_e}{2I_{yy}} =$$

$$\ddot{\alpha}_0 + \frac{\rho V^2 S\bar{c}C_M^{\delta_e}\delta_e}{2I_{yy}} \qquad (8-119)$$

从式(8-118)和式(8-119)可以看出，在对飞行速度 $V$ 进行三次微分后，控制输入 $\delta_{Tc}$ 和控制输入 $\delta_e$ 出现在飞行速度 $V$ 的微分表达式中。那么，如果在飞行高度 $h$ 四次微分表达式中，控制输入变量因子不为 0，则高超声速飞行器近似模型的总相对度 $r=7$，满足精确线性化条件。

飞行高度 $h$ 的二阶微分、三阶微分和四阶微分的表达式分别为

$$\ddot{h} = \dot{V}\sin\gamma + V\dot{\gamma}\cos\gamma \qquad (8-120)$$

$$\dddot{h} = \ddot{V}\sin\gamma + 2\dot{V}\dot{\gamma}\cos\gamma - V\dot{\gamma}^2\sin\gamma + V\ddot{\gamma}\cos\gamma \qquad (8-121)$$

$$h^{(4)} = \dddot{V}\sin\gamma + 3\ddot{V}\dot{\gamma}\cos\gamma - 3\dot{V}\dot{\gamma}^2\sin\gamma + 3\dot{V}\ddot{\gamma}\cos\gamma - 3V\dot{\gamma}\ddot{\gamma}\sin\gamma - V\dot{\gamma}^3\cos\gamma + V\dddot{\gamma}\cos\gamma$$

$$(8-122)$$

从式(8-122)中可以看出，$\dddot{V}$ 出现在飞行高度 $h$ 四阶微分的表达式中，则控制输入 $\delta_{Tc}$ 和控制输入 $\delta_e$ 出现在飞行高度 $h$ 的四阶微分表达式中，故高超声速飞行器近似模型可实现精确线性化。

式(8-120)～式(8-122)中分别出现了航迹倾角 $\gamma$ 的一阶微分、二阶微分和三阶微分。航迹倾角 $\gamma$ 的一阶微分表达式为式(8-92)，同理，在求取 $\gamma$ 的二阶微分表达式时，先求取 $\dot{\gamma}$ 对向量 $\boldsymbol{X} = [V \quad \gamma \quad \alpha \quad \delta_T \quad h]^{\mathrm{T}}$ 的微分，然后再求取 $\boldsymbol{X}$ 对时间 $t$ 的微分可得

$$\ddot{\gamma} = \boldsymbol{\pi}_1\dot{\boldsymbol{X}} \qquad (8-123)$$

其中，

$$\boldsymbol{\pi}_1^{\mathrm{T}} = \begin{bmatrix} \dfrac{L_V + T_V \sin\alpha}{mV} - \dfrac{L + T\sin\alpha}{mV^2} + \dfrac{\mu\cos\gamma}{V^2 r^2} + \dfrac{\cos\gamma}{r} \\[3mm] \dfrac{\mu\sin\gamma}{Vr^2} - \dfrac{V\sin\gamma}{r} \\[3mm] \dfrac{L_\alpha + T_\alpha\sin\alpha + T\cos\alpha}{mV} \\[3mm] \dfrac{L_{\delta_T} + T_{\delta_T}\sin\alpha}{mV} \\[3mm] \dfrac{L_h + T_h\sin\alpha}{mV} + \dfrac{2\mu\cos\gamma}{Vr^3} - \dfrac{V\cos\gamma}{r^2} \end{bmatrix} \qquad (8-124)$$

再对 $\dot{\gamma}$ 进行微分后,可得

$$\dddot{\gamma} = \boldsymbol{\pi}_1 \ddot{\boldsymbol{X}} + \dot{\boldsymbol{X}}^{\mathrm{T}} \boldsymbol{\Xi}_2 \dot{\boldsymbol{X}} \qquad (8-125)$$

其中,

$$\boldsymbol{\Xi}_2 = \begin{bmatrix} \boldsymbol{\pi}_{21} & \boldsymbol{\pi}_{22} & \boldsymbol{\pi}_{23} & \boldsymbol{\pi}_{24} & \boldsymbol{\pi}_{25} \end{bmatrix} \qquad (8-126)$$

式中,

$$\boldsymbol{\pi}_{21} = \begin{bmatrix} \dfrac{L_{VV} + T_{VV}\sin\alpha}{mV} - \dfrac{2(L_V + T_V\sin\alpha)}{mV^2} + \dfrac{2(L + T\sin\alpha)}{mV^3} - \dfrac{2\mu\cos\gamma}{V^3 r^2} \\[3mm] -\dfrac{\mu\sin\gamma}{V^2 r^2} - \dfrac{\sin\gamma}{r} \\[3mm] \dfrac{L_{V\alpha} + T_{V\alpha}\sin\alpha + T_V\cos\alpha}{mV} - \dfrac{L_\alpha + T_\alpha\sin\alpha + T\cos\alpha}{mV^2} \\[3mm] \dfrac{L_{V\delta_T} + T_{V\delta_T}\sin\alpha}{mV} - \dfrac{L_{\delta_T} + T_{\delta_T}\sin\alpha}{mV^2} \\[3mm] \dfrac{L_{Vh} + T_{Vh}\sin\alpha}{mV} - \dfrac{(L_h + T_h\sin\alpha)}{mV^2} - \dfrac{2\mu\cos\gamma}{V^2 r^3} - \dfrac{\cos\gamma}{r^2} \end{bmatrix} \qquad (8-127)$$

$$\boldsymbol{\pi}_{22} = \begin{bmatrix} -\dfrac{\mu\sin\gamma}{V^2 r^2} - \dfrac{\sin\gamma}{r} \\[3mm] \dfrac{\mu\cos\gamma}{Vr^2} - \dfrac{V\cos\gamma}{r} \\[3mm] 0 \\[2mm] 0 \\[2mm] -\dfrac{2\mu\sin\gamma}{Vr^3} + \dfrac{V\sin\gamma}{r^2} \end{bmatrix} \qquad (8-128)$$

$$\boldsymbol{\pi}_{23} = \begin{bmatrix} \dfrac{L_{V_\alpha} + T_{V_\alpha}\sin\alpha + T_V\cos\alpha}{mV} - \dfrac{L_\alpha + T_\alpha\sin\alpha + T\cos\alpha}{mV^2} \\[3mm] 0 \\[3mm] \dfrac{L_{\alpha\alpha} + T_{\alpha\alpha}\sin\alpha + 2T_\alpha\cos\alpha - T\sin\alpha}{mV} \\[3mm] \dfrac{L_{\alpha\delta_T} + T_{\alpha\delta_T}\sin\alpha + T_{\delta_T}\cos\alpha}{mV} \\[3mm] \dfrac{L_{\alpha h} + T_{\alpha h}\sin\alpha + T_h\cos\alpha}{mV} \end{bmatrix} \tag{8-129}$$

$$\boldsymbol{\pi}_{24} = \begin{bmatrix} \dfrac{L_{V\delta_T} + T_{V\delta_T}\sin\alpha}{mV} - \dfrac{L_{\delta_T} + T_{\delta_T}\sin\alpha}{mV^2} \\[3mm] 0 \\[3mm] \dfrac{L_{\alpha\delta_T} + T_{\alpha\delta_T}\sin\alpha + T_{\delta_T}\cos\alpha}{mV} \\[3mm] 0 \\[3mm] \dfrac{L_{\delta_T h} + T_{\delta_T h}\sin\alpha}{mV} \end{bmatrix} \tag{8-130}$$

$$\boldsymbol{\pi}_{25} = \begin{bmatrix} \dfrac{L_{Vh} + T_{Vh}\sin\alpha}{mV} - \dfrac{L_h + T_h\sin\alpha}{mV^2} - \dfrac{2\mu\cos\gamma}{V^2 r^3} - \dfrac{\cos\gamma}{r^2} \\[3mm] -\dfrac{2\mu\sin\gamma}{Vr^3} + \dfrac{V\sin\gamma}{r^2} \\[3mm] \dfrac{L_{\alpha h} + T_{\alpha h}\sin\alpha + T_h\cos\alpha}{mV} \\[3mm] \dfrac{L_{\delta_T h} + T_{\delta_T h}\sin\alpha}{mV} \\[3mm] \dfrac{L_{hh} + T_{hh}\sin\alpha}{mV} - \dfrac{6\mu\cos\gamma}{Vr^4} + \dfrac{2V\cos\gamma}{r^3} \end{bmatrix} \tag{8-131}$$

令 $\ddot{\boldsymbol{X}}_0 = [\ddot{V} \quad \ddot{\gamma} \quad \ddot{\alpha}_0 \quad \ddot{\delta}_{T0} \quad \ddot{h}]^{\mathrm{T}}$，代入 $\dddot{V}$ 和 $h^{(4)}$ 的表达式可得

$$\begin{bmatrix} \dddot{V} \\ h^{(4)} \end{bmatrix} = \begin{bmatrix} f_V \\ f_h \end{bmatrix} + \begin{bmatrix} b_{11} & b_{12} \\ b_{21} & b_{22} \end{bmatrix} \begin{bmatrix} \delta_{Tc} \\ \delta_e \end{bmatrix} = \boldsymbol{f}(x) + \boldsymbol{Bu} \tag{8-132}$$

其中，

$$f_V = \frac{(\tilde{\boldsymbol{\omega}}_1 \ddot{\boldsymbol{X}}_0 + \dot{\boldsymbol{X}}^{\mathrm{T}} \boldsymbol{\Omega}_2 \dot{\boldsymbol{X}})}{m} \tag{8-133}$$

$$f_h = \frac{(\tilde{\boldsymbol{\omega}}_1 \ddot{\boldsymbol{X}}_0 + \dot{\boldsymbol{X}}^{\mathrm{T}} \boldsymbol{\Omega}_2 \dot{\boldsymbol{X}})\sin\gamma}{m} + 3\ddot{V}\dot{\gamma}\cos\gamma - 3\dot{V}\dot{\gamma}^2\sin\gamma + 3\dot{V}\ddot{\gamma}\cos\gamma - 3V\dot{\gamma}\ddot{\gamma}\sin\gamma -$$

$$V\dot{\gamma}^3\cos\gamma + V(\boldsymbol{\pi}_1\ddot{\boldsymbol{X}}_0 + \dot{\boldsymbol{X}}^{\mathrm{T}}\boldsymbol{\Xi}_2\dot{\boldsymbol{X}})\cos\gamma \tag{8-134}$$

$$b_{11} = \frac{(T_{\delta_T}\cos\alpha - D_{\delta_T})\omega_T^2}{m} \tag{8-135}$$

$$b_{12} = \frac{\rho V^2 S \bar{c} C_{M,\delta_e}(T_a\cos\alpha - T\sin\alpha - D_a)}{2mI_{yy}} \tag{8-136}$$

$$b_{21} = \frac{[T_{\delta_T}\sin(\alpha+\gamma) + L_{\delta_T}\cos\gamma - D_{\delta_T}\sin\gamma]\omega_T^2}{m} \tag{8-137}$$

$$b_{22} = \frac{\rho V^2 S \bar{c} C_{M,\delta_e}[T_a\sin(\alpha+\gamma) + T\cos(\alpha+\gamma) + L_a\cos\gamma - D_a\sin\gamma]}{2mI_{yy}}$$
$$\tag{8-138}$$

在本书所关注的高超声速飞行器的飞行包线范围内,解耦矩阵 $\boldsymbol{B}$ 非奇异,选择逆控制律 $u$ 如下式:

$$\boldsymbol{u} = \boldsymbol{B}^{-1}(\boldsymbol{v} - \boldsymbol{f}(x)) \tag{8-139}$$

其中,$\boldsymbol{v}$ 为新的控制输入。

将式(8-139)代入式(8-132)可得

$$\begin{bmatrix} \ddot{V} \\ h^{(4)} \end{bmatrix} = \begin{bmatrix} \boldsymbol{v}_1 \\ \boldsymbol{v}_2 \end{bmatrix} = \boldsymbol{v} \tag{8-140}$$

显然,式(8-140)即为高超声速飞行器纵向近似模型的逆系统,亦为高超声速飞行器真实模型的近似逆系统。

**3. 高超声速飞行器外环控制器设计**

针对式(8-132),定义两个非线性坐标变换 $\xi = T_1(x, V_d)$ 和 $\eta = T_2(x, h_d)$ 分别为

$$\left.\begin{array}{l} \xi_1 = \displaystyle\int_0^t (V - V_d)\,\mathrm{d}\tau \\[2mm] \xi_2 = V - V_d \\[1mm] \xi_3 = \dot{V} - \dot{V}_d \\[1mm] \xi_4 = \ddot{V} - \ddot{V}_d \end{array}\right\} \tag{8-141}$$

和

$$\left.\begin{array}{l} \eta_1 = \displaystyle\int_0^t (h - h_d)\,\mathrm{d}\tau \\[2mm] \eta_2 = h - h_d \\[1mm] \eta_3 = \dot{h} - \dot{h}_d \\[1mm] \eta_4 = \ddot{h} - \ddot{h}_d \\[1mm] \eta_5 = \dddot{h} - \dddot{h}_d \end{array}\right\} \tag{8-142}$$

其中,$V_d$ 和 $h_d$ 分别为高超声速飞行器飞行高度 $V$ 和飞行高度 $h$ 的指令信号。式(8

－141）和式（8－142）中的第一项分别为高超声速飞行器飞行高度 $V$ 和飞行高度 $h$ 跟踪误差的积分项，引入该积分项的主要目的是为了消除跟踪稳态误差。

分别对式（8－141）和式（8－142）进行微分，可得如下解耦系统：

$$\dot{\boldsymbol{\xi}} = \boldsymbol{A}_1 \boldsymbol{\xi} + \boldsymbol{B}_1 \boldsymbol{v}_1 \qquad (8-143)$$

其中，

$$\boldsymbol{A}_1 = \begin{bmatrix} 0 & 1 & 0 & 0 \\ 0 & 0 & 1 & 0 \\ 0 & 0 & 0 & 1 \\ 0 & 0 & 0 & 0 \end{bmatrix}, \quad \boldsymbol{B}_1 = \begin{bmatrix} 0 \\ 0 \\ 0 \\ 1 \end{bmatrix}$$

和

$$\dot{\boldsymbol{\eta}} = \boldsymbol{A}_2 \boldsymbol{\eta} + \boldsymbol{B}_2 \boldsymbol{v}_2 \qquad (8-144)$$

其中

$$\boldsymbol{A}_2 = \begin{bmatrix} 0 & 1 & 0 & 0 & 0 \\ 0 & 0 & 1 & 0 & 0 \\ 0 & 0 & 0 & 1 & 0 \\ 0 & 0 & 0 & 0 & 1 \\ 0 & 0 & 0 & 0 & 0 \end{bmatrix}, \quad \boldsymbol{B}_2 = \begin{bmatrix} 0 \\ 0 \\ 0 \\ 0 \\ 1 \end{bmatrix}$$

对于式（8－143）和式（8－144），利用最优状态调节器设计外环控制律 $v_1$ 和 $v_2$，考虑二次型目标函数分别为

$$\boldsymbol{J}_1 = \int_0^\infty (\boldsymbol{\xi}^\mathrm{T} \boldsymbol{Q}_1 \boldsymbol{\xi} + \boldsymbol{v}_1^\mathrm{T} \boldsymbol{R}_1 \boldsymbol{v}_1) \, \mathrm{d}t \qquad (8-145)$$

$$\boldsymbol{J}_2 = \int_0^\infty (\boldsymbol{\eta}^\mathrm{T} \boldsymbol{Q}_2 \boldsymbol{\eta} + \boldsymbol{v}_2^\mathrm{T} \boldsymbol{R}_2 \boldsymbol{v}_2) \, \mathrm{d}t \qquad (8-146)$$

其中，$\boldsymbol{Q}_i (i=1,2)$ 为选定的非负定对称矩阵，$\boldsymbol{R}_i (i=1,2)$ 为选定的正定对称矩阵。

则使上述二次型目标函数最小的最优控制为

$$\boldsymbol{v}_1 = -\boldsymbol{R}_1^{-1} \boldsymbol{B}_1^\mathrm{T} \boldsymbol{P}_1 \boldsymbol{\xi} \qquad (8-147)$$

$$\boldsymbol{v}_2 = -\boldsymbol{R}_2^{-1} \boldsymbol{B}_2^\mathrm{T} \boldsymbol{P}_2 \boldsymbol{\eta} \qquad (8-148)$$

其中，$\boldsymbol{P}_i$ 为如下 Riccati 代数方程的正定解：

$$\boldsymbol{P}_i \boldsymbol{A}_i + \boldsymbol{A}_i^\mathrm{T} \boldsymbol{P}_i - \boldsymbol{P}_i \boldsymbol{b}_i \boldsymbol{R}_i^{-1} \boldsymbol{b}_i^\mathrm{T} \boldsymbol{P}_i + \boldsymbol{Q}_i = 0 \quad i=1,2 \qquad (8-149)$$

将式（8－147）和式（8－148）分别代入式（8－141）和式（8－142），可得

$$\begin{bmatrix} \ddot{V} \\ h^{(4)} \end{bmatrix} = \begin{bmatrix} \ddot{V}_d - \boldsymbol{R}_1^{-1} \boldsymbol{B}_1^\mathrm{T} \boldsymbol{P}_1 \boldsymbol{\xi} \\ h_d^{(4)} - \boldsymbol{R}_1^{-1} \boldsymbol{B}_1^\mathrm{T} \boldsymbol{P}_1 \boldsymbol{\xi} \end{bmatrix} = \boldsymbol{v} \qquad (8-150)$$

高超声速飞行器非线性控制律 $\boldsymbol{u}$ 为

$$\boldsymbol{u} = -\boldsymbol{B}^{-1} \boldsymbol{f}(x) + \boldsymbol{B}^{-1} \boldsymbol{v} =$$

$$-\begin{bmatrix} b_{11} & b_{12} \\ b_{21} & b_{22} \end{bmatrix}^{-1}\begin{bmatrix} f_V \\ f_h \end{bmatrix}+\begin{bmatrix} b_{11} & b_{12} \\ b_{21} & b_{22} \end{bmatrix}^{-1}\begin{bmatrix} \ddot{V}_d \\ h_d^{(4)} \end{bmatrix}+\begin{bmatrix} b_{11} & b_{12} \\ b_{21} & b_{22} \end{bmatrix}^{-1}\begin{bmatrix} -\boldsymbol{R}_1^{-1}\boldsymbol{b}_1^{\mathrm{T}}\boldsymbol{P}_1\boldsymbol{\xi} \\ -\boldsymbol{R}_2^{-1}\boldsymbol{b}_2^{\mathrm{T}}\boldsymbol{P}_2\boldsymbol{\eta} \end{bmatrix}$$

$$(8-151)$$

高超声速飞行器近似反馈线性化控制器的控制框图如图 8-49 所示。

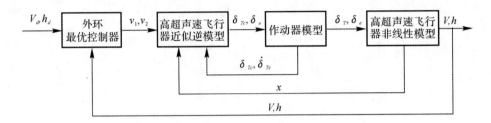

图 8-49　高超声速飞行器近似反馈线性化控制框图

### 8.2.1.4　高超声速飞行器近似反馈线性化控制仿真分析

高超声速飞行器近似反馈线性化控制的仿真验证在 Matlab/Simulink 环境下进行,仿真对象为非线性弹性高超声速飞行器模型,仿真初始状态为表 8-10 所给出高超声速飞行器在巡航速度 $Ma=10$ 和巡航高度 $h=30$ 的平衡状态。

表 8-10　高超声速飞行器平衡状态

| 高超声速飞行器状态 | | 高超声速飞行器控制输入 | |
| --- | --- | --- | --- |
| $V_0$ | 3 026m/s | $\delta_{T0}$ | 0.062 072 |
| $h_0$ | 30 000m | $\delta_{e,r0}$ | $-8.169\ 9°$ |
| $\gamma_0$ | 0° | | |
| $\alpha_{r0}$ | 0.057 173° | | |
| $q_0$ | 0 | | |
| $\alpha_{e0}$ | 0.127 81° | | |
| $\delta_{e,e0}$ | 0.189 03° | | |

在此平衡状态下,从 0 时刻起给定飞行速度阶跃指令和飞行高度阶跃指令分别为 300m/s 和 3 000m。指令信号分别通过式(8-151)所示滤波器整形后生成跟踪指令 $V_d$ 和 $h_d$。

$$P(s)=\frac{\omega_n^2}{s^2+2\zeta\omega_n s+\omega_n^2} \qquad (8-152)$$

式中,$\zeta=1$ 和 $\omega_n=0.05$ 分别为滤波器的阻尼系数和自然频率。

控制器设计参数选取为

$$\boldsymbol{Q}_1 = \begin{bmatrix} 0.06 & 0 & 0 & 0 \\ 0 & 5 & 0 & 0 \\ 0 & 0 & 1 & 0 \\ 0 & 0 & 0 & 1 \end{bmatrix}, \quad \boldsymbol{Q}_2 = \begin{bmatrix} 0.06 & 0 & 0 & 0 & 0 \\ 0 & 6 & 0 & 0 & 0 \\ 0 & 0 & 1 & 0 & 0 \\ 0 & 0 & 0 & 1 & 0 \\ 0 & 0 & 0 & 0 & 1 \end{bmatrix}, \quad R_1 = 0.1, \quad R_2 = 0.001$$

仿真 150s 后得到仿真结果图为图 8-50 ～ 图 8-53。

图 8-50 中虚线为外部输入指令信号,实线为系统响应,可以看出,在近似反馈线性化控制器作用下,高超声速飞行器能够快速准确地跟踪指令值,稳态误差近似为零。图 8-51 所示为高超声速飞行器飞行航迹角 $\gamma$、攻角 $\alpha$ 和俯仰角速率 $q$ 随时间变化的曲线,结果表明高超声速飞行器的角运动状态变量能够很快达到各自的平衡状态,并且攻角的变化范围较小,处于可接受的范围内。图 8-52 所示为推力和俯仰舵偏角随时间变化的曲线,两者均处于高超声速飞行器操纵的允许范围内。图 8-53 所示为高超声速飞行器在机鼻位置和舵位置的弹性偏转角变化曲线,从图中可以看出,在仿真初始阶段,高超声速飞行器弹性机体受到控制操作机构动作的激励发生弹性振动,随着飞行进入稳定状态,其弹性运动模态迅速衰减并保持稳定。综上,本章提出的近似反馈线性化控制方法能够确保系统的跟踪性能,并且在面对因高超声速飞行器模型近似处理带来的建模误差具备有一定的鲁棒性能。

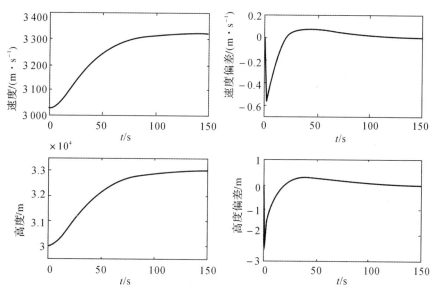

**图 8-50　高超声速飞行器对指令信号响应及跟踪误差曲线**

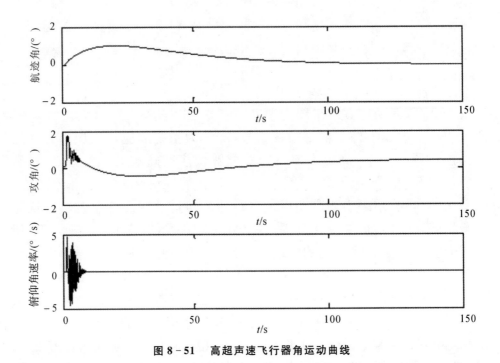

图 8－51　高超声速飞行器角运动曲线

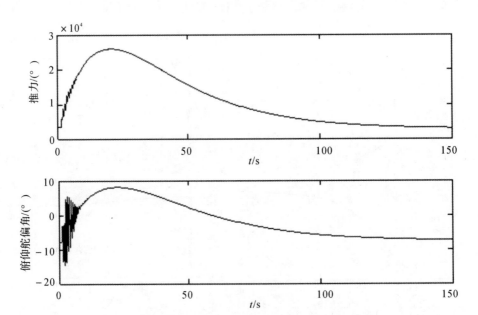

图 8－52　高超声速飞行器推力、舵偏角随时间变化曲线

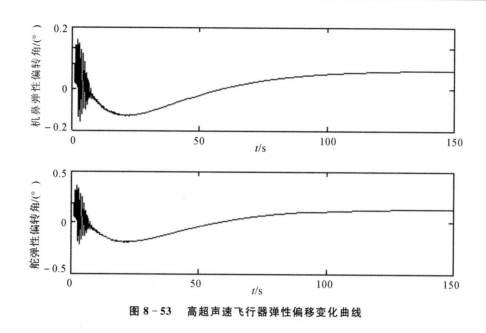

**图 8 - 53　高超声速飞行器弹性偏移变化曲线**

## 8.2.2　基于小扰动线性化模型的航迹控制方法

### 8.2.2.1　刚体模型描述

采用文献[4]的高超声速飞行器模型数据,该飞行器采用乘波体结构外形,机体是面对称的,发动机与机体之间采用机体／发动机一体化设计技术构成一个整体。如图 8 - 54 所示,飞行器的总长度近似为 33m,飞行初始总重量近似为 5 000kg,假设燃料消耗时重心只沿着弹体 $x$ 轴移动,不考虑垂直的变化,并且不考虑燃料晃动。

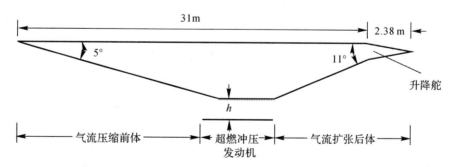

**图 8 - 54　乘波体外形的高超声速飞行器纵向剖面结构示意图**

该模型的高超声速飞行器通常先由火箭助推器助推达到满足超燃冲压发动机工作的飞行条件后与助推器分离,然后超燃冲压发动机开始工作使飞行器进行高超声速飞行。飞行器的气动力、力矩系数为马赫数、攻角、舵面偏转角以及发动机推力系数的函数,控制操纵舵面主要为位于飞行器尾部的升降舵。

**表 8-11 高超声速飞行器基本几何参数**

| 名称 | 数值 | 单位 |
|---|---|---|
| 机翼参考面积 $S$ | 359.267 0 | $m^2$ |
| 平均气动翼弦长 $C_{bar}$ | 33.377 0 | m |
| 飞行器总长度 $L$ | 33.528 0 | m |
| 起飞总重量 $m_0$ | 5 000 | kg |
| 转动惯量 $I_y$ | 4.605 9e+05 | $kg \cdot m^2$ |

根据文献[174]的描述,高超声速飞行器模型 CSULA - GHV 的气动系数可由以下二阶多项式来描述:

$$\left. \begin{array}{l} C_L = \boldsymbol{a}_L^T \boldsymbol{X} \\ C_D = \boldsymbol{a}_D^T \boldsymbol{X} \\ C_T = \boldsymbol{a}_D^T \boldsymbol{X} \\ C_M = \boldsymbol{a}_M^T \boldsymbol{X} \end{array} \right\} \tag{8-153}$$

其中 $C_L$ 为升力系数,$C_D$ 为阻力系数,$C_T$ 为推力系数,$C_M$ 为俯仰力矩系数,且

$$\boldsymbol{X} = \begin{bmatrix} 1 & \alpha & \delta_T & \delta_e & Ma & \alpha\delta_T & \alpha\delta_e & \alpha Ma & \delta_T Ma & \delta_e Ma & \alpha^2 & Ma^2 \end{bmatrix}^T$$

且有系数向量

$$\boldsymbol{a}_i \in \mathbf{R}^{12} \quad i = L, D, T, M$$

高超声速飞行器模型 CSULA - GHV 的攻角 $\alpha$、马赫数 $Ma$、发动机燃气比 $\delta_T$ 以及舵偏角 $\delta_e$ 的取值范围: $\alpha \in \begin{bmatrix} -5 & 5 \end{bmatrix}(^\circ)$,$Ma \in \begin{bmatrix} 8 & 12 \end{bmatrix}$,$\delta_T \in \begin{bmatrix} 0 & 0.3 \end{bmatrix}$,$\delta_e \in \begin{bmatrix} -20 & 20 \end{bmatrix}(^\circ)$。

高超声速飞行器纵向运动刚体方程如下:

$$\left. \begin{array}{l} \dot{V} = \dfrac{T\cos\alpha_r - D}{m} - \dfrac{\mu\sin\gamma}{r^2} \\[2mm] \dot{\gamma} = \dfrac{L + T\sin\alpha_r}{mV} - \dfrac{(\mu - V^2 r)\cos\gamma}{Vr^2} \\[2mm] \dot{h} = V\sin\gamma \\[2mm] \dot{\alpha}_r = q - \dot{\gamma} \\[2mm] \dot{q} = \dfrac{M_y}{I_y} \end{array} \right\} \tag{8-154}$$

式中,$I_y$ 为飞行器绕弹体 $y$ 轴的转动惯量,$q$ 为俯仰角速度。各项气动力和力矩由以下关系表述:

$$L = \frac{1}{2}\rho V^2 SC_L(Ma, \alpha, \delta_{e,r}, \delta_T)$$

$$D = \frac{1}{2}\rho V^2 SC_D(Ma, \alpha, \delta_{e,r}, \delta_T)$$

$$T = \frac{1}{2}\rho V^2 S C_T(Ma, \alpha, \delta_{e,r}, \delta_T)$$

$$M_y = \frac{1}{2}\rho V^2 S \bar{c} C_M(Ma, \alpha, \delta_{e,r}, \delta_T)$$

式中,$\rho$ 为大气密度,$S$ 为参考面积,$\bar{c}$ 为平均气动弦长,$\delta_{e,r}$ 为刚体升降舵偏角,且各项气动力、力矩系数由式(8-153)确定。

### 8.2.2.2　高超声速飞行器气动弹性分析

由图 8-54 可知,采用乘波体外形的高超声速飞行器,其结构呈现出前后薄中间厚的倒梯形。在飞行器进行高超声速飞行时,机身前后体将承受巨大的气动力／力矩作用,从而很容易发生气动弹性振动,使机体发生弹性形变。一方面,飞行器前体变形将会对飞行器的飞行攻角产生附加作用,对超燃冲压发动机产生扰动作用,从而影响飞行器的推力进而影响飞行器的升力以及飞行攻角;另一方面,后体变形将会对飞行器的升降舵产生附加作用,影响飞行控制系统的正常工作,同样将会影响飞行器的飞行攻角。这些特性表明,采用乘波体外形的高超声速飞行器具有紧密的结构／气动／推力耦合特性,这对飞行控制系统的设计提出了严峻的挑战。以上所述的飞行器的气动弹性对飞行器的气动特性、推力以及控制系统的影响可用图 8-55 来描述。

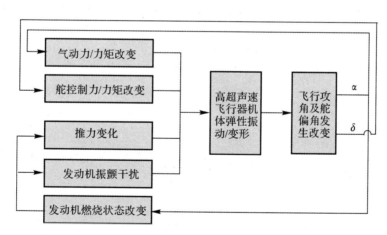

**图 8-55　乘波体外形高超声速飞行器的气动弹性耦合关系图**

为了详细分析乘波体外形高超声速飞行器的气动弹性作用机理,考虑到问题的复杂性以及分析的可信性,将乘波体高超声速飞行器的机体以悬臂梁来近似,并利用悬臂梁的弹性振动原理来分析乘波体高超声速飞行器的气动弹性作用机理。

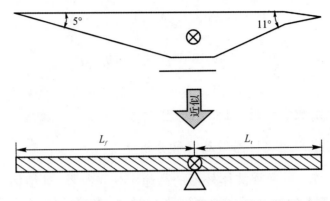

**图 8 - 56    乘波体外形高超声速飞行器机体悬臂梁近似示意图**

### 8.2.2.3    利用拉格朗日方程求解悬臂梁的受迫振动方程

将悬臂梁受迫振动的动能 $T$、势能 $V$ 以及广义力 $Q_k$ 代入以下拉格朗日方程：

$$\frac{\mathrm{d}}{\mathrm{d}t}\left(\frac{\partial T}{\partial \eta_k}\right) - \frac{\partial T}{\partial \eta_k} + \frac{\partial V}{\partial \eta_k} = Q_k \quad k = 1, 2, \cdots \tag{8-155}$$

可得到以下单自由度系统的无阻尼运动方程为

$$\ddot{\eta}_k(t) + \omega_k^2 \eta_k(t) = Q_k(t)/M_k \quad k = 1, 2, \cdots \tag{8-156}$$

式中，$M_k$ 为广义质量。

假设分布载荷 $f(x, t)$ 可分离变量，即有

$$f(x, t) = p(x) N(t) \tag{8-157}$$

则方程(8 - 156)可表示为

$$\ddot{\eta}_k(t) + \omega_k^2 \eta_k(t) = P_k F(t)/M_k \quad k = 1, 2, \cdots \tag{8-158}$$

式中，

$$P_k = \int_0^l p(x) \phi_k(x) \mathrm{d}x \quad k = 1, 2, \cdots$$

则方程(8 - 158)的通解为

$$\eta_k(t) = \eta_0 \cos(\omega_k t) + \frac{1}{\omega_k} \dot{\eta}_0 \sin(\omega_k t) + \left(\frac{P_k}{M_k \omega_k}\right) \int_0^t F(t) \sin\left[\omega_k(t - \tau)\right] \mathrm{d}\tau$$

$$\tag{8-159}$$

式中，$\eta_0$ 和 $\dot{\eta}_0$ 分别为广义坐标的初始位移和初始速度。

由方程(8 - 158)可以发现，利用拉格朗日方程法求得的悬臂梁的受迫振动是无阻尼二阶系统，而在实际中悬臂梁的振动是有阻尼的。假设悬臂梁的第 $k$ 阶振动模态的阻尼为 $\xi_k$，则悬臂梁的振动方程可以表示为以下二阶有阻尼系统：

$$\ddot{\eta}_k(t) + 2\xi_k \omega_k \dot{\eta}_k(t) + \omega_k^2 \eta_k(t) = P_k F(t)/M_k \quad k = 1, 2, \cdots \tag{8-160}$$

记 $\tau_k = \mathrm{d}\phi_k/\mathrm{d}x$，可以得到悬臂梁受迫振动的角度虚位移为

$$\theta(x,t) = \sum_{k=1}^{\infty} \tau_k(x)\eta_k(t) \qquad (8-161)$$

在我们所使用的高超声速飞行器模型 CSULA_GHV 中,飞行器的前三阶结构弹性数据通过 CFD 模拟计算得到,如表 8 - 12 所示。

**表 8 - 12　飞行器弹性数据**

| 参数 | 一阶 | 二阶 | 三阶 |
|---|---|---|---|
| 模态频率 /(rad/s) | 20.329 6 | 58.622 7 | 116.181 3 |
| 模态质量 | 1.253 1 | 1.208 3 | 0.971 1 |
| 模态阻尼 | 0.01 | 0.01 | 0.01 |
| $\tau_{nose}$ | −2.575 1E−04 | 2.051 4E−04 | −5.045 0E−05 |
| $\tau_{tail}$ | −3.066 6E−04 | −2.864 9E−04 | −9.021 5E−05 |

利用表 8 - 12 的数据,根据方程(8 - 161)和(8 - 158)就可以求得乘波体外形的高超声速飞行器的气动弹性对飞行器的攻角以及升降舵偏角的扰动量大小。

从方程(8 - 160)可以知道,作用在飞行器上的分布载荷(主要包括气动升力)以及集中载荷(主要是控制力和控制力矩、发动机推力)等均是引起飞行器结构弹性振动的诱导因素,而飞行器的弹性振动反过来又会对飞行器的飞行攻角、升降舵偏角附加扰动作用,对飞行器的姿态和控制产生影响。

从表 8 - 12 中可以看到,飞行器的前三阶模态频率比较低,飞行器的弹性振动对飞行控制系统的影响是很难避免的。接下来将利用计算机模拟的方法,简要分析飞行器在静力作用下的结构模态,使我们能够对飞行器的结构弹性对飞行器的影响有个直观的认识。

对飞行器的弹性分析通常有缩比模型试验方法以及计算机软件分析方法,通常这两种方法是结合在一起使用的。考虑到试验条件的限制,本书将采用软件模拟的方法来对高超声速飞行器进行弹性仿真分析。

首先利用 Solidworks 绘制了高超声速飞行器的缩比结构图如图 8-57 所示。

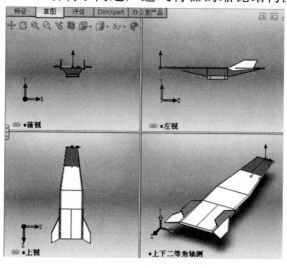

**图 8 - 57　高超声速飞行器结构外形四视图**

然后将该结构模型导入到 ANSYS 软件中,进行结构模态分析,机身材料选取为钛合金,得到飞行器的前六阶弹性模态如图 8-58 ~ 图 8-63 所示。

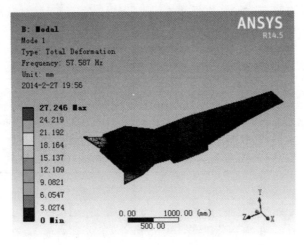

图 8-58　一阶弹性模态

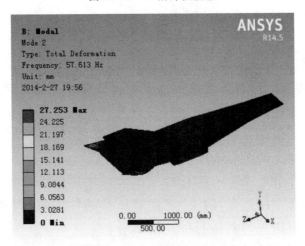

图 8-59　二阶弹性模态

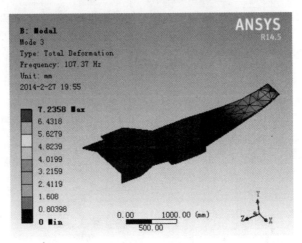

图 8-60　三阶弹性模态

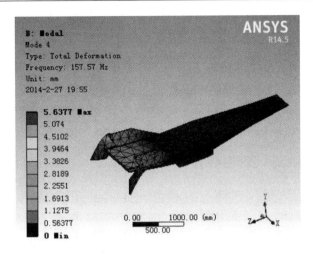

图 8 - 61　四阶弹性模态

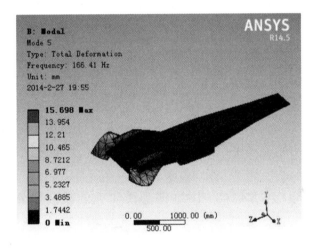

图 8 - 62　五阶弹性模态

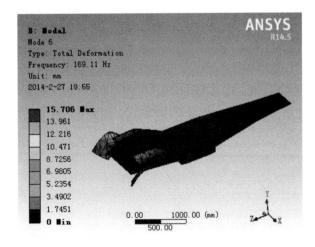

图 8 - 63　六阶弹性模态

从这些图中可以直观地看出,飞行器的结构弹性振动将会使飞行器的前体以及后体、升降舵和方向舵产生较明显的变形,从而对飞行器的攻角以及舵偏角产生附加扰动作用,影响飞行控制系统的控制效果。从图中还可以看到,飞行器的模态频率是递增的,随着模态频率的增加,飞行器的弹性形变更加明显。而飞行器的控制系统频率是需要根据飞行器结构模态频率进行限制的,在我们的仿真分析中,只考虑飞行器的前三阶模态对飞行器的影响。

### 8.2.2.4 高超声速飞行器弹性模型

高超声速飞行器因采用机体 / 发动机一体化设计技术,而表现出紧密的结构 / 推进 / 控制耦合特性,对于采用乘波体构型的高超声速飞行器,耦合特性表现得更加显著。可以通过对乘波体构型的高超声速飞行器进行长薄板近似,并利用悬臂梁弹性振动理论分析得到飞行器的结构形变的方程(8-161)。为了简化问题,假设飞行器的结构弹性形变只对飞行器的攻角和升降舵偏角产生附加扰动作用,即认为实际作用的攻角 $\alpha$ 和升降舵偏角 $\delta_e$ 分别由刚体部分和弹性形变部分组成:

$$\left.\begin{aligned}
\alpha &= \alpha_r + \alpha_e = \alpha_r + \sum_{i=1}^{\infty} \tau_{n,i} \eta_i \\
\delta_e &= \delta_{e,r} + \delta_{e,e} = \delta_{e,r} + \sum_{i=1}^{\infty} \tau_{t,i} \eta_i
\end{aligned}\right\} \quad (8-162)$$

式中,$\alpha_r$ 和 $\delta_{e,r}$ 分别为刚体攻角和升降舵偏角,$\tau_{n,i}$ 和 $\tau_{t,i}$ 的定义与方程(8-161)中的 $\tau_k$ 相同,广义坐标 $\eta_i$ 由方程(8-160)确定。

综合方程(8-154)和方程(8-162)即为所研究的乘波体外形高超声速飞行器的纵向运动方程。

### 8.2.2.5 小扰动线性化方法

根据方程(8-154)可以看到,高超声速飞行器的纵向运动方程组为非线性时变微分方程组,在数学上尚无求解这种方程的一般解析法。因此非线性问题往往是用一个近似的线性系统来代替,并使其近似误差小到无关紧要的程度。非线性系统近似成线性系统,其精确程度取决于线性化方法和线性化假设。这里采用小扰动线性化的方法,对飞行器的非线性扰动运动方程进行泰勒级数展开。

假设飞行器的运动方程为一般形式的微分方程组,即

$$\left.\begin{aligned}
f_1(x_1 \quad x_2 \quad \cdots \quad x_n) \frac{dx_1}{dt} &= F_1(x_1 \quad x_2 \quad \cdots \quad x_n) \\
f_2(x_1 \quad x_2 \quad \cdots \quad x_n) \frac{dx_2}{dt} &= F_2(x_1 \quad x_2 \quad \cdots \quad x_n) \\
&\vdots \\
f_n(x_1 \quad x_2 \quad \cdots \quad x_n) \frac{dx_n}{dt} &= F_n(x_1 \quad x_2 \quad \cdots \quad x_n)
\end{aligned}\right\} \quad (8-163)$$

式中，$x_1,x_2,\cdots,x_n$ 是飞行器的运动参数，假设方程组（8-163）的平衡状态解为

$$
\left.
\begin{aligned}
x_1 &= x_{10}(t)\\
x_2 &= x_{20}(t)\\
&\ \ \vdots\\
x_n &= x_{n0}(t)
\end{aligned}
\right\}
\tag{8-164}
$$

将上述平衡条件式（8-164）代入飞行器的运动方程组（8-163）得到飞行器的平衡运动（也称为基准运动）方程组为

$$
\left.
\begin{aligned}
f_{10}\ \frac{\mathrm{d}x_{10}}{\mathrm{d}t} &= F_{10}\\[2mm]
f_{20}\ \frac{\mathrm{d}x_{20}}{\mathrm{d}t} &= F_{20}\\[2mm]
&\ \ \vdots\\[2mm]
f_{n0}\ \frac{\mathrm{d}x_{n0}}{\mathrm{d}t} &= F_{n0}
\end{aligned}
\right\}
\tag{8-165}
$$

对飞行器的运动微分方程（8-163）进行小扰动线性化，任取其中一个方程，为不失一般性省略其下标，有

$$
f\frac{\mathrm{d}x}{\mathrm{d}t} = F
\tag{8-166}
$$

式中，$x$ 可以代表含有扰动作用飞行的任意运动参数，在基准运动中方程（8-166）表示为

$$
f_0\ \frac{\mathrm{d}x_0}{\mathrm{d}t} = F_0
\tag{8-167}
$$

一个运动参数在扰动运动和基准运动中的差值称为该运动参数的偏量，根据该定义有

$$
f\frac{\mathrm{d}x}{\mathrm{d}t} - f_0\ \frac{\mathrm{d}x_0}{\mathrm{d}t} = F - F_0
\tag{8-168}
$$

记 $\Delta x = x - x_0$，$\Delta f = f - f_0$，$\Delta F = F - F_0$ 均为小量，则方程（8-168）可改写为

$$
\Delta\left(f\frac{\mathrm{d}x}{\mathrm{d}t}\right) = f\frac{\mathrm{d}x}{\mathrm{d}t} - f_0\ \frac{\mathrm{d}x_0}{\mathrm{d}t} = \Delta F
\tag{8-169}
$$

而上述方程的左端项

$$
\Delta\left(f\frac{\mathrm{d}x}{\mathrm{d}t}\right) = f\frac{\mathrm{d}x}{\mathrm{d}t} - f_0\ \frac{\mathrm{d}x_0}{\mathrm{d}t} + \left(f\frac{\mathrm{d}x_0}{\mathrm{d}t} - f\frac{\mathrm{d}x_0}{\mathrm{d}t}\right) =
$$

$$
(f_0 + \Delta f)\frac{\mathrm{d}\Delta x}{\mathrm{d}t} + \Delta f\frac{\mathrm{d}x_0}{\mathrm{d}t} = \Delta F
\tag{8-170}
$$

略去方程（8-170）中的二阶的项，可得到

$$f_0 \frac{\mathrm{d}\Delta x}{\mathrm{d}t} + \Delta f \frac{\mathrm{d}x_0}{\mathrm{d}t} = \Delta F \qquad (8-171)$$

式中，$\Delta f$ 和 $\Delta F$ 为函数偏量，可利用泰勒级数展开的方法求得。

根据方程(8-166)，将函数 $f$ 在基准参数 $x_{10}, x_{20}, \cdots, x_{n0}$ 附近进行泰勒级数展开，有

$$f(x_1 \quad x_2 \quad \cdots \quad x_n) = f_0(x_{10} \quad x_{20} \quad \cdots \quad x_{n0}) + \left[\frac{\partial f}{\partial x_1}\right]_0 \Delta x_1 + \left[\frac{\partial f}{\partial x_2}\right]_0 \Delta x_2 + \cdots +$$
$$\left[\frac{\partial f}{\partial x_n}\right]_0 \Delta x_n + R_f \qquad (8-172)$$

式中，$R_f$ 代表所有二阶及以上各项之和。略去高阶偏量 $R_f$ 得到函数偏量 $\Delta f$ 为

$$\Delta f = f - f_0 = \left[\frac{\partial f}{\partial x_1}\right]_0 \Delta x_1 + \left[\frac{\partial f}{\partial x_2}\right]_0 \Delta x_2 + \cdots + \left[\frac{\partial f}{\partial x_n}\right]_0 \Delta x_n \quad (8-173)$$

同理可求得函数偏量 $\Delta F$ 的表达式为

$$\Delta F = F - F_0 = \left[\frac{\partial F}{\partial x_1}\right]_0 \Delta x_1 + \left[\frac{\partial F}{\partial x_2}\right]_0 \Delta x_2 + \cdots + \left[\frac{\partial F}{\partial x_n}\right]_0 \Delta x_n \quad (8-174)$$

将方程(8-173)和方程(8-174)代入方程(8-171)化简即可以得到方程(8-166)的小扰动线性化方程为

$$f_0 \frac{\mathrm{d}\Delta x}{\mathrm{d}t} = \left[\left(\frac{\partial F}{\partial x_1}\right)_0 - \left(\frac{\partial f}{\partial x_1}\right)_0 \frac{\mathrm{d}x_{10}}{\mathrm{d}t}\right]\Delta x_1 + \left[\left(\frac{\partial F}{\partial x_2}\right)_0 - \left(\frac{\partial f}{\partial x_2}\right)_0 \frac{\mathrm{d}x_{20}}{\mathrm{d}t}\right]\Delta x_2 + \cdots +$$
$$\left[\left(\frac{\partial F}{\partial x_n}\right)_0 - \left(\frac{\partial f}{\partial x_n}\right)_0 \frac{\mathrm{d}x_{n0}}{\mathrm{d}t}\right]\Delta x_n \qquad (8-175)$$

式中，$(\partial F/\partial x_i)_0$ 和 $(\partial f/\partial x_i)_0 (i=1,2,\cdots,n)$ 均为基准运动条件下的函数，它们都是已知的时间的函数。

由方程(8-175)可以看出，利用小扰动线性化得到的线性运动方程是运动参数的小偏量线性微分方程，该线性化运动方程只有在参数相对于基准运动参数的偏差很小的邻域内成立。

### 8.2.2.6　高超声速飞行器纵向运动方程的小扰动线性化

考虑高超声速飞行器的纵向运动方程组(8-154)，为了利用小扰动线性化方法对该方程组进行线性化，首先需要确定运动参数 $x$。根据小扰动线性化方法，这里选取 $\boldsymbol{x} = [V \quad \gamma \quad h \quad \alpha_r \quad q \quad \delta_T \quad \delta_e]^{\mathrm{T}}$ 作为运动参数向量，相应的基准运动参数为 $\boldsymbol{x}_0 = [V_0 \quad \gamma_0 \quad h_0 \quad \alpha_{r0} \quad q_0 \quad \delta_{T0} \quad \delta_{e0}]^{\mathrm{T}}$，利用小扰动线性化方法有

$$
\left.
\begin{aligned}
\Delta\dot{V} &= (F_1^V)_0\Delta V + (F_1^\gamma)_0\Delta\gamma + (F_1^h)_0\Delta h + (F_1^{\alpha_r})_0\Delta\alpha_r + (F_1^q)_0\Delta q + \\
&\quad (F_1^{\delta_T})_0\Delta\delta_T + (F_1^{\delta_e})_0\Delta\delta_e \\
\Delta\dot{\gamma} &= (F_2^V)_0\Delta V + (F_2^\gamma)_0\Delta\gamma + (F_2^h)_0\Delta h + (F_2^{\alpha_r})_0\Delta\alpha_r + (F_2^q)_0\Delta q + \\
&\quad (F_2^{\delta_T})_0\Delta\delta_T + (F_2^{\delta_e})_0\Delta\delta_e \\
\Delta\dot{h} &= (F_3^V)_0\Delta V + (F_3^\gamma)_0\Delta\gamma + (F_3^h)_0\Delta h + (F_3^{\alpha_r})_0\Delta\alpha_r + (F_3^q)_0\Delta q + \\
&\quad (F_3^{\delta_T})_0\Delta\delta_T + (F_3^{\delta_e})_0\Delta\delta_e \\
\Delta\dot{\alpha}_r &= (F_4^V)_0\Delta V + (F_4^\gamma)_0\Delta\gamma + (F_4^h)_0\Delta h + (F_4^{\alpha_r})_0\Delta\alpha_r + (F_4^q)_0\Delta q + \\
&\quad (F_4^{\delta_T})_0\Delta\delta_T + (F_4^{\delta_e})_0\Delta\delta_e \\
\Delta\dot{q} &= (F_5^V)_0\Delta V + (F_5^\gamma)_0\Delta\gamma + (F_5^h)_0\Delta h + (F_5^{\alpha_r})_0\Delta\alpha_r + (F_5^q)_0\Delta q + \\
&\quad (F_5^{\delta_T})_0\Delta\delta_T + (F_5^{\delta_e})_0\Delta\delta_e
\end{aligned}
\right\}
\tag{8-176}
$$

式中，

$$
(F_i^{x_j})_0 = (\partial F_i / \partial x_j)_0 \quad (i=1,2,\cdots,5; j=1,2,\cdots,7)
$$

表示方程组 (8-154) 中的第 $i$ 个方程的右端项对第 $j$ 个运动参数 $x_j$ 的偏导数。

若记 $\Delta x = \begin{bmatrix} \Delta V & \Delta\gamma & \Delta h & \Delta\alpha_r & \Delta q \end{bmatrix}^T$ 为状态向量，$\Delta u = \begin{bmatrix} \Delta\delta_T & \Delta\delta_e \end{bmatrix}^T$ 为控制向量，则可将方程 (8-176) 写成如下所示的状态空间方程的形式：

$$
\Delta\dot{x} = A\Delta x + B\Delta u
\tag{8-177}
$$

式中，系统矩阵 $A$ 和输入矩阵 $B$ 分别为

$$
A = \begin{bmatrix}
F_1^V & F_1^\gamma & F_1^h & F_1^{\alpha_r} & F_1^q \\
F_2^V & F_2^\gamma & F_2^h & F_2^{\alpha_r} & F_2^q \\
F_3^V & F_3^\gamma & F_3^h & F_3^{\alpha_r} & F_3^q \\
F_4^V & F_4^\gamma & F_4^h & F_4^{\alpha_r} & F_4^q \\
F_5^V & F_5^\gamma & F_5^h & F_5^{\alpha_r} & F_5^q
\end{bmatrix}, \quad
B = \begin{bmatrix}
F_1^{\delta_T} & F_1^{\delta_e} \\
F_2^{\delta_T} & F_2^{\delta_e} \\
F_3^{\delta_T} & F_3^{\delta_e} \\
F_4^{\delta_T} & F_4^{\delta_e} \\
F_5^{\delta_T} & F_5^{\delta_e}
\end{bmatrix}
$$

根据飞行器纵向运动方程组 (8-154) 以及气动力、气动力矩和发动机推力的表达式可得到

$$
\left.
\begin{aligned}
(F_1^V)_0 &= \frac{1}{m}\left(\frac{\partial T}{\partial Ma}\frac{Ma}{V}\cos\alpha_r - \frac{\partial D}{\partial Ma}\frac{Ma}{V}\right)_0 \\
(F_1^\gamma)_0 &= \left(\frac{\mu}{r^2}\cos\gamma\right)_0 \\
(F_1^h)_0 &= \frac{1}{m}\left(\frac{\partial T}{\partial Ma}\frac{\partial Ma}{\partial h}\cos\alpha_r - \frac{\partial D}{\partial Ma}\frac{\partial Ma}{\partial h}\right)_0 + \left(2\mu\sin\gamma\frac{1}{r^3}\right)_0 \\
(F_1^{\alpha_r})_0 &= \frac{1}{m}\left(\frac{\partial T}{\partial\alpha_r}\cos\alpha_r - T\sin\alpha_r - \frac{\partial D}{\partial\alpha_r}\right)_0 \\
(F_1^q)_0 &= 0 \\
(F_1^{\delta_T})_0 &= \frac{1}{m}\left(\frac{\partial T}{\partial\delta_T}\cos\alpha_r - \frac{\partial D}{\partial\delta_T}\right)_0 \\
(F_1^{\delta_e})_0 &= \frac{1}{m}\left(\frac{\partial T}{\partial\delta_e}\cos\alpha_r - \frac{\partial D}{\partial\delta_e}\right)_0
\end{aligned}
\right\}
\tag{8-178}
$$

$$(F_2^V)_0 = \frac{1}{mV_0}\left(\frac{\partial L}{\partial Ma}\frac{Ma}{V} + \frac{\partial T}{\partial Ma}\frac{Ma}{V}\sin\alpha_r + \frac{\cos\gamma}{r} + \frac{\mu\cos\gamma}{(Vr)^2}\right)_0$$

$$(F_2^\gamma)_0 = \left(-\frac{\mu - V^2 r}{Vr^2}\sin\gamma\right)_0$$

$$(F_2^h)_0 = \frac{1}{mV_0}\left(\left(\frac{\partial L}{\partial Ma} + \frac{\partial T}{\partial Ma}\sin\alpha_r\right)\frac{\partial Ma}{\partial h} + \frac{(V^2 r + \mu)\cos\gamma}{(Vr)^2}\right)_0 + \left(\frac{2\mu - V^2 r}{Vr^3}\cos\gamma\right)_0$$

$$(F_2^{\alpha_r})_0 = \frac{1}{mV_0}\left(\frac{\partial L}{\partial \alpha_r} + \frac{\partial T}{\partial \alpha_r}\sin\alpha_r + T\cos\alpha_r\right)_0$$

$$(F_2^q)_0 = 0$$

$$(F_2^{\delta_T})_0 = \frac{1}{mV_0}\left(\frac{\partial L}{\partial \delta_T} + \frac{\partial T}{\partial \delta_T}\sin\alpha_r\right)_0$$

$$(F_2^{\delta_e})_0 = \frac{1}{mV_0}\left(\frac{\partial L}{\partial \delta_e} + \frac{\partial T}{\partial \delta_e}\sin\alpha_r\right)_0$$

$$(8-179)$$

$$(F_3^V)_0 = (\sin\gamma)_0$$

$$(F_3^\gamma)_0 = (V\cos\gamma)_0$$

$$(F_3^h)_0 = 0$$

$$(F_3^{\alpha_r})_0 = 0$$

$$(F_3^q)_0 = 0$$

$$(F_3^{\delta_T})_0 = 0$$

$$(F_3^{\delta_e})_0 = 0$$

$$(8-180)$$

$$(F_4^V)_0 = -(F_2^V)_0$$

$$(F_4^\gamma)_0 = -(F_2^\gamma)_0$$

$$(F_4^h)_0 = -(F_2^h)_0$$

$$(F_4^{\alpha_r})_0 = -(F_2^{\alpha_r})_0$$

$$(F_4^q)_0 = 1$$

$$(F_4^{\delta_T})_0 = -(F_2^{\delta_T})_0$$

$$(F_4^{\delta_e})_0 = -(F_2^{\delta_e})_0$$

$$(8-181)$$

$$\left.\begin{aligned}
(F_5^V)_0 &= \frac{1}{I_y}\left(\frac{\partial M_y}{\partial Ma}\frac{Ma}{V}\right)_0 \\[4pt]
(F_5^\gamma)_0 &= 0 \\[4pt]
(F_5^h)_0 &= \frac{1}{I_y}\left(\frac{\partial M_y}{\partial Ma}\frac{\partial Ma}{\partial h}\right)_0 \\[4pt]
(F_5^{\alpha_r})_0 &= \frac{1}{I_y}\left(\frac{\partial M_y}{\partial \alpha_r}\right)_0 \\[4pt]
(F_5^q)_0 &= 0 \\[4pt]
(F_1^{\delta_T})_0 &= \frac{1}{I_y}\left(\frac{\partial M_y}{\partial \delta_T}\right)_0 \\[4pt]
(F_1^{\delta_e})_0 &= \frac{1}{I_y}\left(\frac{\partial M_y}{\partial \delta_e}\right)_0
\end{aligned}\right\} \tag{8-182}$$

利用方程(8-178)~(8-182)求出基准运动 $\mathbf{x}_0$ 处的小扰动参数偏量系数,代入方程(8-177)就可以得到该基准运动小邻域内的线性状态空间方程。

### 8.2.2.7　纵向运动的鲁棒特征结构配置控制

假设飞行器的纵向运动状态空间方程为

$$\left.\begin{aligned}
\Delta \dot{\mathbf{x}} &= \mathbf{A}\Delta\mathbf{x} + \mathbf{B}\Delta\mathbf{u} \\
\Delta \mathbf{y} &= \mathbf{C}\Delta\mathbf{x}
\end{aligned}\right\} \tag{8-183}$$

式中,$\Delta\mathbf{x} \in \mathbf{R}^{n\times 1}$ 为系统的状态向量,$\Delta\mathbf{u} \in \mathbf{R}^{p\times 1}$ 为系统控制向量,$\Delta\mathbf{y} \in \mathbf{R}^{m\times 1}$ 为可测量输出向量,系统矩阵 $[\mathbf{A}\quad \mathbf{B}\quad \mathbf{C}]$ 的维数是相容的。状态反馈极点配置控制就是在系统中引入以下反馈控制律:

$$\Delta\mathbf{u}(t) = \Delta\mathbf{v}(t) - \mathbf{K}\Delta\mathbf{x}(t) \tag{8-184}$$

其中,$\mathbf{v}(t)$ 为新的控制向量,$\mathbf{K}$ 为状态反馈增益矩阵。在该控制律作用下,闭环系统的状态空间方程为

$$\left.\begin{aligned}
\Delta \dot{\mathbf{x}} &= (\mathbf{A} - \mathbf{BK})\Delta\mathbf{x} + \mathbf{B}\Delta\mathbf{v} \\
\Delta \mathbf{y} &= \mathbf{C}\Delta\mathbf{x}
\end{aligned}\right\} \tag{8-185}$$

闭环系统式(8-185)的闭环系统特征多项式为

$$D(s) = \det(\mathbf{I}s - \mathbf{A} + \mathbf{BK}) = \prod_{i=1}^{n}(s - \lambda_i) \tag{8-186}$$

式中,$\lambda_i(i=1,2,\cdots,n)$ 是闭环系统式(8-185)的 $n$ 个特征根。闭环系统机构图如图 8-64 所示。

现代控制理论已经证明,如果系统 $(\mathbf{A},\mathbf{B})$ 完全可控,则由方程(8-186)可知,通过选择合适的状态反馈增益矩阵 $\mathbf{K}$,就可以将闭环系统矩阵 $\mathbf{A} - \mathbf{BK}$ 的特征值配置到任意地方。

对于单输入单输出(SISO)系统来说,给定期望的闭环系统极点 $\lambda_i(i=1,2,$

$\cdots,n)$，利用方程(8-186)就可以唯一确定状态反馈增益矩阵 $\boldsymbol{K}$。然而，对于多输入多输出（MIMO）系统来说，直接利用方程(8-186)是无法求得唯一的状态反馈增益矩阵 $\boldsymbol{K}$ 的。为此，学者提出了特征结构配置理论，该理论不仅对闭环系统的特征值进行配置，还对闭环系统的特征向量进行"整形"，从而解决了 MIMO 系统极点配置问题。

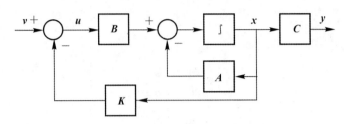

图 8-64　状态反馈极点配置结构图

为了理解系统特征向量对系统响应的影响，将求取系统响应的时域表达式。为了讨论的简化，假设系统 $(\boldsymbol{A},\boldsymbol{B})$ 的所有特征向量均为实数且互不相同，对应于特征值 $\lambda_i(i=1,2,\cdots,n)$ 的左特征向量和右特征向量分别为 $\boldsymbol{L}_i$ 和 $\boldsymbol{R}_i$，使以下关系式成立：

$$\boldsymbol{A}\boldsymbol{R}_i=\lambda_i\boldsymbol{R}_i,\quad \boldsymbol{L}_i^{\mathrm{T}}\boldsymbol{A}=\lambda_i\boldsymbol{L}_i^{\mathrm{T}} \tag{8-187}$$

由于 $\Delta\boldsymbol{y}=\boldsymbol{C}\Delta\boldsymbol{x}$，因而系统的输出向量的时域响应表达式为

$$\boldsymbol{y}(t)=\sum_{i=1}^n(\boldsymbol{L}_i^{\mathrm{T}}\boldsymbol{x}_0)\boldsymbol{C}\boldsymbol{R}_i\mathrm{e}^{\lambda_i t}+\sum_{i=1}^n\boldsymbol{C}\boldsymbol{R}_i\int_0^t\mathrm{e}^{\lambda_i(t-\tau)}\boldsymbol{L}_i^{\mathrm{T}}\boldsymbol{B}\boldsymbol{u}(\tau)\mathrm{d}\tau \tag{8-188}$$

从上述系统输出的时域表达式中可以得出以下结论：

(1) 系统的特征值 $\lambda_i(i=1,2,\cdots,n)$ 决定了输出响应的衰减速率大小。

(2) 系统的右特征向量 $\boldsymbol{R}_i$ 决定了系统的第 $i$ 个模态对系统输出的影响。

(3) 系统的左特征向量 $\boldsymbol{L}_i$ 决定了系统的输入对系统第 $i$ 个模态的影响。

上述结论表明，通过适当地选择闭环系统的特征向量 $\boldsymbol{L}_i$ 和 $\boldsymbol{R}_i$，将有可能改变系统输入、状态以及系统输出之间的相互耦合关系。换句话说，也就是通过选择闭环系统的特征向量以及特征值，将能够改变 MIMO 系统的闭环极点和零点。为了说明这一点，考虑系统的传递函数：

$$\boldsymbol{H}(s)=\boldsymbol{C}(s\boldsymbol{I}-\boldsymbol{A})^{-1}\boldsymbol{B} \tag{8-189}$$

记系统的 Jordan 矩阵 $\boldsymbol{J}$ 和右特征向量矩阵 $\boldsymbol{M}$ 分别为

$$\boldsymbol{J}=\mathrm{diag}\{\lambda_i\},\quad \boldsymbol{M}=\begin{bmatrix}\boldsymbol{R}_1 & \boldsymbol{R}_2 & \cdots & \boldsymbol{R}_n\end{bmatrix} \tag{8-190}$$

则根据左右特征向量的关系有

$$\boldsymbol{M}^{-1}=\begin{bmatrix}\boldsymbol{L}_1 & \boldsymbol{L}_2 & \cdots & \boldsymbol{L}_n\end{bmatrix}^{\mathrm{T}} \tag{8-191}$$

而利用系统矩阵 $\boldsymbol{A}$ 与系统 Jordan 矩阵 $\boldsymbol{J}$ 的关系 $\boldsymbol{A}=\boldsymbol{M}\boldsymbol{J}\boldsymbol{M}^{-1}$ 有

$$\boldsymbol{H}(s)=\boldsymbol{C}\boldsymbol{M}(s\boldsymbol{I}-\boldsymbol{J})^{-1}\boldsymbol{M}^{-1}\boldsymbol{B} \tag{8-192}$$

上式也可以写为

$$H(s) = \sum_{i=1}^{n} \frac{CR_i L_i^{\mathrm{T}} B}{s - \lambda_i} \qquad (8-193)$$

从方程(8-193)可以清楚地看到,系统的零点与系统的特征向量有关。

接下来讨论如何选取闭环系统的特征值和特征向量,使得闭环系统具有良好的鲁棒特性,这也称为鲁棒极点配置问题。为此,考虑多输入多输出线性定常系统状态空间描述式(8-183),对于实际的飞行器模型,输入矩阵 $B$ 为列满秩矩阵。假设期望的闭环系统极点为 $\lambda_i (i=1,2,\cdots,n)$,鲁棒极点配置就是求取实数矩阵 $K$ 以及非奇异特征向量矩阵 $X$,使得下面的矩阵等式成立:

$$(A - BK)X = XJ \qquad (8-194)$$

式中,对角矩阵 $J = \mathrm{diag}\{\lambda_1, \lambda_2, \cdots, \lambda_n\}$,非奇异矩阵 $X = [x_1 \quad x_2 \quad \cdots \quad x_n]$,$x_i$ 为对应于特征值 $\lambda_i$ 的右特征向量。

方程(8-194)的解存在的充分必要条件为

$$U_1^{\mathrm{T}}(AX - XJ) = O \qquad (8-195)$$

并且方程的解为

$$K = Z^{-1} U_0^{\mathrm{T}}(A - XJX^{-1}) \qquad (8-196)$$

其中,因为矩阵 $B$ 列满秩,故可进行以下分解:

$$B = [U_0 \quad U_1] \begin{bmatrix} Z \\ O \end{bmatrix} \qquad (8-197)$$

式中,$U = [U_0 \quad U_1]$ 为正交矩阵,$Z$ 为非奇异矩阵。

设状态反馈增益矩阵 $K$ 将闭环系统的极点配置到稳定的极点 $\lambda_i (i=1,2,\cdots, n)$,则受扰动的闭环系统矩阵 $A - BK + \Delta$ 对于满足以下条件的所有扰动 $\Delta$ 保持稳定。对于连续时间系统,有

$$\|\Delta\|_2 < \min_{s=i\omega} \sigma_n \{sI - (A - BK)\} \equiv \delta(K) \qquad (8-198)$$

式中,$\delta(K)$ 的下界由下式确定:

$$\delta(K) \geqslant \min_j \mathrm{Re}(-\lambda_j)/\kappa_2(X) \qquad (8-199)$$

式中,$\kappa_2(X)$ 为特征向量矩阵 $X$ 的条件数。

对于离散时间系统,有

$$\|\Delta\|_2 < \min_{s=\exp(i\omega)} \sigma_n \{sI - (A - BK)\} \equiv \delta(K) \qquad (8-200)$$

式中,

$$\delta(K) \geqslant \min_j (1 - |\lambda_j|)/\kappa_2(X) \qquad (8-201)$$

从上述方程(8-198)~(8-201)可以看出,在满足方程(8-194)的条件下,选择特征向量矩阵 $X$ 使其条件数 $\kappa_2(X)$ 尽可能地小,则可以提高系统可承受的不确定性的上界,并保持系统的稳定,使系统具有更好的鲁棒性能。

为了验证上述鲁棒极点配置方法对镇定高超声速飞行器的有效性,利用该方

法对高超声速飞行器进行速度和高度指令跟踪控制仿真分析。取飞行器的初始巡航速度和巡航高度分别为

$$V_0 = 3\ 026 \text{m/s} \quad (Ma = 10) \atop h_0 = 30\ 000 \text{m} \Bigg\} \tag{8-202}$$

求得在此巡航条件下飞行器的平衡运动参数见表 8-13。

表 8-13　高超声速飞行器初始平衡飞行条件

| 状态名称 | 状态值 |
|---|---|
| 速度 $V_0$/(m/s) | 3 026 |
| 高度 $h_0$/m | 30 000 |
| 航迹角 $\gamma_0$/(°) | 0 |
| 攻角 $\alpha_0$/(°) | 0.020 8 |
| 俯仰角速度 $q_0$/(°/s) | 0 |
| 前体弹性偏角 $\alpha_{e0}$/(°) | 0.184 3 |
| 后体弹性偏角 $\delta_{e,e0}$/(°) | 0.272 6 |
| 发动机燃气比 $\delta_{T0}$ | 0.063 0 |
| 升降舵偏角 $\delta_{e,r0}$/(°) | $-7.850\ 3$ |

根据前面介绍的小扰动线性化方法,可以求得高超声速飞行器在表 8-13 给出的初始平衡飞行条件下的小扰动线性化模型为

$$\dot{x} = Ax + Bu \tag{8-203}$$

式中,状态向量 $x = [V \quad \gamma \quad h \quad \alpha \quad q]^T$,输入向量 $u = [\delta_T \quad \delta_e]^T$,矩阵 $A$ 和 $B$ 分别为

$$A = \begin{bmatrix} -5.597\ 3 \times 10^{-4} & -9.605\ 3 & 4.775\ 3 \times 10^{-6} & -22.390\ 0 & 0 \\ 1.465\ 6 \times 10^{-6} & 1.350\ 9 \times 10^{-9} & -3.628\ 4 \times 10^{-7} & 0.112\ 7 & 0 \\ 0 & 3.026\ 5 \times 10^{3} & 0 & 0 & 0 \\ -1.4656 \times 10^{-6} & -1.350\ 9 \times 10^{-9} & 3.628\ 4 \times 10^{-7} & -0.112\ 7 & 1 \\ 5.274\ 4 \times 10^{-5} & 0 & -4.473\ 5 \times 10^{-7} & 6.303\ 3 & 0 \end{bmatrix}$$

$$B = \begin{bmatrix} 28.695\ 8 & -4.345\ 3 \\ 0.017\ 1 & -0.010\ 1 \\ 0 & 0 \\ -0.017\ 1 & 0.010\ 1 \\ -5.391\ 7 & 5.105\ 7 \end{bmatrix}$$

此时,弹性高超声速飞行器的系统极点分布见表 8-14。

表 8 - 14　高超声速飞行器系统极点分布

| 系统极点 | 所属模态 |
| --- | --- |
| $-0.0004$ | 稳定的长周期模态 |
| $-1.28 \times 10^{-6} \pm 0.0328i$ | 长周期振动模态 |
| $-2.5677$ $2.4548$ | 不稳定的短周期模态 |

从表 8 - 14 中可以看出,弹性高超声速飞行器存在一个位于右半平面内的系统极点,根据控制系统理论可知,该飞行器不稳定。为了使系统在气动弹性影响下保持稳定并且能够实现对速度和高度指令的跟踪控制,接下来将利用前面介绍的鲁棒极点配置方法来设计控制器。

为了增加模型的准确性,考虑在飞行器模型式(8 - 203)中串联执行机构的动态特性,这里取飞行器燃料阀和升降舵的动态特性分别为

$$G_{\delta_T}(s) = \frac{100}{s^2 + 20s + 100} \tag{8 - 204}$$

$$G_{\delta_e}(s) = \frac{400}{s^2 + 40s + 400} \tag{8 - 205}$$

考虑到极点配置算法对多重闭环系统极点的限制,选择执行机构的闭环极点 $[-10 \quad -10.5 \quad -20 \quad -20.5]$,最终选取期望的系统闭环极点为

$$\boldsymbol{\lambda}_d = [-3 \quad -3 + 5i \quad -3 - 5i \quad -5 \quad -5.5 \quad -10 \quad -10.5 \quad -20 \quad -20.5] \tag{8 - 206}$$

利用前面介绍的鲁棒极点控制算法,计算得到状态反馈增益矩阵为

$$\boldsymbol{K} = \begin{bmatrix} 0.5297 & -228.6067 & -0.0220 & -18.4922 & \cdots \\ 0.0852 & 261.6226 & 0.1143 & 12.5710 & \cdots \\ -2.9205 & 3.8946 & 0.1887 & -1.0427 & -0.0247 \\ 2.8811 & -0.5802 & -0.0134 & 0.5399 & 0.0038 \end{bmatrix} \tag{8 - 207}$$

在该状态反馈极点配置控制器的控制下,系统的速度和高度回路的单位阶跃响应如图8 - 65 所示。

从图 8 - 65 中可以看到,通过状态反馈极点配置方法,高超声速飞行器的闭环系统是稳定的,但是飞行器的速度和高度没有跟踪上指令,且输入速度指令对飞行器的飞行高度产生了影响,而高度指令也对飞行速度产生作用,我们期望速度指令只对飞行速度起作用,高度指令只对高度起作用。

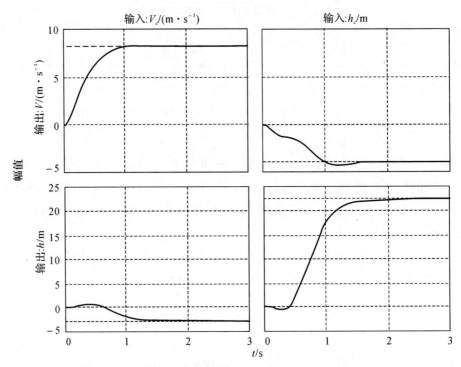

图 8 - 65    状态反馈控制系统单位阶跃控制量下的速度和高度响应曲线

为了实现对飞行器速度和高度指令的跟踪控制,最简单的方法就是在前向通道中串联一个增益补偿器 $K_c$,使得飞行器的速度和高度能够跟踪上单位阶跃指令信号,并且输入和输出通道之间实现解耦。此时控制系统结构图如图 8 - 66 所示。

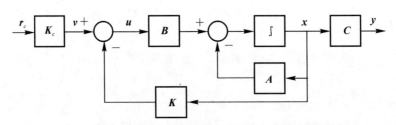

图 8 - 66    前置补偿速度高度指令跟踪控制系统结构图

假设经过状态反馈极点配置得到的闭环控制系统速度和高度回路相对两个控制输入的稳态增益矩阵为

$$K_s = \begin{bmatrix} g_{11} & g_{12} \\ g_{21} & g_{22} \end{bmatrix} \qquad (8-208)$$

要实现飞行器速度和高度的单位阶跃稳态跟踪,则应该满足以下关系式:

$$K_c K_s = I \qquad (8-209)$$

式中,$I$ 为单位矩阵。根据上述方程就可以得到控制系统的前置补偿增益为

$$\boldsymbol{K}_c = \boldsymbol{K}_s^{-1} \qquad\qquad (8-210)$$

在前置补偿增益的作用下,高超声速飞行器闭环系统速度和高度单位阶跃响应曲线如图 8-67 所示。

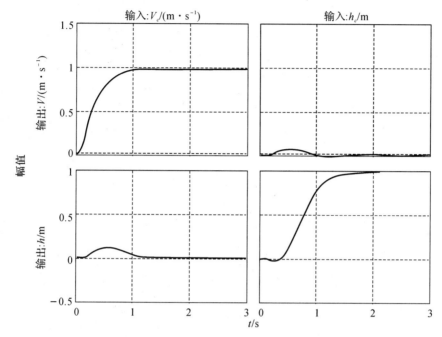

图 8-67　前置增益补偿控制的速度和高度单位阶跃响应输出曲线

从图 8-67 中可以看出,通过状态反馈极点配置控制使系统稳定,然后串联前置补偿控制,使得飞行器实现了对单位阶跃速度和高度指令的跟踪,且输入和输出通道之间的交叉作用在稳态时收敛到零,实现了速度和高度通道之间的解耦控制。

但是,从上面的分析设计中可以看到,具有前置补偿的状态反馈极点配置系统实际上是开环控制系统。前置增益矩阵的计算是根据被控系统的稳态增益进行的,而系统的稳态增益通常是无法精确获得的。为了研究稳态增益误差对控制系统响应的影响,假设系统的稳态增益矩阵 $\boldsymbol{K}_s$ 的测量值存在 10% 的测量误差,则此时系统的速度和高度单位阶跃响应输出曲线如图 8-68 所示。

从图 8-68 中可以看出,在稳态增益存在误差的情况下,利用前馈补偿控制的高超声速飞行器控制系统无法跟踪上速度和高度指令,系统存在稳态误差。存在这样的问题的主要原因在于,前置补偿控制系统实际上是开环控制系统,系统无法利用跟踪误差来修正控制信号。

为了解决这个问题,需要设计闭环系统,使系统能够根据控制误差来修正控制指令。为了实现令稳态误差跟踪控制,考虑在图 8-66 给出的控制系统结构的基础之上加入对跟踪误差的积分环节,积分输出与前馈控制量一起作为状态反馈闭环稳定系统的控制输入,修改后的控制系统结构图如图 8-69 所示。图中的虚线框内部分为增加的误差积分环节,其中$K_I$ 和 $H$ 分别为积分增益矩阵和指令响应输出矩阵,在本书研究的问题中,矩阵 $H$ 满足:

$$H = \begin{bmatrix} 1 & 0 & 0 & 0 & 0 \\ 0 & 0 & 1 & 0 & 0 \end{bmatrix}$$

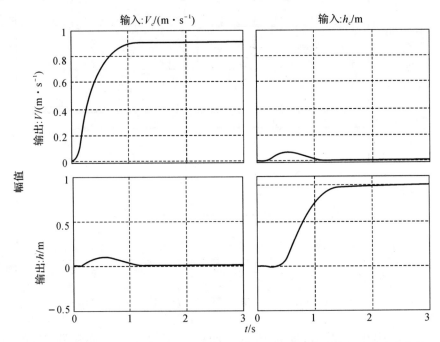

图 8-68 稳态增益存在测量误差的情况下系统的速度和高度单位阶跃响应曲线

从图 8-69 可以看到系统实现了闭环控制,通过对积分增益矩阵$K_I$ 进行恰当的设计,可以实现对飞行器的指令跟踪控制。

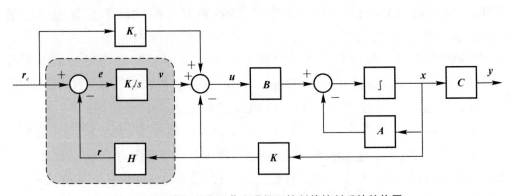

图 8-69 增加积分环节实现闭环控制的控制系统结构图

根据传统的 SISO 系统设计经验,如果图 8-69 描述的是一个 SISO 系统,则积分器的增益可通过反复取值试验来求得一个比较满意的值。但是对于 MIMO 系统来说,积分增益 $\boldsymbol{K}_I$ 是一个矩阵,按照 SISO 系统设计的办法来逐个求取增益矩阵的元素是很难的。因此,需要找到一种能够同时求取增益矩阵各个元素的方法,应用现代最优控制理论就可以很好地解决这个问题。下面利用 LQR 最优控制方法来设计指令跟踪控制系统。

### 8.2.2.8　LQR 最优控制系统设计

本节在小扰动线性化模型的基础上,利用 LQR 最优控制方法来设计高超声速飞行器的飞行速度和飞行高度跟踪控制系统,并将所设计的控制系统应用到高超声速飞行器的非线性模型中去,以验证所设计的线性控制器对非线性系统的有效性。

考虑高超声速飞行器的小扰动线性化状态空间方程为

$$\left.\begin{aligned}\dot{\boldsymbol{x}}_p &= \boldsymbol{A}_p\,\boldsymbol{x}_p + \boldsymbol{B}_p\,\boldsymbol{u}_p \\ \boldsymbol{y}_p &= \boldsymbol{C}_p\,\boldsymbol{x}_p\end{aligned}\right\} \tag{8-211}$$

式中,状态向量 $\boldsymbol{x}_p = \begin{bmatrix}V & \gamma & h & \alpha & q\end{bmatrix}^{\mathrm{T}}$,控制向量 $\boldsymbol{u}_p = \begin{bmatrix}\delta_T & \delta_e\end{bmatrix}^{\mathrm{T}}$,系统的矩阵分别为 $\boldsymbol{A}_\delta \in \mathbf{R}^{5\times5}$,$\boldsymbol{B}_\delta \in \mathbf{R}^{5\times2}$,并且假设系统的状态向量完全可通过系统输出进行测量,即 $\boldsymbol{C}_p = \boldsymbol{I}_{5\times5}$。

定义跟踪指令的响应输出为

$$\boldsymbol{z}_p = \boldsymbol{H}_p\,\boldsymbol{x}_p \tag{8-212}$$

式中,$\boldsymbol{z}_p = \begin{bmatrix}V & h\end{bmatrix}^{\mathrm{T}}$ 表示需要对飞行器的速度和高度进行指令跟踪控制。

为了增加模型的真实性,在高超声速飞行器模型中加入执行机构的动态特性。假设执行机构的动态特性由以下状态空间方程描述:

$$\left.\begin{aligned}\dot{\boldsymbol{x}}_\delta &= \boldsymbol{A}_\delta\,\boldsymbol{x}_\delta + \boldsymbol{B}_\delta\,\boldsymbol{u}_\delta \\ \boldsymbol{y}_\delta &= \boldsymbol{C}_\delta\,\boldsymbol{x}_\delta\end{aligned}\right\} \tag{8-213}$$

式中,$\boldsymbol{x}_\delta = \begin{bmatrix}\delta_T & \dot{\delta}_T & \delta_e & \dot{\delta}_e\end{bmatrix}^{\mathrm{T}}$,$\boldsymbol{A}_\delta \in \mathbf{R}^{4\times4}$,$\boldsymbol{B}_\delta \in \mathbf{R}^{4\times2}$,$\boldsymbol{C}_\delta \in \mathbf{R}^{2\times4}$。

将高超声速飞行器刚体模型式(8-211)与执行机构模型式(8-213)串联构造增广系统如下:

$$\left.\begin{aligned}\dot{\boldsymbol{x}}_1 &= \boldsymbol{A}_1\,\boldsymbol{x}_1 + \boldsymbol{B}_1\,\boldsymbol{u}_1 \\ \boldsymbol{y}_1 &= \boldsymbol{C}_1\,\boldsymbol{x}_1\end{aligned}\right\} \tag{8-214}$$

式中,$\boldsymbol{x}_1 = \begin{bmatrix}\boldsymbol{x}_p^{\mathrm{T}} & \boldsymbol{x}_\delta^{\mathrm{T}}\end{bmatrix}^{\mathrm{T}}$,$\boldsymbol{u}_1 = \boldsymbol{u}_\delta$,且有

$$\boldsymbol{A}_1 = \begin{bmatrix}\boldsymbol{A}_p & \begin{bmatrix}\boldsymbol{B}_p(:,1) & \boldsymbol{O} & \boldsymbol{B}_p(:,2) & \boldsymbol{O}\end{bmatrix} \\ \boldsymbol{O} & \boldsymbol{A}_\delta\end{bmatrix}, \quad \boldsymbol{B}_1 = \begin{bmatrix}\boldsymbol{O} \\ \boldsymbol{B}_\delta\end{bmatrix}, \quad \boldsymbol{C}_1 = \boldsymbol{I}_{9\times9}$$

其中,$\boldsymbol{B}_p(:,1)$ 代表 $\boldsymbol{B}_p$ 的第 1 列元素,$\boldsymbol{B}_p(:,2)$ 代表 $\boldsymbol{B}_p$ 的第 2 列元素。

此时,对应的飞行器速度和高度指令跟踪的响应输出为

$$\boldsymbol{z}_1 = \boldsymbol{H}_1\,\boldsymbol{x}_1 = \begin{bmatrix}\boldsymbol{H}_p & \boldsymbol{O}\end{bmatrix}\boldsymbol{x}_1 \tag{8-215}$$

为了实现零稳态跟踪误差,根据内膜原理,考虑在反馈控制系统中加入积分

环节,并且利用 LQR 最优控制设计方法来求取最优反馈增益以及积分增益。定义跟踪误差为

$$e_1(t) = r(t) - z_1(t) = r(t) - H_1 x_1(t) \tag{8-216}$$

其中,$r = [V_c \quad h_c]^T$ 为参考指令信号,且根据定义有 $r = u_\delta$。积分器的输出定义为

$$w = \int_0^t e_1(\tau)\mathrm{d}\tau, \quad \dot{w} = e_1(t) \tag{8-217}$$

将系统式(8-214)与积分器式(8-217)一起构造误差增广系统如下:

$$\begin{bmatrix} \dot{x}_1 \\ \dot{w} \end{bmatrix} = \begin{bmatrix} A_1 & O \\ -H_1 & O \end{bmatrix} \begin{bmatrix} x_1 \\ w \end{bmatrix} + \begin{bmatrix} B_1 \\ O \end{bmatrix} u_1 + \begin{bmatrix} O \\ I \end{bmatrix} r \tag{8-218}$$

记 $x = [x_1^T \quad w^T]^T$,$u = u_1$,则上述系统可以简写为

$$\dot{x} = Ax + Bu + Gr \tag{8-219}$$

式中,各个矩阵的定义分别为

$$A = \begin{bmatrix} A_1 & O \\ -H_1 & O \end{bmatrix}, \quad B = \begin{bmatrix} B_1 \\ O \end{bmatrix}, \quad G = \begin{bmatrix} O \\ I \end{bmatrix}$$

增广系统式(8-219)的误差向量可以定义为

$$e = \begin{bmatrix} r - H_1 x_1 \\ w \end{bmatrix} = Mx + Nr \tag{8-220}$$

式中,

$$M = \begin{bmatrix} -H_1 & O \\ O & I \end{bmatrix}, \quad N = \begin{bmatrix} I \\ O \end{bmatrix}$$

因为控制器设计的目标是实现对飞行器速度和高度指令的跟踪控制,即要求跟踪误差 $e$ 在控制系统的作用下的有限时间内收敛到零。为此根据最优控制理论,提出以下线性二次型指标函数:

$$J = \frac{1}{2}\int_0^\infty (e^T Q e + v^T R v)\,\mathrm{d}t \tag{8-221}$$

式中,误差加权矩阵 $Q = Q^T \geqslant 0$,控制量加权矩阵 $R = R^T > 0$。线性二次型最优控制(LQR)的目标就是求最优控制 $v^*(t)$,使得系统的二次型性能指标函数式(8-221)取极小值。

已经证明,上述最优控制存在且唯一,即

$$v^*(t) = -R^{-1}BPe(t) = -Ke(t) \tag{8-222}$$

式中,$P$ 为 $11 \times 11$ 维的正定常数矩阵,满足以下黎卡提矩阵代数方程:

$$PA + A^T P - PBR^{-1}B^T P + Q = O \tag{8-223}$$

将跟踪误差向量 $e$ 代入二次型指标函数(8-221),展开并化简可得到关于系统状态向量、跟踪指令向量以及控制向量的二次型性能指标函数为

$$J = \frac{1}{2}\int_0^\infty (x^T M^T Q M x + 2r^T N^T Q M x + r^T N^T Q N r + v^T R v)\,\mathrm{d}t \tag{8-224}$$

上述二次型性能指标函数存在极小值的充分条件为，系统 $(A,B)$ 可镇定且 $(A,\sqrt{Q})$ 可观测，并且存在 $11\times11$ 维的正定常数矩阵 $P$ 满足以下两个矩阵代数方程：

$$\left.\begin{array}{l} 0=-PA-A^{\mathrm{T}}P-M^{\mathrm{T}}QM+PBR^{-1}B^{\mathrm{T}}P \\ 0=(PBR^{-1}B^{\mathrm{T}}-A^{\mathrm{T}})g-(M^{\mathrm{T}}QN+PG)r \end{array}\right\} \qquad (8-225)$$

其中，第一个方程为标准的黎卡提代数矩阵方程，第二个矩阵方程为辅助方程，用于确定控制系统中与参考指令相关的增益系数。此时系统的最优控制律为

$$v^*(t)=-K_x x-K_r r \qquad (8-226)$$

式中，状态反馈增益矩阵 $K_x$ 和跟踪指令前馈增益 $K_r$ 分别为

$$K_x=R^{-1}B^{\mathrm{T}}P, \quad K_r=R^{-1}B^{\mathrm{T}}(PBR^{-1}B^{\mathrm{T}}-A^{\mathrm{T}})^{-1}(M^{\mathrm{T}}QN+PG) \qquad (8-227)$$

将上述最优控制律代入系统(8-219)化简可得到以下闭环控制系统：

$$\dot{x}=(A-BK_x)x+(G-BK_r)r \qquad (8-228)$$

从上述闭环系统可以看到，通过 LQR 最优控制律设计，在控制系统中引入了状态反馈以及输入前馈回路。状态反馈可实现对闭环系统的极点配置使系统稳定，而前馈补偿可使系统的输入和输出通道之间解耦，使系统具备良好的控制性能。

通过状态展开，最优控制律式(8-226)可以表示为

$$v^*=-\begin{bmatrix} K_p & K_\delta & K_w \end{bmatrix}\begin{bmatrix} x_p \\ x_\delta \\ w \end{bmatrix}-K_r r \qquad (8-229)$$

则根据上述最优控制律可以得到高超声速飞行器纵向运动 LQR 最优跟踪控制系统的结构框图如图 8-70 所示。

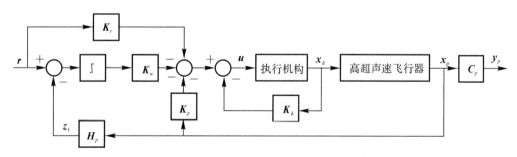

**图 8-70　高超声速飞行器纵向运动 LQR 最优跟踪控制系统结构图**

从图 8-70 可以看到，通过 LQR 最优控制方法设计得到的控制系统结构图与闭环控制系统图 8-69 是一致的，该结构的控制系统实际上可以看作是由两控制回路组成的。系统的内回路为状态反馈极点配置控制，保证了系统的稳定性以及一致性；系统的外回路为比例-积分(PI)控制器，保证了系统具有零稳态跟踪误差。系统的增益系数均是通过求二次型性能指标函数的极小值获得，因而系统可

以具有较强的鲁棒性。

将上述高超声速飞行器纵向运动小扰动线性化方程(8-203)和执行机构模型式(8-204)与(8-205)作为被控对象,对前面介绍的LQR最优控制系统进行仿真分析,以验证所设计的控制系统的可行性。

为了利用LQR设计最优反馈控制律,需要给定二次型性能指标函数(8-221)中的加权矩阵 $Q$ 和 $R$。加权矩阵的选取原则是:

(1)通常选取正定常数对角矩阵作为加权矩阵。

(2)若想要减小系统误差向量 $e$ 中的第 $i$ 项,则应该相应地增大加权矩阵 $Q$ 中对角线上的第 $i$ 个元素值;反之则应减小相应的值。

(3)若想要减小系统输入向量 $u$ 中的第 $i$ 个控制量的值,则应该相应地增大加权矩阵 $R$ 中对角线上的第 $i$ 个元素的值;反之则应减小相应的值。

值得注意的是,加权矩阵的选取是一个反复试验的过程,需要经过多次试验后才能找到合适的值。对于本书研究的对象,考虑到需要对飞行器的速度和高度指令进行跟踪控制,因此在加权矩阵 $Q$ 中相对于速度和高度误差的加权量应该取较大的值,而跟踪误差的积分输出对应的加权值可以选得很小;对于输入控制量,期望系统的控制量在满足控制要求的前提下尽可能小,经过多次试验选择以下加权矩阵作为本次仿真分析中的二次型性能指标函数的加权矩阵:

$$Q = \mathrm{diag}([15 \quad 15 \quad 0.001 \quad 0.001]) \tag{8-230}$$

$$R = 100 \times \mathrm{diag}([10 \quad 10]) \tag{8-231}$$

经过计算可知,系统 $(A,B)$ 可镇定并且 $(A,\sqrt{Q})$ 可观测,从而存在最优反馈控制律式(8-226)使得所选择的二次型性能指标函数取得极小值。此时,根据方程(8-229)可计算得到控制系统的状态反馈增益矩阵 $K_p$,$K_\delta$ 以及积分器增益矩阵 $K_w$ 分别为

$$K_p = \begin{bmatrix} 0.3856 & -145.5554 & -0.0439 & -9.0225 & -1.4951 \\ 0.0439 & 730.3149 & 0.3867 & 31.4932 & 6.2593 \end{bmatrix}$$

$$\tag{8-232}$$

$$K_\delta = \begin{bmatrix} 2.0125 & 0.0799 & -0.5177 & -0.0109 \\ -1.4763 & -0.0435 & 1.6015 & 0.0337 \end{bmatrix} \tag{8-233}$$

$$K_w = \begin{bmatrix} -0.0031 & -3.5567 \times 10^{-4} \\ 3.5567 \times 10^{-4} & -0.0031 \end{bmatrix} \tag{8-234}$$

在LQR最优控制律式(8-229)的控制下,高超声速飞行器的纵向速度和高度单位阶跃指令响应曲线如图8-71所示。

从图8-71中可以看出,所设计的LQR最优跟踪控制系统能够快速地跟踪上飞行器的速度和高度指令,系统的超调量较小,且速度通道与高度通道之间的相互作用最终收敛到零,这表明所设计的LQR最优跟踪控制系统对于所研究的高

超声速飞行器模型是有效的。

　　到目前为止,我们所进行的控制系统设计与仿真分析均是基于高超声速飞行器的纵向小扰动运动方程展开的,然而实际的高超声速飞行器是一个高度非线性的模型,且对于采用乘波体外形的高超声速飞行器,还存在结构弹性／推进／控制系统间的耦合。为了验证所设计的控制系统对于存在上述非线性特性的高超声速飞行器的有效性,我们在 Matlab/Simulink 环境下搭建了高超声速飞行器的纵向运动非线性模型式(8-154),在模型中加入了飞行器的气动弹性对飞行攻角以及升降舵偏角的影响。

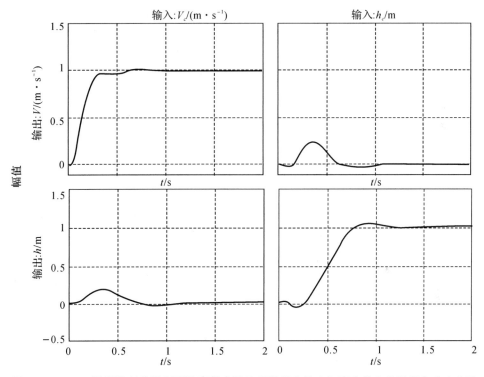

**图 8-71　LQR 最优控制律控制下的高超声速飞行器纵向速度和高度单位阶跃指令响应曲线**

　　取飞行器速度和高度指令分别为 $\Delta V_c = 500\mathrm{m/s}$ 和 $\Delta h_c = 3000\mathrm{m}$,这些指令信号由单位阶跃信号经滤波平滑后得到,滤波方程为

$$G_f(s) = \frac{0.0025}{s^2 + 0.1s + 0.0025} \tag{8-235}$$

　　飞行器的初始飞行条件与表 8-13 给出的相同,取仿真时长为 300s,仿真步长为 0.01s 进行仿真,可以得到高超声速飞行器的各个飞行参数曲线图如图 8-72～图 8-76 所示。

　　从图 8-72 可以看出,利用 LQR 最优控制理论设计的最优控制系统能够很好地对具有强非线性特性的高超声速飞行器进行控制。系统仿真表明所设计的飞行控制系统能够很好地对飞行速度和高度指令进行跟踪控制,并且飞行器的速度和高度跟踪误差均小于 1‰,飞行器在进加速动爬升过程中并没有发生大的振动现象。

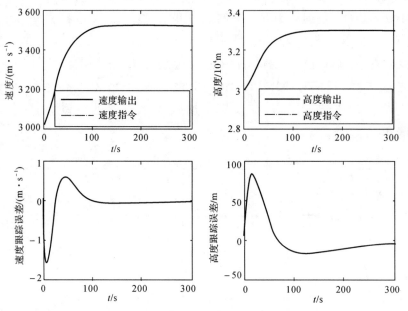

图 8-72　高超声速飞行器速度和高度响应曲线以及跟踪误差曲线

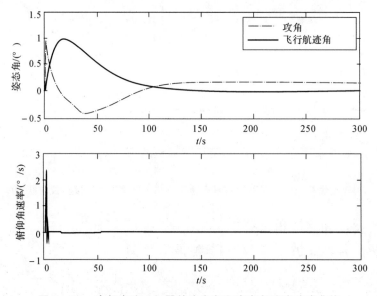

图 8-73　高超声速飞行器的姿态角和姿态角速度响应曲线

从图 8-73 可以看出,在 LQR 最优控制系统的控制下,飞行器的姿态角没有因为飞行器的弹性振动而发生大的振动运动,飞行器的攻角保持在 ±1° 以内,保证了超燃冲压发动机的正常工作;飞行器的航迹角在飞行器加速爬升阶段先是增大然后在飞行器达到指令高度后收敛到零;飞行器的俯仰角速度在飞行器的初始爬升阶段有小幅振荡,但是最后收敛到了零。

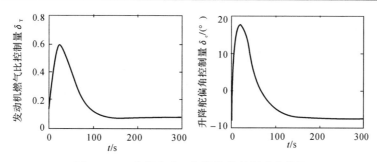

图 8 - 74　高超声速飞行器的控制量响应曲线

从图 8 - 74 可以看出,飞行器的控制量曲线变化平滑,整个控制过程中没有发生强烈的振动运动;飞行器的发动机燃气比控制量 $\delta_T$ 有一段超过了 0.3 的限制值,这是由于我们没有对该控制量进行限幅处理,而只是在飞行器的模型中加以限制的缘故;可以认为飞行器的升降舵偏角控制量 $\delta_e$ 在整过控制过程中均位于有效范围之内。

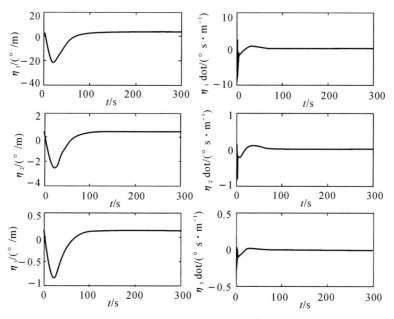

图 8 - 75　高超声速飞行器的弹性模态响应曲线

从图 8 - 75 中可以看出,在飞行器进行爬升的阶段机体发生了弹性振动运动,该运动随着飞行器达到指令高度后趋向缓和。

从图 8 - 76 中可以看出,采用乘波体外形的高超声速飞行器即使是在很小的飞行攻角条件下,依然可以获得很大的气动升力,飞行器具有很高的升阻比;在整个飞行过程中,飞行器的各项气动力和推力曲线平滑,俯仰力矩在飞行的初始阶段发生了较为显著的振动,但是很快就收敛到零。

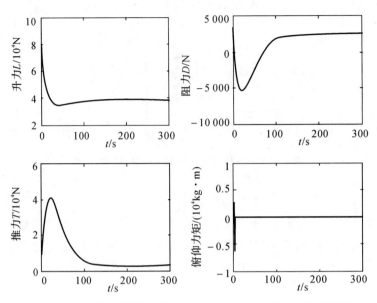

图 8-76　高超声速飞行器的气动力、推力和俯仰力矩响应曲线

为了分析速度通道和高度通道之间的相互作用特性,接下来对飞行器的水平加速($\Delta V_c = 500\mathrm{m/s}, \Delta h_c = 0$)和等速爬升($\Delta V_c = 0, \Delta h_c = 3000\mathrm{m}$)两个飞行情景进行仿真分析,其他仿真参数不变,得到飞行器的响应曲线如图 8-77 ～ 图 8-80 所示。从这些图中可以看出,所设计的高超声速飞行器速度和高度指令跟踪控制系统对于进行水平加速以及等速爬升的飞行控制同样有效,飞行器均能够以较小的误差跟踪飞行指令,并且飞行器的姿态角、姿态角速度均表现出良好的动态特性,飞行器的控制量均处于合理的范围之内。分析表明,所设计的控制系统能够有效地抑制飞行器速度通道和高度通道之间的相互作用。

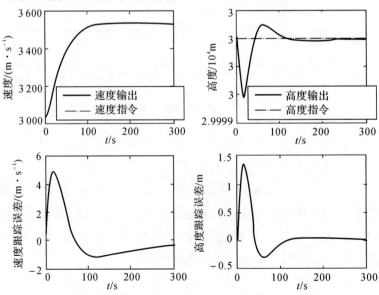

图 8-77　水平加速飞行的高超声速飞行器速度和高度跟踪响应曲线

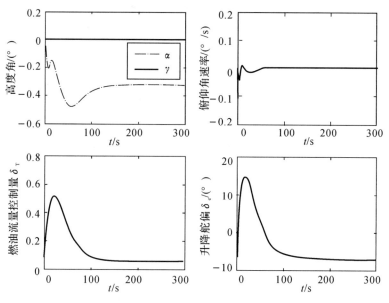

图 8 - 78　水平加速高超声速飞行器的姿态响应以及控制量曲线

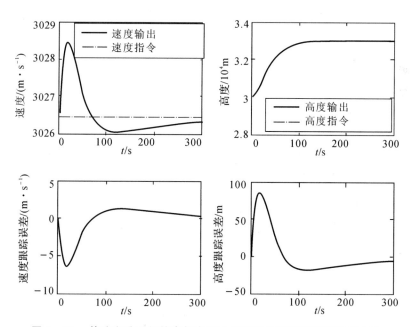

图 8 - 79　等速爬升飞行的高超声速飞行器速度和高度跟踪响应曲线

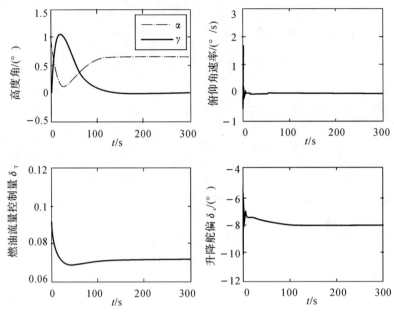

**图 8 - 80    等速爬升飞行的高超声速飞行器姿态响应以及控制量曲线**

综合上述分析可以得到以下结论:

（1）所设计的 LQR 最优控制系统能够有效地实现对具有强的非线性耦合的高超声速飞行器的速度和高度指令跟踪控制,速度和高度通道之间的相互作用较小。

（2）通过合理地设计 LQR 最优控制律,飞行器的弹性振动运动得到了有效的抑制,飞行器获得了较为平稳的动态特性。

（3）采用乘波体外形的高超声速飞行器具有很高的升阻比,在飞行过程中的飞行攻角可以控制得很小。

上述仿真分析表明,根据飞行器小扰动线性化模型所设计的 LQR 最优控制系统对于具有非线性特性以及弹性振动的飞行器模型同样有效。然而,在上述仿真模型中,并没有考虑到飞行器模型的不确定性对飞行控制系统的影响,而高超声速飞行器由于其飞行包线很大,仿真中使用的飞行器的气动数据与真实的气动数据存在误差,并且飞行器在飞行过程中的质量以及质心位置均会发生变化,此外飞行器还存在装配误差,这些因素共同造成了高超声速飞行器的模型不确定性。为了分析所设计的控制系统对存在模型不确定性的高超声速飞行器的有效性,下面对飞行器模型的气动数据、质量参数、结构参数等进行拉偏处理。

### 8.2.2.9    鲁棒性能分析

在前面的控制系统设计均是基于小扰动线性化得到的线性系统开展的,然而小扰动线性化不是精确的线性化,存在截断误差,得到的线性化模型是不准确的。为了分析 LQR 最优控制方法对模型误差的鲁棒性,可通过对小扰动线性化得到的系统矩阵进行扰动处理,再分析 LQR 控制方法对扰动模型的有效性。

考虑高超声速飞行器的线性模型为

$$\Delta \dot{x} = (A + \Delta A)\Delta x + (B + \Delta B)\Delta u \tag{8-236}$$

其中,矩阵 $A$ 和矩阵 $B$ 由小扰动线性化方法求得,$\Delta A$ 和 $\Delta B$ 分别为随机偏差矩阵。

接下来要做的就是求取基于小扰动线性化模型式(8-177)设计得到的 LQR 最优控制器对模型式(8-236)仍然有效的偏差矩阵的上限。经过仿真分析,得到偏差矩阵的上限分别为

$$\parallel \Delta A \parallel_{max} = 0.2, \qquad \parallel \Delta B \parallel_{max} = 0.2 \tag{8-237}$$

在此偏差范围内下,随机选取偏差量对非线性高超声速飞行器进行了多次 Simulink 仿真,系统的速度和高度通道的指令跟踪响应曲线如图 8-81 ~ 图 8-84 所示。

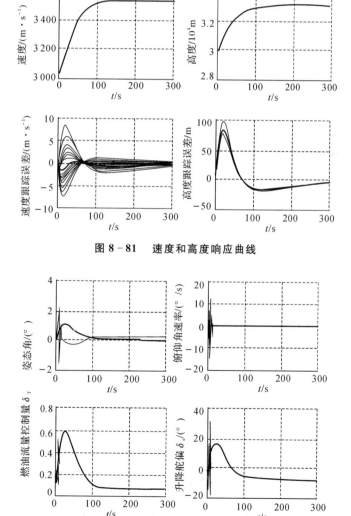

图 8-81　速度和高度响应曲线

图 8-82　姿态角、姿态角速率响应曲线以及控制量曲线

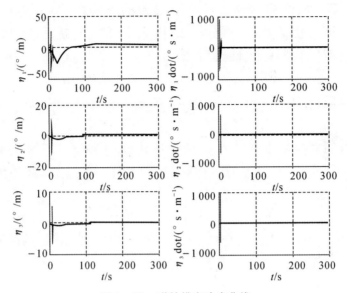

图 8-83　弹性模态响应曲线

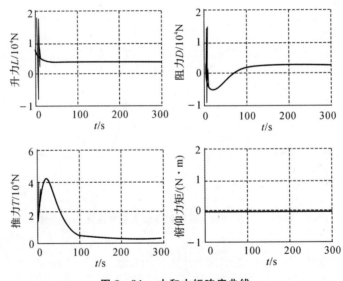

图 8-84　力和力矩响应曲线

从这些响应曲线图可以看出,基于小扰动线性化模型设计的 LQR 最优控制律具有较强的抵抗模型不确定性的性能,表现出良好的鲁棒性能。

表 8-15 给出了我们在对控制系统的鲁棒性能分析中用到的各个拉偏量以及拉偏值,Simulink 仿真的其他参数与前面的仿真参数一致。

从仿真来看,所设计的 LQR 最优跟踪控制律在飞行器气动数据、质量参数以及结构参数存在较大偏差的条件下,飞行器的姿态响应出现了较为剧烈的振动,但是最终仍然能够收敛到稳定值,并且飞行器很好地跟踪给定的速度和高度指令。这些结果表明,所设计的飞行控制系统具有较好的鲁棒性。

表 8 – 15 各个拉偏量及其拉偏值

| 拉偏量 | 拉偏值 | 拉偏量 | 拉偏值 |
| --- | --- | --- | --- |
| 升力 $\Delta L$ | $\pm 15\%$ | 质心位置 $\Delta xcg$ | $\pm 10\%$ |
| 俯仰力矩 $\Delta M_y$ | $\pm 10\%$ | 升降舵铰链轴位置 $\Delta xp$ | $\pm 15\%$ |
| 质量 $\Delta m$ | $\pm 20\%$ | 转动惯量 $\Delta I_y$ | $\pm 20\%$ |

# 8.3 本章小结

本章介绍了高超声速飞行器导航系统,并探讨了高超声速飞行器的惯性导航、SINS/BDS 组合导航、SINS/CNS 组合导航、SINS/BDS/CNS 组合导航方案。虽然采用高精度纯惯导能够达到高超声速飞行器导航精度要求,但是,采用低成本的组合导航方案更为实际可行。仿真数据为一次仿真的结果,没有考虑实际工程因素的影响。在高超声速飞行器导航系统的应用中,应针对高超声速飞行器的飞行特点,选择成熟的组合导航设备,并满足高超声速飞行器的环境适应性要求。高超声速飞行器在巡航飞行时,具有飞行速度快和飞行高度高的特点,使得采用地球数据库(重力场、地磁场、地形、景象等)的导航系统应用具有独特的优点,飞行速度快将更好做数据匹配,飞行高度高使地球地形地貌等地理环境影响变小。

本章还研究了高超声速飞行器巡航段的航迹控制技术。分别利用反馈线性化方法和小扰动线性化方法,建立了适用于高超声速飞行器航迹控制的飞行器模型,并在该模型基础上进行控制器设计。高超声速飞行器航迹控制的控制方法很多,本书中只是用两种控制方法举例,探讨高超声速飞行器航迹控制要解决的问题。

# 第9章 高超声速飞行器控制系统仿真试验技术

在高超声速飞行器的研究中,需开展大量的试验来验证飞控系统的性能。通常可采用两种方法来达到这一目的,即地面测试仿真方式和实际外场飞行试验方式。外场飞行试验可以更加真实地验证飞控系统的能力,但是该方法存在资金花费过大和试验周期过长的缺点,因此实际应用中一般使用地面仿真系统开展各种数字仿真和半实物仿真试验来解决这个问题。

高超声速飞行器飞行在临近空间,介于航空与航天之间,涉及航空与航天知识的融合。飞行器半实物仿真中,存在飞行器飞行力学、飞行控制与制导、导航技术、仿真技术等多个学科的交叉;半实物仿真试验过程也是多个学科对接和融合的过程。本章首先对半实物仿真系统进行介绍,进一步结合高超飞行器飞行过程,探讨舵机和捷联惯导相关的单项试验技术,最后给出一种利用捷联惯导/组合导航的导航对高超声速飞行器飞控性能的评估方法。

## 9.1 半实物仿真系统建设目标

半实物仿真系统是飞行器飞行控制系统设计过程中检验和评估飞行器系统性能和精度的有效手段,是飞行器研制过程中非常重要的环节,并且贯穿于控制系统研制的全过程。在系统设计、研制过程中,通过半实物仿真实验检查分系统和全系统的开、闭环特性,各分系统工作的协调性和正确性,系统的抗干扰能力,系统参数设计,系统稳定性及各种交叉耦合的影响等,以达到优化系统设计,提高系统可靠性的目的,为飞行试验成功奠定基础。

半实物仿真一般是把数学模型、实体模型和系统的实际设备联系在一起进行运行,组成仿真系统。而在对此系统进行仿真时,因有实物介入仿真回路,要求仿真是实时进行的,仿真机必须在与真实系统同步的条件下,获取动态的输入信号,并实时地产生动态的输出响应。实时性是进行半实物仿真的前提。而在半实物仿真系统中,接口装置也是系统重要的组成部分,要满足系统的实时性和精确性的要求。

根据临近空间高超声速飞行器飞行控制系统地面试验需求,并考虑到未来新型飞行器的发展需求,半实物仿真系统的建设总目标分为基本目标和拓展目标两个层次。

### 9.1.1　基本目标

直接针对高超声速飞行器飞行控制系统,能够全面开展地面半实物仿真试验。实施过程可分为两个主要阶段:

(1)建成半实物仿真试验环境,包括:分布式网络环境、惯组等效器节点、飞行动力学仿真节点、飞控系统原型机平台等。即:除加工周期较长的转台、负载台等大型设备未到位外,半实物仿真系统所有硬件、软件设备均应就位,包括高超声速飞行器飞行动力学仿真模型。在此环境中,基本可开展飞行控制系统的硬件软件实现研究和各种试验研究。

(2)完成转台、负载台等大型设备调试、联网,全面交付半实物仿真系统设备,通过调试,全面启动地面半实物仿真试验研究。

### 9.1.2　拓展目标

高超声速风洞试验环境是开展超燃冲压发动机所必需的试验设施,因此,如何将半实物仿真试验方法或某些试验设备纳入风洞试验环境中,使得飞行控制系统能够在风洞中进行一些必要的"真实"试验,这是一个需要解决的问题。

因此,半实物仿真系统建设中的一个非常重要而又必不可少的目标是:开展基于风洞试验环境的飞行控制系统仿真试验需求分析和相应的仿真试验方法研究,力争飞行控制系统能够在风洞试验条件下进行一些必要的仿真试验。

# 9.2　半实物仿真系统的设计原则

### 9.2.1　设计平台与仿真平台统一的原则

半实物仿真系统建设应将飞行控制系统设计和仿真试验统一到一个试验平台上。实现该目标的核心思想是:将飞行控制系统的快速原型开发、原理样机研制、初样/试样产品研制、数学仿真和半实物仿真统一到一个开发平台上,实现各个研制阶段、各种试验方法的无缝连接。

### 9.2.2　接口规范统一的原则

全面统一半实物仿真系统和其他系统的硬件、软件接口规范,形成气动数据库接口规范、模型参数接口规范、控制律模型接口规范、控制系统硬软件接口规范等,制定统一的仿真试验大纲模板。

### 9.2.3　仿真资源和测试资源统一管理的原则

半实物仿真试验环境建设中应将仿真资源和测试资源统一管理起来,充分借鉴"通用导弹测试系统"的设计理念,利用更换或设计"适配器"的方式来实现不同飞行器的仿真试验系统的构建,从而为在其他飞控系统半实物仿真试验中的拓展应用打下良好基础。

通过半实物仿真系统综合控制台的灵活设计,实现数学模型、飞控系统实物各个部件之间的方便切换,从而实现多种仿真试验模式的灵活配置,以及飞行控制系统硬件系统方便的人工测试和配置。

### 9.2.4　故障仿真

应尽量多地考虑在各种非正常条件或故障条件下飞行控制系统的工作机理,并在地面建立故障模拟环境,将其纳入到仿真试验回路进行试验评估。

## 9.3　半实物仿真系统功能及组成

为充分考核控制设计的合理性与鲁棒性,控制系统实时仿真及系统联合测试是十分必要的。一般的做法就是分别建立控制系统实时仿真和控制系统测试系统,系统的仿真和测试在时间上和空间上都是分开进行的。这样的做法优点是流程清楚,设备管理明确,缺点在于时间上必须为顺序关系,部分设备重复投入,人员也需要较多。因此建立一个系统仿真及测试一体化的环境是非常有必要的。研制控制系统重要单机如惯导、舵系统等的电等效器,同时将开发的飞行控制软件接入系统仿真回路,进行控制系统实时仿真试验,达到既能考核控制设计的正确性,又能考核飞行控制软件实现的正确性,还能测试部分单机指标的目的。

一体化半实物仿真系统实际就是飞行软件测试系统、半实物仿真系统、系统测试系统的有机组合。该系统应包含以下基本功能:

(1)实现对模型飞行器的飞行模型的正确模拟。

(2)实现对飞行程序的测试。

(3)实现对惯组、舵机系统的测试。

(4)实现控制系统半实物仿真的要求。

(5)满足系统软硬件测试的要求。

根据对半实物仿真系统的上述需求分析,充分利用成熟的技术成果,按"成熟、

简单、实用、可靠"原则和"系统化、工程化"的研制要求,半实物仿真系统应完成以下设计计算及仿真功能:

(1)飞行器弹道和姿态计算,包括完整的六自由度动力学、运动学模型;动力模型,质量模型;风场模型;制导和控制系统模型;发射和分离状态的动力学和运动学模型。

(2)开环仿真试验:检验分系统性能,校核、完善各分系统的数学模型,检查各分系统电气连接的正确性。

1)对各分系统(舵机、捷联惯测等),用阶跃信号、频率特性输入信号、典型输入信号等激励,通过比较实际系统和数学模型输出不同,判断各分系统电气连接的正确性,修改数学模型,主要是加入非线性环节,并修改已有模型参数,建立一套新的描述各分系统的更为准确的数学模型。

2)开环仿真可分为两类:舵机参加的仿真试验、捷联惯测(或平台)参试的仿真试验。

(3)数学仿真试验。

(4)闭环仿真试验:考核系统控制方案的正确性、制导律和控制参数及控制系统中各分系统指标设计的合理性。闭环仿真试验可以包括(但不仅限于)以下几个过程:

1)仅含弹上计算机的闭环仿真试验(又称闭环模飞,主要是检验弹上软件的性能)。

2)仅含舵机的闭环仿真试验。

3)仅含捷联惯测的闭环仿真试验。

4)含舵机、捷联惯测的闭环仿真试验。

5)全系统闭环仿真试验。

(5)控制系统静态测试。

(6)具有完善的数据记录与后处理能力。可以记录用户指定的仿真数据。后处理支持数据曲线的缩放、比较、野点剔除、数据拟和、数据滤波、打印等基本操作。

(7)具有良好的图形化人机接口。人机界面采用标准的 Windows 风格设计,允许用户对仿真模型进行灵活的编辑、排序、参数修改、输入输出装配等操作,以实现不同的仿真目的。

半实物仿真系统总体设计充分吸收分布式交互仿真(DIS)的思想,系统构架如图 9-1 所示。

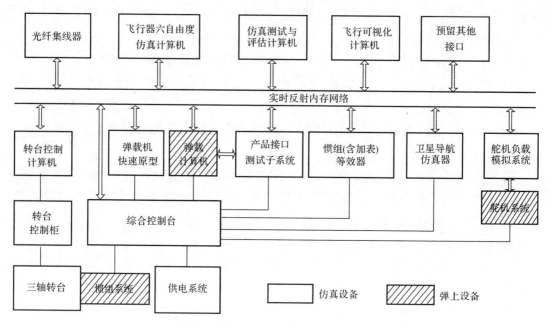

**图 9-1  分布式半实物仿真系统结构图**

下面对图 9-1 所示半实物仿真系统的各组成部分进行详细说明。

## 9.3.1  实时分布式网络系统

实时通信接口系统用于完成仿真计算机、主控计算机、仿真可视化子系统、三轴转台控制计算机、舵面负载模拟子系统控制计算机之间的实时通信和时间同步控制等,使该系统具有分布式实时仿真的功能。在本系统中,选用星型连接的 VMIC 反射内存实时网络作为仿真系统的实时通信网络,如图 9-2 所示。

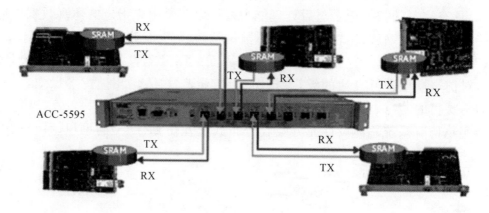

**图 9-2  星型连接的 VMIC 反射内存网**

具体参数如下：

(1)光纤网络集线器：VMIC－5595,8 口。

1)连接方式：星型/环型光纤。

2)最大节点数：256。

3)节点最大距离：1km。

4)节点延迟：<700 ns。

5)出错概率：1864005.17 年/错误。

(2)光纤反射内存卡：VMIC－5565,板载 128MB 内存。

1)工作方式：双端口共享内存,256MB。

2)通信速率：14.5 MB/s(校验),29.5 MB/s(不校验)。

3)总线支持：PCI,VME,MultiBus,CompactPC 等。

4)操作系统：Windows NT, Solaris,SGI IRIX, VxWorks 等。

(3)多模光纤。

在半实物仿真系统中通常选用星型连接方式,形成仿真系统的实时通信网络,如图 9－3 所示,充分利用 VMIC 网络的平台异构性和星型网络的扩展性。

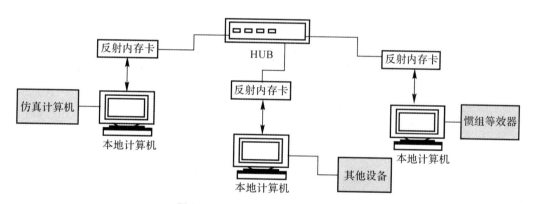

**图 9－3 VMIC 反射内存网络示意图**

## 9.3.2 综合控制台

综合控制台是整个仿真系统的控制中心,具有仿真资源和测试资源的硬件管理、软件管理功能。即:全系统和飞行控制系统所有硬件接口、配置均在此完成,资源的使用和管理在此完成。同时负责对各个分系统的任务调度和控制,保证试验的安全和快捷。包含各子系统集成控制环境和监控系统等。

从飞控系统的研制过程出发,要求仿真总控台实现以下功能：

(1)半实物仿真试验模式配置。

(2)半实物仿真试验指令发送。

（3）卫星导航仿真器信号转发功能。

（4）惯组信号和模拟惯组信号切换转发功能。

（5）实时显示仿真系统各仿真设备的工作情况。

（6）显示和记录 VMIC 内存反射网络上全部仿真数据。

（7）提供飞控系统各分组件之间接口信号的外测点。

（8）各分组件接口信号转发到产品接口测试子系统进行测试。

综合控制台可设置网络集线器，将半实物仿真系统的多台计算机连成网络，用于仿真前数据交换和日常文件交换等。

综合控制台可以采用 KVM 切换器（Keyboard Video Mouse Switch）完成半实物仿真系统的总控功能，KVM 切换器与系统内多台计算机的连接关系如图 9 - 4 所示。每台计算机均为双显示输出，除连接本计算机的显示器、USB 键盘和鼠标外，还连接到 KVM 切换器。通过 KVM 切换器面板的按钮或者键盘的快捷键，总控台操作员可获得对任意计算机的控制。

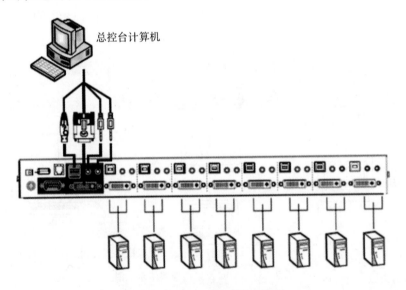

图 9 - 4    KVM 连接关系示意图

## 9.3.3    飞行六自由度仿真计算机

飞行六自由度仿真计算机其主要功能是实时解算高超飞行器发射系统/制导系统/控制系统模型、弹体运动学/动力学数学模型和设备控制模型，控制三轴转台、四通道舵面负载模拟子系统和舵系统的运动，与惯性组合、舵系统实物及其他仿真设备一起构成仿真回路。

下面介绍一种基于商业软件 RT - LAB 构建的专用仿真机方案。RT - LAB 是一套基于通用硬件的纯软件平台，它对 Matlab/Simulink 进行功能扩展，使得

Simulink 模块可以直接下载到目标机进行实时运行。在计算任务繁重、单台目标机不能满足需求的情况下,RT-LAB 还支持多台目标机组成分布式系统,各台计算机之间采用火线 IEEE1394 完成实时数据交互。

### 9.3.3.1　仿真平台构架

采用 RT-LAB 软件形成的专用仿真机实际上是一套基于上下位的构架的数字仿真机。系统构成如图 9-5 所示。

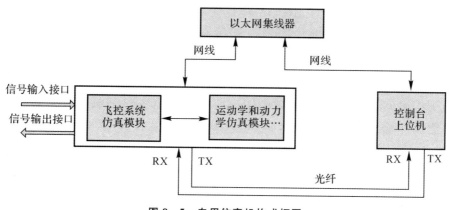

图 9-5　专用仿真机构成框图

### 9.3.3.2　专用仿真机上下机分工

(1)上位机。上位机安装 Windows 操作系统,具有良好的人机界面,在 Matlab/Simulink 开发环境中进行控制系统模型设计和离线非实时仿真,并实现模型下载功能和下位机运行过程中参数监控和实时修改功能。

(2)下位机。下位机安装 QNX 实时操作系统以满足实时性要求。同样是出于实时性要求,下位机运行过程中,没有人机界面。计算机启动后接受上位机的控制,根据上位机的数据装订,实时运行控制模型并上传状态参数。下位机扩展通用数据采集板卡,并设计相应的信号调理机箱,将弹载机、捷联惯导组件和导引头等弹上组件引入仿真系统开展试验。

### 9.3.3.3　专用仿真机内部网络设计

针对图 9-5 所示的基于 RT-LAB 的专用仿真机,包括了两种通信网络,其作用如下所述。

(1)以太网。上位机 RT-LAB 系统使用以太网将设计完毕的飞控系统模型下载到下位机 QNX 系统运行,并提供 API 函数通过以太网进行模型的交互调试和运行过程中数据的非实时上传显示;如果下位机在仿真过程中将数据存储为文件,上位机在模型重置(Reset)后将通过以太网将下位机的数据文件自动传输到上位机进行试验后分析和处理。

（2）光纤网。由于以太网通信速率的限制，且 QNX 系统运行过程中无人机界面，下位机运行过程中无法通过以太网实时查看仿真数据，因此上、下位机分别扩展一个 VMIC 光纤内存发射网卡，形成点对点连接，在每个仿真周期实现仿真数据的传输，上位机可通过 VMIC 网卡实时接收、显示仿真数据。

### 9.3.3.4　RT-LAB 专用仿真机选型

（1）系统上位机选择。上位机需具有良好的人机界面，并在 Matlab/Simulink 环境下完成图形化模型搭建并进行数字仿真，对计算机性能有一定要求，通常选用高性能图形工作站为运行平台。

（2）RT-LAB 下位机选型。RT-LAB 下位机需要运行 QNX 系统。目前，QNX 支持的处理器族包括 x86，MIPS PowerPC，Super H，ARM，StrongARM，Xscal 等多种平台，同时也支持多种总线协议，如 ISA，PCI，Compact PCI，VME，STD，STD32 及 PC104 等。因此可供选择的下位机多种多样。考虑到进一步对硬件板卡的选择，选用高性能工控机作为运行平台，基于 PCI 总线扩展硬件板卡。安装 QNX 系统的版本为 6.3.2。

## 9.3.4　弹载机快速原型

弹载机快速原型具有与弹载计算机实物一致的电气接口，可加载用户设计的算法，实现与飞控系统组件一致的功能。

快速原型采用与弹载机同样的架构，考虑到系统的扩展性，快速原型总体结构采用上、下两部分设计，上部分包括处理器核心板和二次电源板，下部分为外部接口板组件，实现弹载计算机的各种电气接口。系统结构如图 9-6 所示。

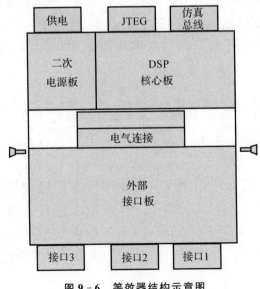

图 9-6　等效器结构示意图

在机械结构上,上部分伸出 4 个爪与下部分相连,用 4 个螺钉固定,结构紧凑,牢固;在电气连接上采用插针和插孔的结构,如图 9－7 所示,两部分之间通过上层的针和下层的孔相互咬合,且接触深度超过 10mm。上述机械和电气连接,使得快速原型具有极好的抗震性和连接可靠性。

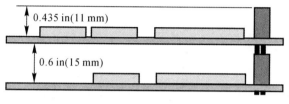

**图 9－7　电气连接形式**

上述设计充分考虑了系统的扩展性,通过更换下半部分的外部接口板可实现多种电气接口的扩展,满足不同弹载机的电气接口要求。

根据上述分析,弹载机快速原型应满足以下指标要求:

(1)开关量:16DI/16DO。

(2)模拟量:16AD/16DA。

(3)高速计数:8 通道。

(4)总线:RS485/422,ARINC429 或 1553B。

## 9.3.5　飞行姿态模拟转台

在半实物仿真中,飞行姿态模拟转台(见图 9－8)负责将仿真计算机解算出来的飞行器飞行姿态运动的模拟电压或数字量转换为框架的旋转角和旋转角速度等,从而形成逼真的飞行器姿态运动环境。

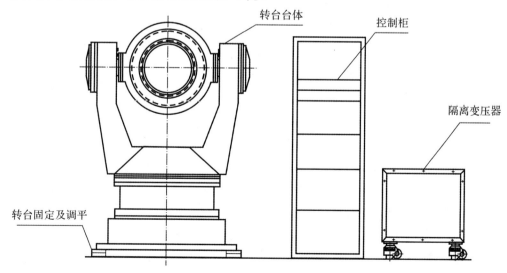

**图 9－8　飞行姿态模拟转台系统组成**

转台是半实物仿真系统中的大型关键设备,其技术指标的确定非常重要。应以半实物仿真系统及仿真指标分析与论证为基础,结合飞行器的特性和惯组特性,专门进行仿真转台关键指标的论证。

为保证满足高超声速飞控系统半实物仿真要求,转台主要包括下列技术指标,具体数值仅供参考。

### 9.3.5.1 机械特性指标

(1)三轴转台台体结构:U-O-O结构(内框为中空环形)。

(2)最大负载重量:30kg。

(3)负载最大尺寸:$\geqslant\phi350\times350$mm。

(4)内环中空尺寸:不小于400mm,可安装负载长度不小于400mm。

(5)轴线垂直度:中-内框$\leqslant\pm10''$,中-外框$\leqslant\pm10''$。

(6)三轴相交度:$\leqslant0.5$mm。

(7)转角范围分档:

- 内框:$\pm150°$(带导电滑环接口,实现连续旋转)。
- 中框:$\pm120°$。
- 外框:连续旋转。

(8)结构动态响应:自然频率大于50Hz。

(9)三轴加刻度盘。

### 9.3.5.2 控制特性指标

(1)工作方式:手动、自动和远控。

(2)角位置控制精度:三轴均为$0.005°$。

(3)角位置测量分辨率:三框均为$0.002°$。

(4)额定负载下的速率范围:

- 内框$\pm0.001°/s\sim\pm400°/s$。
- 中框$\pm0.001°/s\sim\pm200°/s$。
- 外框$\pm0.001°/s\sim\pm200°/s$。

(5)额定负载下的最大角加速度:

- 内框$5000°/s^2$。
- 中框$4000°/s^2$。
- 外框$3000°/s^2$。

(6)控制系统带宽:在输入正弦信号$A\sin\omega t$,$A=0.5°$时,要求在相移$\not>10°$、幅值衰减$\not>10\%$条件下:

- 内框$\geqslant16$Hz。
- 中框$\geqslant14$Hz。

・外框≥12Hz。

(7)台体的初始位置可以任意设置；当发生紧急情况时，能自动停止台体运动，并发出警告信号；能手动停机。紧急情况指过压、过速和超限位等情形。

(8)自检和状态显示。

(9)试验状态的设置与显示。

(10)能实时存储、显示和打印验数据和曲线。

### 9.3.6　舵面负载模拟子系统

舵面负载模拟子系统主要用于仿真飞行器在实际飞行过程中作用于高超飞行器舵面上的空气动力相对于操纵机构转轴的负载力矩舵机。此负载力矩由铰链力矩、惯性力矩和阻尼力矩三部分组成，但主要部分是铰链力矩。

舵机负载模拟系统主要由多个力矩加载通道和一个控制柜组成，加载通道的力矩输出轴通过转接法兰与舵机刚性连接，力矩输出轴与舵轴之间严格同心。

舵机负载模拟系统一方面跟踪舵机的运动，同时接收力矩指令在动态环境下对舵机实施规定的力矩加载，模拟舵机所受的铰链力矩、惯性力矩等干扰力矩的影响。

为保证满足高超声速飞控系统半实物要求，舵机负载模拟器主要包括下列技术指标要求，具体数值仅供参考。

(1)最大加载力矩：>200N・m(连续可调)。

(2)最大加载力矩持续加载时间：> 1h。

(3)最大转角：±30°。

(4)最大角速度：200°/s。

(5)加载精度：0.2%。

(6)零位死区：<0.4N・m。

(7)频带宽度：($\Delta A/A<10\%$, $|\Delta\phi|<10°$)。

・梯度 1~3Nm/°，>4Hz。

・梯度 3~6Nm/°，>12Hz。

・梯度>6Nm/°，>15Hz。

### 9.3.7　惯组等效器

惯组等效器用于惯导组件不参与仿真实验的情况下，通过计算机软硬件代替物理惯组，模拟真实惯组的输出特性，用于控制系统半实物仿真试验、台面联试等测试。

惯组等效器的研制包括以下工作：

（1）对目前各种捷联式惯组（包括动力调谐陀螺、激光陀螺、光纤陀螺等，石英加表、MEMS加表）的输入输出特性进行研究，结合弹上惯组的电气接口特性，设计硬件接口，实现对弹载机的惯组信息等效注入。

（2）惯组输出信号覆盖模拟信号、数字信号、脉冲信号以及各种检测信号，其硬件软件资源可覆盖目前各种典型捷联惯组，通过"接口适配器"以及软件的编制来实现资源具体配置以及不同惯组接口特性的模拟，以方便扩展应用。

（3）惯组的误差模型的分析、建模和测试。

（4）充分考虑惯组模拟器的应用特点，设计独立工作模式和系统工作模式，以及便携式应用，用于风洞试验时弹载计算机的信号激励等。

为保证满足高超声速飞控系统半实物仿真要求，惯组等效器主要包括下列技术指标要求，具体数值仅供参考。

（1）脉冲信号要求。

1）输出脉冲信号，脉冲幅值可以调整，5～15V。

2）干扰脉冲幅度：不大于10%。

3）输出脉冲宽度可自定义，最小可达100ns。

4）输出脉冲前沿：不大于100ns。

5）输出负载电流最大值：不小于20mA。

（2）模拟信号输出要求如下。

1）模拟量幅值±10V。

2）精度：不小于14位。

（3）数字总线接口。

1）RS422接口：任意波特率，最高可达2Mb/s。

2）ARINC429接口：100kb/s或25kb/s任选。

3）1553B总线：1Mb/s，可任意定义为BC，RT和BM功能模块。

## 9.3.8 产品接口测试子系统

产品接口测试子系统是一套可完成飞控各分组件的接口测试和飞行时序模拟的数据采集控制系统，用于快速、准确、有效地对飞控系统各分组件进行测试、性能评估以及故障定位，是半实物仿真系统中的重要设备。该设备应简单、可靠，可快速检测各分组件的接口信号。

产品接口测试子系统具有以下功能：

（1）对参与半实物仿真的弹上组件进行单独测试。通过产品接口测试子系统，对弹上组件进行输入输出电气特性测试，分析测试数据，确定其参试前后状态。

（2）将参试弹上组件引入半实物仿真试验。根据不同试验模式，模拟参试组件运行所需的外围电气接口,将数学指令转化为电信号,实现对参试组件的激励;接收参试组件的输出信号,形成闭环仿真。

（3）配合完成各种故障条件模拟、故障注入等。

基于上述分析,产品接口测试系统应满足以下技术指标要求:

（1）具有完善的电源系统,为被测产品提供所需工作电源。

（2）具有模拟信号及数字信号数据采集及存储功能。

（3）具有模拟信号及数字信号数据输出功能。

（4）具有遥测解码功能,如 RS422,BMK 总线信息解码等。

（5）具有串行总线信息控制和显示功能,这些总线包括 1553B,ARINC429,RS422 等。

（6）具有完善的测控能力及通用性和灵活性,通过硬件（矩阵电路和多路选择器）的转换及软件（应用程序）的重新配置。

为保证满足高超声速飞控系统半实物仿真要求,产品接口测试子系统主要包括下列技术指标要求,具体数值仅供参考。

（1）供电要求。

1）弹载机供电:0～+30V,电流不小于 10A,单台。

2）惯导组件供电:0～+30V,电流不小于 10A,单台。

3）舵机系统供电:0～60V,电流不小于 55A,两台。

4）电源具有 GPIB 仪器接口,可通过软件进行编程输出。

（2）A/D 信号采集:32 路单端或 16 路差分。

1）采样率:10kS/s（单通道）。

2）精度:16 位。

（3）D/A 转换输出。

1）通道数:8 路。

2）转换精度:13 位。

3）更新率:10kS/s。

（4）数字输入输出。

1）数字量输入:32 路,采用光耦隔离。

2）数字量输出:32 路,采用继电器输出、27V/开、地/开等多种形式。

（5）RS422/485 串行总线。

1）8 通道,RS485/422 可选。

2）波特率:57 b/s～3 Mb/s,任意波特率。

3）非标准波特率精度:1%。

4）标准波特率精度:0.01%。

（6）ARINC 429 总线通道。

1）4 路接收,2 路发送。

2）波特率:100kb/s,12.5kb/s 可软件设置。

（7）MIL - 1553B 总线。

1）A,B 双通道冗余。

2）波特率:1Mb/s。

3）全功能,BC,RT,BM 软件可选。

### 9.3.9　卫星导航仿真器

卫星导航仿真器用于在室内模拟导航卫星系统信号。主要包括:导航卫星系统信号发生器、上位遥控计算机、时间控制和数据传输接口板卡、高动态卫星导航导航接收机、显示和监控计算机、配套软件。其结构示意图如图 9 - 9 所示。主要性能指标:

（1）至少具有 12 通道。

（2）支持产生 GPS/GLONASS/BD 导航系统信号,信号特性与实际导航卫星系统完全相同。

（3）可接收外部飞行航迹数据。

（4）具备射频输出接口。

（5）具有良好的升级特性。

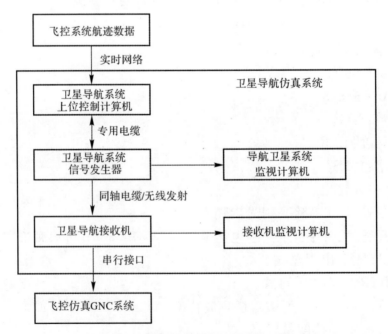

**图 9 - 9　卫星导航仿真系统的组成和应用结构图**

### 9.3.10　仿真可视化子系统

仿真可视化子系统是用来对导弹飞行的全过程进行实时演示,整个系统涉及许多模型和场景。整个软件系统要负责对全部的场景变换、模型控制,以及各种特效,如声音、发动机火焰、导弹飞行尾烟、命中时的爆炸效果等等,进行有效的控制和切换,以便产生一个生动逼真的综合性场景,从而达到预期的仿真目的。

仿真可视化软件在专业可视化工具软件 VEGA、三维建模工具软件 MultiGenCreater 和 Microsoft Visual studio 下进行开发。系统硬件不仅要具有高的总线速度,而且还要具有很强的图形功能,可采用高端图像工作站。

仿真可视化子系统应满足以下要求:

(1)能通过实时网络获取导弹姿态数据,实时显示,帧频≥30 帧/s。

(2)能动态调整视点,对模型飞行器从不同角度进行观察,同时可以放大、缩小图像。

(3)具有数据记录功能,实时记录仿真数据。

(4)具有数据回播功能,能加快、减慢播放速度。

### 9.3.11　仿真模型及模型拉偏状态

#### 9.3.11.1　仿真试验所需的数学模型

(1)六自由度全量动力学模型。

(2)舵机模型。

(3)速率陀螺和加速度计的数学模型。

#### 9.3.11.2　模型拉偏状态

拉偏状态主要依据半实物仿真试验的输入条件,并根据飞行器特性及偏差调整,进行了修改,以考核飞行器飞行控制系统的鲁棒性。包括单项拉偏和组合拉偏两类。

(1)单项拉偏。单项拉偏主要考核单项拉偏因素对于弹道的影响,根据控制律蒙特卡洛打靶法的结果,选取弹道影响最恶劣的部分弹道和部分单项拉偏,完成单项拉偏试验。

(2)组合拉偏。组合拉偏主要考核多种拉偏因素共同作用下对于弹道的影响。组合拉偏采用随机分布抽取法,该方法假设每个拉偏项在偏差范围内服从特定的概率分布,拉偏项幅值根据概率特性随机产生,对上述拉偏项进行随机抽取,就可以确定一个组合拉偏样本。重复以上过程 $n$ 次就可以得到 $n$ 个组合拉偏样本。对组合拉偏模式首先进行数学仿真,选取部分进行半实物仿真试验。

上述两类拉偏的具体参数偏差如下:

(1)包含大气密度的偏差。

(2)包含风场模型、风场数据如第 2 章所示,分为平稳风、阵风和切变风三种类型。

(3)通过软件选择不同的助推弹道,并设置数学仿真的助推分离偏差时间。

(4)包含飞行器有罩和无罩情况下的质量拉偏。

(5)包含飞行器有罩和无罩情况下的转动惯量拉偏。

(6)包含飞行器有罩和无罩情况下质心三个方向偏差所引起的力矩影响。

(7)包含发动机模块的推力、推力倾角、推力仰角、推力作用点在三个方向的偏差。

(8)包含发动机模块的点火延迟偏差。注意,未考虑点火延迟对飞行器质量变化的影响和发动机点火质量的影响。

(9)包含有罩和无罩情况下,气动力系数和气动力矩系数的拉偏。

(10)包含有罩和无罩情况下,气动力和气动力矩系数的零位偏差。

(11)包含有罩和无罩情况下,气动阻尼力矩系数的拉偏。

(12)包含助推分离扰动的冲击影响,以三个方向的冲击力矩的形式给出,包括力矩大小和力矩作用时间。

(13)包含整流罩抛罩扰动的冲击影响,以三个方向的冲击力矩的形式给出,包括力矩大小和力矩作用时间。

(14)包含了舵机故障仿真,能够分别设置四路舵机的卡死时间和卡死角度。

详细拉偏见表 9 - 1。

表 9 - 1　半实物仿真试验拉偏参数表

| 编号 | 拉偏名称 |
|------|----------|
| 1 | 质量偏差(有罩) |
| 2 | 质量偏差(无罩) |
| 3 | 质心 $x$ 轴方向偏差(有罩) |
| 4 | 质心 $x$ 轴方向偏差(无罩) |
| 5 | 质心 $y$ 轴方向偏差(有罩) |
| 6 | 质心 $y$ 轴方向偏差(无罩) |
| 7 | 质心 $z$ 轴方向偏差(有罩) |
| 8 | 质心 $z$ 轴方向偏差(无罩) |
| 9 | 转动惯量 $x$ 轴方向偏差(有罩) |
| 10 | 转动惯量 $x$ 轴方向偏差(无罩) |
| 11 | 转动惯量 $y$ 轴方向偏差(有罩) |
| 12 | 转动惯量 $y$ 轴方向偏差(无罩) |

续　表

| 编号 | 拉偏名称 |
|------|----------|
| 13 | 转动惯量 $z$ 轴方向偏差(有罩) |
| 14 | 转动惯量 $z$ 轴方向偏差(无罩) |
| 15 | 推力模块推力偏差 |
| 16 | 推力模块推力仰角偏差 |
| 17 | 推力模块推力偏角偏差 |
| 18 | 推力模块推力作用点 $x$ 轴位置偏差 |
| 19 | 推力模块推力作用点 $y$ 轴位置偏差 |
| 20 | 推力模块推力作用点 $z$ 轴位置偏差 |
| 21 | 轴向气动力系数偏差(有罩) |
| 22 | 轴向气动力系数偏差(无罩) |
| 23 | 法向气动力系数偏差(有罩) |
| 24 | 法向气动力系数偏差(无罩) |
| 25 | 侧向气动力系数偏差(有罩) |
| 26 | 侧向气动力系数偏差(无罩) |
| 27 | 轴向气动力系数零位偏差(有罩) |
| 28 | 轴向气动力系数零位偏差(无罩) |
| 29 | 法向气动力系数零位偏差(有罩) |
| 30 | 法向气动力系数零位偏差(无罩) |
| 31 | 侧向气动力系数零位偏差(有罩) |
| 32 | 侧向气动力系数零位偏差(无罩) |
| 33 | 滚转力矩系数偏差(有罩) |
| 34 | 滚转力矩系数偏差(无罩) |
| 35 | 偏航力矩系数偏差(有罩) |
| 36 | 偏航力矩系数偏差(无罩) |
| 37 | 俯仰力矩系数偏差(有罩) |
| 38 | 俯仰力矩系数偏差(无罩) |
| 39 | 滚转力矩系数零位偏差(有罩) |
| 40 | 滚转力矩系数零位偏差(无罩) |
| 41 | 偏航力矩系数零位偏差(有罩) |

## 续 表

| 编号 | 拉偏名称 |
|------|----------|
| 42 | 偏航力矩系数零位偏差(无罩) |
| 43 | 俯仰力矩系数零位偏差(有罩) |
| 44 | 俯仰力矩系数零位偏差(无罩) |
| 45 | 滚转阻尼力矩系数偏差(有罩) |
| 46 | 滚转阻尼力矩系数偏差(无罩) |
| 47 | 偏航阻尼力矩系数偏差(有罩) |
| 48 | 偏航阻尼力矩系数偏差(无罩) |
| 49 | 俯仰阻尼力矩系数偏差(有罩) |
| 50 | 俯仰阻尼力矩系数偏差(无罩) |
| 51 | 大气密度偏差 |
| 52 | 推力模块点火时刻偏差 |
| 53 | 助推器分离产生的冲击力矩 $M_x$ 的大小 |
| 54 | 助推器分离产生的冲击力矩 $M_x$ 的作用时间 |
| 55 | 助推器分离产生的冲击力矩 $M_y$ 的大小 |
| 56 | 助推器分离产生的冲击力矩 $M_y$ 的作用时间 |
| 57 | 助推器分离产生的冲击力矩 $M_z$ 的大小 |
| 58 | 助推器分离产生的冲击力矩 $M_z$ 的作用时间 |
| 59 | 整流罩分离产生的冲击力矩 $M_x$ 的大小 |
| 60 | 整流罩分离产生的冲击力矩 $M_x$ 的作用时间 |
| 61 | 整流罩分离产生的冲击力矩 $M_y$ 的大小 |
| 62 | 整流罩分离产生的冲击力矩 $M_y$ 的作用时间 |
| 63 | 整流罩分离产生的冲击力矩 $M_z$ 的大小 |
| 64 | 整流罩分离产生的冲击力矩 $M_z$ 的作用时间 |
| 65 | 风场添加标志 |
| 66 | 风场的风向 |
| 67 | 风场的风向 |
| 68 | 风场的风向 |
| 69 | 风场的风向 |
| 70 | 风场的风向 |
| 71 | 风场的风向 |
| 72 | 风场的风向 |
| 73 | 风场的风向 |
| 74 | 助推弹道 |

### 9.3.12　一体化半实物仿真流程

半实物仿真系统经过一体化设计,在空间上可实现飞行控制软件测试、半实物仿真和系统测试的统一;在时间上飞行控制软件的测试需要首先进行;系统测试和半实物仿真可以同时开展。具体使用流程如图 9 - 10 所示。

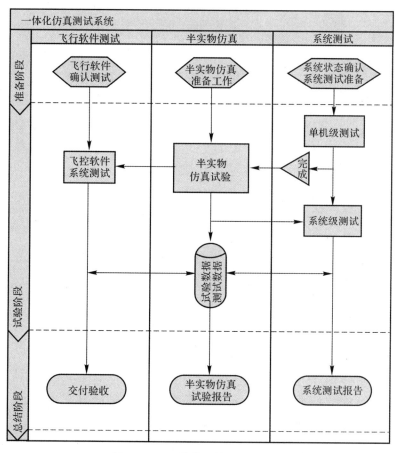

**图 9 - 10　一体化系统运行流程图**

图 9 - 11 所示的流程图中,半实物仿真试验是整个系统的核心工作,正是借助于半实物仿真系统的实时能力,才使得飞行软件的系统测试工作和全系统的测试工作更具有真实性和有效性。

# 9.4　半实物仿真试验模式

(1)闭环数学仿真试验。在参数组合拉偏情况下,以全数字仿真的形式检验控制律的性能,对不满足要求之处进行修改,完善飞行控制律的设计,为半实物仿真提供参考标准。

（2）半实物闭环仿真试验。包括多种模式，按"从简到繁、逐步接入"的原则，逐步将飞控系统实物组件接入闭环系统；通过飞控计算机在回路闭环试验检验系统闭环后接入飞控软硬件的协调性及惯性导航软件的正确性；通过飞控计算机、舵机和惯组在回路闭环仿真试验，根据参数组合拉偏条件，检验系统闭环后接入舵机和惯组后对飞控系统的影响及惯性导航软件的正确性。

### 9.4.1　闭环数字仿真试验

数字仿真的主要指标是仿真的精度、速度及置信度。影响仿真精度及仿真运算速度的因素有很多，如仿真模型、计算方法、计算工具等。在多数系统的仿真过程中数值插值是一个不可避免的运算步骤之一，而且大量的原始数据如气动力数据、发动机推力等都是以离散数据表的形式提供的，因而插值数据量的多少和插值维数的大小是制约仿真运算速度一个主要矛盾。

数字仿真一方面要求弹道数字仿真的数学模型尽可能精确，另一方面又希望仿真运算具有相当的灵活性，即要求满足仿真的快速性、准确性，同时又具有模型选择、过程监控的灵活性。

通过数字仿真机完成闭环数字仿真试验，实现以下目标：

（1）以全数字仿真的形式检验控制律的性能，及时发现问题，对不满足要求之处进行修改，完善飞行控制律的设计。

（2）为半实物仿真提供参考标准。

（3）在仿真计算机上实现弹体的动力学模型、舵系统数学模型、速率陀螺模型，实现飞行控制律模型。

（4）选择适当的数值积分方法和仿真步长进行数学闭环仿真。

（5）仿真计算完毕按要求的格式记录相关的仿真数据。

### 9.4.2　半实物仿真闭环试验

半实物仿真系统是模型飞行器飞行控制系统设计过程中检验和评估飞行器系统性能和精度的有效手段，是飞行器研制过程中非常重要的环节，并且贯穿于控制系统研制的全过程。在系统设计、研制过程中，通过半实物仿真实验检查分系统和全系统的开、闭环特性，各分系统工作的协调性和正确性，系统的抗干扰能力，系统参数设计，系统稳定性及各种交叉耦合的影响等，以达到优化系统设计，提高系统可靠性的目的，为飞行试验成功奠定基础。

半实物仿真一般是把数学模型、实体模型和系统的实际设备联系在一起进行运行，组成仿真系统。而在对此系统进行仿真时，因有实物介入仿真回路，要求仿真是实时进行的,仿真机必须在与真实系统同步的条件下,获取动态的输入信号,并实时地产生动态的输出响应。实时性是进行半实物仿真的前提。而在半实物仿真系统中,接口装置也是系统重要的组成部分,要满足系统的实时性和精确性的要求。

### 9.4.2.1　仿真计算机、惯性测量组件和惯组模拟器构成的闭环仿真

该仿真模式下,飞控计算机和真实惯组参与仿真,三轴转台也参与仿真。参加仿真的节点有仿真综合控制台,模型解算监控子系统(模型监控节点和模型解算节点),产品接口测试子系统,惯组模拟器子系统,数据记录子系统,视景仿真子系统和三轴转台子系统。

在该种仿真模式下,仿真综合控制台设置仿真初始参数,监控系统的运行状态;接口测试子系统根据飞控计算机输出状态,向仿真系统发送飞行阶段标志,同时,将采集得到的四路舵控信号转化为舵控角后更新至网上;惯组模拟器将仿真模型计算得到的过载转换为脉冲,模拟惯组输出;三轴转台根据当前仿真姿态,控制转台运行到指定位置;仿真模型将四路舵控角经过舵机数学模型后得到等效舵偏角,并根据飞行阶段进行仿真运算;视景仿真节点获取飞行弹道,四路舵控角和飞行阶段,用于可视化显示;数据记录节点采集并记录的仿真数据;该仿真模式下,六自由度仿真模型中包含四路舵机的数学模型。通过该模式实现以下仿真任务:

(1)在仿真计算机上建立弹体的动力学模型和运动学模型、舵系统的数学模型。

(2)将惯性测量组件按照安装要求安装在三轴转台上。

(3)仿真计算机将解算出的姿态角信息发送给三轴转台,控制转台三个轴偏转相应的角度。

(4)安装在转台上的惯性测量组件将捕捉到的角速率以脉冲量的形式发送给飞控计算机。

(5)仿真计算机通过实时网络将弹体的加速度信息传递给惯组模拟器,惯组模拟器将加速度信息变换为相应的脉冲信号送给飞控计算机。

(6)飞控计算机采集惯性测量组件送来的三路角速率脉冲量和惯组模拟器送来的三路加速度脉冲量,进行导航解算和控制律解算,将舵面控制指令发送到实时网络。

(7)仿真计算机接收舵面控制指令,根据舵系统数学模型解算出舵偏角,进行弹体运动学仿真计算。

(8)仿真计算完毕按要求的格式记录相关的仿真数据。

### 9.4.2.2　仿真计算机和飞控计算机构成的闭环仿真

该仿真模式下,飞控计算机参与仿真。参加仿真的节点有仿真综合控制台,

模型解算监控子系统(模型监控节点和模型解算节点),产品接口测试子系统,惯组模拟器子系统,数据记录子系统和视景仿真子系统。

在该种仿真模式下,仿真综合控制台设置仿真初始参数,监控系统的运行状态;产品接口测试子系统根据飞控计算机输出状态,向仿真系统发送飞行阶段标志,同时,将采集得到的四路舵控信号转化为舵控角后更新至网上;惯组模拟器将仿真模型计算得到的过载和角速度转换为脉冲,模拟惯组输出;仿真模型将四路舵控角经过舵机数学模型后得到等效舵偏角,并根据飞行阶段进行仿真运算;视景仿真节点获取飞行弹道,四路舵控角和飞行阶段,用于可视化显示;数据记录节点采集并记录的仿真数据;该仿真模式下,六自由度仿真模型中包含四路舵机的数学模型。实现以下仿真任务:

(1)检验飞控计算机的硬件和弹载软件的正确性。

(2)在仿真计算机上建立弹体的动力学模型和运动学模型、舵系统的数学模型、速率陀螺的数学模型。

(3)仿真计算完毕按要求的格式记录相关的仿真数据。

### 9.4.2.3 仿真计算机、飞控计算机和舵系统构成的闭环仿真

该仿真模式下,飞控计算机和舵机参与仿真。参加仿真的节点有仿真综合控制台,模型解算监控子系统(模型监控节点和模型解算节点),产品接口测试子系统,惯组模拟器子系统,舵机负载模拟子系统,数据记录子系统和视景仿真子系统。

在该种仿真模式下,仿真综合控制台设置仿真初始参数,监控系统的运行状态;产品接口测试子系统根据飞控计算机输出状态,向仿真系统发送飞行阶段标志,同时,将采集得到的四路舵机舵偏角反馈信号转化为舵反馈角后更新至网上;舵偏角信号也可以通过舵机负载模拟台进行采集;惯组模拟器将仿真模型计算得到的过载和角速度转换为脉冲,模拟惯组输出;仿真模型将四路舵反馈角经过四转三转换后得到等效舵偏角,并根据飞行阶段进行仿真运算;视景仿真节点获取飞行弹道,四路舵反馈角和飞行阶段,用于可视化显示;数据记录节点采集并记录的仿真数据;该仿真模式下,六自由度仿真模型中不包含四路舵机的数学模型,仅有四转三的舵混合策略。该仿真模式实现以下仿真目标:

(1)检验系统闭环后接入舵系统后飞控系统的动态特性和系统稳定性能。

(2)检验舵系统是否满足设计要求,尤其是舵机死区等非线性特性对整个闭环回路的影响。

(3)在仿真计算机上建立弹体的动力学模型和运动学模型、舵系统的数学模型和速率陀螺的数学模型。

(4)仿真计算机通过 RS422 接口将实时仿真计算的弹体信息送给飞控计算机,计算形成舵面控制指令。

（5）飞控计算机通过 D/A 转换器将舵面控制指令发送给舵系统。

（6）舵系统接收指令后控制舵机转轴偏转相应的角度，将舵机偏转的角度发送给仿真计算机。

（7）仿真计算机通过 A/D 转换器采集将四个舵偏角采回，进行弹体运动学仿真计算。

（8）仿真计算完毕按要求的格式记录相关的仿真数据。

### 9.4.2.4　仿真计算机、飞控计算机、舵系统和惯组模拟器构成的闭环仿真

（1）检验系统闭环后接入惯组模拟器后对飞控系统的影响。

（2）检验惯性导航软件的正确性。

（3）在仿真计算机上建立弹体的动力学模型和运动学模型、舵系统的数学模型和速率陀螺和加速度计的数学模型。

（4）仿真计算机通过 RS422 接口通讯将弹体的角速率和加速度信息传递给惯组模拟器，惯组模拟器将角速率和线加速度信息变换为相应的脉冲信号送给飞控计算机。

（5）飞控计算机采集脉冲信号，进行导航解算和控制律解算，通过 D/A 转换器将舵面控制指令发送给舵系统。

（6）舵系统接收指令后控制舵机转轴偏转相应的角度，将舵机偏转的角度发送给仿真计算机。

（7）仿真计算机通过 A/D 转换器采集将四个舵偏角采回，进行弹体运动学仿真计算。

（8）仿真计算完毕按要求的格式记录相关的仿真数据。

### 9.4.2.5　仿真计算机、飞控计算机、舵系统、惯性测量组件和惯组模拟器构成的闭环仿真

（1）检验系统闭环后接入系统所有分部件后飞控系统的动态特性和系统稳定性能。

（2）在仿真计算机上建立弹体的动力学模型和运动学模型、舵系统的数学模型、速率陀螺和加速度计的数学模型。

（3）将惯性测量组件按照安装要求安装在三轴转台上。

（4）仿真计算机将解算出的姿态角信息发送给三轴转台，控制转台三个轴偏转相应的角度。

（5）安装在转台上的惯性测量组件将捕捉到的角速率以脉冲量的形式发送给飞控计算机。

（6）仿真计算机通过 RS422 接口通信将弹体的加速度信息传递给惯组模拟器，惯组模拟器将加速度信息变换为相应的脉冲信号送给飞控计算机。

（7）飞控计算机采集惯性测量组件送来的三路角速率脉冲量和惯组模拟器送来的三路加速度脉冲量，进行导航解算和控制律解算，通过 D/A 转换器将舵面控制指令发送给舵系统。

（8）舵系统接收指令后控制舵机转轴偏转相应的角度，将舵机偏转的角度发送给仿真计算机。

（9）仿真计算机通过 A/D 转换器采集将四个舵偏角采回，进行弹体运动学仿真计算。

（10）仿真计算完毕按要求的格式记录相关的仿真数据。

# 9.5 舵机单项试验技术

## 9.5.1 空气舵负载试验

为评估高超声速飞行器舵机组件在实际飞行载荷条件下的工作能力及匹配性，规划了空气舵负载试验。试验具体目的包括以下三个方面：

（1）解锁机构抗弯矩能力评估。

（2）解锁机构带载条件下的解锁能力评估。

（3）带载条件下舵机组件偏转性能评估。

根据上述试验目的，空气舵负载试验包括如下内容：

（1）解锁机构锁销抗载试验。在舵面锁定状态下，在舵面上施加多种载荷，检测解锁机构的锁销变形情况。

（2）解锁机构带载解锁试验。在舵面锁定状态下，在舵面上逐次施加多种载荷，检测解锁所需的气路压强及解锁延迟时间等参数。

（3）舵机组件带载性能试验。在舵面已解锁状态下，在舵面上逐次施加多种载荷，检测舵面在偏转控制指令下的性能，具体包括空气舵偏转跟随性、舵机零偏等。

### 9.5.1.1 解锁机构锁销抗载试验

试验前，用尾舱固定夹具将尾舱固定在在试验工作台上，然后将 1 片空气舵安装到尾舱的某个舵机位置处，再将舵面加载夹具安装到空气舵上，并准备好加载砝码及桁吊。装配情况如图 9-11 所示。

通过桁吊将标准砝码逐渐加载到托盘上，逐步给舵面加载，检查整个过程中解锁机构锁销状态，观察是否出现变形及伸缩异常现象，从而判断解锁结构是否正常。

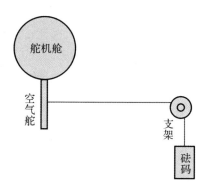

**图 9 - 11 空气舵负载试验安装图**

### 9.5.1.2 解锁机构带载解锁试验

试验前,按照图 9 - 11 所示安装好尾舱、空气舵、舵面加载夹具,准备好加载砝码及桁吊,同时按照图 9 - 12 所示连接好地测系统、高压气路、舵机电缆等。

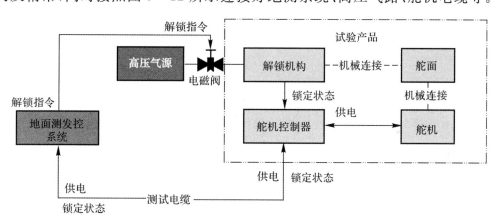

**图 9 - 12 解锁机构带载解锁试验电气连接图**

为保证试验顺利进行,对高压气路、地测系统进行了调试,并在未加载条件下进行了多次联试,确保测试过程及采集数据满足试验要求。

### 9.5.1.3 舵机组件带载性能试验

试验前,按照图 9 - 11 所示安装好尾舱、空气舵、舵面加载夹具,准备好加载砝码及桁吊,同时按照图 9 - 13 所示连接好地测系统、舵机电缆等,并确保锁销处于解锁状态。

为保证舵机产品的安全性,在满载条件下,舵机组件连续工作时间和累计工作时间不得超过产品的规定时间,每次试验之间必须间隔一定的时间,以保证舵机组件充分散热。此项试验依托地测系统采用自动测试流程展开,以保证试验时间的有效把握，避免对参试产品造成损害。

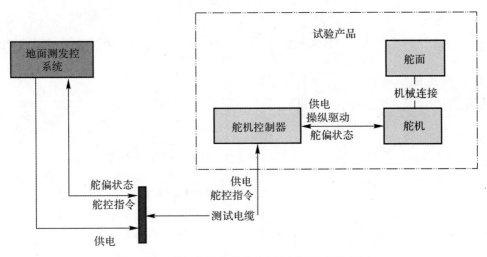

图 9-13　舵机组件带载性能测试试验电气连接图

　　根据试验要求，选择如图 9-14 所示的舵控指令曲线。此舵控曲线包含了正负偏转、零位保持等特性，可以体现舵机组件的各项基本性能。

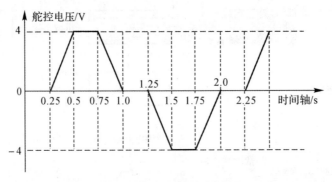

图 9-14　舵机带载性能试验舵控指令图

## 9.5.2　有控单片舵机风洞热考核试验

　　在自由射流风洞内，舵面按规定的要求进行有控动作，观测尾舵试制品防热层烧蚀情况；观察舵机和舵面的热匹配情况以及舵机的工作情况。

　　在自由射流风洞中，在特定来流条件（包括气流温度和马赫数）下，进行尾舵和舵机组合的动态热考核试验，试验方式包括固定舵面和动态舵面两种。

### 9.5.2.1　试验设备连接

　　试验设备硬件安装连接如图 9-15 所示，电气连接如图 9-12 所示。

　　试验前，需合理布置温度传感器，包括：

（1）直接贴在舵机的表面，用于检测舵机的温度。

（2）贴在防热板下面金属板的背面，用于检测试验座内部壁温。

（3）布置在舵机附近，用于检测试验座舱内部空气温度。

试验底座安装在自由射流风洞试验系统的试验舱内，按照图 9 - 15 连接气管路，打开高压氮气瓶开关，测控系统发出解锁指令，解锁开关打开，测试系统可检测到解锁信号反馈信号。

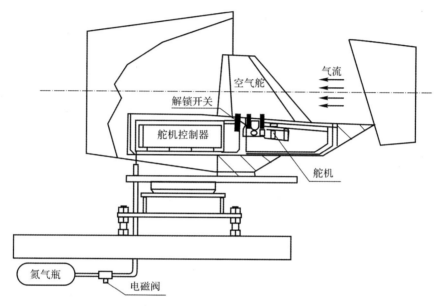

**图 9 - 15　试验设备安装连接图**

### 9.5.2.2　试验结果

风洞测控系统采集到的舵面解锁状态反馈信号及舵面偏转反馈信号如图 9 - 16 所示。图中，J 为解锁状态反馈信号，D 为舵偏反馈信号。

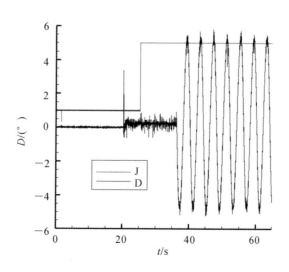

**图 9 - 16　舵控信号检测结果**

进入试验时序后,风洞测控系统检测到解锁状态反馈信号,延迟特定一段时间后,舵机以特定幅度和往复周期进行反复摆动,结果与试验设置状态一致,表明舵机系统工作正常。

### 9.5.3　热电池供电考核试验

在舵机回路半实物仿真试验中,检测了舵机在气动载荷作用下的实际消耗电流。分别选择基准弹道和拉偏弹道进行了多次试验,两次试验的电流曲线见图9－17～图9－20。

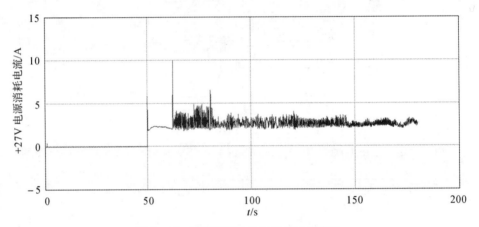

图 9－17　基准弹道＋27V 电源电流曲线

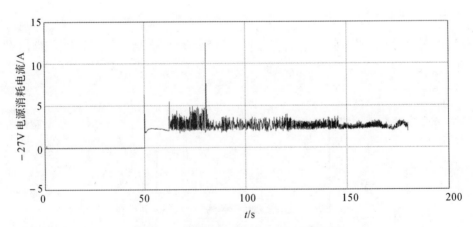

图 9－18　基准弹道－27V 电源电流曲线

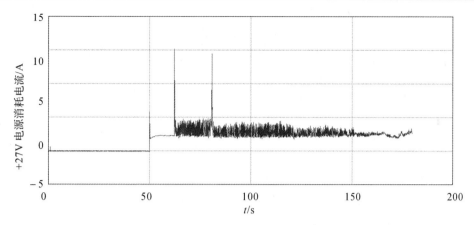

**图 9-19　拉偏弹道+27V 电源电流曲线**

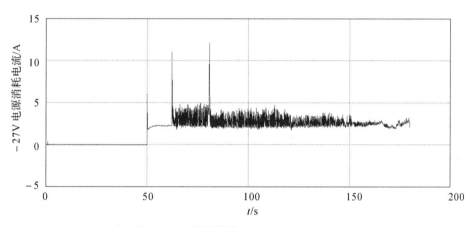

**图 9-20　拉偏弹道-27V 电源电流曲线**

通过对电流曲线进行积分,可得到舵机半实物仿真试验条件下的功耗,见表9-2。

**表 9-2　电源功耗估算表**

| 弹道 | +27V 电源功耗/（A・s） | -27V 电源功耗/（A・s） | 小计/（A・s） |
|---|---|---|---|
| 基准弹道 | 347.77 | 345.50 | 693.27 |
| 拉偏弹道 | 355.93 | 353.79 | 709.72 |

将表 9-2 所示电源功耗估值与舵机热电池的实际供电能力相对比,可得出舵机热电池供电能力对高超声速飞行器飞行试验的满足程度及其余量。

根据图 9-17～图 9-20 的半实物仿真电流曲线,分析基准弹道和拉偏弹道总的电流脉冲个数和宽度,可得出舵机热电池的脉冲工作能力是否满足空中飞行的需求。

# 9.6　捷联惯导单项试验技术

捷联惯导的性能指标通过环境适应性试验、跑车/挂飞/飞行等试验进行考核。在半实物仿真中,捷联惯导只能在三轴转台(飞行姿态模拟转台)上实现姿态运动,无法实现真实的空中飞行。但是,捷联惯导是连接六自由度模型和飞行控制的一个重要环节,六自由度模型的比力和角速度是捷联惯导的输入源,而捷联惯导的导航解算结果是飞行控制的输入,使捷联惯导在半实物仿真中正确工作,十分重要。本节主要讨论在半实物仿真中,模拟捷联惯导真实飞行的方法,从而支撑飞控系统的半实物仿真性能评估,主要包括在半实物仿真中,捷联惯导轨迹发生器的设计和三轴转台姿态角相似性问题。

## 9.6.1　捷联惯导轨迹发生器

半实物仿真中的捷联惯导轨迹发生器与捷联惯导算法研究中使用的轨迹发生器不同。捷联惯导算法轨迹发生器可以模拟飞行器的各种运动,包括圆锥、划船、涡卷等各种效应,重在考核捷联惯导算法的精度,适合捷联惯导算法的研究,如在第 8.1 节的"高超声速飞行器飞行轨迹设计"中,就是采用的这种轨迹发生器。然而,这种轨迹发生器输出的轨迹并不是飞行器真实的飞行轨迹,只能按照固定的几种机动方式运动,输出位置、速度、姿态、角速度、比力等信息,不能实现按过载、攻角控制等方式飞行,不能反映其他飞行信息(如攻角、侧滑角)。其共同特点:比力由惯导系统的基本方程(比力方程)获得,角速度由设定的姿态运动规律获得。这样的轨迹发生器适合于捷联惯导算法的研究,无法与半实物仿真中的六自由度模型、飞行控制与制导系统进行融合和联调,无法在飞控系统半实物仿真中使用。

在飞控系统半实物仿真中,飞行器机动由飞行控制与制导系统产生,进而产生作用在飞行器上的力和力矩,惯导系统测量的比力和角速度是由力和力矩产生的结果,力和力矩由半实物仿真中飞行器六自由度模型或负载模拟器等模拟。本节以高超声速飞行器半实物仿真试验为背景,介绍如何由精确的飞行器六自由度模型提取捷联惯导轨迹发生器所需信息的方案,使在半实物仿真中,捷联惯导、飞行控制与制导、飞行器六自由度模型实现协调工作。

### 9.6.1.1　半实物仿真六自由度模型

半实物仿真六自由度模型采用的发射坐标系与地球固连,便于描述飞行器相对于旋转地球的运动,因此,飞行器飞行力学研究中,常选择发射坐标系为参考坐标系。以下给出六自由度仿真模型,六自由度模型的输出是捷联惯导轨迹发生器的信息源,即仿真中捷联惯导的输入由六自由度模型得到,六自由度模型和捷联惯导有机融合后,将使飞行器制导导航和控制系统(GNC)全部都能在半实物仿真系统中进行评估试验。

**1. 质心动力学方程**

在发射坐标系中的质心动力学方程为

$$m\frac{\delta^2 \boldsymbol{r}}{\delta t^2} = \boldsymbol{P} + \boldsymbol{R} + \boldsymbol{F}_c + \boldsymbol{F}'_k + m\boldsymbol{g} - m\boldsymbol{\omega}_e \times (\boldsymbol{\omega}_e \times \boldsymbol{r}) - 2m\boldsymbol{\omega}_e \times \frac{\delta \boldsymbol{r}}{\delta t} \quad (9-1)$$

式中:$\delta^2 \boldsymbol{r}/\delta t^2$ 是相对加速度项,$\delta^2 \boldsymbol{r}/\delta t^2 = [\mathrm{d}v_x \quad \mathrm{d}v_y \quad \mathrm{d}v_z]^{\mathrm{T}}/\mathrm{d}t$,$[v_x \quad v_y \quad v_z]^{\mathrm{T}}$ 是飞行器发射坐标系的速度;$\boldsymbol{P}$ 是发动机推力矢量;$\boldsymbol{R}$ 是飞行器所受到的空气动力矢量;$\boldsymbol{F}_c$ 是飞行器执行机构产生的控制力矢量;$\boldsymbol{F}'_k$ 是附加哥氏力;$m\boldsymbol{g}$ 是地球引力,$m\boldsymbol{g} = mg'_r \boldsymbol{r}^0 + mg_{\omega e}\boldsymbol{\omega}_e^0$,其中 $g'_r = -(\mu/r^2)[1+J(a_e/r)^2(1-5\sin^2\phi)]$,$g_{\omega e} = -2(\mu/r^2)J(a_e/r)^2 5\sin\phi$,地球引力采用 J2 模型,因此重力模型适用于 20km 以上高度;$\boldsymbol{F}_e = -m\boldsymbol{\omega}_e \times (\boldsymbol{\omega}_e \times \boldsymbol{r})$ 是离心惯性力;$\boldsymbol{F}_k = -2m\boldsymbol{\omega}_e \times \delta \boldsymbol{r}/\delta t$ 是哥氏惯性力。

**2. 绕质心转动动力学方程**

在发射惯性系中的绕质心转动动力学方程为

$$\boldsymbol{I} \cdot \frac{\mathrm{d}\boldsymbol{\omega}_a}{\mathrm{d}t} + \boldsymbol{\omega}_a \times (\boldsymbol{I} \cdot \boldsymbol{\omega}_a) = \boldsymbol{M}_{\mathrm{st}} + \boldsymbol{M}_c + \boldsymbol{M}_d + \boldsymbol{M}'_{\mathrm{rel}} + \boldsymbol{M}'_k \quad (9-2)$$

式中:$\boldsymbol{I}$ 是飞行器的惯量张量;$\boldsymbol{\omega}_a$ 是发射惯性系下的角速度;$\boldsymbol{M}_{\mathrm{st}}$ 是稳定力矩;$\boldsymbol{M}_c$ 是控制力矩;$\boldsymbol{M}_d$ 是阻尼力矩;$\boldsymbol{M}'_{\mathrm{rel}}$ 是附加相对力矩;$\boldsymbol{M}'_k$ 是附加哥氏力矩。

**3. 制导和控制方程**

制导和控制方程的一般形式为

$$\left.\begin{array}{l} F_\varphi(\delta_\phi, x, y, z, \dot{x}, \dot{y}, \dot{z}, \varphi_a, \dot{\varphi}_a, \cdots) = 0 \\ F_\psi(\delta_\psi, x, y, z, \dot{x}, \dot{y}, \dot{z}, \psi_a, \dot{\psi}_a, \cdots) = 0 \\ F_\gamma(\delta_\gamma, x, y, z, \dot{x}, \dot{y}, \dot{z}, \gamma_a, \dot{\gamma}_a, \cdots) = 0 \end{array}\right\} \quad (9-3)$$

式(9-3)给出的飞行器制导和控制方程的一般形式,可根据实际需求,选择合适的制导和控制方案,制导和控制方案是本书的重点,在本书多个章节均有详细的讨论。从捷联惯导轨迹发生器研究角度来说,制导和控制方程是该轨迹发生器的特色之一,即轨迹的运动是飞行控制系统实现的,而不是采用事先设定的姿态运动规律获得的。比力和角速度是由飞行器飞行过程中各种力和力矩综合作用的结果,而不是由比力方程和设定的姿态运动来确定。式(9-3)中,若飞控系统控制姿态变化,则角速度相应变化;若飞控系统控制力变化,则比力相应变化,模拟了飞行器空中飞行的实际过质心和绕质心运动。另外,传统的轨迹发生器由于其自身特点,无法在半实物仿真中与六自由度模型、飞控系统等联合使用。

**4. 补充方程**

以上建立的质心动力学方程、绕质心转动动力学方程、制导和控制方程，包含有很多未知参数，为了高精度的六自由度模型求解还需增加 23 个方程：3 个质心位置方程、1 个速度方程、3 个姿态角微分方程、8 个欧拉角方程、3 个相对地球角速度方程、4 个地心高度方程、1 个质量方程。

(1) 质心位置方程。飞行器在地面发射坐标系下的质心运动学方程：

$$\left. \begin{array}{l} \dot{x} = v_x \\ \dot{y} = v_y \\ \dot{z} = v_z \end{array} \right\} \tag{9-4}$$

其中，$[x \quad y \quad z]^{\mathrm{T}}$ 是飞行器在地面发射坐标系的位置。

(2) 速度计算方程。飞行器的速度是

$$v = \sqrt{v_x^2 + v_y^2 + v_z^2} \tag{9-5}$$

(3) 姿态角微分方程。在发射惯性坐标系下的姿态角微分方程

$$\left. \begin{array}{l} \dot{\varphi}_a = (\omega_{ay} \sin\gamma_a + \omega_{az} \cos\gamma_a)/\cos\psi_a \\ \dot{\psi}_a = \omega_{ay} \cos\gamma_a - \omega_{az} \sin\gamma_a \\ \dot{\gamma}_a = \omega_{ax} + \tan\psi_a (\omega_{ay} \sin\gamma_a + \omega_{az} \cos\gamma_a) \end{array} \right\} \tag{9-6}$$

其中，$\phi_a, \psi_a, \gamma_a$ 分别是发惯系下俯仰角、偏航角和滚转角。

(4) 欧拉角方程。考虑到地球转动，发射坐标系下的姿态角与发射惯性系姿态角的联系方程为

$$\left. \begin{array}{l} \varphi = \varphi_a - \omega_{ez} t \\ \psi = \psi_a - (\omega_{ey} \cos\varphi - \omega_{ex} \sin\varphi) t \\ \gamma = \gamma_a - (\omega_{ey} \sin\varphi + \omega_{ex} \cos\varphi) t \end{array} \right\} \tag{9-7}$$

发射坐标系下的速度倾角 $\theta$ 及航迹偏角 $\sigma$ 可由下式获得：

$$\left. \begin{array}{l} \theta = \arctan(v_y/v_x) \\ \sigma = -\arcsin(v_z/v) \end{array} \right\} \tag{9-8}$$

则弹体坐标系、速度坐标系及地面发射坐标系中的 8 个欧拉角已知 5 个，其余 3 个可由下面 3 个方向余弦关系得到：

$$\left. \begin{array}{l} \sin\beta = \cos(\theta - \varphi)\cos\sigma\sin\psi\cos\gamma + \sin(\varphi - \theta)\cos\sigma\sin\gamma - \sin\sigma\cos\psi\cos\gamma \\ -\sin\alpha\cos\beta = \cos(\theta - \varphi)\cos\sigma\sin\psi\sin\gamma + \sin(\theta - \varphi)\cos\sigma\cos\gamma - \sin\sigma\cos\psi\sin\gamma \\ \sin\upsilon = (\cos\alpha\cos\psi\sin\gamma - \sin\psi\sin\alpha)/\cos\sigma \end{array} \right\} \tag{9-9}$$

(5) 相对地球角速度方程。在发射坐标系中的相对地球角速度 $\omega$ 方程：

$$\begin{bmatrix} \omega_x \\ \omega_y \\ \omega_z \end{bmatrix} = \begin{bmatrix} \omega_{ax} \\ \omega_{ay} \\ \omega_{az} \end{bmatrix}^{\mathrm{T}} - \boldsymbol{C}_g^b \begin{bmatrix} \omega_{ex} \\ \omega_{ey} \\ \omega_{ez} \end{bmatrix} \tag{9-10}$$

其中，$C_g^b$ 是 4.1 节中的 $B_G$，此处按照导航系统的方式进行描述。

（6）高度方程。飞行轨迹上任一点距地心的距离 $r$ 为

$$r = \sqrt{(x + R_{0x})^2 + (y + R_{0y})^2 + (z + R_{0z})^2} \tag{9-11}$$

星下点所在的地心纬度角 $\phi$ 为

$$\phi = \arcsin\left[\frac{(x + R_{0x})\omega_{ex} + (y + R_{0y})\omega_{ey} + (z + R_{0z})\omega_{ez}}{r\omega_e}\right] \tag{9-12}$$

星下点的椭球表面距地心的距离

$$R = a_e b_e / \sqrt{a_e^2 \sin^2\phi + b_e^2 \cos^2\phi} \tag{9-13}$$

飞行轨迹上一点距地球表面的距离 $h$ 为

$$h = r - R \tag{9-14}$$

（7）质量计算方程。质量计算方程，即

$$m = m_0 - \dot{m}t \tag{9-15}$$

式中：$m_0$ 为飞行器点火前的质量；$\dot{m}$ 为飞行器发动机工作单位时间的质量消耗；$t$ 为从飞行器发动机开始点火起的计时。

至此，由式（9-1）～式（9-15），构成了由 32 个方程组成的精确的飞行器六自由度模型，该模型包括了六自由度动力学和运动学模型、气动模型、质量／惯量模型、地球模型、发动机模型、制导和控制系统模型等。六自由度模型的地球模型与捷联惯导地球模型相匹配。

### 9.6.1.2　轨迹发生器数据生成

发射坐标系下的六自由度模型，包括了完整的位置、速度、姿态等信息，其参考坐标系是发射坐标系或发射惯性系。然而，临近空间飞行器（如 X-43A，X-51A 等）的飞行高度一般在 20～100km，与飞机的飞行形式类似，采用航空领域的当地水平坐标系作为参考坐标系输出导航信息更为合适。因此，以下讨论将六自由度模型数据转换为当地水平导航坐标系下的方法，包括捷联惯导轨迹发生器中比力和角速度如何获得，如何得到导航坐标系下的位置、速度和姿态信息，以及超燃冲压发动机工作所关心的攻角和侧滑角。这些由半实物仿真六自由度模型输出的数据，是飞行器半实物仿真中捷联惯导的理论值。

### 1. 比力

按照惯性器件的定义，比力是惯性坐标系中敏感的、作用于单位质量物体上除重力之外的力。比力不包括引力和参考坐标系运动产生的离心力和哥氏力等。根据六自由度模型式（9-1），比力为

$$\boldsymbol{f}^b = (\boldsymbol{P} + \boldsymbol{R} + \boldsymbol{F}_c + \boldsymbol{F}'_k)/m \tag{9-16}$$

由式（9-16）可知，在六自由度模型下的比力是发动机推力、空气动力、执行机构控制力、附加哥氏力共同作用的结果，比力反映了弹体在空中的实际质心运

动状态,这正是与经典轨迹发生器的区别。可见,比力是参考坐标系下实实在在的、能够由加速度计测量到的力,因此,也叫"视加速度"。在制导和控制系统专业中,比力可转换为"过载",惯组测量的三轴比力,分别对应轴向、法向、横向过载。

**2. 角速度**

按照惯性器件的定义,陀螺测量的是相对于惯性坐标系的角速度在体系下的投影。根据六自由度模型,发射惯性系下的角速度 $\boldsymbol{\omega}_a$ 是陀螺仪测量量。由式(9-2)可知,在六自由度模型下生成的角速度信息,是各种力矩共同作用的结果,角速度反映了弹体在空中的实际绕质心运动状态,这也是与经典轨迹发生器的区别。需要指出的是,惯性坐标系是陀螺测量的参考坐标系,$\boldsymbol{\omega}_a$ 是发射惯性系下的矢量。

**3. 位置**

当地水平导航坐标系下的位置通常用纬度、经度和高度表示。首先将发射坐标系下的位置 $[x \quad y \quad z]^T$ 转化到地固系下 $[x_e \quad y_e \quad z_e]^T$,再将地固系下的位置将转换为经纬度和高度。

$$[x_e \quad y_e \quad z_e]^T = [x_{e0} \quad y_{e0} \quad z_{e0}]^T + \boldsymbol{C}_g^e [x \quad y \quad z]^T \tag{9-17}$$

其中,$[x_{e0} \quad y_{e0} \quad z_{e0}]^T$ 为发射点的地固系下的位置。对于临近空间飞行高度,采用直接法计算纬经高 $(L, \lambda, H)$ 即可。

$$\left.\begin{aligned}
\theta &= a\tan2(az_e, b\sqrt{x_e^2 + y_e^2}) \\
L &= a\tan2(z_e + be'^2 \sin^3\theta, \sqrt{x_e^2 + y_e^2} - ae^2 \cos^3\theta) \\
\lambda &= a\tan2(y_e, x_e) \\
H &= \sqrt{x_e^2 + y_e^2}/\cos L - N
\end{aligned}\right\} \tag{9-18}$$

式(9-18)中,$N = a/\sqrt{1 - e^2 \sin^2 L}$。

**4. 速度**

六自由度模型解算的是当地发射坐标系下的速度 $[v_x \quad v_y \quad v_z]^T$,需经过两次坐标变换,得到的导航坐标系下东北天速度 $[v_e \quad v_n \quad v_u]^T$。

$$[v_e \quad v_n \quad v_u]^T = \boldsymbol{C}_e^n \boldsymbol{C}_g^e [v_x \quad v_y \quad v_z]^T \tag{9-19}$$

**5. 姿态**

当地水平坐标系下的姿态矩阵用 $\boldsymbol{C}_b^n$ 表示。姿态转换比较复杂,目标是获得 $n$ 系的姿态矩阵 $\boldsymbol{C}_b^n$。需要注意:① 六自由度模型中使用的弹体坐标系($b_1$ 系)与航空中使用的弹体坐标系($b$ 系)坐标系指向不同,六自由度模型中常用的 $b_1$ 系是"前上右"坐标系,而航空中常用的 $b$ 系是"右前上"定义,二者之间需坐标转换后才一致,不能混淆。② 两种体系下姿态角的旋转顺序不同,姿态角旋转具有不可交换性,旋转时绕各轴的顺序也不同。

按照姿态矩阵性质,发射坐标系下的姿态矩阵 $\boldsymbol{C}_{b_1}^g$ 可表示为如下形式:

$$\boldsymbol{C}_{b_1}^g = \boldsymbol{C}_e^g \boldsymbol{C}_n^e \boldsymbol{C}_b^n \boldsymbol{C}_{b_1}^b \qquad (9-20)$$

其中:$\boldsymbol{C}_{b_1}^b$ 是弹体坐标系($b_1$ 系)旋转到弹体坐标系($b$ 系)的旋转矩阵,$\boldsymbol{C}_{b1}^b = \boldsymbol{M}x(-\pi/2)\boldsymbol{M}y(-\pi/2)$,由两次旋转获得;$\boldsymbol{C}_b^n$ 是弹体坐标系($b$ 系)旋转到导航坐标系($n$ 系)的姿态矩阵,$\boldsymbol{C}_b^n$ 由捷联惯导实时计算得到,在轨迹发生器中通过式(9-21)和(9-22)计算得到;$\boldsymbol{C}_n^e$ 是导航坐标系($n$ 系)旋转到地固坐标系($e$ 系)的位置矩阵,由轨迹发生器得到的位置信息(经纬度信息)计算得到;$\boldsymbol{C}_e^g$ 是地固坐标系($e$ 系)旋转到发射坐标系($g$ 系)的姿态矩阵。

因此,由六自由度模型可得捷联惯导姿态矩阵 $\boldsymbol{C}_b^n$ 为

$$\boldsymbol{C}_b^n = \boldsymbol{C}_e^n \boldsymbol{C}_g^e \boldsymbol{C}_{b_1}^g \boldsymbol{C}_b^{b_1} \qquad (9-21)$$

在捷联惯导解算中,捷联惯导的姿态矩阵 $\boldsymbol{C}_b^n$ 为

$$\boldsymbol{C}_b^n = \begin{bmatrix} \cos\gamma\cos\psi + \sin\gamma\sin\theta\sin\psi & \cos\theta\sin\psi & \sin\gamma\cos\psi - \cos\gamma\sin\theta\sin\psi \\ -\cos\gamma\sin\psi + \sin\gamma\sin\theta\cos\psi & \cos\theta\cos\psi & -\sin\gamma\sin\psi - \cos\gamma\sin\theta\cos\psi \\ -\sin\gamma\cos\theta & \sin\theta & \cos\gamma\cos\theta \end{bmatrix}$$

$$(9-22)$$

根据式(9-21)的计算结果,由式(9-22)可以计算出导航坐标系下的航向角 $\psi$、俯仰角 $\theta$ 和横滚角 $\gamma$。

**6. 攻角、侧滑角**

高超声速飞行器采用超燃冲压发动机工作,由于发动机进气道工作条件的限制,在飞行中对攻角和侧滑角有严格限制,如 X-43A 的攻角动态误差要求小于 $\pm 1.0°$,侧滑角小于 $\pm 0.5°$,X-43A 在测试过程使用的是惯性攻角和侧滑角,在发动机工作段,要求攻角稳定在 $\pm 0.5°$ 范围内。得到的 $b_1$ 系的速度矢量 $\boldsymbol{v}_{b_1 xyz} = [v_{b_1 x} \quad v_{b_1 y} \quad v_{b_1 z}]^T$,是飞行器发射坐标系的速度 $\boldsymbol{v}_{b1xyz} = \boldsymbol{C}_g^b [v_x \quad v_y \quad v_z]^T$,则惯性攻角 $\alpha$、侧滑角 $\beta$ 为

$$\left.\begin{aligned} \alpha &= \arctan(-v_{b_1 y}/v_{b_1 x}) \\ \beta &= \arctan(v_{b_1 z}/v_{b_1 x}) \end{aligned}\right\} \qquad (9-23)$$

### 9.6.1.3　捷联惯组误差模型

半实物仿真六自由度模型产生的角速度和比力为理论值,需要加入误差模型,才能模拟捷联惯组的输出。根据实际使用的捷联惯组类型,建立相应的捷联误差模型,以下给出一种捷联惯组误差参考模型。

**1. 陀螺仪的误差模型**

$$\delta\boldsymbol{\omega}_{ib}^b = \boldsymbol{B}_g^b + \boldsymbol{E}_g \boldsymbol{\omega}_{ib}^b + \boldsymbol{\varepsilon}_g \qquad (9-24)$$

详细展开后

$$\delta\boldsymbol{\omega}_{ib}^{b} = \begin{bmatrix} B_{gx} \\ B_{gy} \\ B_{gz} \end{bmatrix} + \begin{bmatrix} S_{gx} & E_{gxy} & E_{axz} \\ E_{gyx} & S_{gy} & E_{ayz} \\ E_{gzx} & E_{gzy} & S_{gz} \end{bmatrix} \begin{bmatrix} \omega_x^b \\ \omega_y^b \\ \omega_z^b \end{bmatrix} + \begin{bmatrix} \varepsilon_{gx} \\ \varepsilon_{gy} \\ \varepsilon_{gz} \end{bmatrix} \qquad (9-25)$$

式中:$\boldsymbol{B}_g^b$ 为陀螺零偏向量;$\boldsymbol{\omega}_{ib}^b$ 为陀螺输入角速度向量;$\boldsymbol{E}_g$ 为与陀螺一次项相关的误差矩阵;$\boldsymbol{\varepsilon}_g$ 为陀螺随机噪声向量;$S_{gi}$ 为陀螺标度因子误差,$i=x,y,z$。

**2.加速度计的误差模型**

$$\delta\boldsymbol{f}^b = \boldsymbol{B}_a^b + \boldsymbol{E}_a\boldsymbol{f}^b + \boldsymbol{D}_a\ (\boldsymbol{f}^b)^2 + \boldsymbol{\varepsilon}_a \qquad (9-26)$$

详细展开后

$$\delta\boldsymbol{f}^b = \begin{bmatrix} B_{ax} \\ B_{ay} \\ B_{az} \end{bmatrix} + \begin{bmatrix} S_{ax} & E_{axy} & E_{axz} \\ E_{ayx} & S_{ay} & E_{ayz} \\ E_{azx} & E_{azy} & S_{az} \end{bmatrix} \begin{bmatrix} f_x^b \\ f_y^b \\ f_z^b \end{bmatrix} + \begin{bmatrix} d_{ax} & 0 & 0 \\ 0 & d_{ay} & 0 \\ 0 & 0 & d_{az} \end{bmatrix} \begin{bmatrix} (f_x^b)^2 \\ (f_y^b)^2 \\ (f_z^b)^2 \end{bmatrix} + \begin{bmatrix} \varepsilon_{ax} \\ \varepsilon_{ay} \\ \varepsilon_{az} \end{bmatrix}$$

$$(9-27)$$

式中:$\boldsymbol{B}_a^b$ 为加速度计零偏向量;$\boldsymbol{f}^b$ 为加速度计输入比力向量;$\boldsymbol{E}_a$ 为与加速度一次项相关的误差矩阵;$\boldsymbol{D}_a$ 为与加速度二次项相关的误差矩阵;$\boldsymbol{\varepsilon}_a$ 为加速度计随机噪声向量;$S_{ai}$ 为加速度计标度因子误差,$i=x,y,z$。

在轨迹发生器和惯组等效器的使用中,还需根据实际选择的惯组,对陀螺仪和加速度计进行量化处理。如典型的激光/光纤陀螺脉冲当量为 1″,加速度计使用的脉冲当量为 $g_0/1200$。

### 9.6.1.4　小结

由六自由度模型生成的捷联惯导轨迹发生器,输出数据不仅包括位置、速度、姿态、角速度和比力信息,还包括惯性攻角和侧滑角,这些导航信息是半实物仿真中捷联惯导的参考值。轨迹发生器作为半实物仿真中捷联惯导的输入源,在每种仿真模式下,都得到应用。在数字仿真中,飞行六自由度仿真计算机输出的角速度和比力理论值,叠加误差和量化后,注入给惯导算法解算数学模型;在仅含弹上计算机的闭环仿真试验中,六自由度模型输出的角速度和比力理论值,经惯组等效器,输出给弹上计算机进行惯导算法解算;其他仿真模式下,比力由惯组等效器注入,角速度数据由捷联惯组上转台测量得到。

### 9.6.2　三轴转台姿态运动相似性

如图 9-1 所示,当捷联惯组安装在三轴转台上,如何设置三轴转台的框架角,使三轴转台的运动具有姿态相似性,是半实物仿真中必须解决的问题。

何秋茹论述了转台复现导弹角运动的实质是复现导弹在惯性空间的角速度,给出以微分方程形式和坐标变换矩阵形式形成转台指令的两种方法,并进行了验证。朱士青认为工程实践中使用角度模拟的方法来驱动转台的运动更为可靠。对于立式三轴转台,按照文献[214][215]定义的飞行器姿态角旋转顺序(先偏航,再俯仰,最后滚转),由于飞行器姿态角旋转顺序与立式三轴转台框架旋转顺序一致,采用传统的转台指令方法进行转台指令设置是适用的。然而,对于卧式三轴转台,飞行器姿态角旋转顺序与转台框架旋转顺序不一致时,简单的姿态角交换的设置方法将带来理论误差,必须考虑到姿态／框架旋转的不可交换性。

　　本节以高超声速飞行器半实物仿真试验为背景,介绍半实物仿真中三轴转台框架角的设置方法。提出一种保证姿态矩阵相似条件下,复现飞行器角速率的方法。本节采用的三轴转台为立式三轴转台,如 9.3 节中图 9-9 所示;半实物仿真中飞行器姿态角定义如图 4-4 所示,即先俯仰,再偏航,最后滚转,姿态矩阵为 $\boldsymbol{C}_g^b = \boldsymbol{C}_x(\gamma)\boldsymbol{C}_y(\psi)\boldsymbol{C}_z(\theta)$;三轴转台和飞行器姿态的旋转顺序并不一致。飞行器的理论角速率／指令角速率为

$$\left.\begin{aligned}
\omega_x &= \dot{\gamma} - \dot{\theta}\sin\psi \\
\omega_y &= \dot{\theta}\cos\psi\sin\gamma + \dot{\psi}\cos\gamma \\
\omega_z &= \dot{\theta}\cos\psi\cos\gamma - \dot{\psi}\sin\gamma
\end{aligned}\right\} \tag{9-28}$$

在不考虑姿态奇异的情况下,飞行器的姿态微分方程如式为

$$\left.\begin{aligned}
\dot{\psi} &= \omega_y\cos\gamma - \omega_z\sin\gamma \\
\dot{\theta} &= (\omega_y\sin\gamma + \omega_z\cos\gamma)/\cos\psi \\
\dot{\gamma} &= \omega_x + \dot{\theta}\sin\psi
\end{aligned}\right\} \tag{9-29}$$

### 9.6.2.1　转台坐标系与姿态角

　　转台坐标系($t$ 系):坐标原点 $o_t$ 在转台中心,$o_t x_t$ 轴(滚转轴)指向目标或飞行方向,$o_t y_t$ 轴(偏航轴)垂直平面指向上方,$o_t z_t$ 轴与 $x_t o_t y_t$ 面相垂直并构成右手直角坐标系。绕 $o_t y_t$ 轴转动角定义为偏航角 $\psi_t$,绕 $o_t z_z$ 轴为俯仰角 $\theta_t$,绕 $o_t x_t$ 为滚转角 $\gamma_t$。按照转台台体环架结构,可分为立式三轴转台和卧式三轴转台。

　　立式三轴转台的外框为偏航,中框为俯仰,内框为滚转。旋转顺序为先偏航 $\psi_l$,再俯仰 $\theta_l$,最后滚转 $\gamma_l$。立式转台驱动方程为

$$\left.\begin{aligned}
\omega_{lx} &= \dot{\gamma}_l + \dot{\psi}_l\sin\theta_l \\
\omega_{ly} &= \dot{\theta}_l\sin\gamma_l + \dot{\psi}_l\cos\theta_l\cos\gamma_l \\
\omega_{lz} &= \dot{\theta}_l\cos\gamma_l - \dot{\psi}_l\cos\theta_l\sin\gamma_l
\end{aligned}\right\} \tag{9-30}$$

姿态微分方程为

$$\left.\begin{aligned}
\dot{\psi}_l &= (\omega_{ly}\cos\gamma_l - \omega_{dz}\sin\gamma_l)/\cos\theta_l \\
\dot{\theta}_l &= \omega_{ly}\sin\gamma_l + \omega_{lz}\cos\gamma_l \\
\dot{\gamma}_l &= \omega_{lx} - \dot{\psi}_l\sin\theta_l
\end{aligned}\right\} \tag{9-31}$$

　　卧式三轴转台的外框为俯仰,中框为偏航,内框为滚转。旋转顺序为先俯仰

$\theta_w$，再偏航 $\psi_w$，最后滚转 $\gamma_w$。卧式转台驱动方程为

$$\left. \begin{array}{l} \omega_{wx} = \dot{\gamma}_w - \dot{\theta}_w \sin\psi_w \\ \omega_{wy} = \dot{\theta}_w \cos\psi_w \sin\gamma_w + \dot{\psi}_w \cos\gamma_w \\ \omega_{wz} = \dot{\theta}_w \cos\psi_w \cos\gamma_w - \dot{\psi}_w \sin\gamma_w \end{array} \right\} \tag{9-32}$$

姿态微分方程为式

$$\left. \begin{array}{l} \dot{\psi}_w = \omega_{wy} \cos\gamma_w - \omega_{wz} \sin\gamma_w \\ \dot{\theta}_w = (\omega_{wy} \sin\gamma_w + \omega_{wz} \cos\gamma_w) / \cos\psi_w \\ \dot{\gamma}_w = \omega_{wx} + \dot{\theta}_w \sin\psi_w \end{array} \right\} \tag{9-33}$$

需要注意：本节中定义的弹体姿态旋转顺序与卧式三轴转台的旋转顺序相同。

### 9.6.2.2 姿态运动相似性分析

转台复现飞行器角运动的本质是复现弹体角速度。在描述的姿态运动相似性问题中，存在三种角速率：$\boldsymbol{\omega} = [\omega_x \quad \omega_y \quad \omega_z]^T$ 为飞行器/弹体的理论角速率，$\boldsymbol{\omega}_t = [\omega_{tx} \quad \omega_{ty} \quad \omega_{tz}]^T$ 为转台驱动角速率/环架运动角速率（如 $\boldsymbol{\omega}_l$ 或 $\boldsymbol{\omega}_w$），$\boldsymbol{\omega}_1 = [\omega_{1x} \quad \omega_{1y} \quad \omega_{1z}]^T$ 为惯组测量角速率（即弹体测量角速度）。转台复现的角速度通过 $\boldsymbol{\omega}_t$ 体现，复现的角速度由 $\boldsymbol{\omega}_1$ 测量获得。任意时刻，理论的姿态角/姿态矩阵应与解算的姿态角/姿态矩阵相等。本节目的是分析转台指令设置问题，不考虑转台机械电气误差和惯组误差，即 $\boldsymbol{\omega}_1 = \boldsymbol{\omega}_t$。

转台的台体环架结构反映了转台的旋转顺序，不同的台体结构具有不同的驱动方程。因此，由式（9-30）和式（9-32）可知，即使数值相等的三个姿态角，在两种三轴转台中复现的姿态角速率也不同。只有在仿真过程中，惯组测量角速率 $\boldsymbol{\omega}_1$ 时刻都能复现理论角速率 $\boldsymbol{\omega}$ 时，姿态运动相似性才能实现。对于本节定义的飞行器姿态角，由于其旋转顺序与卧式三轴转台一致，则其理论角速率与三轴转台的驱动方程一致，因此，三轴转台的指令就是飞行器的理论姿态角；然而，对于立式三轴转台，其驱动方程与理论角速率形式不同，无法保证惯组测量角速率 $\boldsymbol{\omega}_1$ 时刻都能复现理论角速率 $\boldsymbol{\omega}$。因此，如果按照传统的设置方法，无法保证姿态角和姿态矩阵的相似性。

### 9.6.2.3 卧式三轴转台指令

根据卧式三轴转台的旋转顺序，可得其姿态矩阵为

$$\boldsymbol{C}_g^{b_w} = \boldsymbol{C}_x(\gamma_w)\boldsymbol{C}_y(\psi_w)\boldsymbol{C}_z(\theta_w) \tag{9-34}$$

$$\begin{bmatrix} \cos\psi_w\cos\theta_w & \cos\psi_w\sin\theta_w & -\sin\psi_w \\ \sin\psi_w\cos\theta_w\sin\gamma_w - \sin\theta_w\cos\gamma_w & \sin\psi_w\sin\theta_w\sin\gamma_w + \cos\theta_w\cos\gamma_w & \cos\psi_w\cos\gamma_w \\ \sin\psi_w\cos\theta_w\gamma_w - \sin\theta_w\gamma_w & \sin\psi_w\sin\theta_w\cos\gamma_w - \cos\theta_w\sin\gamma_w & \cos\gamma_w\cos\theta_w \end{bmatrix}$$

$$\tag{9-35}$$

由飞行器姿态旋转顺序的定义和式(9-34),可以看出卧式三轴转台的旋转顺序与飞行器姿态旋转顺序相同;由飞行器的理论角速率/指令角速率式(9-28)和式(9-32)可以看出,二者角速率具有相似性。则卧式三轴转台的指令为

$$\left.\begin{array}{l} \phi_W = \theta_w = \theta \\ \phi_Z = \psi_w = \psi \\ \phi_N = \gamma_w = \gamma \end{array}\right\} \qquad (9-36)$$

### 9.6.2.4 立式三轴转台指令

根据立式三轴转台的旋转顺序,其旋转顺序与弹体姿态旋转顺序定义不同,可得其姿态矩阵为

$$\boldsymbol{C}_g^{b_l} = \boldsymbol{C}_x(\gamma_l)\boldsymbol{C}_z(\theta_l)\boldsymbol{C}_y(\psi_l) \qquad (9-37)$$

$$\begin{bmatrix} \cos\psi_l\cos\theta_l & \sin\theta_l & -\sin\psi_l\cos\theta_l \\ \sin\psi_l\sin\gamma_l - \cos\psi_l\sin\theta_l\cos\gamma_l & \cos\theta_l\cos\gamma_l & \cos\psi_l\sin\gamma_l + \sin\psi_l\sin\theta_l\cos\gamma_l \\ \sin\psi_l\cos\gamma_l + \cos\psi_l\sin\theta_l\sin\gamma_l & -\cos\theta_l\sin\gamma_l & \cos\psi_l\cos\gamma_l - \sin\psi_l\sin\theta_l\sin\gamma_l \end{bmatrix}$$

$$(9-38)$$

一般认为,对于立式三轴转台,需按照下式设置转台姿态角:

$$\left.\begin{array}{l} \phi_W = \psi_l = \psi \\ \phi_Z = \theta_l = \theta \\ \phi_N = \gamma_l = \gamma \end{array}\right\} \qquad (9-39)$$

然而,这样的设置显然是忽略了转台旋转顺序的影响。这样的设置只能保证姿态角数值相等;由式(9-30)和式(9-32),在设置相同姿态角指令条件下,两种转台复现的姿态矩阵和角速率是不同的。举例说明,某个时刻,飞行器的为俯仰角为20°,偏航角为10°,滚转角为5°,则飞行器的姿态矩阵 $\boldsymbol{C}_g^b$ 数值为

$$\boldsymbol{C}_g^b = \boldsymbol{C}_x(\gamma)\boldsymbol{C}_y(\psi)\boldsymbol{C}_z(\theta) = \begin{bmatrix} 0.9254 & 0.3368 & -0.1736 \\ -0.3265 & 0.9413 & 0.0858 \\ 0.1924 & -0.0227 & 0.9811 \end{bmatrix} \qquad (9-40)$$

而按照式(9-38)设置转台指令时,其姿态矩阵 $\boldsymbol{C}_g^{b_l}$ 数值为

$$\boldsymbol{C}_g^{b_l} = \boldsymbol{C}_x(\gamma_l)\boldsymbol{C}_z(\theta_l)\boldsymbol{C}_y(\psi_l) = \begin{bmatrix} 0.9254 & 0.3420 & -0.1632 \\ -0.3204 & 0.9361 & 0.1450 \\ 0.2023 & -0.0819 & 0.9759 \end{bmatrix} \qquad (9-41)$$

由于旋转顺序的不同,转台姿态定义与飞行器姿态定义已经不同,导致其姿态矩阵也不同。显然,二者姿态矩阵具有误差,姿态矩阵误差将导致惯导解算的速度和位置产生误差;另外,姿态矩阵不一致,也说明其姿态角的不一致。究其原因,就是忽略了姿态旋转的不可交换性。

提出的解决方法:保证立式转台能够实时复现飞行器的姿态矩阵。通过姿态矩阵

的相似性,实时计算立式转台的指令姿态角,实现角速率的相似性。在任意时刻,立式转台指令姿态角的计算方法:获得飞行器的姿态矩阵 $\boldsymbol{C}_g^b$,则立式转台的指令矩阵 $\boldsymbol{C}_{g_l}^b = \boldsymbol{C}_g^b$,由式(9 - 38),可以计算出新的立式转台指令姿态角 $\psi_{l1}, \theta_{l1}, \gamma_{l1}$:

$$\left.\begin{array}{l} \psi_{l1} = a\tan2(-\boldsymbol{C}_{g_l}^b(1,3), \boldsymbol{C}_{g_l}^b(1,1)) \\ \theta_{l1} = a\sin(-\boldsymbol{C}_{g_l}^b(1,2)) \\ \gamma_{l1} = a\tan2(-\boldsymbol{C}_{g_l}^b(3,2), \boldsymbol{C}_{g_l}^b(2,2)) \end{array}\right\} \qquad (9-42)$$

提出的立式三轴转台指令为

$$\left.\begin{array}{l} \phi_W = \psi_{l1} \\ \phi_Z = \theta_{l1} \\ \phi_N = \gamma_{l1} \end{array}\right\} \qquad (9-43)$$

与式(9 - 39)不同。

### 9.6.2.5 仿真算例

针对涉及的各种转台指令形式,给出了 5 种仿真算例(见表 9 - 3)。由于旨在说明转台指令方法的正确性,仿真中没有加入转台误差、惯组误差等因素,并假设初始时刻,弹体坐标系和转台坐标系的指向一致。

仿真条件:飞行器理论的俯仰角 $\theta$ 变化率为 $2°/s$,偏航角 $\psi$ 变化率为 $1°/s$,滚转角 $\gamma$ 变化率为 $0.5°/s$,变化 10s,飞行器姿态角初始值均为 $0°$。图 9 - 21 给出了 10s 的理论姿态角变化,图 9 - 22 给出了理论姿态角速率。表 9 - 3 给出了算例的具体仿真条件和仿真结果,其中,"转台指令角"是指理论模型或转台的指令角度;"转台角速度"是在转台指令下转台输出的角速度 $\omega_t$;"姿态解算"是指采用的姿态角解算公式;"转序"是指与飞行器姿态角转序是否相同;"姿态角"是按照"姿态解算"所得到的姿态角数值。只有在"转序"和"姿态角"二者同时相同 / 相等的情况下,才具有姿态运动相似性。

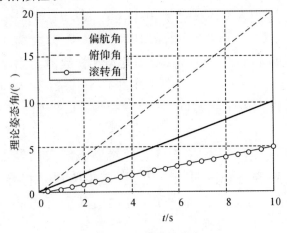

图 9 - 21　理论姿态角

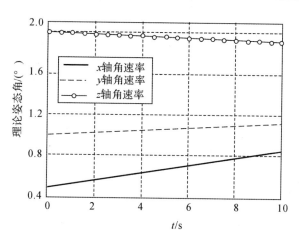

图 9-22　理论姿态角速率

表 9-3　仿真算例表

| 算例 | 转台指令角 | 转台角速度 | 姿态解算 | 转序 | 姿态角 | 相似性 |
|------|-----------|-----------|---------|------|-------|-------|
| 1 | 理论值:$\psi,\theta,\lambda$ | 理论值:式(9-28) | 式(9-29) | 相同 | 相等 | 相似 |
| 2 | 卧式:式(9-36) | 卧式:式(9-32) | 式(9-29) | 相同 | 相等 | 相似 |
| 3 | 立式:式(9-39) | 立式:式(9-30) | 式(9-31) | 不同 | 相等 | 不相似 |
| 4 | 立式:式(9-39) | 立式:式(9-30) | 式(9-29) | 相同 | 不等 | 不相似 |
| 5 | 立式:式(9-43) | 与式(9-32)相等 | 式(9-29) | 相同 | 相等 | 相似 |

　　算例 1 是使用飞行器理论角指令和理论姿态解算公式,能够获得与飞行器相同数值和转序的姿态角。

　　算例 2 是卧式三轴转台指令设置和解算方法,由于与飞行器姿态角转序一致,可得到数值相等的姿态角。

　　算例 3 是采用传统方法设置立式转台姿态角,并按照立式转台的姿态微分方程求解。虽然能够计算出相同的姿态角,但是其旋转顺序已经改变,姿态矩阵已经不同,如上面的举例说明。另外,由于需要计算的是飞行器姿态角,所以也不应该使用转台姿态解算公式,这正是忽略不可交换性而容易被误解的地方。图 9-23 所示是该算例的三轴角速率误差。

　　算例 4 是对算例 3 的改正,即采用飞行器姿态微分方程求解,10s 时刻解算的姿态角:偏航角为 10.63°,俯仰角为 19.68°,滚转角为 1.38°。图 9-24 所示是该算例的三个姿态角误差,与理论值误差很大。算例 3 和 4 都不能复现飞行器理论角速率,不能保证转序和姿态矩阵同时与飞行器相同。

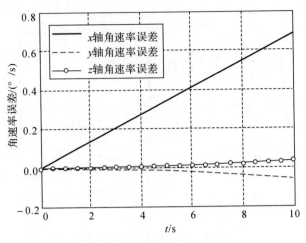

**图 9 - 23　算法 3 和 4 的三轴角速率误差**

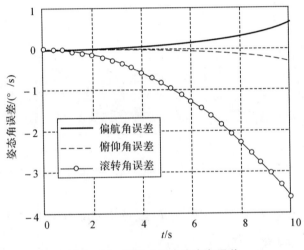

**图 9 - 24　算法 4 三个姿态角误差**

　　算例 5 是按照提出的方法设置转台姿态角,获得了与飞行器相同数值和转序的姿态角。

　　因此,在三轴转台的指令姿态角设置中,必须考虑飞行器姿态旋转顺序与转台框架旋转顺序的一致性,否则,姿态/框架旋转的不可交换性所造成的方法误差将大幅增加系统误差。

　　另外,由式可知,姿态角匀速变化时,姿态角速率并不是恒定值,图 9 - 22 和图 9 - 23 反映了这个特点。

### 9.6.2.6　小结

　　由于卧式三轴转台的旋转顺序与飞行器的姿态定义的旋转顺序一致,其转台指令姿态角是正确的。而立式三轴转台的旋转顺序与飞行器姿态角的旋转顺序不同,因此传统的指令方法不能复现正确的飞行器角速率。提出的方法可以使立式三轴转台能够复现飞行器角速度。该方法在高超声速飞行器飞控半实物仿真系统中得到成功应用,在转台框架角指令设置方法上保证了捷联惯导解算结果与六自由度模型误差最小。如果弹体采用的姿态角定义不同,如先偏航,再俯仰,最后滚转,则立式转台的指令简单,而卧式转台的指令复杂,可采用以上相似的方法进行推导。

在飞行器半实物仿真中,三轴转台复现飞行器角运动的本质是复现角速度运动,而复现角速度通过转台姿态角指令实现。由于欧拉角的旋转不可交换性,转台台体结构反映了姿态角的旋转顺序(立式转台和卧式转台是两种不同的姿态角旋转顺序),转台指令中应含有旋转顺序信息,使转台能够复现飞行器理论角速率,否则,转台的旋转并不能反映真实的飞行器旋转。不可交换性导致了姿态的不相似性,不相似性将使转台不能复现弹体理论角速率,导致导航姿态矩阵不同,导航输出姿态、速度、位置均会产生误差。旋转的不可交换性反映了矩阵乘法的不可交换性。

三轴转台的框架角指令设置中,不仅需要考虑三轴转台的环架结构的旋转顺序,还需考虑到由地球自转而引起的三轴转台运动,即消除地球自转的影响。地球自转的角速度约为 $15°/h$,如果选用的捷联惯组陀螺仪零漂小于地球自转,如战术级 $1°/h$ 或导航级 $0.01°/h$,则在框架角指令设置时,应消除地球自转的影响。否则,地球自转将成为惯性导航系统的主要误差源。

# 9.7　半实物仿真结果的评估验证

高超声速飞行器半实物仿真试验是对飞控系统设计和研制工作进行飞行试验前最终检验,考核飞控系统的战术、技术性能,以及各分系统的性能和相互间协调性的一种直接手段。试验过程中将产生大量的有关飞行器性能的信息数据。这些测控数据是飞行器研制试验过程中结果分析、系统评价的基础。

捷联惯导/组合导航的导航结果是高超声速飞行器半实物仿真结果评估的直接数据来源。在高超声速飞行器的研制和试验中,导航系统均采用以 SINS 为主的组合导航方案。如 X-43A 高超声速飞行器采用 SINS/GPS 组合导航系统,在飞行试验过程中采用纯捷联惯性导航。通常,SINS 的性能指标通过环境试验、跑车/挂飞/飞行等试验进行考核。然而对于高超声速飞行器,SINS 的输出与飞行控制关系密切,如:加速度计输出作为过载控制的过载输入;导航输出的惯性攻角、侧滑角是保证超燃冲压发动机是否工作的重要指标;导航输出的速度和高度是检测动压在有效范围的依据。SINS 既是高超声速飞行器的传感器,又是评估高超声速飞行器是否正常工作的监视设备,具有双重角色。因此,通过大量的半实物仿真试验,在地面环境下模拟高超声速飞行器飞行环境,对导航和控制系统性能评估十分必要。

本节以高超声速飞行器半实物仿真试验为背景,介绍如何对捷联惯导/组合导航输出的位置(纬度、经度和高度)、东北天速度、姿态角、惯性攻角和侧滑角等导航数据进行评估的方法,即将航空领域导航体系下的 SINS 导航信息与航天领域体系下的六自由度半实物仿真模型信息进行比较和分析方法,用以支撑飞控系统的半实物仿真性能评估。

### 9.7.1 位置评估

设高超声速飞行器导航系统的纬度为 $L$、经度为 $\lambda$、高度为 $H$,则其 $e$ 系的位置为

$$\left.\begin{aligned} x_e &= (N+H)\cos L\cos\lambda \\ y_e &= (N+H)\cos L\sin\lambda \\ z_e &= [N(1-e^2)+H]\sin L \end{aligned}\right\} \tag{9-44}$$

式中,$N = a/\sqrt{1-e^2\sin^2 L}$,$[x_e,y_e,z_e]$ 为 $e$ 系下的位置坐标。

设飞行器的初始纬度为 $L_0$、经度为 $\lambda_0$、高度为 $H_0$,则其地固系下初值为 $[x_{e0} \quad y_{e0} \quad z_{e0}]^T$,其当前纬度为 $L$、经度为 $\lambda$、高度为 $H$,则其当前位置为 $[x_e \quad y_e \quad z_e]^T$,其地固坐标系下得出位置为 $[x_e-x_{e0} \quad y_e-y_{e0} \quad z_e-z_{e0}]^T$。地固系到发射系的姿态矩阵为 $\boldsymbol{C}_e^g$,可得捷联惯导位置在发射坐标系下的等效信息 $[x_s \quad y_s \quad z_s]^T$ 为

$$\begin{bmatrix} x_s \\ y_s \\ z_s \end{bmatrix} = \boldsymbol{C}_e^g \begin{bmatrix} x_e-x_{e0} \\ y_e-y_{e0} \\ z_e-z_{e0} \end{bmatrix} \tag{9-45}$$

### 9.7.2 速度评估

捷联惯导解算的是导航坐标系下的速度,其速度矢量为 $\boldsymbol{v}_{enu} = [v_e \quad v_n \quad v_u]^T$,需经过两次坐标变换,即先将导航坐标系转换到地固系,再将地固系转换到发射坐标系,得到的发射坐标系的等效速度矢量 $\boldsymbol{v}_{sxyz} = [v_{sx} \quad v_{sy} \quad v_{sz}]^T$。

$$\boldsymbol{v}_{sxyz} = \boldsymbol{C}_n^g \boldsymbol{v}_{enu} = \boldsymbol{C}_e^g \boldsymbol{C}_n^e \boldsymbol{v}_{enu} \tag{9-46}$$

### 9.7.3 姿态评估

根据坐标转换理论,需要通过坐标转换,即姿态矩阵变换,得到等效的发射坐标系姿态矩阵 $\boldsymbol{C}_{b_1}^g$,与式(9-20)形式相同,重写为

$$\boldsymbol{C}_{b_1}^g = \boldsymbol{C}_e^g \boldsymbol{C}_n^e \boldsymbol{C}_b^n \boldsymbol{C}_{b_1}^b \qquad (9-47)$$

式中,等号右边由 4 个姿态矩阵相乘得到,每个姿态矩阵对应各自的姿态角旋转,共 11 次旋转,依次为:

(1)$b_1$ 系旋转到 $b$ 系,$\boldsymbol{C}_{b_1}^b$ 是两种弹体坐标系之间的姿态旋转矩阵,由 2 次旋转获得,$\boldsymbol{C}_{b_1}^b = \boldsymbol{M}x(-\pi/2)\boldsymbol{M}y(-\pi/2)$。

(2)$b$ 系旋转到 $n$ 系,$\boldsymbol{C}_b^n$ 是 SINS 的姿态矩阵,由 3 次旋转获得,由 SINS 实时计算得到。

$$\begin{bmatrix} \cos\gamma\cos\psi + \sin\gamma\sin\theta\sin\psi & \cos\theta\sin\psi & \sin\gamma\cos\psi - \cos\gamma\sin\theta\sin\psi \\ -\cos\gamma\sin\psi + \sin\gamma\sin\theta\cos\psi & \cos\theta\cos\psi & -\sin\gamma\sin\psi - \cos\gamma\sin\theta\cos\psi \\ -\sin\gamma\cos\theta & \sin\theta & \cos\gamma\cos\theta \end{bmatrix}$$
$$(9-48)$$

(3)$n$ 系旋转到 $e$ 系,$\boldsymbol{C}_n^e$ 是 SINS 的位置矩阵,由 3 次旋转获得,由 SINS 实时计算得到。

(4)$e$ 系旋转到 $g$ 系,由 3 次旋转获得,$\boldsymbol{C}_e^g$ 为固定值,导航软件初始化计算一次。

由式(9-47),可计算出 $b_1$ 系到 $g$ 系的姿态矩阵 $\boldsymbol{C}_{b_1}^g$,展开如下:

$$\boldsymbol{C}_{b_1}^g = \begin{bmatrix} \cos\theta_s\cos\psi_s & \cos\theta_s\sin\psi_s\sin\gamma_s - \sin\theta_s\cos\gamma_s & \cos\theta_s\sin\psi_s\cos\gamma_s + \sin\theta_s\sin\gamma_s \\ \sin\theta_s\cos\psi_s & \sin\theta_s\sin\psi_s\sin\gamma_s + \cos\theta_s\cos\gamma_s & \sin\theta_s\sin\psi_s\cos\gamma_s - \cos\theta_s\sin\gamma_s \\ -\sin\psi_s & \cos\psi_s\sin\gamma_s & \cos\psi_s\cos\gamma_s \end{bmatrix}$$
$$(9-49)$$

式中,航向 $\psi_s$、俯仰 $\theta_s$ 和横滚 $\gamma_s$ 为 SINS 解算的在发射坐标系的等效姿态角,且若令 $\boldsymbol{C}_{b_1}^g = \begin{bmatrix} T_{11} & T_{12} & T_{13} \\ T_{21} & T_{22} & T_{23} \\ T_{31} & T_{32} & T_{33} \end{bmatrix}$,则有

$$\left. \begin{aligned} \psi_s &= \arcsin(-T_{31}) \\ \theta_s &= \arctan2(T_{21}, T_{11}) \\ \gamma_s &= \arctan2(T_{32}, T_{33}) \end{aligned} \right\} \qquad (9-50)$$

由于两种坐标系下的姿态角范围不一致,实际使用时需转换到相应范围时再比较。

### 9.7.4　惯性攻角、侧滑角评估

惯性攻角、侧滑角与六自由度模型的物理定义相同。由 $\boldsymbol{v}_{bxyz} = \boldsymbol{C}_n^b \boldsymbol{v}_{enu}$,得到的弹体系下的速度矢量 $\boldsymbol{v}_{bxyz} = [v_{bx} \quad v_{by} \quad v_{bz}]$,则惯性攻角 $\alpha$、侧滑角 $\beta$ 为

$$\left. \begin{aligned} \alpha &= \arctan(-V_b/V_b) \\ \beta &= \arctan(V_b/V_b) \end{aligned} \right\} \qquad (9-51)$$

### 9.7.5 数字仿真评估验证

在高超声速飞行器数字仿真中,飞控系统、捷联惯导、舵机等弹上设备使用数学模型,与飞行器六自由度模型联合,如图9-25所示。为了验证评估方法的正确性,数字仿真中没有加入惯组误差模型。捷联惯导算法和飞行控制软件均运行在仿真模型中,捷联惯导采用三子样姿态算法,飞控采用过载控制。与捷联惯导算法相同,六自由度模型采用了WGS-84椭球模型。根据提出的捷联惯导评估方法进行仿真,表9-4列出了数字仿真的导航误差。由表9-4可见:攻角/侧滑角最大误差为$0.003°$,姿态角最大误差为$0.0001°$,速度最大误差为$0.043\mathrm{m/s}$,位置最大误差为$3.76\mathrm{m}$。以上结果均满足半实物仿真和飞控算法精度要求。通过仿真分析,速度和位置误差主要是捷联惯导正常重力模型精度造成的,正常重力模型误差正是捷联惯导的误差源之一。

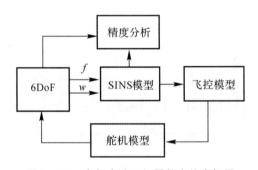

**图9-25 高超声速飞行器数字仿真框图**

**表9-4 数字仿真导航误差表**

| 误差 时间 项目 | $x$ | $y$ | $z$ | $v_x$ | $v_y$ | $v_z$ | $\psi$ | $\theta$ | $\gamma$ | $\alpha$ | $\beta$ |
|---|---|---|---|---|---|---|---|---|---|---|---|
| | m | | | m/s | | | (°) | | | (°) | |
| 50s | -0.01 | -0.09 | -0.06 | 0.000 | -0.005 | -0.003 | -0.0000 | -0.0000 | -0.0000 | 0 | 0 |
| 100s | -0.02 | -0.78 | -0.50 | 0.001 | -0.025 | -0.011 | -0.0001 | -0.0001 | -0.0001 | -0.001 | 0.001 |
| 150s | 0.01 | -2.50 | -1.36 | 0.002 | -0.041 | -0.019 | -0.0001 | -0.0001 | -0.0001 | -0.001 | 0.001 |
| 180s | 0.06 | -3.76 | -1.97 | 0.002 | -0.043 | -0.020 | -0.0001 | -0.0001 | -0.0001 | -0.002 | 0.003 |

### 9.7.6 半实物仿真评估验证

在半实物仿真中,惯性组件安装在三轴转台上,三轴转台由仿真计算机输出的姿态角驱动。惯性组件实时测量姿态角速度信息;仿真计算机输出比力理论值给惯组模拟器,惯组模拟器加入加速度计误差后注入惯性组件。

按照提出的捷联惯导评估方法进行半实物仿真试验分析,图9-26所示为惯性攻角误差,图9-27所示为惯性侧滑角误差,在高超声速飞行器发动机工作段,攻角误差和侧滑角误差均小于0.5°,满足发动机点火要求。

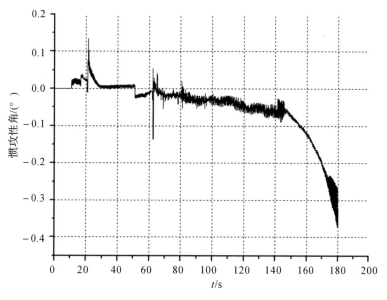

**图9-26　惯性攻角误差**

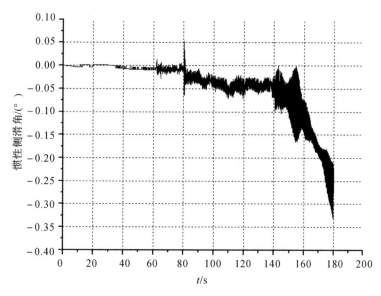

**图9-27　惯性侧滑角误差**

表9-5给出了一次半实物仿真的导航误差,各项误差均满足飞控要求。需要注意的是,导航误差是惯性器件误差、对准误差、模型误差、转台误差、数据时延误差等综合作用的结果。

表 9 - 5 半实物仿真导航误差表

| 项目<br>误差<br>时间 | $x$ | $y$ | $z$ | $v_x$ | $v_y$ | $v_z$ | $\psi$ | $\theta$ | $\gamma$ | $\alpha$ | $\beta$ |
|---|---|---|---|---|---|---|---|---|---|---|---|
| | | m | | | m/s | | | (°) | | | (°) |
| 50s | 224.35 | −14.25 | −51.33 | −0.46 | −0.30 | −0.09 | −0.09 | −0.08 | −0.01 | 0.01 | −0.01 |
| 100s | 564.42 | −4.32 | −227.08 | 0.63 | 0.31 | 0.13 | −0.17 | −0.17 | 0.01 | −0.04 | −0.03 |
| 150s | 919.47 | −4.71 | −350.39 | 0.83 | 0.37 | 0.26 | −0.25 | −0.25 | 0.14 | −0.08 | −0.10 |
| 180s | 1150.86 | −6.67 | −440.29 | 0.98 | 0.56 | −0.78 | −0.21 | −0.32 | 0.21 | −0.36 | −0.22 |

# 9.8 本 章 小 结

本章首先介绍了半实物仿真系统建设目标、设计原则及功能组成等,然后进一步探讨了在高超声速飞行器飞控系统仿真过程中开展的舵机和捷联惯导单项试验技术,最后给出了半实物仿真结果的评估方法。上述试验技术和评估方法在高超声速飞行器飞控半实物仿真系统中得到成功应用,支撑了高超声速飞行器的工程研究和飞行试验,也适用于其他半实物仿真系统的捷联惯导评估。

# 第 10 章  高超声速飞行控制技术展望

本章的目的是提出一些笔者认为在高超声速飞行控制领域值得深入研究的问题。需要说明的是,书中并没有给出这些问题的解决或答案,而是阐述这些问题的背景、机理,以及可能的解决思路。问题的范围相当广泛,涵盖了静不稳定控制技术、发动机推力控制、非线性控制、一体化设计、考虑姿态约束的设计、气动热对控制的影响,以及舵机对飞控系统的影响等内容。

## 10.1  高超声速飞行器静不稳定控制技术

### 10.1.1  高超声速飞行器静不稳定产生机理

高超声速飞行器飞行过程出现静不稳定现象的原因主要有以下两个方面:

(1)高超声速飞行器推力/机体一体化的独特气动外形。高超声速飞行器推力/机体一体化的通用气动外形如图 10-1 所示。其前体既是飞行器机体的一部分,同时前体产生的激波又是超燃冲压发动机的预压缩气体,为超燃冲压发动机的进气道所捕获。同样,后体既是飞行器机体的一部分,又是发动机出口的扩张段。

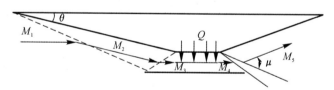

**图 10-1  高超声速飞行器外形示意图**

由于飞行器前体较长,且质量分布较小,因而使得飞行器的质心很难配置在飞行器压心之前。同时,前体在飞行过程中产生较大的附加升力,使得飞行器的压心进一步前移。位于飞行器腹下的发动机进气道还会产生附加的气动力矩。因此,正常情况下,乘波体外形的高超声速飞行器在气动特性上将是静不稳定的。

尽管 X-43A 高超声速飞行器通过头部配重可以使飞行器处于静稳定状态,但这种情况也仅适用于短时间的飞行试验。在长航时飞行时,通过头部配重将是不可取的,因为通过配重调整飞行器的质心,将会使飞行器的整体变重,降低飞行器的有效载荷,增大飞行器的平衡攻角;在同等燃料的情况下,会减小飞行器的航程。

(2)高超声速飞行器人为设计为中立稳定或静不稳定。这种情况主要利用中立稳定或静不稳定时可以减小飞行器巡航飞行时的配平舵偏,降低飞行器的阻力,在同等燃料的情况下,会增大飞行器的射程。

综上所述,未来高超声速飞行器在长航时飞行时,将会出现静不稳定问题,因此,高超声速飞行器飞行控制技术必然面临静不稳定控制的挑战。

## 10.1.2 人工增稳原理和稳定条件

假定高超声速飞行器采用正常式布局,舵面的位置在重心之后,正舵偏角产生正的舵面升力,负的瞬时转动角速度,为了使阻尼回路实现负反馈,令

$$\delta = \delta_g + K_\vartheta^\dot{\vartheta} \dot{\vartheta} \qquad (10-1)$$

将上式代入刚体弹体运动方程得

$$\ddot{\vartheta} = -(a_{22} + a_{25} K_\vartheta^\dot{\vartheta}) \dot{\vartheta} - a_{34}\alpha - a_{25}\delta_g \qquad (10-2)$$

$$\dot{\alpha} = (1 + a_{35} K_\vartheta^\dot{\vartheta}) \dot{\vartheta} - a_{24}\alpha - a_{25}\delta_g \qquad (10-3)$$

飞行器 — 自动驾驶仪系统的稳定条件为

$$-(a_{22} + a_{34} + a_{25} K_\vartheta^\dot{\vartheta}) < 0 \qquad (10-4)$$

$$(a_{22} - a_{25} K_\vartheta^\dot{\vartheta})a_{34} + (1 - a_{35} K_\vartheta^\dot{\vartheta})a_{24} > 0 \qquad (10-5)$$

因为 $a_{22}$,$a_{34}$,$a_{25}$ 和 $K_\vartheta^\dot{\vartheta}$ 都是正 $D$ 值,所以第一个条件是完全能满足的,由第二个条件可得

$$K_\vartheta^\dot{\vartheta} > -\frac{1}{K_d} \qquad (10-6)$$

正常布局的静不稳定的飞行器,$K_d$ 永远大于零,即正值舵面偏转角永远产生稳态的正值角速度和正过载。当静不稳定度增大时,$K_d \to a_{35}$,因为 $a_{35} \neq 0$,所以理论上自动驾驶仪的阻尼回路总能实现该条件。这样,飞行器 — 自动驾驶仪系统就不存在稳定极限边界,但是,$a_{35}$ 是一个正值小量,当飞行器静不稳定度增大时,$K_\vartheta^\dot{\vartheta}$ 变得很大。考虑到其他因素,如舵机频带和舵面最大偏转角的限制,弹性弹体的影响,外界扰动的影响等,飞行器 — 自动驾驶仪系统实际上仍然存在着稳定极限边界,仍不允许弹体的静不稳定度过大。

## 10.1.3 高超声速飞行器静不稳定度对舵机的影响

静不稳定成为高超声速飞行器发展的必然趋势,而舵系统固有频率随着飞行器静不稳定度的增加而非线性增长。图 10-2 为舵系统固有频率与飞行器静稳定度之间的关系图。

由图 10-2 可以看出静不稳定飞行器要求舵系统有更高的工作频率,同样快速的情况下,静稳定飞行器与静不稳定飞行器相比允许用固有频率 1/2 到 1/3 的舵系统。相反,使用同样固有频率的舵系统,静不稳定飞行器对指令的反应时间

是静稳定飞行器的 2 倍。

　　同时高超飞行器作为远程打击武器,重量大,飞行速度快,需要抑制助推分离带来的大扰动,因此负载力矩要求较大。

　　另外,由于高超声速飞行器高精度姿态控制要求,需要尽可能地提高舵机控制精度,减少摩擦、间隙等非线性。

　　因此,未来高超声速飞行器用舵机需要在现代舵机基础上具备高频带、高控制精度、大力矩、小非线性的特点。

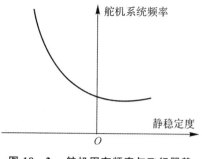

图 10 - 2　舵机固有频率与飞行器静稳定度的关系图

# 10.2　高超声速飞行器发动机推力控制技术

　　高超声速飞行器的动力系统超燃冲压发动机正常工作对飞行条件有较严格的要求,其中包括马赫数、动压、攻角、侧滑角。超燃冲压发动机推力不但与飞行条件有关,而且还会与供油量以及空气流率有关,因此超燃冲压发动机的推力模型远比普通的涡轮发动机或涡喷发动机复杂。发动机推力模型可用一多维变量的函数表示:

$$T = f(Ma, q, a, \beta, \delta_c, \dot{m})$$

其中,$T$ 为发动机推力,$Ma$ 为飞行马赫数,$q$ 为飞行动压,$\alpha$ 为攻角,$\beta$ 为侧滑角,$\delta_c$ 为供油量,$\dot{m}$ 为空气流率。

　　目前,高超声速飞行器还处于超燃冲压发动机验证阶段,主要包括发动机进气道的启动特性、发动机燃烧以及加速性能等。从飞行器总体的角度来看,发动机处于开环工作状态,即控制系统把飞行器的飞行马赫数、动压以及攻角、侧滑角控制在发动机的工作点附近,超燃冲压发动机按照一定的程序进行供油工作,确保发动机处于最佳工作状态。飞行控制系统直接给超燃冲压发动机发推力调节指令,其控制系统结构示意图如图 10 - 3 所示。

　　从发动机的角度看,存在着一个发动机控制系统,实时根据飞行马赫数、动压、攻角、侧滑角调节发动机的供油,使发动机达到最佳的工作状态。即这种发动机开环控制的方案,其发动机控制系统的指标是使系统局部最优或分系统最优。

　　从高超声速飞行器未来发展趋势看,高超声速飞行器会处于长时间巡航飞行,在巡航段还有可能进行大范围机动,飞行器航程跨度大,飞行姿态、大气密度以及动压会出现较大的变化,从而造成飞行器的阻力特性也会存在明显变化。若采用超燃冲压发动机开环控制,则无法根据实际飞行需要,调节发动机的推力,会造成发动机推力过剩,影响高超声速飞行器的最大射程。因此,未来高超声速飞行器超燃冲压发动机的控制必将是根据飞行控制的要求实时进行闭环控制。其控制原理如图 10-4 所示。

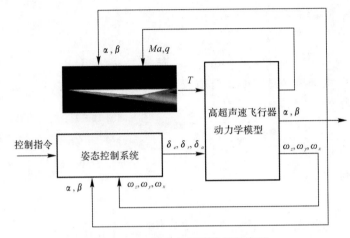

图 10-3　发动机开环控制示意图

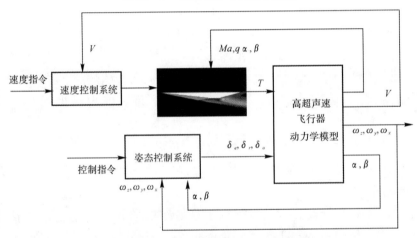

图 10-4　发动机闭环控制示意图

从图 10-4 中可以看出,采用发动机推力闭环控制,其闭环控制指令来源于飞行器的飞行速度指令。发动机控制的任务是维持巡航速度或速度指令,而不是始终处于最大推力或额定推力状态,该控制系统的控制指标是使飞行器的整体性能达到最优,且可以使燃料的消耗达到最小。

综上所述,未来高超声速飞行器对超燃冲压发动机进行闭环控制,如何根据超燃冲压发动机的推力模型设计合理可行的控制系统,将是高超声速飞行控制的技术难题。

## 10.3　高超声速飞行控制中的非线性问题

任何飞行器的姿态控制在考虑偏差较大时就一定是非线性问题。而对于吸气式高超声速飞行器来说,其非线性主要来自以下四个方面,有两个是多数飞行器所共有的非线性问题,有两个是高超声速飞行器所特有的非线性问题。

**1. 共有的非线性问题**

(1)来自于飞行器的大范围机动飞行。

由于飞行范围大,吸气式高超声速飞行器的飞行状态不断变化,飞行器的近似模型随着飞行状态不断变化。就飞行器的整个飞行过程来看,这就会使飞行器的模型具有非线性。这一非线性特点也是其他飞行器如空空导弹所具有的。

(2)来自于执行机构等部件的非线性。

舵机等执行机构本身是具有饱和、死区等非线性特性的,对于需要进行精细姿态控制的高超声速飞行控制来说,这些非线性特性就需要仔细研究。这一非线性问题在 7.4 节中有详细论述。

**2. 高超声速飞行器特有的非线性问题**

(1)来自于发动机与机体之间的耦合。以文献[2]为例,超燃冲压发动机的应用使得高超声速飞行器的升力系数、阻力系数、俯仰力矩系数、推力系数与马赫数 $Ma$、攻角 $\alpha$、燃料调节 $\phi$、舵偏角 $\delta_e$ 等因素相关,通过拟合可得各个系数的二次多项式:

$$C_L = \boldsymbol{\alpha}_L^{\mathrm{T}} \boldsymbol{p}(Ma, \alpha, \phi, \delta_e)$$
$$C_D = \boldsymbol{\alpha}_D^{\mathrm{T}} \boldsymbol{p}(Ma, \alpha, \phi, \delta_e)$$
$$C_M = \boldsymbol{\alpha}_M^{\mathrm{T}} \boldsymbol{p}(Ma, \alpha, \phi, \delta_e)$$
$$C_T = \boldsymbol{\alpha}_T^{\mathrm{T}} \boldsymbol{p}(Ma, \alpha, \phi, \delta_e)$$

其中,$\boldsymbol{\alpha}_L^{\mathrm{T}}, \boldsymbol{\alpha}_D^{\mathrm{T}}, \boldsymbol{\alpha}_M^{\mathrm{T}}, \boldsymbol{\alpha}_T^{\mathrm{T}}$ 为常数向量;

$\boldsymbol{p}(Ma, \alpha, \phi, \delta_e) = [\begin{matrix} 1 & \alpha & \phi & \delta_e & Ma & \alpha\phi & \alpha\delta_e & \alpha Ma & \phi Ma & \delta_e Ma & \alpha^2 & M^2 \end{matrix}]^{\mathrm{T}}$

由上式可以看出,高超声速飞行器的各气动系数是马赫数 $Ma$、攻角 $\alpha$、燃料调节 $\phi$、舵偏角 $\delta_e$ 的非线性函数。

在上述 4 个参变量中,马赫数与飞行速度和飞行高度有关,而飞行速度和飞行高度均为长周期变化量,在巡航飞行过程中,尤其在短时间飞行时,飞行器的马赫数变化不大,所以马赫数带来的非线性影响较小。其他 3 个变量中,攻角为短周期变化量,舵偏和燃料调节为控制量,当这 3 个变量变化较大时,就需要考虑其带来的非线性影响。

另外,如上节所述,在高超声速飞行器作短时间飞行时,主要保证发动机的正常工作,此时飞行器的性能不是最优的,在不考虑非线性影响的情况下,控制性能也可以满足指标要求;而当高超声速飞行器长航时飞行时,需要将发动机的控制纳入闭环控制中来,为了使得整个飞行器的性能,包括发动机性能、姿态控制性能都达到最优,就需要考虑发动机与机体之间的耦合带来的非线性影响。

(2)来自于级间分离对气动系数的影响。以文献[221]中的数据为例,高超声速飞行器级间分离过程中,飞行器的气动力系数会随着两级之间的轴向分离距离 $X_{sep}$、法向分离距离 $Z_{sep}$ 和相对分离角 $A_{sep}$ 变化,产生非线性的变化。级间分离的示意图如图 10-5 所示。图 10-6 所示为单独高超声速飞行器的气动系数随攻角变化曲线,从图中曲线可以看出,单独飞行器的气动系数线性度还是比较好的。图 10-7 所示为轴向分离距离为 9in 时,飞行器气动系数随相对分离角 $A_{sep}$ 的变化曲线,图 10-8 ～ 图 10-10 所示为轴向距离为 9in、20in 和 44in 时,气动系数随法向分离距离 $Z_{sep}$ 的变化曲线,从这些图中可以看出,在轴向分离距离小于 44in,即两级未完全分离之前,气动系数会受到分离气动力的影响,随着法向分离距离 $Z_{sep}$ 和相对分离角 $A_{sep}$ 呈非线性变化。

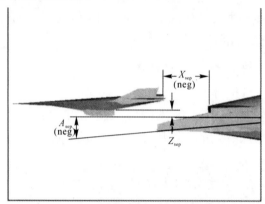

**图 10-5    高超声速飞行器级间分离示意图**

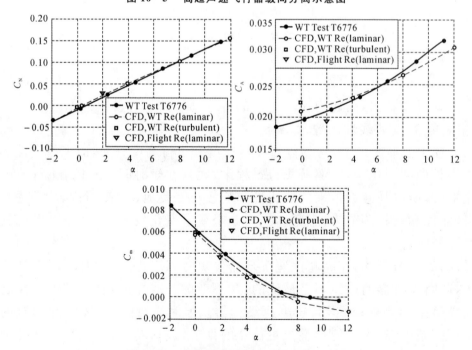

**图 10-6    单独高超声速飞行器的气动系数**

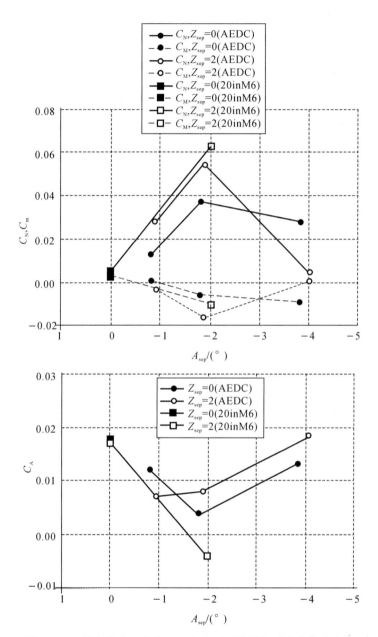

图 10 - 7　轴向分离距离为 9in 时,气动系数随相对分离角度变化

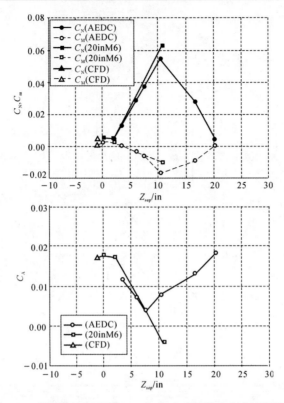

图 10-8　轴向分离距离为 9in 时,气动系数随法向分离距离变化

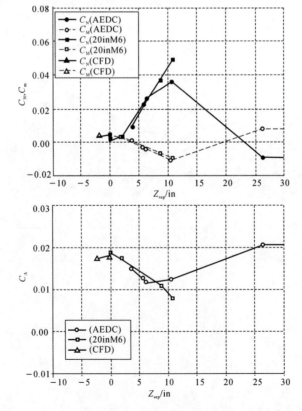

图 10-9　轴向分离距离为 20in 时,气动系数随法向分离距离变化

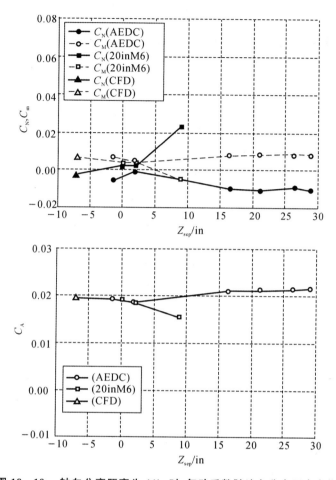

图 10 - 10　轴向分离距离为 44in 时,气动系数随法向分离距离变化

# 10.4　高超声速飞行器轨迹／姿态一体化控制技术

　　高超声速飞行器一般采用乘波体外形,超燃冲压发动机的进气道大都位于机体腹下部,这种布局的高超声速飞行器当处于负攻角飞行时,由于机身头部的遮挡效应,会使得超燃冲压发动机进气道无法正常启动,这就要求在飞行过程中发动机始终处于正攻角状态,才能保证超燃冲压发动机的正常工作。

　　从目前高超声速飞行器飞行轨迹上看,会经历助推爬升段、加速转弯段、巡航飞行段、下降段等过程。图 10 - 11 给出美国 X - 51A 高超声速飞行器飞行试验的轨迹。

　　从飞行轨迹可以看出,在超燃冲压发动机点火工作后,高超声速飞行器利用超燃冲压发动机产生的正推力,按照一定的轨迹加速爬升、弹道转弯、巡航飞行。由于飞行轨迹的变化,必须引起过载的变化,甚至出现负过载弹道。在工程上实现负过载弹道跟踪的方法常用的有两种：

（1）保持弹体滚转角不变，通过负攻角产生负升力实现弹道的负过载。

（2）利用正攻角产生正升力，然后通过弹体滚转180°，使升力方向转向弹道的负过载方向。

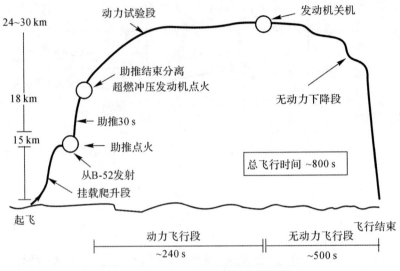

**图 10-11　X-51A 飞行轨迹剖面图**

这就要求高超声速飞行器控制系统在跟踪飞行轨迹的同时，又要保证超燃冲压发动机正攻角进气。正是超燃冲压发动机的这一独特要求，使得飞行器的轨迹控制与姿态控制呈现一体化特点。

尽管在高超声速飞行器试验飞行时，可以通过特殊的飞行轨迹设计避免出现负攻角，减小飞行轨迹与姿态控制的交联，但从长远看，未来高超声速飞行器作为远程精确打击武器应用时，其飞行轨迹将会根据制导指令的变化而变化，飞行器轨迹控制与姿态控制的一体化设计将是必然的发展趋势。

在工程上同时解决发动机进气和轨迹跟踪问题最好的手段就是采用 BTT 控制技术。BTT 技术就是控制飞行器绕其 $x$ 轴滚转，从而使得所要求的法向过载落在它的有效升力面上，在转弯过程可以实现侧滑角等于零。当出现负过载弹道时，可以通过弹体滚转180°，使弹体的升力方向向下，产生负过载，但此时飞行攻角仍为正，因此，可以很好地满足腹下进气的超燃冲压发动机的工作要求。图 10-12 给出轨迹／姿态一体化控制示意图。

尽管BTT技术可以提供上述的优点，然而作为一个可行的控制方案取代现行的控制方案，还必须解决好以下几个方面的问题：

（1）BTT 控制系统的设计方法。STT 控制采用的三通道独立的控制系统及其综合（设计）方法已经不再适用于 BTT 控制。代替它的是一个具有运动学耦合、惯性耦合以及控制作用耦合的多自由度的系统综合问题。就其控制作用来说，

STT 飞行器采用了由俯仰、偏航双通道组成的直角坐标控制方式,而 BTT 飞行器则采用了由俯仰、滚动通道组成的极坐标控制方式。综合具有上述特点的BTT 控制系统,保证 BTT 控制系统的良好动态品质和稳定性,是高超声速飞行器轨迹 / 姿态一体化控制技术面临的难题之一。

　　(2)三通道协调控制问题。尽管 BTT 控制从控制效果来看是采用极坐标式的,但在控制系统设计时三通道仍是独立的,在控制过程中三通道之间的相互作用更加明显,如 BTT 转弯会影响纵向通道高度回路,即纵向掉高问题。而且在侧向机动时,要求飞行器在飞行中保持侧滑角近似为零,这并非自然满足,要靠一个具有协调控制功用的系统来实现,该系统保证BTT的偏航通道与滚动通道协调动作,从而实现侧滑角为零的限制。所以,如何设计三通道协调控制系统则是 BTT 技术研究中的另一大课题。

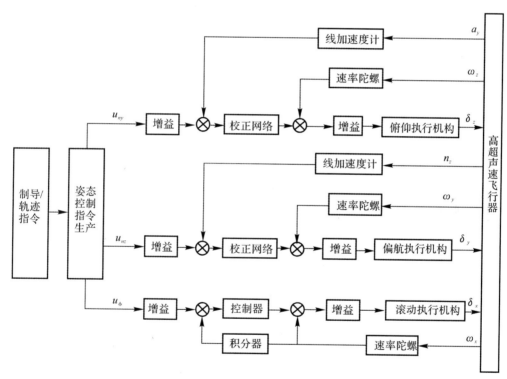

**图 10 - 12　轨迹 / 姿态一体化控制示意图**

　　(3)要抑制旋转运动对姿态稳定性的不利影响。在进行 BTT 控制时,滚转角速度可以达到每秒几十度,甚至每秒上百度,因为足够大的滚动角速率是保证 BTT 控制性能所必需的。但是弹体的高速滚转会给飞行器姿态控制系统带来较大的运动学耦合,尤其是当高超声速飞行器未来作为武器进行制导时,弹体的滚动运动,会对制导回路的稳定性带来不利的影响,抑制或削弱滚动耦合作用对飞行器制导控制系统的稳定性影响,是 BTT 研制中必须解决的又一问题。

# 10.5 考虑状态和输入约束的高超声速飞行器控制问题

吸气式高超声速飞行器在巡航飞行中的主要控制问题是保证姿态的高精度，即精细姿态控制，使超燃冲压发动机工作在良好的进气条件下。其典型的设计指标：平衡攻角 ±1°，侧滑角 0°±1°；姿态角速度 ≤ 2°/s。这是高超声速飞行器对飞行姿态的高精度要求，也是其区别于其他飞行器的一个显著特征。精细姿态控制的要求不但是保证超燃冲压发动机工作的基本条件，也是未来长时间巡航飞行器阻力最小、发动机燃烧室工作在最佳设计状态的要求。

在高超声速飞行器的精细姿态控制器设计中，传统的思路是充分考虑各种扰动、舵机非线性、未建模动态等，设计新型的控制舵面、研究性能更好的舵机等；在控制算法上，一般采用增益调度控制、鲁棒控制、自适应控制、最优控制、动态逆控制等方法；而飞行控制系统对精细姿态控制的满足程度通过设计后的仿真来验证。目前，一种新的高超声速飞行器精细姿态控制的控制算法设计思路是利用典型的设计指标，将姿态约束、姿态角速度约束、舵偏角约束等作为设计约束加入控制器的设计，进而使高超声速飞行器的姿态控制系统能够满足精细姿态控制的要求。本节以高超声速飞行器纵向通道为例，给出了这种姿态控制算法的设计思路，并提出了未来的研究方向。

高超声速飞行器的纵向通道模型为：

$$\left.\begin{aligned}
\dot{V} &= \frac{T\cos\alpha - D}{m} - \frac{\mu}{r^2}\sin\gamma \\
\dot{h} &= V\sin\gamma \\
\dot{\gamma} &= \frac{L + T\sin\alpha}{mV} - \frac{(\mu - Vr^2)}{Vr^2}\cos\gamma \\
\dot{\alpha} &= \omega_z - \dot{\gamma} \\
\dot{\omega}_z &= \frac{M_y}{I_y}
\end{aligned}\right\} \qquad (10-7)$$

控制器设计时，需要考虑的约束：平衡攻角 ±1°，姿态角速度 ≤ 2°/s，最大舵偏角 ≤ 20°。这属于一类典型的状态和输入受限的控制系统设计问题。

**1. 模型预测控制法**

最基本的思路是利用最优控制理论将高超声速飞行器控制问题转化为状态和输入受限的最优控制问题，并利用极大值原理进行控制系统设计。但控制器的求解十分困难，很难得到数值解。因此，利用模型预测控制优化求解每步的控制舵偏是一种可行的方案。

模型预测控制的基本思想:在每一个采样时刻,将系统的当前状态作为初始条件,利用过程的动态模型预测有限时域内系统的未来响应,再根据该模型优化对象的未来性能指标,求解一个开环最优化问题,得到一个控制序列,并将该控制序列的第一个控制量作用于被控对象。在下一个采样时刻,利用新的状态测量值重新求解开环最优化问题,从而形成闭环控制。其基本原理可以归结为预测模型、滚动优化及反馈校正三大要素。

在利用模型预测控制设计高超声速飞行器飞行控制系统时,主要设计步骤:

(1) 在平衡状态下对高超声速飞行器数学模型进行线性化处理,获得系统的状态空间模型。

(2) 将状态空间模型离散化,获得系统的离散化模型。

$$\left.\begin{array}{l} \boldsymbol{X}(k+1) = \boldsymbol{A}x(k) + \boldsymbol{B}u(k) \\ \boldsymbol{Y}(k) = \boldsymbol{C}\boldsymbol{X}(k) \end{array}\right\} \qquad (10-8)$$

其中:$\boldsymbol{X} = [V, \gamma, h, \alpha, \omega_z]^{\mathrm{T}}$,$k$ 为离散时间的步数。

(3) 对离散化的状态空间模型进行 $p$ 步预测,并建立预测模型的矢量表达。$m$ 表示控制时域。控制时域 $m$ 小于预测时域 $p$,设在预测时域内,大于控制时域的时间内,控制量保持不变,即控制量的变化为 $0$。

$$
\begin{bmatrix} \boldsymbol{X}(k+1|k) \\ \vdots \\ \boldsymbol{X}(k+m|k) \\ \boldsymbol{X}(k+m+1|k) \\ \vdots \\ \boldsymbol{X}(k+p|k) \end{bmatrix} = \begin{bmatrix} \boldsymbol{A} \\ \vdots \\ \boldsymbol{A}^m \\ \boldsymbol{A}^{m+1} \\ \vdots \\ \boldsymbol{A}^p \end{bmatrix} \boldsymbol{X}(k) + \begin{bmatrix} \boldsymbol{B} \\ \vdots \\ \sum_{i=0}^{m-1} \boldsymbol{A}^i \boldsymbol{B} \\ \sum_{i=0}^{m} \boldsymbol{A}^i \boldsymbol{B} \\ \vdots \\ \sum_{i=0}^{p-1} \boldsymbol{A}^i \boldsymbol{B} \end{bmatrix} \boldsymbol{u}(k-1) +
$$

$$
\begin{bmatrix} \boldsymbol{B} & \cdots & \boldsymbol{0} \\ \boldsymbol{AB} + \boldsymbol{B} & \cdots & \boldsymbol{0} \\ \vdots & & \vdots \\ \sum_{i=0}^{m-1} \boldsymbol{A}^i \boldsymbol{B} & \cdots & \boldsymbol{B} \\ \sum_{i=0}^{m} \boldsymbol{A}^i \boldsymbol{B} & \cdots & \boldsymbol{AB} + \boldsymbol{B} \\ \vdots & & \vdots \\ \sum_{i=0}^{p-1} \boldsymbol{A}^i \boldsymbol{B} & \cdots & \sum_{i=0}^{p-m} \boldsymbol{A}^i \boldsymbol{B} \end{bmatrix} \begin{bmatrix} \Delta \boldsymbol{u}(k|k) \\ \cdots \\ \Delta \boldsymbol{u}(k+m-1|k) \end{bmatrix} =
$$

$$\boldsymbol{\Phi X}(k) + \boldsymbol{\Gamma u}(k-1) + \boldsymbol{G}_y \Delta \boldsymbol{U}(k) \tag{10-9}$$

$$
\begin{bmatrix}
\boldsymbol{Y}(k+1|k) \\
\boldsymbol{Y}(k+2|k) \\
\cdots \\
\boldsymbol{Y}(k+p|k)
\end{bmatrix}
=
\begin{bmatrix}
\boldsymbol{C} & & & \\
& \boldsymbol{C} & & \\
& & \cdots & \\
& & & \boldsymbol{C}
\end{bmatrix}
\begin{bmatrix}
\boldsymbol{X}(k+1|k) \\
\boldsymbol{X}(k+2|k) \\
\cdots \\
\boldsymbol{X}(k+p|k)
\end{bmatrix}
\tag{10-10}
$$

（4）滚动求解下述优化问题，求出高超声速飞行器的每一控制周期的控制舵偏。

$$
\boldsymbol{J}_k = \left\|
\begin{bmatrix}
\boldsymbol{Y}(k+1|k) \\
\vdots \\
\boldsymbol{Y}(k+p|k)
\end{bmatrix}
-
\begin{bmatrix}
\boldsymbol{Y}_{\text{ref}}(k+1|k) \\
\vdots \\
\boldsymbol{Y}_{\text{ref}}(k+p|k)
\end{bmatrix}
\right\|_Q^2
+
\left\|
\begin{bmatrix}
\Delta \boldsymbol{u}(k|k) \\
\vdots \\
\Delta \boldsymbol{u}(k+m-1|k)
\end{bmatrix}
\right\|_R^2
$$
$$\tag{10-11}$$

$$
\text{约束条件:}
\begin{cases}
\boldsymbol{Y}_{\min} \leqslant \boldsymbol{Y}(k+j|k) \leqslant \boldsymbol{Y}_{\max} & j=0,\cdots,p \\
\boldsymbol{u}_{\min} \leqslant \boldsymbol{u}(k+j|k) \leqslant \boldsymbol{u}_{\max} & j=0,\cdots,m-1 \\
\Delta \boldsymbol{u}_{\min} \leqslant \Delta \boldsymbol{u}(k+j|k) \leqslant \Delta \boldsymbol{u}_{\max} & j=0,\cdots,m-1
\end{cases}
$$

（5）在下一个控制周期，利用求解出的控制序列中第一步的控制舵偏，控制序列中的其余舵偏舍弃。在下一个控制周期，返回第三步进行循环求解。

这种控制器设计具有控制效果好、鲁棒性强等优点，可有效克服过程的不确定性和非线性，且能方便地处理过程被控变量和操纵变量中的各种约束。该方法在处理前述带有多约束要求的高超飞行器控制问题上有其独特的优势。其主要缺点：每步都需要求解优化问题，计算量大。目前，一些研究方向集中在降低计算量的方面。另外，模型失配时的控制算法设计也是主要的研究方向。

**2. Backstepping 动态面控制**

Backstepping 方法是 20 世纪 90 年代初由 Kokotovic 及其合作者提出的一种非线性系统控制器设计方法。Backstepping 方法在处理非线性问题时显示出其独特的优越性，特别是针对级联线性或非线性系统，通过选取合适的 Lyapunov 函数，在构造辅助控制输入的同时补偿不确定性的影响，最终得到稳定的控制律。而且 Backstepping 方法在控制器设计中，能够有效利用非线性系统本身固有的非线性特性，在处理时提供了更大的灵活性。但传统的 Backstepping 控制设计方法通常存在"项数膨胀"问题，为此，D. Swaroop 等提出了动态面控制方法，通过引入滤波器，避免了对虚拟镇定函数反复求导的问题，解决了逆推法中的"项数膨胀"的缺陷。

利用 Backstepping 动态面控制设计考虑状态约束和输入约束高超声速飞行器的纵向通道飞行控制系统时，主要步骤如下：

（1）将高度回路和速度回路分离进行设计，充分利用航迹倾角，设计航迹倾角指令生成器，将高度控制转换为航迹倾角控制。

$$\gamma_d = \arcsin\left[\frac{-k_h(h-h_r)+\dot{h}_r}{V}\right] \qquad (10-12)$$

（2）纵向通道高度回路的变量为 $[\gamma \quad \theta \quad \omega_z]$。其中，$\theta = \alpha + \gamma$。拟合高超声速飞行器的力／力矩系数，并通过合理简化，将高超声速飞行器的纵向通道高度回路数学模型变为严格反馈形式。

$$\left.\begin{aligned}\dot{\gamma} &= g_1\theta + f_1 - \frac{(\mu - Vr^2)}{Vr^2}\cos\gamma \\ \dot{\theta} &= \omega_z \\ \dot{\omega}_z &= g_3u + f_3\end{aligned}\right\} \qquad (10-13)$$

（3）利用反步法反推设计高度回路的自适应控制器。在求解导数项时，基于动态面控制法，利用滤波器近似得到导数项。系统的状态约束、输入约束均以饱和环节的形式加入动态面控制的滤波器中。

（4）若需要利用发动机的节流阀控制高超声速飞行器的速度，则其纵向通道的速度回路可直接利用动态逆控制设计。

利用 Backstepping 动态面控制设计高超声速飞行器的飞行控制系统，控制器设计过程比较复杂，但能够有效处理不确定、非线性、状态及输入约束等问题。但在存在阵风、舵机非线性等未建模动态时，控制效果如何，以及能否满足状态及输入约束等，笔者并未验证。

除上述两类方法外，在处理存在状态及输入约束的控制系统设计方面，还存在利用惩罚函数的最优控制、单面辅助面滑模控制等多种控制方法，值得研究和应用。

## 10.6　高超声速飞行器气动热对飞行控制的影响

高超声速飞行器的气动加热会使结构材料的性能下降，同时，由于存在延时问题，热输入环境条件的快速变化，还有温度分布的不均衡，都给机身带来了热应力。由于材料性能下降和热应力的存在，材料刚度下降，导致结构本身的频率下降。围绕着高超声速飞行器的气流带来的气动加热使材料的热力学特性和传热特性发生显著变化，高的传热速率可能带来电离，也会由于辐射变得不绝热。每种因素都可以严重影响高超声速飞行器的气动弹性行为。因此，高超声速飞行器气动热对飞行控制的影响通过气动热弹性问题体现。

高超声速飞行器气动加热与气动力、弹性力、惯性力的耦合情况如图 10-13 所示。图中实线表示强耦合，虚线表示弱耦合。

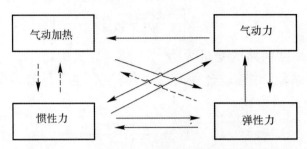

**图 10 - 13　高超声速飞行器气动热弹性问题耦合图**

以某型乘波体构型高超声速飞行器为例,其热模态分析流程如图 10 - 14 所示。设计算状态点为:高度 30km,$Ma = 6$,攻角 2°,大气参数为压力 1197.03Pa,温度 226.509K。图 10-15 和图 10-16 为高超声速飞行器表面的气动热分布云图。从图上可以看出,飞行器表面由摩擦产生的气动加热十分严重,最高温度达到 2850K 左右,可以和驻点温度相比拟。

气动加热对高超声速飞行器的影响在于:一方面导致材料性能的下降,另一方面则导致结构产生热应力。因此,高超声速飞行器的结构固有特性计算一个重要的问题就是如何计算结构在热效应影响下的固有特性。在结构特性估算中,气动加热的影响体现在刚度矩阵 $K$ 上。

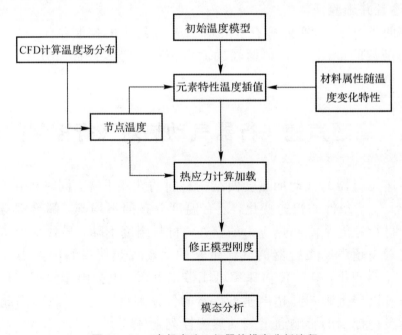

**图 10 - 14　高超声速飞行器热模态分析流程**

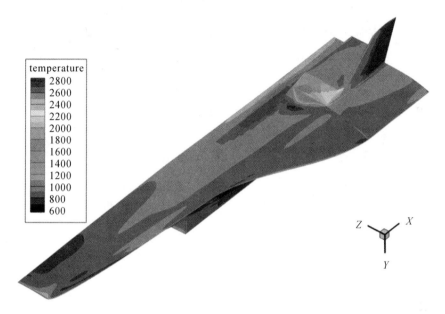

图 10 - 15　$Ma = 6$, Alpha $= 2$ 时, 高超声速飞行器上表面的气动热分布

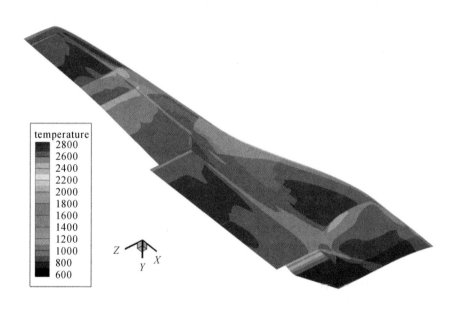

图 10 - 16　$Ma = 6$, Alpha $= 2$ 时, 高超声速飞行器下表面的气动热分布

与无温度场时的刚度矩阵相比, 在高热环境下的刚度矩阵由两部分组成:

一是结构的材料特性随温度升高而发生变化, 在温度场影响下, 弹性模量 $E$ 和剪切模量分别发生变化, 图 10 - 17 所示为钛合金的弹性模量随温度的变化曲线, 在这种情况下, 结构的刚度矩阵可表示为 $K_t$。

二是由于温度变化使结构内部产生热应力, 外部或结构间的相互约束使结构受热后的膨胀受到限制,从而引发热拉应力与热压应力,结构内部的拉、压应力则可以分别使结构的有效刚度增大和减小,使结构硬化和软化,影响结构的振动特性,这种由热应力产生的附加刚度可表示为 $K_\sigma$,则在热环境下结构的实际等效刚度矩阵为

$$K = K_t + K_\sigma \qquad (10-14)$$

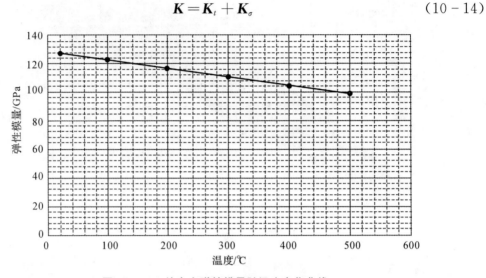

图 10-17　钛合金弹性模量随温度变化曲线

通过 CFD 计算可知,高超声速飞行器表面温度最低可达 1800K 左右,而最高可达 2850K 左右,考虑到对于此类飞行器都有热防护系统,在防护系统作用下一般其表面温度为几百摄氏度,因此为了简化计算流程,暂时规定飞机表面温度均为 500℃,在此基础上进行热模态分析。考虑气动热影响的乘波体高超声速飞行器模态数据如表 10-1 所示。

表 10-1　气动热对高超声速飞行器模态的影响

| 序号 | 模态名称 | 无热影响 | 仅考虑热对材料特性影响 | 仅考虑热应力影响 | 综合考虑材料特性变化和热应力影响 |
|---|---|---|---|---|---|
| 1 | 平尾对称旋转频率/Hz | 40.1 | 34.6 | 30.5 | 25.8 |
| 2 | 平尾反对称旋转频率/Hz | 40.2 | 34.7 | 30.6 | 25.9 |
| 3 | 机身垂直一弯频率/Hz | 48.3 | 42.7 | 47.3 | 41.9 |
| 4 | 垂尾对称一弯频率/Hz | 66.5 | 59.7 | 80.0 | 75.2 |
| 5 | 垂尾反对称一弯频率/Hz | 66.7 | 59.9 | 79.9 | 75.1 |
| 6 | 机身一扭频率/Hz | 84.0 | 75.3 | 84.1 | 75.4 |

可以看出:

(1)由于气动热导致材料弹性模量降低,高超声速飞行器的结构模态频率下降较为明显。

（2）由于热应力的影响导致平尾支持刚度下降，从而导致平尾旋转频率下降得较厉害，而垂尾则由于热应力导致其支持刚度增加，从而导致其一弯频率提高较大。

（3）机身热应力对其刚度影响较小，一弯频率略有下降，一扭频率几乎不变。

（4）综合来看，平尾和机身的模态均有下降，而垂尾由于热应力的影响更大，其频率提高较多。

因此，在飞行控制系统设计时，气动热的影响主要体现在，其影响飞行器的结构模态频率和结构模态振型，进而通过气动伺服热弹性问题影响飞行控制：重则影响飞行器的伺服弹性稳定性；轻则影响飞行器姿态控制精度，降低飞行品质。因此，在未来的高超声速飞行器控制研究中，气动伺服热弹性问题必须进行研究。

# 参 考 文 献

[1] 解发瑜，李刚，徐忠昌. 高超声速飞行器概念及发展动态[J]. 飞航导弹，2004(5):27-31，54.

[2] 杨亚政，李松年，杨嘉陵. 高超音速飞行器及其关键技术简论[J]. 力学进展，2007,37(4):537-550.

[3] 陈予恕，郭虎，伦钟顺. 高超声速飞行器若干问题研究进展[J]. 飞航导弹，2009(8):26-33.

[4] 李建林. 临近空间高超声速飞行器发展研究[M]. 北京:中国宇航出版社，2012.

[5] Wendell H. Stillwell. X-15 Research Results. Washington：NASA,1955.

[6] Parks S，Waldman B. Flight testing hypersonic vehicles - The X-30 and beyond[C]. AIAA，Aerospace Sciences Meeting，1990.

[7] McClinton C R，Rausch V L，Nguyen L T，et al. Preliminary X-43 flight test results[J]. Acta Astronautica，2005,57(2):266-276.

[8] Lewis M. X-51 scrams into the future[J]. Aerospace America，2010,48(9):27-31.

[9] 贺武生. 超燃冲压发动机研究综述[J]. 火箭推进，2005,31(1):29-32.

[10] 金亮. 高超声速飞行器机体/发动机一体化构型设计与性能研究[D]. 湖南:国防科学技术大学航天科学与工程学院，2008.

[11] 崔尔杰. 近空间飞行器研究发展现状及关键技术问题[J]. 力学进展，2009,39(6):658-673.

[12] 郭鹏飞，于加其，赵良玉. 临近空间高超声速飞行器发展现状与关键技术[J]. 飞航导弹，2012(11):17-21.

[13] 王巍巍，郭琦. 美国典型的高超声速技术研究计划:上[J]. 燃气涡轮试验与研究，2013(3):53-58.

[14] 马岑睿，严聪，李彦彬. 国外高超声速计划发展综述[J]. 飞航导弹，2011(6):28-32.

[15] 甄华萍，蒋崇文. 高超声速技术验证飞行器 HTV-2 综述[J]. 飞航导弹，2013(6):7-13.

[16] 牛文，沈娟，李文杰. 从挪威安岛靶场发射计划看澳大利亚高超声速技术进展[J]. 战术导弹技术，2013(04):1-4.

[17] 苏鑫鑫. 盘点日本的高超声速计划[J]. 飞航导弹，2008(5):26 - 31.

[18] Duan H, Li P. Progress in control approaches for hypersonic vehicle[J]. Science China Technological Sciences，2012,55(10):2965 - 2970.

[19] Bahm C, Baumann E, Martin J, et al. The X - 43A Hyper - X mach 7 flight 2 guidance, navigation, and control overview and flight test results [J]. AIAA，2005,3275:2005.

[20] Reubush D E. Hyper - X Stage Separation - Background and Status[J]. AIAA，1999:99 - 4818.

[21] 李本岭，陆宇平. 高超声速飞行器非对称分离动力学建模与仿真[J]. 长春理工大学学报:自然科学版，2006,29(1):118 - 121.

[22] 郭正，刘君. 高超声速验证飞行器助推分离段流场数值研究[J]. 推进技术，2002,23(3):219 - 222.

[23] 闫斌斌，孟中杰，王鑫，等. 抑制高超声速飞行器级间分离气动干扰的预置舵偏设计方法[J]. 西北工业大学学报，2011,29(5):757 - 760.

[24] 朱云骥，史忠科. 高超声速飞行器飞行特性和控制的若干问题[J]. 飞行力学，2005,23(3):5 - 8.

[25] 陈庆云. 两半式外罩滚转分离运动的分析[J]. 空间工程试验技术，1982 (2):41.

[26] Gregory I M, Chowdhry R S, McMinn J D, et al. Hypersonic vehicle model and control law development using H1 and synthesis[J]. NASA TM，1994,4562.

[27] Wiese D P, Annaswamy A M, Muse J A, et al. Adaptive control of a generic hypersonic vehicle[D]. Massachusetts Institute of Technology, Department of Mechanical Engineering，2013.

[28] Morelli E A, Derry S D, Smith M S. Aerodynamic parameter estimation for the X - 43A (Hyper - X) from flight data[J]. AIAA，2005,5921.

[29] Banerjee S, Creagh M, Boyce R. An Alternative Attitude Control Strategy for SCRAMSPACE 1 Experiment [C]. AIAA Guidance, Navigation, and Control Conference 2014 - SciTech Forum and Exposition，2014.

[30] Heller M, Sadist G, Gunnarsson K S, et al. Flight dynamics and robust control of a hypersonic test vehicle with ramjet propulsion[J]. Flight Dynamics，1998,98:27890.

[31] Qian Wang. stochastic robust control of nonlinear dynamic systems[D]. PhD thesis, Department of Mechanical and Aerospace Engineering,

Princeton University, USA, 2001.

[32] Hu X, Wu L, Hu C, et al. Adaptive sliding mode tracking control for a flexible air - breathing hypersonic vehicle[J]. Journal of the Franklin Institute, 2012,349(2):559 - 577.

[33] Xu B, Wang D, Sun F, et al. Direct neural discrete control of hypersonic flight vehicle[J]. Nonlinear Dynamics, 2012,70(1):269 - 278.

[34] Zhengdong L, Man W, Jianying Y. Nonlinear robust control of a hypersonic flight vehicle using fuzzy disturbance observer [J]. Mathematical Problems in Engineering, 2013,2013.

[35] Parker J T, Serrani A, Yurkovich S, et al. Approximate feedback linearization of an air - breathing hypersonic vehicle [J]. Air Force Research Laboratory (AFRL), Wright Patterson Air Force Base, 2006:1 - 20.

[36] Huo Y, Mirmirani M, Ioannou P, et al. Altitude and velocity tracking control for an airbreathing hypersonic cruise vehicle [J]. AIAA, 2006,6695.

[37] Xu B, Huang X, Wang D, et al. Dynamic surface control of constrained hypersonic flight models with parameter estimation and actuator compensation[J]. Asian Journal of Control, 2014,16(1):162 - 174.

[38] 刘涛, 李勇, 闫斌斌, 等. 基于模糊自适应的高超声速飞行器控制设计[J]. 科学技术与工程, 2013,13(30):8966 - 8970.

[39] 闫斌斌, 叶俊, 闫杰. 基于粒子群的高超声速飞行器模糊控制方法[J]. 科学技术与工程, 2012,12(14):3493 - 3496.

[40] 闫斌斌, 闫杰. 高超声速飞行器的自抗扰控制器设计[J]. 计算机测量与控制, 2012,20(5):1307 - 1309.

[41] 孟中杰, 闫杰. 乘波体高超声速飞行器大包线鲁棒控制技术[J]. 飞行力学, 2011,29(5):62 - 65.

[42] 孟中杰, 闫杰. 弹性高超声速飞行器建模及精细姿态控制[J]. 宇航学报, 2011,32(8):1683 - 1687.

[43] 孟中杰, 闫杰. 高超声速弹性飞行器振动模态自适应抑制技术[J]. 宇航学报, 2011,32(10):2164 - 2168.

[44] 孟中杰, 符文星, 陈凯, 等. 高超声速飞行器鲁棒控制器设计[J]. 弹箭与制导学报, 2009,29(2):12 - 15.

[45] 孟中杰, 黄攀峰, 闫杰. 高超声速巡航飞行器振动建模及精细姿态控制[J]. 西北工业大学学报, 2011,29(3):481 - 485.

[46] 尉建利,于云峰,闫杰. 高超声速飞行器鲁棒控制方法研究[J]. 宇航学报,2008,29(5):1526-1530.

[47] 尉建利,汤柏涛,闫杰. 高超声速飞行器模型参考变结构自动驾驶仪设计[J]. 计算机测量与控制,2010,18(10):2451-2452.

[48] 孟中杰,陈凯,黄攀峰,等. 高超声速飞行器机体/发动机耦合建模与控制[J]. 宇航学报,2008,29(5):1509-1514.

[49] 吴森堂,许仁牛,成晓静. 高超声速飞行器的非线性随机控制方法[J]. 航天控制,2002,20(1):1-5.

[50] 余凯. 不确定性非线性系统的鲁棒控制器设计[D]. 哈尔滨工业大学博士学位论文,2003.

[51] 李扬,陈万春. 高超声速飞行器 BTT 非线性控制器设计与仿真[J]. 北京航空航天大学学报,2006,32(3):249-253.

[52] 于达仁,崔涛,鲍文. 高超声速发动机分布参数控制问题[J]. 航空动力学报,2004,19(2):259-264.

[53] Colgren R D, Martin K E. Flight test validation of sideslip estimation using inertial accelerations[C]. AIAA Guidance, Navigation, and Control Conference and Exhibit,2000.

[54] 曲延禄. 外弹道气象学概论[M]. 北京:气象出版社,1987.

[55] 张小达,张鹏,李小龙. 标准大气与参考大气模型应用指南[J]. 航天标准化,2010,3:8-11.

[56] 熊菁,秦子增,程文科. 回收过程中高空风场的特点及描述[J]. 航天返回与遥感,2003,24(3):9-14.

[57] 王文龙. 大气风场模型研究及应用[D]. 长沙:国防科学技术大学,2009.

[58] 李臣明. 高空气象与气动力对远程弹箭弹道影响的研究[D]. 南京:南京理工大学,2007.

[59] 蔡明辉,韩建伟,李小银,等. 临近空间大气中子环境的仿真研究[J]. 物理学报,2009,58(9):6659-6664.

[60] 卢明,李智,陈冒银. NRLMSISE_00 大气模型的分析和验证[J]. 装备指挥技术学院学报,2010,21(4):57-61.

[61] 张振力. 临近空间大气中子及其诱发的单粒子效应仿真研究[D]. 北京:中国科学院空间科学与应用研究中心,2010.

[62] 盖斯勒,等. 风对发射飞行器的影响[M]. 成楚之,译. 北京:国防工业出版社,1976.

[63] 蔡明辉,张振龙,封国强,等. 临近空间中子环境及其对电子设备的影响研究[J]. 装备环境工程,2007(5):23-29.

[64] 马瑞平,廖怀哲. 中国地区 20—80km 高空风的一些特征[J]. 空间科学学报,1999,21(4):334-341.

[65] 肖存英,胡雄,龚建村,等. 中国上空平流层准零风层的特征分析[J]. 空间科学学报,2008,28(3):230-235.

[66] 范培蕾,张晓今,杨涛. 高超声速飞行试验风场建模与仿真分析[J]. 战术导弹技术,2009,2:76-82.

[67] 陈洪滨. 中高层大气研究的空间探测[J]. 地球科学进展,2009,24(3):229-241.

[68] 张成. 临近空间大气认知建模及无人机飞行仿真[D].上海:上海交通大学,2008.

[69] 汪宏波,赵长印. 不同太阳辐射指数对大气模型精度的影响分析[J]. 中国科学:G 辑 物理学 力学 天文学,2009,39(3):467-475.

[70] 吕达仁,陈泽宇,郭霞,等. 临近空间大气环境研究现状[J]. 力学进展,2009,39(6):674-682.

[71] 车竞.高超声速飞行器乘波布局优化设计研究[D].西安:西北工业大学,2006.

[72] 徐勇勤.高超声速飞行器总体概念研究[D].西安:西北工业大学,2005.

[73] 牛东兵."乘波体"气动外形设计综述[J].情报交流,1998,8:5-8,10.

[74] 赵桂林,胡亮,闻洁,等.乘波构形和乘波飞行器研究综述[J].力学进展,2003,33(3):357-374.

[75] 周印佳.乘波构形设计及表面热流计算[D].哈尔滨:哈尔滨工程大学,2012.

[76] 肖虹,高超,党云卿.乘波体构形飞行器的高超声速测压实验研究[J].实验流体力学,2011,25(3):34-36.

[77] 唐伟,曾磊,冯毅,等.升力体机动飞行器气动布局概念设计[J].空气动力学学报,2011,29(3):370-373.

[78] 韩鸿硕,NASA 选择升力体 X-33 方案的分析:上[J].运载大观,1996:7-12.

[79] 张辉,王鑫,李杰,等.升力体构形高超声速飞行器气动特性分析[J].飞行力学,2013,2:6.

[80] 唐伟,冯毅,宁勇,等.类 X-38 升力体运载器气动布局概念设计[J].空气动力学学报,2011,29(5):555-558.

[81] 丛敏.快速霍克巡航导弹[J].飞航导弹,2002,11:1-2.

[82] 丛敏.波音公司研究空射快速霍克导弹[J].飞航导弹,1997,7.

[83] 周丹杰.空天飞行器气动外形构想[J].情报交流,2005,6:31-33.

[84] 赵俊波,沈清,张鲁民,等.一种高升力高超声速飞行器气动布局设计概念构想[J].战术导弹技术,2011(2):11-14.

[85] 刘燕斌.高超声速飞行器建模及其先进飞行控制机理的研究[D].南京:南京航空航天大学,2007.

[86] 刘小勇.超燃冲压发动机技术[J].飞航导弹,2003,(2):38-42.

[87] 蔡国飙,徐大军.高超声速飞行器技术[M].北京:科学出版社,2012.

[88] 白延隆,白云.超燃冲压发动机飞行器X-51A的巧妙设计[J].飞航导弹,2010,(12):9-12.

[89] 张勇,陆宇平,刘燕斌,等.高超声速飞行器控制一体化设计[J].航空动力学报,2012,27(12):2724-2732.

[90] 张勇.面向控制的高超声速飞行器一体化设计[D].南京:南京航空航天大学,2012.

[91] 刘桐林.国外高超声速技术发展探析[J].飞航导弹,2002,6:30-40.

[92] 金亮.高超声速飞行器机体/发动机一体化构形设计与性能研究[D].长沙:国防科技大学,2008.

[93] 罗世彬.高超声速飞行器机体/发动机一体化及总体多学科设计优化方法研究[D].长沙:国防科学技术大学,2004.

[94] 张泰保.关于"推进/飞行"一体化控制系统[J].飞航导弹,1995,3.

[95] 许志.高超声速飞行器动力学与动态特性分析[D].西安:西北工业大学,2005.

[96] 杨超,许赟,谢长川.高超声速飞行器气动弹性力学研究综述[J].航空学报,2010,31(1):1-11.

[97] 姚照辉.考虑飞/推耦合特性的超燃冲压发动机控制方法研究[D].哈尔滨:哈尔滨工业大学,2010.

[98] 葛东明,黄显林.面向控制的高超声速飞行器动力学特性分析[J].航天控制,2010,28(4):3-9.

[99] Cockrell Charles E, Jr., Engelund Walter C, et al. Integrated Aero-Propulsive CFD Methodology for the Hyper-X Flight Experiment[R]. AIAA,2000:2000-4010.

[100] Holland Scott D, Woods William C, Engelund Walter C. Hyper-X Research Vehicle Experimental Aerodynamics Test Program Overview[J]. Journal of Spacecraft and Rochets, 2001, 38(6):828-835.

[101] Engelund Walter C, Holland Scott D, Cockrell Charles E. Aerodynamic Database Development for the Hyper-X Airframe-Integrated Scramjet Propulsion Experiments[J]. Journal of Spacecraft and Rochets, 2001,

38(6):803－810.

[102] Abdelkader Frendi. On the CFD Support for the Hyper－X Aerodynamic Database[R]. AIAA,1999:99－885.

[103] 黄伟,王振国. 高超声速飞行器攻角特性数值研究[J]. 固体火箭技术, 2008,31(6):561－564.

[104] 刘桐林. 美国超－X 计划与 X－43 试飞器[J]. 飞航导弹,2002(5).

[105] 王蒙,张进,尚绍华. X－43A 飞行器的设计与制造[J]. 飞航导弹,2007 (6).

[106] 温杰. X－51A 验证机设计特点浅析[J]. 航空科学技术,2010(6).

[107] 王友利,才满瑞. 美国 X－51A 项目总结与前景分析[J]. 飞航导弹,2014 (3).

[108] 毕世龙. 国外典型超声速巡航导弹的发展[J]. 飞航导弹,2013(3).

[109] Bowcutt K,Burrows R,Weir J. Techniques to Determine Fasthawk Missile Aerodynamics Including Inlet Effects [R]. AIAA, 1999: 99 －432.

[110] 陈士橹,吕学富. 导弹飞行力学[M]. 西安:西北工业大学出版社,1983.

[111] 瞿章华,刘伟,等. 高超声速空气动力学[M]. 长沙:国防科技大学出版社, 2001(5).

[112] 黄志澄. 高超声速飞行器空气动力学[M]. 北京:国防工业出版社,1995.

[113] 方振平. 飞机飞行动力学[M]. 北京:北京航空航天大学出版社,2005(6).

[114] 杨超,等. 飞行器气动弹性原理[M]. 北京:北京航空航天大学出版社, 2011(7).

[115] 李新国,方群. 有翼导弹飞行动力学[M]. 西安:西北工业大学出版社, 2005(1).

[116] 吕学富. 飞行器飞行力学[M]. 西安:西北工业大学出版社,1995(6).

[117] 张有济. 战术导弹飞行力学[M]. 西安:宇航出版社,1996.

[118] 李惠峰. 高超声速飞行器制导与控制技术[M]. 北京:中国宇航出版社,2012.

[119] 蔡国飙,徐大军. 高超声速飞行器技术[M]. 北京:科学出版社,2012.

[120] 贾沛然,陈克俊,何力. 远程火箭弹道学. 长沙:国防科技大学出版社,1993 (12).

[121] Chavez Frank R,Schmidt David K. Analytical Aeropropulsive/ Aeroelastic Hypersonic － VehicleModel with Dynamic Analysis [J]. JOURNAL OF GUIDANCE,CONTROL,AND DYNAMICS,1994,17 (6).

[122] Schmidt D K. Dynamics and Control of Hypersonic Aeropropulsive/ Aeroelastic Vehicles[J]. AIAA,1992,8:92 - 4326.

[123] Gilbert M G，et al. The Application of Active Controls Technology toa Generic Hypersonic Aircraft Configuration [J]. NASA TM，1990, 5:1097.

[124] Chavez F，Schmidt D K. An Integrated Analytical Aeropropulsive/ Aeroelastic Model for the Dynamic Analysis of Hypersonic Vehicles[J]. NASA ARC92 - 2,1992,6.

[125] Livneh R，Schmidt D K. New Literal Approximations for theLongitudinal Dynamic Characteristics of Flexible Flight Vehicles[J]. AIAA,1992,8:92 - 4411.

[126] McRuer D. Design and Modeling Issues for Integrated Airframe/ Propulsion Control of Hypersonic Flight Vehicles[J]. Proceedings of the 1992 American Control Conference,1991,6:729 - 734.

[127] 陈桂彬,邹丛青,杨超.气动弹性设计基础[M]. 北京:北京航空航天大学出版社,2004

[128] 陈文俊. 国外飞行器气动伺服弹性研究概况[J]. 飞航导弹,2009 (7).

[129] 陈志敏,徐敏,陈刚. 弹性飞行器动力学与控制研究现状和发展趋势[J]. 中国民航飞行学院学报,2005,16(1):3 - 7.

[130] 杨超,许赟,谢长川. 高超声速飞行器气动弹性力学研究综述[J]. 航空学报,2010,31(1):1 - 11.

[131] 孟中杰,闫杰. 弹性高超声速飞行器建模及精细姿态控制[J]. 宇航学报, 2011,32(8):1683 - 1687.

[132] 孟中杰,黄攀峰,闫杰. 高超声速巡航飞行器振动建模及精细姿态控制 [J]. 西北工业大学学报,2011,29(3):481 - 485.

[133] 张希彬,宗群. 面向控制的弹性体高超声速飞行器建模与分析[J]. 控制与决策,2013.

[134] 杨军,等. 现代导弹制导控制系统设计[M]. 北京:航空工业出版社,2005 (7).

[135] 彭冠一. 防空导弹武器制导控制系统设计[M]. 北京:宇航出版社,1996.

[136] 程云龙. 防空导弹自动驾驶仪设计[M]. 北京:宇航出版社,1993.

[137] 杨军. 导弹控制系统设计原理[M]. 西安:西北工业大学出版社,1997.

[138] 林德福,等. 战术导弹自动驾驶仪设计与制导律分析[M]. 北京:北京理工大学出版社,2012.

[139] 祁载康,等. 制导弹药技术[M]. 北京:北京理工大学出版社,2005.

[140]　张明廉.飞行控制系统[M].北京:国防工业出版社,1984.

[141]　Siouris George M. Missile Guidance and Control Systems[M]. New York:Springer - Verlag,2005.

[142]　李东旭.航天飞行器分离动力学.北京:科学出版社,2013.

[143]　杨军,等.现代导弹制导控制系统设计[M].北京:航空工业出版社,2005.

[144]　彭冠一.防空导弹武器制导控制系统设计[M].北京:宇航出版社,1996

[145]　程云龙.防空导弹自动驾驶仪设计[M].北京:宇航出版社,1993.

[146]　杨军.导弹控制系统设计原理[M].西安:西北工业大学出版社,1997.

[147]　林德福,等.战术导弹自动驾驶仪设计与制导律分析[M].北京:北京理工大学出版社,2012.

[148]　陈佳实.导弹制导和控制系统的分析与设计[M].北京:宇航出版社,1989.

[149]　张明廉.飞行控制系统[M].北京:国防工业出版社,1984.

[150]　杨军,凡永华,于云峰,等.参数空间方法与飞行控制系统[M].北京:航空工业出版社,2008.

[151]　梅生伟,申铁龙,刘康志.现代鲁棒控制理论与应用[M].北京:清华大学出版社,2008.

[152]　Lee S Y, Lee J I, Ha I J. Nonlinear autopilot for high maneuverability of bank - to - turn missile[J]. IEEE Transactions on Aerospace and Electronic Systems,2001,37(4):1236 - 1253.

[153]　郑建华,杨涤.鲁棒控制理论在倾斜转弯导弹中的应用[M].北京:国防工业出版社.2001.

[154]　樊朋飞.长航时高超声速飞行器飞行控制技术研究[D].西安:西北工业大学,2013.

[155]　刘涛,李勇,闫斌斌,于云峰.基于模糊自适应的高超声速飞行器控制设计[J].北京:科学技术与工程,2013(30):8966 - 8970.

[156]　闫斌斌,叶俊,闫杰.基于粒子群的高超声速飞行器模糊控制方法[J].科学技术与工程,2012(14):3493 - 3496.

[157]　闫斌斌,闫杰.高超声速飞行器的自抗扰控制器设计[J].计算机测量与控制,2012(05):1307 - 1309.

[158]　孟中杰,闫杰.乘波体高超声速飞行器大包线鲁棒控制技术[J].飞行力学,2011,29(5):62 - 65.

[159]　孟中杰,符文星,陈凯,等.高超声速飞行器鲁棒控制器设计[J].弹箭与制导学报,2009,29(2):12 - 15.

[160]　孟中杰,闫杰.高超声速弹性飞行器振动模态自适应抑制技术[J].宇航学

报,2011,32(10): 2161 - 2168.

[161] 孟中杰,闫杰.弹性高超声速飞行器建模及精细姿态控制[J].宇航学报, 2011,32(8): 1683 - 1687.

[162] 孟中杰,黄攀峰,闫杰.超声速巡航飞行器振动建模及精细姿态控制[J]. 西北工业大学学报,2011,29(3): 481 - 485.

[163] 尉建利,于云峰,闫杰.高超声速飞行器鲁棒控制方法研究[J].宇航学 报,2008,29(5):1526 - 1530.

[164] 尉建利,汤柏涛,闫杰.高超声速飞行器模型参考变结构自动驾驶仪设计 [J],计算机测量与控制,2010(10): 2451 - 2456.

[165] 孟中杰,陈凯,黄攀峰,等.高超声速飞行器机体发动机耦合建模与控制 [J].宇航学报,2008,29(5): 1509 - 1514.

[166] 吴森堂,许仁牛.高超声速飞行器的非线性随机控制方法[J].航天控制, 2002,20(1):1 - 5,11.

[167] 余凯.不确定性非线性系统的鲁棒控制器设计[D].哈尔滨:哈尔滨工业 大学,2003.

[168] 李扬,陈万春.高超声速飞行器 BTT 非线性控制器设计与仿真[J].北京 航空航天大学学报,2006,32(3):249 - 253.

[169] 于达仁,崔涛,鲍文.高超声速发动机分布参数控制问题[J].航空动力 学报,2004,19(2):259 - 264.

[170] 胡寿松.自动控制原理[M].北京:科学出版社,2001

[171] 韩京清.自抗扰控制技术[J],前沿科学,2007,1 (1):24 - 31.

[172] 程进,冯大伟,段春泉.飞航导弹变结构过载控制方案研究[J],航天控 制,2008,26(2): 35 - 40.

[173] Parker J T, Serrani A, Yurkovich S, et al. Control - oriented modeling of an air - breathing hypersonic vehicle[J]. Journal of Guidance Control and Dynamics. 2007, 30(3): 856 - 869.

[174] Williams T, Bolender M A, Doman D B, et al. An aerothermal flexible mode analysis of a hypersonic vehicle [C]. Keystone, CO, United states: American Institute of Aeronautics and Astronautics Inc. , 2006.

[175] Clark A D, Mirmirani M D, Wu C, et al. An aero - propulsion integrated elastic model of a generic airbreathing hypersonic vehicle[C]. Keystone, CO, United states: American Institute of Aeronautics and Astronautics Inc. , 2006.

[176] 李建林.临近空间高超声速飞行器发展研究[M].北京:中国宇航出版 社,2012.

[177] 张兵山. 天地通信技术[M]. 北京：国防工业出版社，2002.

[178] 文苏丽,蒋琪. SHEFEX-2的组合导航系统[J]. 飞航导弹,2010(09)：64-68.

[179] 严恭敏. 捷联惯导算法及车载组合导航系统研究[D]. 西安:西北工业大学,2004.

[180] 魏子卿. 正常重力公式[J]. 测绘学报,2003(2):95-101.

[181] 袁信,等. 导航系统[M]. 北京:航空工业出版社,1993:274.

[182] 秦永元. 惯性导航[M]. 北京:科学出版社,2006:394.

[183] 张广军. 星图识别[M]. 北京:国防工业出版社,2011:208.

[184] 黄博. 临近空间高动态星图仿真技术研究[D]. 武汉:华中科技大学,2012.

[185] 唐建博,刘爱东. 大视场多星定位定向原理[J]. 舰船光学,2001,37(2):22-25.

[186] 岳亚洲,张晓冬,田宇,等. 一种新的惯性/天文组合导航方法研究[J]. 光学与光电技术,2008,6(4):89-92.

[187] 关肇直. 线性控制系统理论在惯性导航系统中的应用[M]. 北京:科学出版社,1984.

[188] 杨波,王跃钢,徐洪涛. 弹载惯性/卫星/星光高精度组合导航[J]. 中国惯性技术学报,2010(04):444-449.

[189] 龙瑞,秦永元,夏家和. 一种新的SINS/星敏感器组合导航姿态匹配算法[J]. 西北工业大学学报,2011(03):476-480.

[190] 张铁元. 天文定位公式推导过程[J]. 舰船光学,2002,38(1):17-23.

[191] 周邦大. 基于SINS/BDS/CNS的高超声速飞行器组合导航研究[D]. 北京:国防科学技术大学,2010.

[192] 华冰,刘建业,熊智,等. SINS/北斗/星敏感器组合导航系统研究[J]. 应用科学学报,2006(02):120-124.

[193] 杨波,王跃钢,单斌,等. 长航时环境下高精度组合导航方法研究与仿真[J]. 宇航学报,2011(05):1054-1059.

[194] Xu H J, Mirmirani M D, Ioannou P A. Adaptive sliding mode control design for a hypersonic flight vehicle[J]. Journal of Guidance Control and Dynamics,2004,27(5):829-838.

[195] 李新国,方群. 有翼导弹飞行动力学[M]. 西安:西北工业大学出版社,2005.

[196] 邢誉峰,李敏. 工程振动基础[M]. 2版.北京:北京航空航天大学出版社,2011.

[197] 郑大钟. 线性系统理论[M]. 2 版. 北京：清华大学出版社，2002.

[198] 董敏周，孙力，闫杰. 导弹飞控系统快速控制原型开发及半实物仿真系统方案研究[J]. 计算机测量与控制，2009(4)：703 - 705.

[199] 常晓飞，李萌萌，符文星，等. 某型导弹飞控计算机半实物仿真系统的设计[J]. 西北工业大学学报. 2010(3)：318 - 322.

[200] Chang X, Yang T, Yan J, et al. Design and integration of hardware - in - the - loop simulation system for certain missile[C]. Shanghai, China：Springer Verlag，2012.

[201] 符文星，孙力，于云峰，等. 导弹武器系统分布式半实物仿真系统研究[J]. 系统仿真学报，2009(19)：6073 - 6076.

[202] 常晓飞，符文星，闫杰. 基于 RT - LAB 的某型导弹半实物仿真系统设计[J]. 系统仿真学报，2009(18)：5720 - 5723.

[203] 阎杰，孙力，杨军，等. 动态负载仿真系统研制中的关键技术问题[J]. 航空学报. 1997(01)：23 - 26.

[204] 符文星，孙力，于云峰，等. 电动负载模拟器控制系统设计[J]. 西北工业大学学报，2008(05)：621 - 625.

[205] 邓志红，付梦印，张继伟，等. 惯性器件与惯性导航系统[M]. 北京：科学出版社，2012：320.

[206] 严恭敏，李四海，秦永元. 惯性仪器测试与数据分析[M]. 北京：国防工业出版社，2012：265.

[207] 单家元，孟秀云，丁艳，等. 半实物仿真[M]. 2 版. 北京：国防工业出版社，2013.

[208] 陈凯，卫凤，张前程，等. 基于飞行力学的惯导轨迹发生器及其在半实物仿真中的应用[J]. 中国惯性技术学报，2014，22(4)：486 - 491.

[209] 严恭敏. 捷联惯导算法及车载组合导航系统研究[D]. 西安：西北工业大学，2004.

[210] 贾沛然，陈克俊，何力. 远程火箭弹道学[M]. 长沙：国防科技大学出版社，2009：255.

[211] 秦永元. 惯性导航[M]. 北京：科学出版社，2006：394.

[212] 杨军，凡永华，于云峰. 参数空间方法与飞行控制系统[M]. 北京：航空工业出版社，2008：160.

[213] 边少锋，柴洪洲，金际航. 大地坐标系与大地基准[M]. 北京：国防工业出版社，2005：207.

[214] 何秋茹. 半实物仿真中转台指令的形成[J]. 系统工程与电子技术，1990(6)：48 - 52.

[215] 朱士青. 试验室实现寻的制导半实物仿真的一个技术问题研究[J]. 上海航天，1997(06)：29 - 32.

[216] 胡小平，吴美平，王海丽. 导弹飞行力学基础[M]. 长沙：国防科技大学出版社，2006.

[217] 皮布尔斯. 通向马赫数 10 之路 X - 43A 飞行研究计划的经验教训[M]. 北京：航空工业出版社，2012：192.

[218] 董绪荣，张守信，华仲春. GPS/INS 组合导航定位及其应用[M]. 长沙：国防科技大学出版社，1998：349.

[219] 杨军，杨晨，段朝阳，等. 现代导弹制导控制系统设计[M]. 北京：航空工业出版社，2005.

[220] 黄琳，段志生，杨剑影. 近空间高超声速飞行器对控制科学的挑战[J]. 控制理论与原理，2011(10)：1496 - 1505.

[221] Buning Pieter G, Tin-Chee Wong, Dilley Arthur D, et al. Computational fluid dynamics prediction of Hyper-X Stage separation aerodynamics. Journal of Spacecraft and Rockets, 2001,38(6):820 - 827.

[222] 季蓉芳. 地球扰动大气模型[J]. 航天返回与遥感,1995,16(1):66 - 81.